21世纪软件工程专业规划教材

软件项目管理与实践

魏金岭　周　苏　主编

清华大学出版社
北京

内容简介

项目管理作为一种先进的现代管理模式已经越来越被人们所认识、重视和应用，随着社会发展，对项目管理专门人才的需求不断且急剧增长，在全球化项目管理标准的指导下，项目管理知识技能被广泛应用于各行各业，并发挥着重要的作用。拥有较为全面的项目管理知识，是今天应用领域对专业人才的迫切要求。

本书以《项目管理知识体系指南(PMBOK® 指南)(第5版)——软件分册》为基准，适用于管理适应性生命周期软件项目的流程。适应性开发方法和生命周期非常适合软件开发和软件项目管理，因为它们利用了软件无形的本质。本书共14章，内容涵盖软件项目管理基本概念和十大知识领域，较为全面和完整地介绍了规范的软件项目管理知识，并辅以软件项目管理课程实践，是软件项目管理的一本理论与实践相结合的优秀教材。

本书可作为高等院校相关专业"软件项目管理"或"IT项目管理"等课程的应用型主教材，也可供有一定实践经验的软件开发人员、管理人员参考或作为继续教育的教材。本书配有授课课件及丰富的教学资源。

图书在版编目(CIP)数据

软件项目管理与实践/魏金岭，周苏主编. —北京：清华大学出版社，2018(2024.7重印)
(21世纪软件工程专业规划教材)
ISBN 978-7-302-49770-7

Ⅰ. ①软… Ⅱ. ①魏… ②周… Ⅲ. ①软件开发－项目管理－高等学校－教材 Ⅳ. ①TP311.52

中国版本图书馆CIP数据核字(2018)第037137号

责任编辑：张 玥 赵晓宁
封面设计：常雪影
责任校对：梁 毅
责任印制：杨 艳

出版发行：清华大学出版社
网 址：https://www.tup.com.cn，https://www.wqxuetang.com
地 址：北京清华大学学研大厦A座 **邮 编**：100084
社 总 机：010-83470000 **邮 购**：010-62786544
投稿与读者服务：010-62776969，c-service@tup.tsinghua.edu.cn
质量反馈：010-62772015，zhiliang@tup.tsinghua.edu.cn
课件下载：https://www.tup.com.cn，010-83470236
印 装 者：三河市铭诚印务有限公司
经 销：全国新华书店
开 本：185mm×260mm **印 张**：26 **字 数**：617千字
版 次：2018年7月第1版 **印 次**：2024年7月第8次印刷
定 价：69.50元

产品编号：076988-01

前言

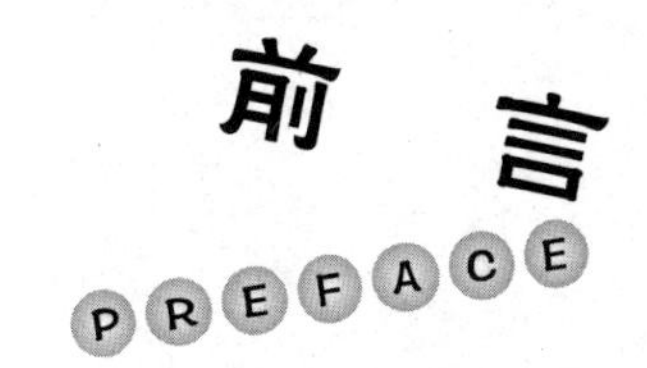

高等教育的大众化对应用型相关专业课程的教学提出了更高的要求，高等教育的发展需要我们积极进行教学改革，研究和探索新的教学方法。在长期的教学实践中，我们体会到，“因材施教”是教育教学的重要原则之一，把实验实践环节与理论教学相融合，抓应用实践促进理论知识的学习，是有效地改进教学效果和提高教学水平的重要方法之一。

从《系统集成与项目管理》(2004，周苏等，科学出版社)起，十多年来，我们已经先后出版了4本项目管理课程教材，包括《项目管理与实践》(2009，科学出版社)、《项目管理与应用》(2012，中国铁道出版社)和《项目管理与应用》(2015，机械工业出版社)，深入探索，不断追求，积极改进本课程的实践教学。2017年，《项目管理与应用》(周苏等)一书被评为“浙江省普通高校十二五优秀教材”。我们真诚地希望，这个新版本所精心设计的案例和实践，能得到更多读者的青睐。

本书每章都设置了课程知识、习题、实验与思考等内容，通过一系列紧密结合课程内容的具有典型意义的项目案例，来引导实际开展项目管理实践，并精心准备了29份实用的项目管理表格(备有电子稿)，实操性强，把项目管理的概念、理论知识与技术融入到实践中，帮助读者加深对项目管理知识的认识和理解，以及掌握项目管理的基本和实际应用方法。作为学习辅助，书后附录提供了各章部分习题的参考答案。

本书可供下载的电子版教学资源丰富，包括以下内容。

(1) 课程建设相关资料，如课程设置简介表、教学大纲、实验项目卡、教学进度计划表等。

(2) 实验讲义(14份，含课程实验总结)。

(3) 周周测试练习卷(13份)。

(4) 各章附加习题及答案(即题库，14份)。

(5) 综合模拟试卷及答案(6份)。

(6) 教学PPT课件。

(7) 实用项目管理表格(29份Excel表)。

本书的编写工作得到了浙江大学城市学院精品课程建设项目、浙江大学城市学院“课堂教学方法改革”项目的支持。参加本书编写的还有王文、张丽娜、孙曙迎、王硕苹和周正。本书的编撰得到了浙江大学城市学院、浙江商业职业技术学院、浙江安防职业技术学院等多所院校师生的支持，在此一并表示感谢！欢迎教师索取为本书配套的丰富教学资料并与编者交流。编者的E-mail为zhousu@qq.com，QQ81505050，个人博客地址为http://blog.sina.com.cn/zhousu58。

编　者

2018.3

目录

CONTENTS

实用软件项目管理表格目录

注：各表中特别注解了相关的制表要素。

软件项目管理的概念

计算机技术、网络技术以及跨学科的甚至是遍及全球的工作团队已经彻底改变了我们的工作环境，这些变化促进了对复杂项目的需求。今天，企业或者组织都认识到，应用适当的知识、过程、技能、工具和技术，能显著促进项目的成功，因此，现代项目管理方法正日益得到广泛认可。在IT行业，项目管理是IT工程尤其是软件工程的保护性活动，它先于任何技术活动之前开始，且持续贯穿于整个计算机软件的定义、开发和应用维护的过程。

各个领域的应用或者产品开发项目，对项目的管理者——项目经理，提出了越来越高的要求。优秀的项目经理是由经验、时间、才能和培训一起创造出来的。对工作进行充分的准备和知识储备，对于驾驭和完成变化环境下的项目是非常有价值且关键的。

1.1 软件项目管理的基本概念

任何工作，只要涉及以下几个方面，都可以看作是项目。

① 明确的结果(目的)。每个项目都应该有一个定义明确的目标，如一个期望的产品或服务，或者是谋求利润和创造有益的变化等。

② 资源(包括人力和其他要素)。项目需要使用资源，资源的类型和来源一般会有很多种，包括人、硬件设施、软件配置等。为了实现项目的特定目标，许多项目都会是跨部门(或其他类型的边界)的。例如，对于信息技术协作项目来说，需要来自信息技术、营销、销售、渠道和其他部门的人员一起群策群力，研究方略。各种资源必须有效地加以利用，以满足项目的需要和组织的其他目标。

③ 一段时间。项目是一次性(或者说是临时性)的，每个项目都具有明确的开始和结尾。

某些比较复杂的项目可能涉及成百上千的工作人员、耗费好几年的时间和上亿的预算支出；而有些项目则只需要几周的时间、一个同事的帮助甚至根本没有正式的预算。这些项目都适用同样的项目管理原则。

1.1.1 项目定义

项目是为创造独特的产品、服务或成果而进行的临时性工作。当项目目标达成时，或当项目因不会或不能达到目标而中止时，或当项目需求不复存在时，项目就结束了。如果客户(顾客、发起人或项目倡导者)希望终止项目,那么项目也可能被终止。另外,临时性并不一定意味着项目的持续时间短,它是指项目的参与程度及其长度。项目所创造的产品、服务或成果一般不具有临时性。大多数项目都是为了创造持久性的结果。项目所产生的社会、经济和环境影响,也往往比项目本身长久得多。

项目的产出可能是有形的,也可能是无形的。尽管某些项目可交付成果或活动中可能存在重复的元素,但这种重复并不会改变项目工作本质上的独特性。例如,即便采用相同或相似的材料,由相同或不同的团队来建设,但每个建设项目都因不同的位置、不同的设计、不同的环境和情况、不同的干系人等而具备独特性。

由于项目的独特性,其所创造的产品、服务或成果可能存在不确定性或差异性。项目活动对于项目团队成员来说可能是全新的,需要比其他例行工作进行更精心的规划。此外,项目可以在组织的任何层次上开展。

项目可以做以下工作。

① 创造一种产品,可以是其他产品的组成部分、某个产品的升级,也可以本身就是最终产品。

② 创造一种能力或提供某种服务的能力(如支持生产或配送的业务职能)。

③ 对现有产品线或服务线的改进(如实施六西格玛项目以降低缺陷率)。

④ 创造一种成果,如某个结果或文件(如某研究项目所创造的知识,可据此判断某种趋势是否存在,或判断某个新过程是否有益于社会)。

下面是项目的一些例子。

① 某打印机公司的高层制定了一个目标,为消费者和小企业市场开发一种售价低于300美金的彩色激光打印机。

② 山峰系统公司为当地一家社会福利机构设计和安装局域网。

③ 周正被选为项目经理,负责设计、建造和测试下一年度参加韦氏环球帆船赛使用的帆船并培训船员。

④ 吴林华负责执行“夜莺”项目,开发手持电子医疗参考指南仪。

⑤ 王文主持某大型公司的会计软件安装。

此外,项目要有一个主要发起人或客户。一般由项目发起人对项目提供方向和资助,大部分项目都会有许多利益相关人员。大型项目是一些相互联系、协调管理的项目组合。大型项目的负责人集中领导这些项目,但发起人可能来自不同的部门。

项目还含有不确定性。因为每一个项目都是唯一的,有时很难确切地定义项目的目标,或准确估计完成项目所需的时间和成本支出。这种不确定性是项目管理具有挑战性的主要原因之一,这种情况在新技术项目中更为突出。

1.1.2 软件项目

软件项目通常也是为了实现一个特定的目标。除了创造新的产品,软件项目经常升级现有软件产品、集成一组现有软件组件、扩展软件产品的功能或升级一个组织的软件基础设施。

软件项目还可满足服务请求、维护需求或提供操作支持。这些活动可能以支持型活动发生；当它们被认定为提供可交付成果和结果的临时性工作时，可视为项目。与项目生命周期相比，软件产品生命周期一般包含项目和投入水平活动的维护和支持活动。

软件项目经理和他们的项目团队开发和升级应用软件、系统软件和软件密集型系统的软件元素。应用软件使用系统软件接口、通信协议和软件开发工具来构建，为计算机用户提供文字处理、电子表格、统计软件和多媒体播放器等功能。

系统软件是为应用软件的开发和运行提供平台的支撑软件。它包括调度器、内存管理器和输入输出软件等操作系统组件。

软件密集型系统是硬件、软件的集合，有时还包括操作人员作为整个系统的元素执行的手工操作过程。在这些系统中，软件是集成和协同系统操作的首要组件。软件密集型系统的产品开发范围包括待开发和升级的组件，有时还协同专用硬件，需要对操作系统、通信协议和其他基础组件进行裁剪。

应用软件、系统软件和软件密集型系统支持现代社会的所有方面：从组织的信息技术支持系统到运行业务操作的大型企业资源计划(Enterprise Resource Planning，ERP)系统，再到网络通信协议、操作系统以及家庭应用软件、汽车、移动电话、航天器、消费者产品和航空等嵌入式软件。还有一些面向特定领域的软件，如安全防御、生命科学、交通运输、能源、金融、银行保险、研究开发、模拟训练、休闲游戏和用于开发软件(软件编辑器、语言编译器、数据库工具等)的软件工具。软件的开发和升级与组织的经营决策和业务实践常常相互影响。

1.1.3 项目的三要素

建立项目时，重要的是把握住每个项目的三个基本要素，即时间、费用和范围，这三个因素构成了项目三角形(如图1-1所示)，调整其中任何一个因素都会影响其他两个因素。

① 时间：指完成项目所需的时间。这在大多数的项目里都是一个很重要的因素，它反映在项目的日程中。而项目的"日程"，就是项目中任务的时间和顺序安排。日程主要由任务、任务相关性、工期、限制和面向时间的项目信息所构成。

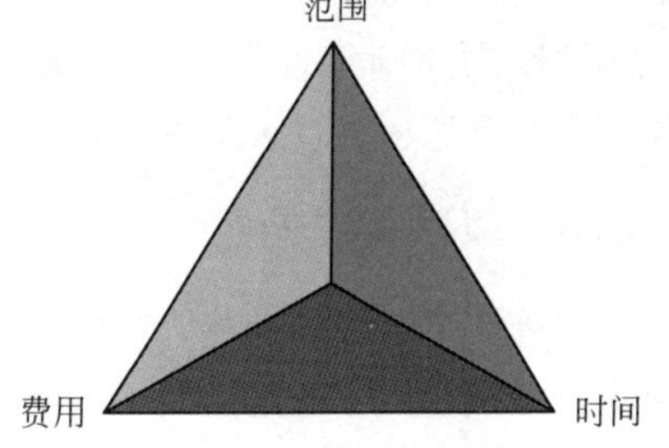

图1-1 项目三角形

② 费用：即项目的预算，是指通过比较基准计划所设定的预计项目成本，它取决于资源的成本。项目中的资金，不单是指金钱而言，还应该包括人力、原材料与设备等。

③ 范围：包含产品范围和项目范围，即项目的目标和任务，以及完成这些目标和任务所需的工时。产品范围是指产品应有的功能与特性，项目范围是依据所要生产出来的产品或要服务的范围来定义项目。例如，"研制开发、生产出来的产品必须具备抗菌功能"，这句话就规定了项目范围，同时也可看出产品范围。

范围对于任务来说，是所有资源完成某项任务所需的总劳动量或"人·小时"(时间以min、h、d、周或月为单位)；对于工作分配来说，是资源在特定任务上排定的工作量；对于资源来说，是资源在所有任务上排定的总工作量。例如，某个资源可能需要工作32h来完成某项任务,但该任务排定的工期可能是两天。这表示需要给此任务分配多个资源,即两个人每人每天在此任务上工作 8h,则可以在两天内完成这项任务。

虽然时间、费用和范围这三个因素都非常重要,但通常有一个因素会对项目产生决定性的影响。这些因素之间的关系随着项目的不同而有所变化,它们决定了会出现的问题以及可能的解决方案。了解什么地方会有限制、什么地方可以灵活掌握,将有助于规划和管理项目。

项目三角形在最初是平衡的,但受许多条件的限制,在项目的执行过程中,平衡的状况会发生改变。例如,在项目进行时,因为某种原因,造成时间缩短了,预算(即资金)可能就要增加;假如预算无法增加,那么只好缩减项目的范围。另外,如果预算(资金)缩减了,那么要完成该项目可能需要花费较多的时间,如果无法延长项目完成的时间,那么就只好缩减项目范围,因为在资金有限的情况下,实在无法在期限内完成这么多工作。此外,如果项目的范围扩大了,那么就必须增加执行项目的时间,或是要增加项目的成本才能完成。

与项目三角形类似,项目管理中的"约束关系"是指项目受到范围、时间、成本(三个因素)和质量(在中间)的因素制约。在四个传统的制约因素之外,再加上风险和资源因素,形成了项目的约束关系六边形,并且最终要让客户满意(在中间,见图 1-2)。这些制约因素之间的关系是:任何一个因素发生变化,都会影响至少一个其他因素。

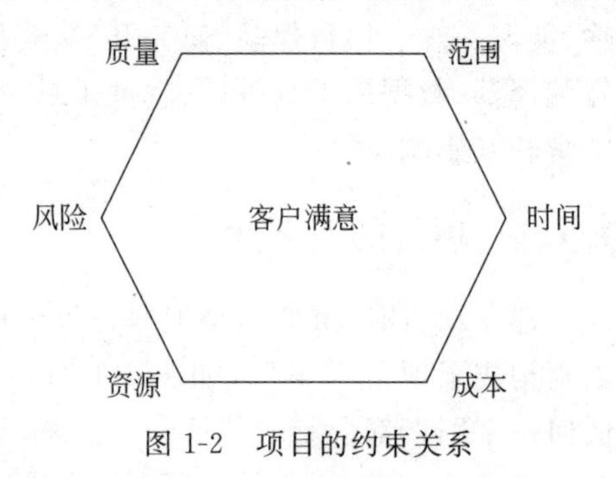

图 1-2　项目的约束关系

由于可能发生变更,项目管理计划需要在整个项目生命周期中反复修正、渐进明细。渐进明细是指随着信息越来越详细和估算越来越准确,而持续改进和细化计划。它使项目管理团队能随项目的进展而进行更加深入的管理。

1.1.4　项目管理的定义

尽管项目是一次性的,但却必须在一个广泛的组织环境中运行,项目经理需要在一个更大的组织视野下考虑项目,并且认清项目在更大的组织环境中所处的位置。以这样整体的视角看待项目和项目运营的组织环境就是系统思维。

"项目管理"是美国曼哈顿计划①初期的名称,后来由著名数学家华罗庚教授在 20 世纪 50 年代引进中国。项目管理是将知识、技能、工具与技术应用于项目活动,以满足项目的要求。亦即,项目管理是指对于一个项目要实现的目标,对所要执行的任务与进度及资源所做的管理,它包含了如何制定目标、安排日程以及跟踪及管理等。按照《PMBOK® 指

---

① 曼哈顿计划(Manhattan Project):美国陆军部于 1942 年 6 月开始实施利用核裂变反应研制原子弹的计划。为了先于纳粹德国制造出原子弹,该工程集中了当时西方国家(除纳粹德国外)最优秀的核科学家,动员了 10 万多人参加这一工程,历时 3 年,耗资 20 亿美元,于 1945 年 7 月 16 日成功地进行了世界上第一次核爆炸,并按计划制造出两颗实用的原子弹。在工程执行过程中,负责人 L. R. 格罗夫斯和 R. 奥本海默应用了系统工程的思路和方法,大大缩短了工程所耗时间。这一工程的成功促进了第二次世界大战后系统工程的发展。

南》(见 1.5 节)的定义,项目管理是通过合理运用与整合 47 个项目管理过程来实现的。可以根据其逻辑关系,把这 47 个过程归类成五大过程组,即启动、规划、执行、监控和收尾。软件的独特性允许五大过程组中的 47 个过程元素以各种方式重叠、交错和重复。

能够限制软件项目和软件产品的技术因素包括以下内容。

① 硬件和软件技术的状态。

② 硬件平台、软件平台、操作系统和通信协议。

③ IT 架构的完整性、限制和协议。

④ 软件开发工具。

⑤ 软件架构。

⑥ 向后和向前兼容需求。

⑦ 软件组件库中的软件组件的重用。

⑧ 使用开源和闭源软件组件。

⑨ 使用用户提供的软件组件。

⑩ 硬件和其他软件接口。

⑪ 创造和使用知识产权。

可以限制软件项目的其他因素,包括系统安全需求、安全性、安全合规性、可靠性、可用性、可扩展性、性能、可测性、信息保证、本地化、可维护性、可支持性、规章、用户的政策、基础设施支持、团队成员可用性和技能、软件开发环境和方法、组织成熟度和组织能力。

项目经理要努力实现项目的范围、时间、成本和质量等目标,还必须协调整个项目过程,以满足项目参与者及其他利益相关者的需要和期望。图 1-3 所示为项目管理概念的框架示意图。

知识领域是指项目经理必须具备的一些重要的知识和能力。图 1-3 所示图形上方的四大知识领域是范围管理、时间管理、成本管理和质量管理(因其形成具体的项目目标,也称其为核心知识领域)。

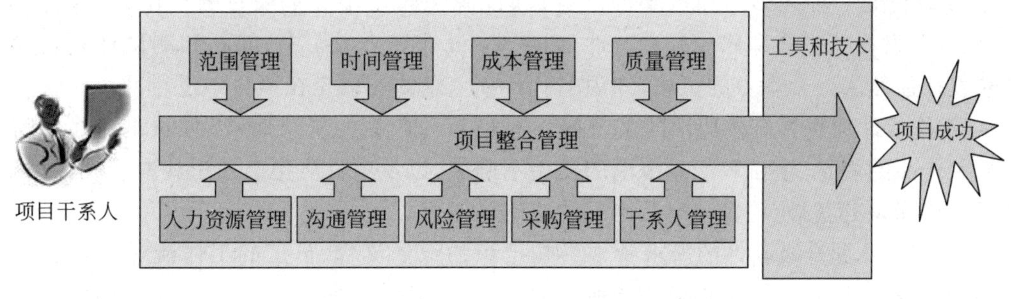

图 1-3 项目管理框架

① 范围管理:确定和管理为成功完成项目所要做的全部工作。

② 时间管理:包括项目所需时间的估算,制订可以接受的项目进度计划,并确保项目的及时完工。

③ 成本管理:包括项目预算的准备和管理工作。

④ 质量管理:确保项目满足明确约定的或各方默认的需要。

其他五大知识领域包括人力资源管理、沟通管理、风险管理、采购管理和干系人管理(也称辅助知识领域),项目目标是通过它们来实现的。

① 人力资源管理:关心如何有效地组织和利用参与项目的人。

② 沟通管理:包括产生、收集、发布和保存项目信息。

③ 风险管理:包括对项目相关的风险进行识别、分析和应对。

④ 采购管理:指根据项目的需要从项目执行组织外部获取和购进产品和服务。

⑤ 干系人管理:包括识别能影响项目或受项目影响的全部人员、群体或组织,制定合适的管理策略来有效调动干系人参与项目决策和执行等。

此外,整合管理要发挥项目管理整体上的支撑作用,它与其他项目管理知识领域互相影响。

项目管理工具和技术用来帮助项目经理和项目组人员进行范围、时间、成本和质量的管理。另外也有一些工具可以帮助项目经理和项目组人员进行人力资源、沟通、风险、采购和干系人等方面的管理以及实现项目整合管理,如常用的时间管理工具和技术有甘特图、网络图示法和关键路径法等。

1.1.5 软件项目管理具有的挑战性

软件项目经理正在面临越来越多的挑战,如随着客户和用户的期待不断提高,软件项目规模增大和结构变复杂的速度持续增加;与政府、产业和组织政策保持一致的需要;频繁更新软、硬件平台的技术挑战;硬件开发、固件开发和软件开发之间不断增加的交互活动,以及这些系统中人为因素等人机工程学的相关考虑。此外,软件项目常常还要考虑安全性、保密性、可靠性及其他质量要求等问题。不断扩大的全球市场为软件产品提供了类型更为广泛的文化、语言和生活方式,这就增加了待开发软件和待升级软件的范围和复杂度。

有许多因素使得软件项目和软件项目管理具有挑战性,举例如下。

① 软件是一种无形的和可塑的产品;软件源代码是用文本编写的。在大多数情况下,软件开发团队生成和修改共享文件(如需求、设计规格说明书、编码和测试计划)。软件开发往往作为一个学习的过程,知识的获得和信息的形成是在项目中进行的。

② 使软件项目具有挑战性的关键属性有项目和产品的复杂性、资源的非线性标度、项目和产品的测量、项目和产品范围的初始不确定,以及项目演化的知识获取。软件需求经常随着知识的获得、项目与产品出现的范围而改变。

③ 新软件和升级软件的需求常常影响组织的业务流程、员工的工作流过程,或者被组织的业务流程、员工的工作流构成所影响。

④ 软件人员的智力资本是软件项目和软件开发组织最主要的资本资产,因为软件是人类认知过程的直接产品。

⑤ 软件团队和项目干系人之间的沟通和协调往往不够清晰。软件工程中使用多种工具与技术以改善沟通和协调。

⑥ 软件开发需要解决创新问题,提出独特的解决方案。大多数软件项目开发独特的产品,因为与复制物理器件相比,复制现有软件是一个简单的过程。软件项目更像研究和

开发项目，而不是建造和制造项目。

⑦ 软件项目涉及风险和不确定性，因为它们需要创新，产品又是无形的，而且干系人也不能对满足软件产品的需求进行有效表达或形成一致意见。软件项目的初步规划和估计依赖于需求，而这些需求往往是不准确的，而且软件开发人员的效率和效果变化范围很大。

⑧ 产品的复杂性使软件开发和软件升级具有挑战性，因为程序模块间有大量的逻辑路径，它们和使用这些路径的数据值相结合，以及与程序模块间的接口细节相结合。

⑨ 软件的穷举测试是不切实际的，因为测试所有逻辑路径和所有输入数据与其他输入条件组合的接口必然耗费时间。

⑩ 软件开发往往涉及不同供应商的产品和其他软件的开发接口，这可能会引起集成和性能问题。因为大多数软件是相互联系的，所以必须使用信息安全技术。软件安全挑战性很大，并且还在不断增加。

⑪ 因为软件的无形性，目标量化和软件质量度量是困难的。软件是一个系统，会随着功能、行为或质量属性的改变而改变。一个软件产品可能需要运行在各种硬件平台和支撑软件上。软件开发人员使用的过程、方法和工具在不断发展和频繁更新。

⑫ 可执行的软件不是一个孤立的产品。它在计算机硬件上执行，常常是一个由不同硬件、其他软件和手工处理程序组成的系统中的一个元素。平台技术、支撑软件和供应商提供的软件频繁地变更或更新，会迫使正在开发的软件进行变更。

软件的延展性对于软件项目管理具有积极和消极的影响。在积极的方面，与对计算机硬件元素变化或其他物理器件元素变化的响应相比，软件的延展性使它有时(并非总是)可以快速响应用户需求变化和其他环境因素。在消极方面，中断正在进行的工作去响应变更请求可能会破坏进度和预算约束。

软件是智力密集型创新团队中个体认知过程的直接产品，因此，许多用于软件项目管理的过程和技术旨在促进从事密切协作、智力密集型工作的团队成员之间的沟通和协调。

无论什么项目，要想准确地计划和估算成本与进度都是困难的。软件项目尤其如此，有以下几个原因：第一，软件的开发和升级是由软件开发人员的认知活动完成的；第二，软件开发人员个体之间的生产率差异很大(无论是质量还是数量)；第三，需求估计的基础往往是不充分的定义；第四，技术的不断演化可能使得历史数据对新项目是不准确的。基于这些原因，现代软件开发方法倾向于把焦点放在开发一套产品增量的扩展集，以便不断权衡调整项目的进度、预算、资源、功能和质量等属性。

软件项目中的生产率包括质量工作和数量工作。软件编写量(代码行数)不是衡量程序员工作效率的好方法；从成功产品的贡献来看，一个编写短小、高效程序的程序员要比编写大量低效程序的程序员效率更高。同样，与进度缓慢但产出程序缺陷少的程序员相比，仓促完成任务而犯了许多错误以致需要重新纠正的程序员是低效的。用产出软件的数量和质量来衡量具有相似背景和经历的程序员的效率，已经被10个甚至更多的因素多次证明是可靠的。

随着广泛互联互通时代的到来，软件安全性已经成为开发或升级软件产品时的主要考量因素。与其他质量属性类似，安全属性也需要计划、设计、构造、验证和确认。与其他质量属性类似，软件安全性不能被"测试"。

1.2 项目集管理和项目组合管理之间的关系

组织级项目管理(OPM)是组织的一种战略执行框架，通过应用项目管理、项目集管理、项目组合管理及组织驱动实践，不断地以可预见的方式取得更好的绩效、更好的结果及可持续的竞争优势，从而实现组织战略。

为了理解项目组合管理、项目集管理和项目管理，识别它们之间的相似性和差异性非常重要，同时还需要了解它们与OPM之间的关系。项目组合、项目集和项目管理均需符合组织战略，或者由组织战略驱动。反之，项目组合、项目集和项目管理又以不同的方式服务于战略目标的实现。项目组合管理通过选择正确的项目集或项目，对工作进行优先排序，以及提供所需资源，来与组织战略保持一致。项目集管理对项目集所包含的项目和其他组成部分进行协调，对它们之间的依赖关系进行控制，从而实现既定收益。项目管理通过制订和实施计划来完成既定的项目范围，为所在项目集或项目组合的目标服务，并最终为组织战略服务。OPM把项目、项目集和项目组合管理的原则和实践与组织驱动因素(如组织结构、组织文化、组织技术、人力资源实践)联系起来，从而提升组织能力，支持战略目标。组织应该测评自身能力，然后制订和实施能力提升计划，以期系统地应用最佳实践。

项目、项目集与项目组合有不同的管理和运行模式，表1-1从组织内部的若干角度对这三者进行了比较。

表1-1　项目、项目集与项目组合管理的比较

因素	项　目	项目集	项目组合
范围	项目有明确的目标。其范围在项目生命周期中渐进明细	项目集的范围更大，并能提供更显著的利益	项目组合的业务范围随组织战略目标的变化而变化
变更	项目经理预期变更，并执行一定的过程来确保变更处于管理和控制中	项目集经理必须预期来自项目集内外的变更，并为管理变更做好准备	项目组合经理在广泛的环境中持续监督变更
规划	项目经理在整个项目生命周期中，逐步将宏观信息细化成详细的计划	项目集经理制订项目集整体计划，并制订项目宏观计划来指导下一层次的详细规划	项目组合经理针对整个项目组合，建立与维护必要的过程和沟通
管理	项目经理管理项目团队来实现项目目标	项目集经理管理项目集人员和项目经理，建立愿景并统领全局	项目组合经理管理或协调项目组合管理人员，以及向其汇报的项目集或项目人员
成功	以产品与项目的质量、进度和预算达成度以及客户满意度来测量成功	以项目集满足预定需求和利益的程度来测量成功	以项目组合的综合投资绩效和收益来测量成功

续表

因素	项　　目	项　目　集	项目组合
监督	项目经理对创造预定产品、服务或成果的工作进行监控	项目集经理监督所有组成部分的进展,确保实现项目集的整体目标、进度、预算和利益	项目组合经理监督战略变更和资源总体分配、绩效结果及项目组合风险

项目、项目集和项目组合之间的关系如图1-4所示。

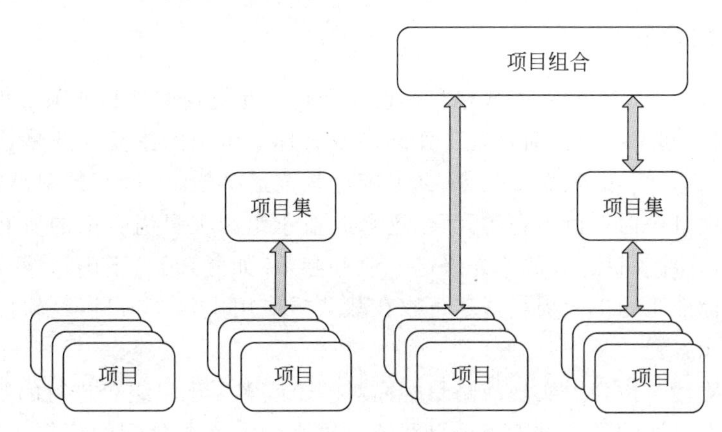

图1-4　项目、项目集和项目组合之间的关系

许多软件项目不是项目集的组成部分,而且并不是所有组织都基于项目组合的基础管理软件项目。在这些情况下,每个软件项目都作为一个独立的实体而存在。一些软件项目可能是项目集的组成部分,一些项目集也可能包含在项目组合中。

尽管软件对组织及其业务有强大的影响(包括支撑软件和应用软件),但是软件用不同的方式来产生价值,如财务价值、社会价值、公共福利及对工作场所和休闲环境的影响。因此,为项目组合中的项目集和项目建立优先级标准可能要在不同的价值标准之间做出艰难的平衡。

1.2.1　项目集管理

项目集是一组相互关联且被协调管理的项目、子项目集和项目集活动。项目集中也可能包括所属单个项目范围之外的相关工作。一个项目可以是独立的,也可能属于某个项目集,但任何一个项目集中都一定包含项目。

项目集管理就是在项目集中应用知识、技能、工具与技术来满足项目集的要求,获得分别管理各项目所无法实现的利益和控制。项目集中的项目通过产生共同的结果或整体能力而相互联系。如果项目间的联系仅限于共享顾主、供应商、技术或资源,那么这些项目就应作为一个项目组合而非项目集来管理。

项目集管理重点关注项目间的依赖关系,有助于找到管理这些依赖关系的最佳方法。具体管理措施包括以下几项。

① 解决影响项目集内多个项目的资源制约和/或冲突。

② 调整对项目和项目集的目的和目标有影响的组织/战略方向。

③ 处理同一个治理结构内的相关问题和变更管理。

例如,建立一个新的通信卫星系统就是一个项目集,其所辖项目包括卫星与地面站的设计、卫星与地面站的建造、系统整合和卫星发射等。

在包含开发不同组件的项目集中,软件有时被视为次要系统组件;结果可能导致没有明确指定的软件项目经理。但是,如果软件在当前系统中起到核心作用,则指定的软件项目经理应该是项目管理团队的一员。

1.2.2 项目组合管理

项目组合是指为了实现企业战略目标而组合在一起管理的项目或项目集及其他工作的集合,它们组合起来以促进对这些工作的高效管理。组织的主要任务是软件开发和升级。为了提高工作活动的效率和效果,并实施过程改进举措,为所有的项目带来益处,组织有时把软件项目作为项目组合的元素,这将有益于组织项目组合中的所有项目。在一个项目组合中,软件项目运行的优先级基于一些参数,如复杂性、不确定性、商业价值、投资回报率等。标准化的生命周期框架可以在裁剪后应用于每个项目,是软件组织管理项目组合的重要元素。

项目组合管理是指为了实现战略目标而对一个或多个项目组合进行的集中管理。项目组合管理重点关注的是通过审查项目和项目集来确定资源分配的优先顺序,并确保对项目组合的管理与组织战略协调一致。

1.2.3 项目组合、项目集和项目的关系

在成熟的项目管理组织中,项目管理会处于一个由项目集管理和项目组合管理所治理的更广阔的环境中,如图 1-5 所示。组织战略与优先级相关联,项目组合与项目集之间以及项目集与单个项目之间都存在联系。组织规划通过对项目的优先级排序来影响项目,而项目的优先级排序则取决于风险、资金和与组织战略规划相关的其他考虑。指定组织规划时,可以根据风险的类型、具体的业务范围或项目的一般分类,如基础设施项目和内部流程改进项目,来决定对项目组合中各个项目的资金投入和支持力度。

项目集或项目组合中的项目作为一种实现组织目的与目标的手段,通常处于战略计划的大环境之中。尽管项目集中的单个项目都有各自的利益,但它们也能为项目集的整体利益、项目组合的整体目标和组织的战略目标做出贡献。

各组织根据其战略计划来管理项目组合,这就可能需要对项目组合、项目集或相关项目划分层级。项目组合管理的一个目的是:通过深入审查项目组合的所有组成部分(项目集、项目和其他相关工作)来实现项目组合的价值最大化。用这种方式,组织的战略计划就成为决定项目投资的主要因素。同时,项目则通过状态报告和变更请求(可能对其他项目、项目集或项目组合产生影响)来向项目集和项目组合提供反馈。应该逐层汇集项目需求(包括资源需求),并上报给项目组合层,用于指导组织规划工作。

除了授权项目的战略考虑,软件项目有时是研究在特定的背景(如适应性生命周期模型)中使用新开发过程的可行性,研究和学习新技术(如云计算),开发一个新的用户界面

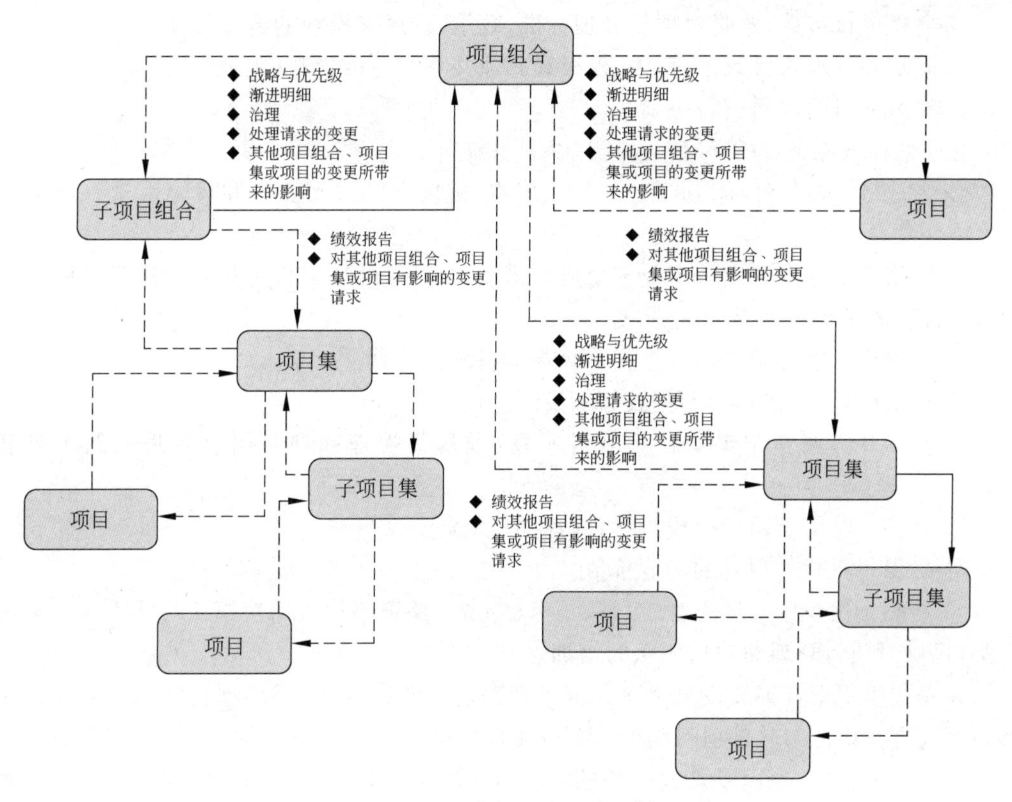

图 1-5　项目组合、项目集与项目管理间的关系

风格原型(如全息或三维显示),或者利用基于软件的创新(如包括一个软件应用的多媒体界面)。在这些情况下,软件项目的商业价值不是输出的产品,而是从项目中获得的系统知识。

1.2.4　项目管理办公室

项目管理办公室(Project Management Office,PMO)是对与项目相关的管理过程进行标准化,并促进资源、方法论、工具和技术共享的一个组织部门。PMO的职责范围可涵盖从提供项目管理支持服务,到直接管理一个或多个项目。除了集中管理之外,PMO所支持或管理的项目不一定彼此关联。PMO的具体形式、职能和结构取决于其所在组织的需要。

在项目开始阶段,PMO可能起到核心干系人和关键决策者的作用。为确保项目符合组织业务目标,PMO可能有权提出建议、提前中止项目或采取其他必要措施。此外,PMO还可参与对共享资源或专用资源的选择、管理和调动。

PMO的一个主要职能是通过各种方式支持项目经理,包括以下内容。

① 对PMO所辖全部项目的共享资源进行管理。

② 识别和制定项目管理方法、最佳实践和标准。

③ 指导、辅导、培训和监督。

④ 通过项目审计，监督对项目管理标准、政策、程序和模板的遵守程度。

⑤ 制定和管理项目政策、程序、模板和其他共享文件(组织过程资产)。

⑥ 对跨项目的沟通进行协调。

管理各种软件项目的 PMO 也具有以下职能。

① 为从组织内软件项目收集的投入、成本、进度、缺陷、干系人和风险因素等相关数据提供公共存储库。

② 使用数据仓库开发一个或多个成本模型，分析软件项目作为过程改进举措的基础和分析过程改进活动结果的优、劣势。

③ 协助项目经理做成本和进度估算与准备项目计划。

④ 提供模板、表格和自动化数据采集。

⑤ 获得并协调整个组织使用软件开发、项目集管理和项目组合管理的新工具和平台。

⑥ 维护一个可重用代码模板库，管理共享资源。

⑦ 确保每个软件项目的商业价值。

⑧ 在整个组织中传播方法、工具、技术、生命周期管理和可用性模式与技术等因素的趋势，提供对项目管理和项目团队的培训。

在一些组织中，PMO 也可以参与项目管理过程的符合性审核、项目管理成熟度评审和过程改进举措。与软件项目类似，PMO 可能会受到组织约束。软件项目的 PMO 可以是一个独立的实体，也可以是大一些的组织级 PMO 的部门，一些 IT 组织有一个信息技术项目管理办公室来处理多个项目(如基础设施、电信、网络等)。

项目经理与 PMO 追求不同的目标，有不同的需求，但他们的所有努力都必须符合组织的战略需求。项目经理与 PMO 之间的角色差异可能包括以下几点。

① 项目经理关注特定的项目目标，而 PMO 管理主要的项目集范围变更，这些变更可被视为能促进业务目标实现的潜在机会。

② 项目经理控制分配给本项目的资源，以更好地实现项目目标，而 PMO 负责优化利用所有项目共享的组织资源。

③ 项目经理管理单个项目的制约因素(范围、进度、成本和质量等)，而 PMO 站在企业的高度对方法论、标准、整体风险/机会、测量指标和项目间的依赖关系进行管理。

1.3 项目管理、运营管理与组织战略之间的关系

运营是通过开展持续的活动来生产同样的产品或提供重复服务的一种组织职能，如生产运营、制造运营和会计业务等。运营管理负责监督、指导和控制业务运作。

虽然项目具有临时性，但符合组织战略的项目能促进组织目标的实现。有时，组织会通过项目来建立战略业务举措，改变其运营、产品或系统。项目需要项目管理活动和技能，而运营则需要业务流程管理、运营管理活动和技能。

软件项目经理在开发新系统或现有系统的新版本的同时，有时还负责维护一个或多个软件系统的运营。运营人员可以报告现有系统中需要修复的缺陷，或现有系统的请求

增强。供应商提供的更新版本可能需要安装。修复缺陷、提供增强功能和安装更新版本可能从手头项目转移资源,这样会破坏进度和预算。

1.3.1 运营问题与项目管理

业务运营的改变也许就是某个特定项目的关注焦点,尤其当项目交付的新产品或新服务将导致业务运营的实质性改变时。持续运营不属于项目的范畴,但项目与运营可以在产品生命周期的不同时点交叉,举例如下。

① 在项目的收尾阶段。

② 在新产品开发、产品升级或提高产量时。

③ 在改进运营或产品开发流程时。

④ 在产品生命周期结束之前。

在每个交叉点,可交付成果及知识在项目与运营间转移,以完成工作交接。随着项目趋于结束,项目资源被转移到运营中;而在项目开始时,运营资源被转移到项目中。

运营是一种生产重复性结果的持续性工作,它根据产品生命周期中的制度化的标准,利用配给的资源,执行基本不变的作业。与运营的持续性不同,项目是临时性工作。

项目管理和运营间的共性表现为两者都是由人执行,受有限资源的约束,并且都需要规划、执行和控制。两者的主要不同点如表 1-2 所示。

表 1-2 运营和项目管理的区别

运　营	项 目 管 理
强调效率和效果	面向目标
维持现状	变更的环境管理
标准化的产品和服务	独特的产品或服务
相同的管理团队	不同的管理团队
持续	确定的开始和结束日期

运营管理是另外一个专业领域,它关注产品的持续生产和/或服务的持续运作,它通过使用优质资源和满足客户要求来保证业务运作的持续高效。运营管理重点管理那些把各种输入(如材料、零件、能源和劳力)转变为输出(如产品、商品和/或服务)的过程。

虽然运营管理不同于项目管理,但是,如果项目将对运营工作人员的工作和事业产生影响,那么应该在项目中认真考虑这些运营干系人(如设备操作员、生产线主管、销售人员、客户代表等)的需求。项目经理需要邀请运营干系人适当参与项目的所有阶段,以便获取他们的见解,防止因忽视他们的意见而导致不必要的麻烦。

在软件项目中,应该认真考虑这些运营干系人的需求。支持和使用软件的操作人员对软件工作过程和程序的效率和效果有强大的影响,因此运营干系人的输入是软件项目力求满足的重要需求源。专注需求很重要,这将会提高支持的效率和效果;软件项目经理也可以考虑与软件产品相关的部署、更新和卸载/清理(生命周期结束)问题。

1.3.2 组织问题与软件项目管理

组织在其治理框架中确定战略方向，设置绩效指标。战略方向规定了用于指导业务工作的目的、期望、目标和行动，战略方向应该与业务目标相协调。项目管理活动应该服从总体战略方向。如果战略方向发生变化，就应该相应调整项目目标。在项目环境中，调整项目目标会影响项目效率甚至项目成功。但在业务环境中，如果项目能够与组织的战略方向持续保持一致，那么项目成功的概率就会显著提高。因此，如果战略方向发生变化，项目就应随之进行调整。

1. 基于项目的组织

基于项目的组织（Project-Based Organizations，PBO）是指建立临时机构来开展工作的各种组织形式。在各种组织结构中（如职能型、矩阵型或项目型），都可以建立 PBO。在 PBO 中，考核工作成败的依据是最终结果，与职位或政治因素无关。

在 PBO 中，大部分工作都被当作项目来做，并/或按项目方式而非职能方式进行管理。既可以在整个组织层面采用 PBO，如在电信、油气、建筑、咨询和专业服务等行业中；也可以在多公司财团或网络组织中采用 PBO；还可以仅在组织的某个部门或分支机构内部采用 PBO。

2. 项目管理和组织治理之间的联系

开展项目（或项目集）是为了实现战略业务目标。现在，很多组织都采用正式的组织治理流程和程序来管理战略业务目标。组织治理规则对项目有强制性的制约作用，当项目所交付的服务将受制于严格的组织治理时，情况尤其如此。

为了判断项目产品或服务能够在多大程度上支持组织治理，项目经理必须了解与项目产品或服务相关的组织治理政策和程序。例如，某个组织已经制定了支持可持续发展的政策，那么新办公楼建设项目的项目经理就必须了解与工程建设有关的可持续发展要求。

运营是持续执行活动的组织级功能，这些活动生产相同产品或提供重复性服务。运营支撑着日常业务，是实现业务战略和战术目标的必要手段。运营管理的一个例子是软件和 IT 基础设施支持和维护。

软件生产支持可能包括支持软件组件集成、软件配置管理、软件质量保证、软件发布管理和软件系统测试等过程。一些或所有这些支持过程可能在软件项目经理的控制下；然而，独立的组织单元可以提供一些，也许是所有过程。当这些支持过程由独立的组织单元提供时，软件项目经理提供跨组织边界的协调以保证项目达到预期目标。

3. 项目管理和组织战略之间的关系

组织战略应该为项目管理提供指导和方向，特别是当人们认为项目就是为支持组织战略而存在时尤其如此。通常由项目发起人或项目组合经理或项目集经理来识别组织战略与项目目标的一致性或潜在冲突，并向项目经理通报情况。在项目中，如果项目目标与既定的组织战略存在冲突,项目经理有责任尽早记录并确认冲突。有时,制定组织战略就是项目本身的目标。在这种情况下,明确定义什么才能构成支持组织发展的合理战略,对项目来说就非常重要。

1.4 项目经理角色

一般而言,职能经理专注于对某个职能领域或业务单元的管理和监督,而运营经理负责保证业务运营的高效性。与职能经理或运营经理不同,项目经理是执行组织委派,领导团队实现项目目标的个人。

基于组织结构,项目经理可能向职能经理报告。而在其他情况下,项目经理可能与其他项目经理一起,向项目集或项目组合经理报告。项目集或项目组合经理对整个企业范围内的项目承担最终责任。在这类组织结构中,为了实现项目目标,项目经理需要与项目集或项目组合经理以及其他相关角色紧密合作,确保项目管理计划符合所在项目集的整体计划。

1.4.1 项目经理的责任

项目经理是战略与项目团队之间的联系纽带。因此,项目经理的角色在战略上越来越重要。

作为对项目成功负责的个人,项目经理掌管项目的所有方面,包括以下职能。

① 制订项目管理计划和所有相关的子计划。

② 使项目始终符合进度和预算要求。

③ 识别、监测和应对风险。

④ 准确、及时地报告项目指标。

⑤ 计划、刺激、组织和控制团队成员。

项目经理负责项目的日常运作。他们处于交流沟通关系的核心,项目的成功很大程度上依赖于他们的能力和热情。项目经理应该参与项目的“界定”过程,并有机会与客户和最终用户接触。有经验的项目经理会在项目开始的时候就确定关键的利益相关者,并采取积极的步骤来利用正面的利害关系,努力减小消极因素的影响。项目经理最主要的职责是计划、组织和控制。

1.4.2 项目经理的能力

软件项目工作可以由产品组件(如用户界面、数据库、计算和通信软件),过程组件的功能性(如分析、设计、实现、测试和安装/培训过程),或者子系统(如天气、雷达、空中交通显示)组织而成。项目团队可以以功能的方式组织,如在项目计划和实施期间,软件项目经理可能是项目功能单元的经理。此外,大型软件项目可能被视为软件项目集而分解为多个项目;每个项目都有项目经理,它们的工作产品被合并为一个产品流。

要有效管理项目,除了应具备特定应用领域的技能和通用管理能力以外,项目经理还需具备以下能力。

① 知识能力——项目经理对项目管理了解多少。

② 实践能力——项目经理能够应用所掌握的项目管理知识做什么、完成什么。

③ 个人能力——项目经理在执行项目或相关活动时的行为方式。个人态度、主要性格特征和领导力，决定着项目经理指导项目团队平衡项目制约因素、实现项目目标的能力，决定着项目经理的行为的有效性。

此外，软件项目经理在以下方面进行领导。

① 启动、计划、开发预算以及计划最初和持续的基础条件变化。

② 使用一个系统化的版本控制过程监控进度里程碑、预算支出、稳定需求、员工绩效、资源利用和确定风险因素。

③ 当需求和其他约束变化时，通过定义和维护项目版本，以及提供来自团队领导者、软件开发人员和从事创新团队工作的支持人员的手把手的、日常的领导来进行领导和指导。

④ 保持组织政策和合同需求的一致性。

⑤ 通过对风险因素进行连续不断的识别、分析、优先级排序和响应来管理风险。

⑥ 促进、辅导、监督、激励，并与软件工程知识工作者一起工作来获得期望的结果。

⑦ 使用干系人熟悉的术语和概念与干系人沟通，以跨越技术鸿沟。

在一个小的项目（如少于 10 人）中，项目经理可能有更多的角色，如作为团队领导和/或软件设计师、软件架构师、业务分析师，或者起到其他贡献作用。另外，一个小软件项目的经理可能同时管理一个或多个其他小项目，但不要让管理其他小项目的经理工作超载。

软件项目经理需要与项目团队和项目外部干系人保持有效的沟通和协调。人际技能对软件项目经理非常重要，包含领导力、谦卑、有效的聆听、团队建设、激励、沟通、合作和知识分享、影响力、管理冲突、决策能力、政治和文化意识、谈判。

① 软件项目经理不必拥有团队成员的高深知识和技能，但应该清楚团队成员的问题和关注点，熟悉团队成员使用的术语。软件项目经理还应该理解在软件项目生命周期连续体中管理软件项目的各种方法。

② 软件项目经理可能有技术背景，但并不总在软件领域。那些没有很强软件技能的项目经理可能需要在他们的软件项目中与技术领导密切合作。那些具备很强软件技能的项目经理可能需要关注开发业务、项目管理和人际交往技能。

③ 软件项目经理的两个重要方面是人际交往技能和软件质量管理。

1.5 项目管理知识体系

《PMBOK® 指南》用在大多数时候管理大多数项目上，主要针对单个项目，适用于很多行业，旨在描述为获得项目成功所需的项目管理过程、工具和技术。

1.5.1 PMI 与 PMBOK

美国项目管理协会（Project Management Institute，PMI）成立于 1969 年，是项目管理领域中最大的由研究人员、学者、顾问和经理组成的全球性专业组织。

PMI成立的前提是在不同应用领域的项目中存在许多通用的管理实践。在1976年PMI蒙特利尔年会上，人们开始广泛讨论通用实践标准化的问题。这又导致了对项目管理职业化的讨论。1981年，PMI正式立项来开发支持项目管理职业化的程序和概念。该项目建议书提出了3个重点，即识别职业从业人员的特征（职业道德）、项目管理知识体系的内容和结构（标准）、对项目管理职业成就的认可（认证）。

1987年8月，PMI发行了名为《项目管理知识体系》的单行本；1996年《项目管理知识体系指南》（PMBOK®指南）出版，历经2000年、2004年的第2和第3版，直至2008年出版了《PMBOK®指南》第4版。《PMBOK®指南》已成为公认的全球项目管理的权威职业标准。2013年，《PMBOK®指南》出版了第5版，为跨行业、地域和项目类型的通用标准的实践奠定了基础。

1.5.2 《PMBOK®指南》软件分册

在《PMBOK®指南》（第5版）的基础上，2013年PMI和IEEE计算机学会合作开发了针对软件开发项目经理的指南《PMBOK®指南（第5版）——软件分册》，其目的是补充《PMBOK®指南》的知识和实践，以期提高软件项目经理及其管理的团队和项目成员的效率和效用。

尽管《软件分册》关注的是软件开发项目管理，但它仍对从事IT项目的组织有用。首先，这些组织需要管理IT软件开发和升级的解决方案。这些项目可能需要在内部开发一些应用软件或软件密集型系统，《软件分册》可直接应用于这些项目。其次，组织可能将IT软件开发外包给外部的第三方组织。在这种情况下，《软件分册》为那些负责监控外部工作的人员提供了有用信息。这些信息可用于在合同期间检查第三方的项目计划，分析项目状态，识别和应对风险，以及理解可能产生的问题。最后，《软件分册》中介绍的大多数组织考虑和团队考虑同样适用于IT开发。类似的考虑适用于工程项目。

《软件分册》介绍了软件项目管理中普遍认可的实践，以及适用于那些新软件开发或现有软件升级等项目管理的实践，介绍了软件项目管理过程、方法、工具与技术。对于很多项目经理，包括那些通过PMI认证的项目经理来说，通过提升他们在这些方面的知识和技能，可以提升其管理软件开发项目和软件升级项目的能力。

1.5.3 项目管理资格认证PMP与职业道德规范

行业认证是行业内承认和确保质量的重要因素之一。PMI制定出的项目管理方法已经得到全球公认，PMI也成为全球项目管理的权威机构。PMI组织的项目管理资格认证考试（PMP——项目管理人员）是项目管理领域的权威认证，其目的是为了给项目管理人员提供一个行业标准，使全球的项目管理人员都能够得到科学的项目管理知识。

PMP证书是项目管理专业在全球范围内被认可和受尊重的资格证书。要想获得PMP证书，必须满足教育与资历方面的要求，同意并遵守职业道德规范，并且需通过PMP证书考试。许多公司要求组织内部晋升或从外部雇用的人员拥有PMP证书。

PMP证书要求持有学士学位证书的申请者有4500h的项目管理工作经验。没有学士学位的申请者需要有7 500h的项目管理工作经验。这段工作经验必须在PMP申请日之前的3～6年时间里获得。

PMP考试的内容涉及《项目管理知识体系》(PMBOK®指南)提供的整个资料，包括项目管理的5个基本过程(启动、规划、执行、监控和收尾)以及十大知识领域(整合管理、范围管理、时间管理、成本管理、人力资源管理、风险管理、质量管理、沟通管理、采购管理和干系人管理)。目前，PMP资格考试为中英文对照形式，题型是单项选择题，共200道题，考试时间4h。

PMI认为，就行业而言，项目管理专业人员的工作将影响到整个社会成员的生活质量。因此，在工作中应遵循相应的职业道德，去赢得和维持团队成员、同事、雇员、雇主、客户和公众的信任，这一点是至关重要的。

PMI制定的项目管理行业职业道德规范包括以下内容。

条款Ⅰ：项目管理专业人员应保持较高的个人和职业行为标准并且

A：对自己的行为承担责任。

B：只有在通过培训获得任职资格或具备经验或其有关资历获得雇主或客户认可的情况下，才能任职从事项目并承担责任。

C：保持最新专业技能并认识到持续的个人发展和继续教育的重要性。

D：以崇高的态度，扩展专业知识，提高专业威信。

E：遵守这个规范并鼓励同事、同行按照这个规范从事业务。

F：通过积极参与并鼓励同事、同行参与来维护本行业。

G：遵守工作所在国家的法律。

条款Ⅱ：在工作中，项目管理专业人员应

A：发挥必要的项目领导才能去最大限度地提高生产率，同时尽可能最大限度地缩减成本。

B：应用当今先进的项目管理工具和技术，以保证达到项目计划设定的质量、费用和进度的控制目标。

C：不分种族、地区、性别、年龄和国籍，公平对待项目团队成员、同行和同事。

D：保护项目团队成员免受身心伤害。

E：为项目团队成员提供适当的工作条件和机会。

F：在工作中乐于接受他人的批评，善于提出诚恳的意见，并能正确地评价他人的贡献。

G：帮助团队成员、同行和同事提高专业知识。

条款Ⅲ：在与雇主和客户的关系中，项目管理专业人员应

A：在专业和业务方面，做雇主和客户的诚实的代理人和受托人。

B：无论是在聘期间还是离职之后，对雇主和客户没有被正式公开的业务和技术工艺信息应予以保密。

C：应告知其雇主、客户、自己已成为其成员的专业团体或公共机构可能导致利益冲突的各种情况。

1.5.4　项目管理专业资质认证 IPMP

除了 PMP 认证考试之外，项目管理学科还有一项相关的认证考试，即 IPMP 认证。国际项目管理专业资质认证（International Project Management Professional，IPMP）是国际项目管理协会（International Project Management Association，IPMA）在全球推行的四级项目管理专业资质认证体系的总称。IPMP 是对项目管理人员知识、经验和能力水平的综合评估证明，根据 IPMP 认证等级划分获得 IPMP 各级项目管理认证的人员，将分别具有负责大型国际项目、大型复杂项目、一般复杂项目或具有从事项目管理专业工作的能力。

IPMA 依据国际项目管理专业资质标准（IPMA Competence Baseline，ICB），针对项目管理人员专业水平的不同，将其资质认证划分为 A、B、C、D 这 4 个等级，每个等级分别授予不同级别的证书。

A 级证书是认证的高级项目经理。获得这一级认证的项目管理专业人员有能力指导一个公司（或一个分支机构）的包括有诸多项目的复杂规划，有能力管理该组织的所有项目，或者管理一项国际合作的复杂项目。这类等级称为 CPD（认证的高级项目经理）。

B 级证书是认证的项目经理。获得这一级认证的项目管理专业人员可以管理大型复杂项目。这类等级称为 CPM（认证的项目经理）。

C 级证书是认证的项目管理专家。获得这一级认证的项目管理专业人员能够管理一般复杂项目，也可以在所有项目中辅助项目经理进行管理。这类等级称为 PMP（认证的项目管理专家）。

D 级证书是认证的项目管理专业人员。获得这一级认证的项目管理人员具有项目管理从业的基本知识，并可以将它们应用于某些领域。这类等级称为 PMF（认证的项目管理专业人员）。

由于各国项目管理发展情况不同，各有各的特点，因此 IPMA 允许各成员国的项目管理专业组织结合本国特点，参照 ICB 制定在本国认证国际项目管理专业资质的国家标准，这一工作授权于代表本国加入 IPMA 的项目管理专业组织完成。

中国项目管理研究委员会（PMRC）是 IPMA 的成员国组织，是我国唯一的跨行业的项目管理专业组织。PMRC 代表中国加入 IPMA 成为 IPMA 的会员国组织。IPMA 已授权 PMRC 在中国进行 IPMP 的认证工作。PMRC 作为 IPMA 在中国的授权机构，于 2001 年 7 月开始全面在中国推行国际项目管理专业资质认证工作。

1.6　习　　题

请参考课文内容以及其他资料，完成下列选择题。

1.（　　）是项目管理。

A. 在一定期限内完成一项任务的能力

B. 在一定的预算限制内完成一项任务的能力

C. 自始至终管理一系列任务，最终达到期望目标的能力

D. 在一定期限内，在一定的预算限制内，自始至终管理一系列任务的能力

2. 以下(　　)最能表现某个项目的特征。

A. 运用进度计划技巧　　B. 整合范围与成本

C. 确定的期限　　D. 利用网络进行跟踪

3. 对项目来说，“临时”的意思是(　　)。

A. 项目的工期短　　B. 每个项目都有确定的开始和结束点

C. 项目未来完成时间未定　　D. 项目随时可以取消

4. 关于项目与运营，下面描述正确的是(　　)。

A. 项目受到有限资源的制约，而运营没有资源的制约

B. 运营工作不会被定义为项目

C. 项目和运营的目标是根本不同的

D. 项目(和运营)不同是因为当特定目标实现时项目就结束了；而日常运作是重复进行的

5. 以下关于项目的描述都是正确的，除了(　　)。

A. 产生独特的产品　　B. 独特的运营方式

C. 跨职能部门工作　　D. 划分阶段进行控制

6. 项目6个制约因素：范围、时间、成本、资源、质量、风险，优先关系为(　　)。

A. 成本第一　　B. 范围第一

C. 时间第一　　D. 根据项目需求制定

7. 在组织中管理项目时使用的政策、方法和模板由(　　)提供。

A. 项目出资人　　B. 职能部门

C. 项目管理办公室　　D. 项目经理

8. 所有的项目应该支持执行组织的长期目标。这种类型目标的最佳描述是(　　)。

A. 运行的　　B. 战术的

C. 战略的　　D. 自下而上的

9. A公司是一家基础设施公司，为了实现投资回报最大化的战略目标，现在有油气、电力、供水、公路、铁路和机场等项目需要建设，为了有效管理，可以将这些项目作为一个(　　)来管理。

A. 项目集　　B. 项目组合　　C. 大项目　　D. 多项目

10. 人力资源部想在公司内部聘用一位新项目经理。他们可以从下面候选人中挑选，最佳人选是(　　)。

A. 具有丰富的管理知识

B. 具有丰富的项目管理知识

C. 具有扎实的技术知识

D. 具有通用管理和项目管理的技术技能

11. 产品的重要方面包括维修和日常运作，这些应当(　　)。

A. 不作为项目的一部分

B. 当做一个大型项目的一部分

C. 作为活动包含在项目的工作分解结构中

D. 不从项目生命周期中分离出来称为单独的阶段

12. 以下(　　)不属于项目组合管理的工作。

A. 识别可进入项目组合管理的项目

B. 为项目组合内的项目进行排序

C. 对各个项目进行授权、管理和控制

D. 制定组织的战略业务目标

13. (　　)负责为具体项目选择适用的知识。

A. 组织　　B. 项目管理团队　　C. 发起人　　D. A和B

14. 项目可能涉及的组织层次是(　　)。

A. 一个人　　B. 一个组织单元

C. 多个组织单元　　D. 所有的组织层次上

15. 下述关于PMO的描述,不正确的是(　　)。

A. PMO关注项目规划和实施的协调,以及与组织母体或客户总体商业目标相关联的子项目

B. PMO可以授权每个项目初始阶段的决策人

C. PMO参与项目人力资源的选择和再派遣

D. PMO和项目经理追逐相同目标,并受相同需求驱动

16. 有效地管理项目,项目经理需要具备(　　)。

A. 指导项目团队所需的领导力等个人素质

B. 项目管理的知识

C. 运用项目管理知识实现目标的执行能力

D. 以上皆是

17. 在多个项目中,为了实现有效的资源分配,应该采用(　　)管理方法。

A. 项目管理　　B. 运营管理　　C. 项目集管理　　D. 项目组合管理

18. 下面正确定义了等级关系的是(　　)。

A. 战略计划,项目,项目集和项目组合

B. 项目,项目集,战略计划和项目组合

C. 战略计划,项目组合,项目集和项目

D. 项目组合,项目集,战略计划和项目

19. 项目经理是执行组织委派管理项目的个人,项目经理的角色是(　　)。

A. 专注于某个行政领域

B. 负责某个核心业务

C. 负责所有项目的最终目标的实现

D. 专注于某个职能领域

20. 除了具备特定应用领域技能和通用管理方面的能力外,项目经理还需要具备以下各项,除了(　　)。

A. 知识　　B. 实践　　C. 个人素质　　D. 学历

1.7 实验与思考：在线支持项目管理

【实验目的】

本节“实验与思考”的目的如下。

(1) 理解和熟悉项目管理的基本概念。

(2) 通过搜索与浏览，了解网络环境中的项目管理专业网站，掌握通过网络不断丰富项目管理最新知识的学习方法，尝试通过专业网站的辅助与支持来开展项目管理应用实践。

(3) 浏览“项目管理职业资格认证”网站(http://exam.chinapmp.cn/)，了解PMP考试与证书获取，提升自己的就业和从业能力。

【工具/准备工作】

(1) 在开始本实验之前，请回顾教科书的相关内容。

(2) 需要准备一台能够访问因特网的计算机。

【实验内容与步骤】

(1) 概念理解：什么是项目？

请记录：

什么是项目：____

____

什么是项目管理：______________________________________

____

与绝大多数组织工作类似，项目的主要目标是满足客户的需要。此外，项目的一些特征有助于将它与组织的其他工作区分开来。项目的主要特征如下。

① 具有明确的目标。

② 具有起点和终点的确定生命周期。

③ 通常涉及多个部门和专业。

④ 一般情况下，要做以往从未做过的事。

⑤ 特定的时间、成本和性能要求。

下面是一些典型的例子，请区分它们并将其填入表1-3中。

表1-3 例行工作与项目的比较

例行工作	项　目

A. 对供应链需求的回复
B. 谱写一首新的钢琴曲
C. 每天将销售进款登记在分类账上
D. 设计一台2.5英寸屏幕,能接入PC并储存1万首歌曲的iPod
E. 写一篇学术论文
F. 开发供应链信息系统
G. 做课堂笔记
H. 在钢琴上练习音阶
I. 苹果iPod的日常制造
J. 为专业会计会议设立信息亭
(2) 浏览项目管理专业网站。
看看哪些网站在做着项目管理的技术支持工作?请在表1-4中记录搜索结果。
提示:项目管理专业网站主要有以下几个。
http://exam.chinapmp.cn/(项目管理职业资格认证)
http://www.leadge.com/(项目管理资源)
http://www.mypm.net/(项目管理者联盟)
http://www.project.net.cn/(中国项目管理网)
你习惯使用的网络搜索引擎是__________
你在本次搜索中使用的关键词主要是__________

表1-4　项目管理专业网站实验记录

网站名称	网　　址	内容描述

请记录:在本实验中你感觉比较重要的两个项目管理专业网站是:
① 网站名称:__________

② 网站名称:__________

综合分析,你认为各项目管理专业网站当前的专业知识热点是:
① 名称:__________
主要内容:__________

② 名称:__________

主要内容：________________________________

____

③ 名称：________________________________

主要内容：________________________________

____

(3) 浏览“项目管理职业资格认证”网站。

请记录：

① PMP 考试是________________________________

____

② 在我国，负责组织 PMP 考试培训和报名的机构是________________

____

相应的官方网站的网址是________________________________

____

【实验总结】

____

____

____

____

【实验评价（教师）】

____

____

组织影响和项目生命周期

项目管理已经不再是管理上的一种特殊需求，它正在迅速成为社会活动的一种常态，许多组织/企业把越来越多的精力投入到项目中去。可以预计，未来项目对组织战略方向的重要性还会增加。项目与项目管理是在比项目本身更大的环境中进行的。理解这个大环境，有助于确保项目的执行符合组织目标，项目管理符合组织既有的实践。

在软件项目生命周期中，软件项目与业务工作和组织中的其他元素进行交互，项目干系人的影响超越了软件开发团队，组织结构影响项目启动、计划、执行、监控和收尾等。重点是为适应软件项目和软件项目管理的重要性和独特性等方面开发的工具与技术。

2.1 组织对项目管理的影响

组织文化、结构和领导风格对如何进行软件项目的管理具有很重大的影响，因为软件工程师是靠密切的团队合作来开发和修改软件的知识工作者。组织的项目管理成熟度及其项目管理系统也会影响项目。涉及外部企业(如作为合资方或合伙方)的项目，会受到不止一个组织的影响。

2.1.1 组织文化与风格

开发和修改软件的组织一般具有很广泛的组织文化、结构和领导风格。软件项目的文化、结构、领导风格会被很多因素影响。例如，组织的使命、愿景和价值观；组织的行为规范；产品领域；与其他组织和大型企业的相互作用；与客户和其他项目干系人的关系。

另外，由于软件项目的独特性(无形产品和密切配合的团队精神)，影响软件工作者的士气和积极性的组织因素与其他组织相比略有不同。

提高软件人才的积极性、参与性和生产力的组织因素包括以下几点。

① 工作场所不受外界的干扰。

② 存在具有挑战性的技术问题。

③ 自主解决问题。

④ 能够控制自己的工作日程。

⑤ 学习新的东西。

⑥ 存在有能力的技术领导者。

⑦ 有机会尝试新的想法。

⑧ 存在有吸引力的愿景或最终状态。

⑨ 有适当的培训和指导。

⑩ 有充足的软件工具和计算技术。

软件开发往往是一个学习和知识共享的过程，项目团队成员不断学习和分享知识。提高产品质量和项目绩效的组织因素包括以下几个。

① 协作文化和工作环境。

② 容易与跨职能团队成员沟通。

③ 有机会及时讨论问题。

④ 能够获取所需的信息。

⑤ 有明确和有效的组织接口。

⑥ 主机托管和电子连通使得团队成员之间能够很容易地进行沟通。

⑦ 团队成员、项目团队、项目经理、其他管理人员开放讨论问题，与选择的客户之间高度信任。

反之，如果没有这些因素，可能会降低个人及团队的积极性和士气。这些因素对于所有知识工作者都很重要，而对于软件开发人员尤为重要。

2.1.2 组织沟通

在一个组织中，项目管理的成功高度依赖于有效的组织沟通，在项目管理专业日趋全球化的背景下尤其如此。组织沟通能力对项目的执行方式有很大的影响。即使相距遥远，项目经理仍然可以通过使用电子沟通工具（包括电子邮件、短信、即时信息、社交媒体、视频和网络会议及其他电子媒介形式），与组织结构内所有干系人进行正式或非正式的有效沟通，促进决策。

软件工作产品在电子媒体中的代表性及互联网和网络基础设施的发展使软件开发的全球化成为可能，软件项目经理越来越多地管理分散在不同地方的项目。

2.1.3 组织结构

组织结构可能影响资源的可用性和项目的执行方式，其类型包括职能型、项目型及位于这两者之间的各种矩阵型结构。表 2-1 列出了几种主要组织结构及其与项目有关的重要特征。

表 2-1 组织结构对项目的影响

项目特征	职能型	矩阵型			项目型
		弱矩阵	平衡矩阵	强矩阵	
项目经理的职权	很少或没有	小	小到中	中到大	大到几乎全权
可用的资源	很少或没有	少	少到中	中到多	多到几乎全部
项目预算控制者	职能经理	职能经理	混合	项目经理	项目经理
项目经理的角色	兼职	兼职	全职	全职	全职
项目管理行政人员	兼职	兼职	兼职	全职	全职

典型的职能型组织是一种层级结构，如图 2-1 所示，每名雇员都有一位明确的上级。人员按专业分组，如最高层可分为生产、营销、工程和会计。各专业还可进一步分成更小的职能部门，如将工程专业进一步分为机械工程和电气工程。在职能型组织中，各个部门相互独立地开展各自的项目工作。

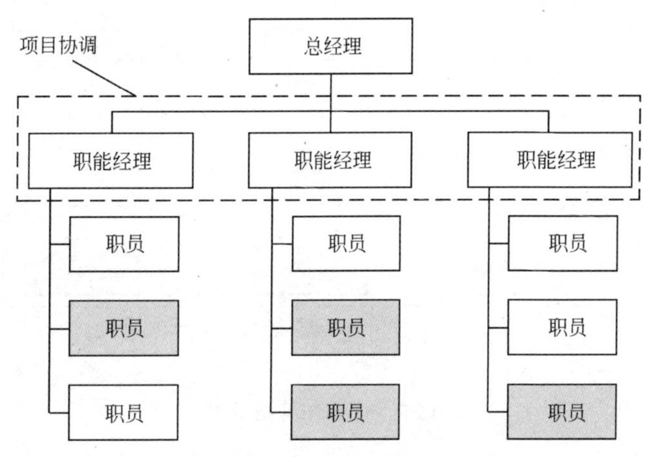

图 2-1　职能型组织

如图 2-2 至图 2-4 所示，矩阵型组织兼具职能型和项目型组织的特征。根据职能经理和项目经理之间的权力和影响力的相对程度，矩阵型组织可分为弱矩阵、平衡矩阵和强矩阵。弱矩阵型组织保留了职能型组织的大部分特征，其项目经理的角色更像是协调员或联络员，作为工作人员的助理和沟通协调员，不能亲自制定或推行决策。强矩阵型组织则具有项目型组织的许多特征，拥有较大职权的全职项目经理和全职项目行政人员。平衡矩阵型组织虽然承认全职项目经理的必要性，但并未授权其全权管理项目和项目资金。

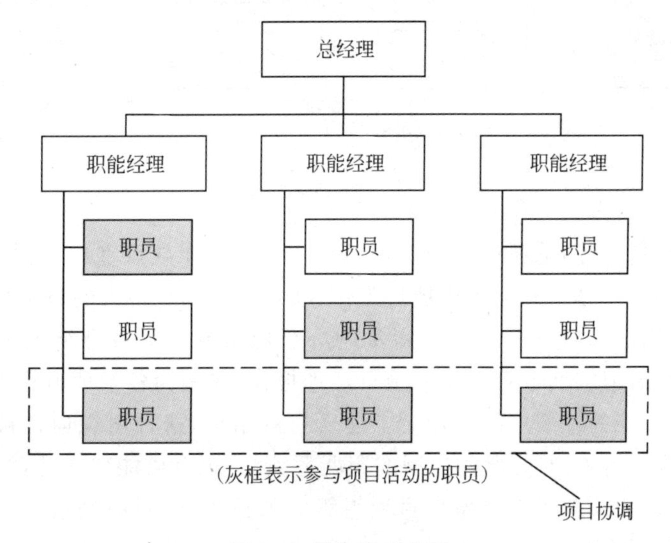

图 2-2　弱矩阵型组织

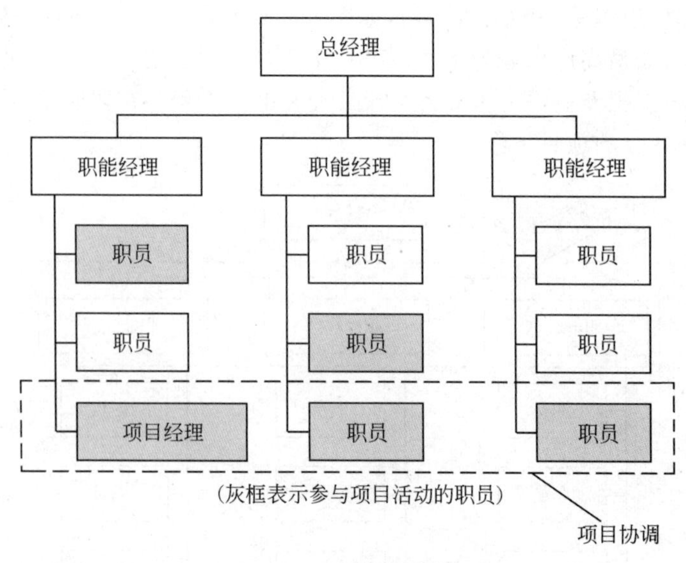

图 2-3 平衡矩阵型组织

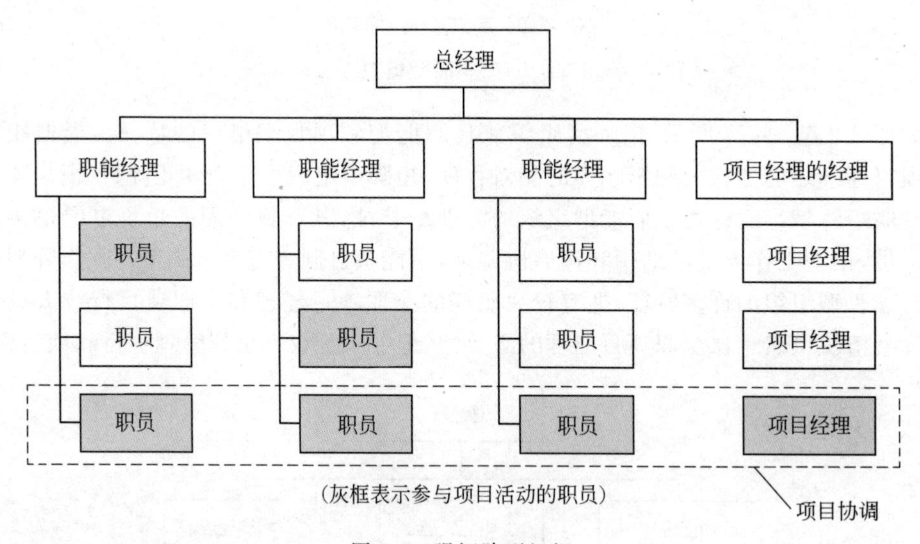

图 2-4 强矩阵型组织

与职能型组织相对的是项目型组织，如图 2-5 所示，在项目型组织中，团队成员通常集中办公，组织的大部分资源都用于项目工作，项目经理拥有很大的自主性和职权。这种组织中也经常采用虚拟协同技术来获得集中办公的效果。项目型组织中经常有被称为“部门”的组织单元，但它们或者直接向项目经理报告，或者为各个项目提供支持服务。

很多组织在不同的组织层级上用到上述所有的结构，这种组织通常被称为复合型组织，如图 2-6 所示。例如，即使那些典型的职能型组织，也有可能建立专门的项目团队，来实施重要的项目。该团队可能具备项目型组织中项目团队的许多特征。在项目期间，它可能拥有来自各职能部门的全职人员，可以制定自己的办事流程，甚至可以在标准化的正式汇报结构之外运作。同样，一个组织可以采用强矩阵结构管理其大多数项目，而小项目

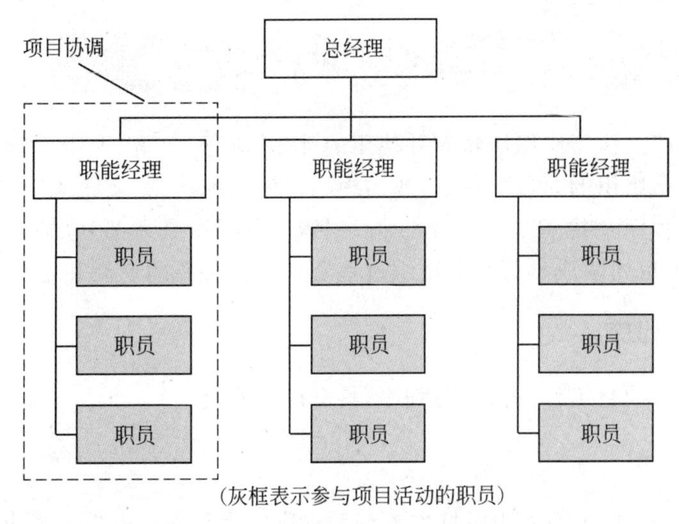

图 2-5 项目型组织

仍由职能部门管理。

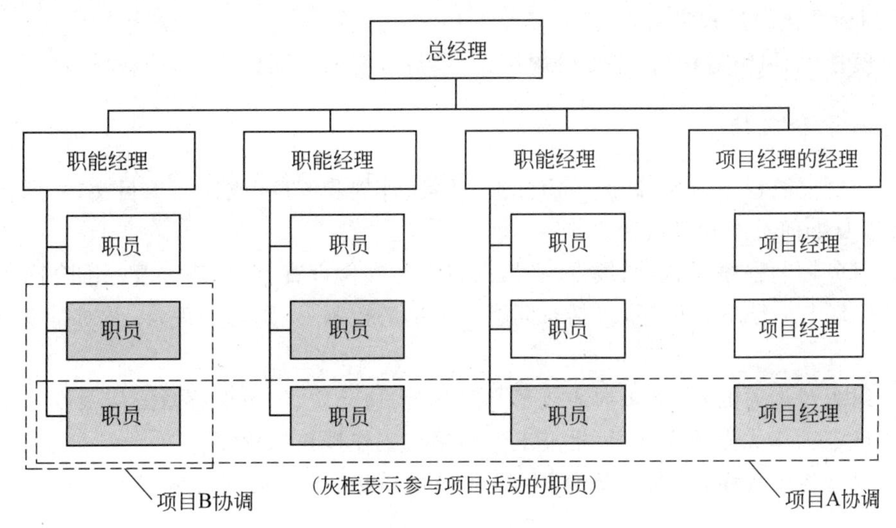

图 2-6 复合型组织

软件企业可以这样组织项目：将项目作为单独的实体(项目型组织)；通过功能单元(职能型组织)之间的协调；或者通过结合项目型和职能型结构的矩阵式组织。

内部软件项目通常组织成一个或多个小团队(每个团队有 10 个或更少的成员)，其中团队的数量取决于项目的大小。协调的小型团队能够尽量减少团队内部和团队之间沟通的问题，因为团队成员的增加将导致沟通路径的数目成倍增加。当每个团队有一个单独的观点要与其他团队分享时，几个小团队比一个大的团队需要更少的沟通路径。一个软件组织的其他功能单元可提供配套服务，如配置管理、基础工具和支持，以及独立检验和确认功能。

2.2 组织过程资产

组织过程资产是执行组织所特有并使用的计划、流程、政策、程序和知识库,包括任何(或所有)项目参与组织的,可用于执行或治理项目的任何产物、实践或知识。组织过程资产可分成流程与程序及共享知识库两大类。组织过程资产是大部分规划过程的输入。在项目全过程中,项目团队成员可以对组织过程资产进行必要的更新和增补。

2.2.1 流程与程序

组织用于执行项目工作的流程与程序,具有以下职能。

1. *启动和规划*

① 指南和标准,用于裁剪组织标准流程和程序以满足项目的特定要求。

② 特定的组织标准,如政策(如人力资源政策、健康与安全政策、职业道德政策、项目管理政策)、产品与项目生命周期、质量政策与程序(如过程审计、改进目标、核对表、组织内使用的标准化的过程定义)。

③ 模板(如风险登记册、工作分解结构、项目进度网络图模板及合同模板)。

2. *执行和监控*

① 变更控制程序,包括修改组织标准、政策、计划和程序(或任何项目文件)所需遵循的步骤以及如何批准和确认变更。

② 财务控制程序(如定期报告、必需的费用与支付审查、会计编码及标准合同条款)。

③ 问题与缺陷管理程序,包括对问题与缺陷的控制、识别与处理,以及对行动方案的跟踪。

④ 组织对沟通的要求(如沟通技术、许可的沟通介质、记录保存政策以及安全要求)。

⑤ 确定工作优先顺序排序、批准工作与签发工作授权的程序。

⑥ 风险控制程序,包括风险分类、风险描述模板、概率及其影响定义及概率和影响矩阵。

⑦ 标准化的指南、工作指示、建议书评价准则和绩效测量准则。

3. *收尾*

项目收尾指南或要求(如经验教训、项目终期审计、项目评价、产品确认和验收标准)。

2.2.2 共享知识库

组织用来存取信息的共享知识库,包括以下内容。

① 配置管理知识库,包括执行组织的所有标准、政策、程序和项目文件的各种版本与基准。

② 财务数据库,包括人工时、实际成本、预算和成本超支等方面的信息。

③ 过程测量数据库，用来收集与提供过程和产品的测量数据。

④ 历史信息与经验教训知识库(如项目记录与文件、完整的项目收尾信息与文件、关于以往项目选择决策的结果及以往项目绩效的信息，以及从风险管理活动中获取的信息)。

⑤ 问题与缺陷管理数据库，包括问题与缺陷的状态、控制情况、解决方案以及相关行动的结果。

⑥ 过程测量数据库，用来收集与提供过程和产品的测量数据。

⑦ 以往项目的项目档案(如范围、成本、进度与绩效测量基准，项目日历，项目进度网络图，风险登记册，风险应对计划和风险影响评价)。

许多软件组织为软件工程和软件项目管理维护共享知识库。

2.3 事业环境因素

事业环境因素是指项目团队不能控制的，将对项目产生影响、限制或指令作用的各种条件。事业环境因素是大多数规划过程的输入，可能提高或限制项目管理的灵活性，并可能对项目结果产生积极或消极的影响。

从性质或类型上讲，事业环境因素是多种多样的，包括以下内容。

① 组织文化、结构和治理。

② 设施和资源的地理分布。

③ 政府或行业标准(如监管机构条例、行为准则、产品标准、质量标准和工艺标准)。

④ 基础设施(如现有的设施和固定资产)。

⑤ 现有人力资源状况(如人员在设计、开发、法律、合同和采购等方面的技能、素养与知识)。

⑥ 人事管理制度(如人员招聘和留用指南、员工绩效评价与培训记录、奖励与加班政策以及考勤制度)。

⑦ 公司的工作授权系统。

⑧ 市场条件。

⑨ 干系人风险承受力。

⑩ 政治氛围。

⑪ 组织已有的沟通渠道。

⑫ 商业数据库(如标准化的成本估算数据、行业风险研究资料和风险数据库)。

⑬ 项目管理信息系统(Project Management Information System，PMIS)，如自动化工具，包括进度计划软件、配置管理系统、信息收集与发布系统或进入其他在线自动系统的网络界面。

在项目开始之前，上级管理部门或者项目经理就需要建立 PMIS。同时，一个高效的 PMIS 应对信息进行结构化的处理，建立一个信息编码系统，使每一条信息都有它唯一的编码。

PMIS 包括以下两个子系统。

① 变更控制系统。这是正式形成文件的全部过程，用于确定控制、改变和批准项目

可交付成果和文件的方法。

② 配置管理系统。这是 PMIS 的一个子系统。该系统包括的过程用于提交变更建议，追踪变更建议的审查与批准制度，确定变更的批准级别，以及确认批准的变更方法。在大多数应用领域，配置管理系统包含变更控制系统。

配置管理是为了确保项目成果的统一完整，而对项目成果（产品组成部分、文档）进行统一管理。首先，要准确、完备地记录产品的各项特征；其次，项目需要变更时，必须对项目的方方面面也做相应的变更。一个正式的配置管理流程是标准化和程序化的。

2.4 项目干系人与治理

项目干系人是指能影响项目决策、活动或结果的个人、群体或组织，以及会受或自认为会受项目决策、活动或结果影响的个人、群体或组织。干系人可能主动参与项目，或他们的利益会因项目实施或完成而受到积极或消极的影响。不同的干系人可能有相互竞争的期望，因而会在项目中引发冲突。为了取得能满足战略业务目标或其他需要的期望成果，干系人可能对项目、项目可交付成果及项目团队施加影响。

项目治理确保项目符合干系人的需要或目标，对成功管理干系人参与和实现组织目标都非常重要。采用项目治理，组织就能够规范地管理项目，最大化项目价值，保证项目符合业务战略。项目治理提供了一个框架，便于项目经理和发起人制定既满足干系人需要和期望，又符合组织战略目标的决策，也便于他们及时发现和应对偏离的情况。

2.4.1 项目干系人

干系人包括所有项目团队成员，以及组织内部或外部与项目有利益关系的实体。为了明确项目要求和各参与方的期望，项目团队需要识别内部和外部、正面和负面、执行工作和提供建议的干系人。

一个软件项目的干系人是影响软件项目，或受软件项目影响，或生产软件产品的任何个人或组织实体。干系人包括内部和外部两类。内部干系人包括项目团队和其他组织实体，如市场营销或合同管理部门。外部干系人包括收购者、集成商、客户和用户，还可能包括政策制定者和监管机构。

为了确保项目成功，项目经理应该针对项目要求来管理各种干系人对项目的影响。图 2-7 显示了项目、项目团队和不同干系人之间的关系。

不同干系人在项目中的责任和职权各不相同，并且可随项目生命周期的进展而变化。他们参与项目的程度可能差别很大，有些只是偶尔参与项目调查或焦点小组活动，有些则为项目提供全方位资助，包括资金支持、政治支持或其他支持。有些干系人可能被动或主动地干扰项目取得成功。项目经理应该在整个项目生命周期内特别关注这部分干系人，并提前做好计划，以应对他们可能导致的任何问题。

在整个项目生命周期中，识别干系人是一个持续的过程。识别干系人，了解他们对项目的影响能力，并平衡他们的要求、需求和期望，这对项目成功至关重要。例如，未及时将法律部门列为重要干系人，最终导致工期延误、费用增加，因为在项目完成或产品交付之

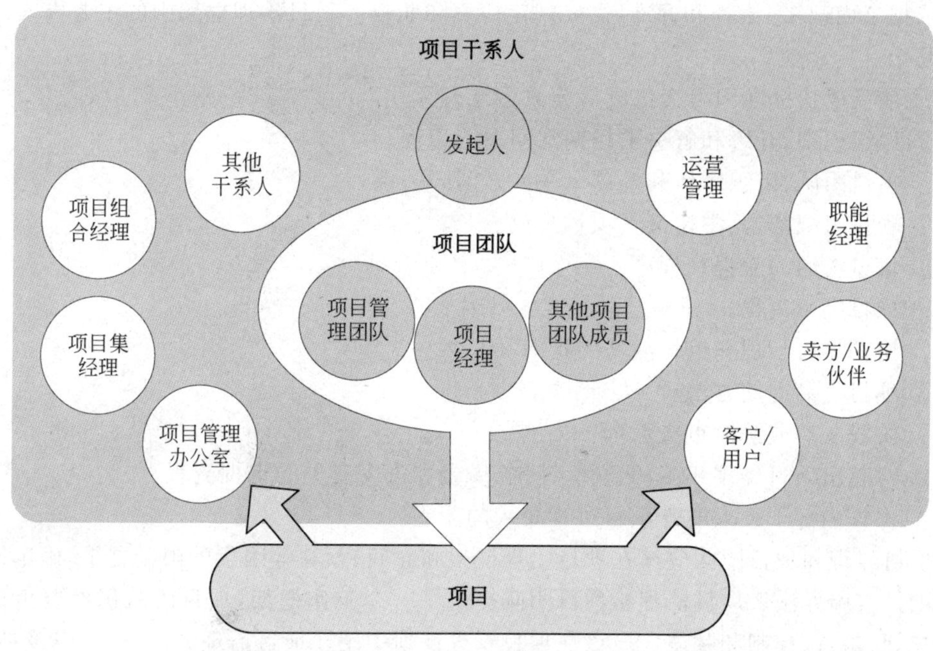

图 2-7　干系人与项目的关系

前才发现必须满足某些法律方面的要求。

项目经理的重要职责之一就是管理干系人的期望。由于干系人的期望往往差别很大,甚至相互冲突,所以这项工作困难重重。项目经理的另一项职责就是平衡干系人的不同利益,并确保项目团队以专业和合作的方式与干系人打交道。项目经理可以邀请项目发起人或来自不同地区的团队成员,共同识别和管理可能分布在各地的干系人。

由于软件的抽象属性,与物理实体相比,软件项目的可交付物容易受到项目干系人更广泛、更可变诠释的影响。参与、协调、整合并积极管理相应的干系人在管理项目可交付成果和项目期望的问题上是很重要的。在项目过程中的不同时间和不同方面,一些干系人可能被指定为关键干系人。关键干系人是指项目成功必不可少的个人和群体。关键干系人可能包括潜在用户、客户、系统工程师、系统集成商、买方、运营商和维护人员。不同的关键干系人可能需要参与到软件开发过程的不同时段中。

2.4.2　项目治理

项目治理是一种符合组织治理模式的项目监管职能,覆盖整个项目生命周期。项目治理框架向项目经理和团队提供管理项目的结构、流程、决策模式和工具,同时对项目进行支持和控制,以实现项目的成功交付。对于任何项目,项目治理都非常关键,尤其是对于复杂和高风险的项目。通过定义、记录和沟通可靠的、可复用的项目实践,项目治理为控制项目并确保项目成功提供了一套全面的、一致的方法。它提供项目决策框架,定义项目角色、职责和追责机制,评价项目经理的有效性。项目治理由项目组合、项目集或发起组织来定义,并要与之相适应,但需要与组织治理分开。

在项目治理中,项目管理办公室也可以做出部分决策。项目治理需要干系人的参与,需要依据书面政策、流程和标准，需要规定职责和职权。项目治理框架中的主要内容包括以下几个。

① 项目成功标准和可交付成果验收标准。

② 用于识别、升级和解决项目期间问题的流程。

③ 项目团队、组织团体和外部干系人之间的关系。

④ 项目组织图，其中定义了项目角色。

⑤ 信息沟通的流程和程序。

⑥ 项目决策流程。

⑦ 协调项目治理和组织战略的指南。

⑧ 项目生命周期方法。

⑨ 阶段关口或阶段审查流程。

⑩ 对超出项目经理权限的预算、范围、质量和进度变更的审批流程。

⑪ 保证内部干系人遵守项目过程要求的流程。

项目经理和项目团队应该在项目治理框架和时间、预算等因素的限制之下，确定最合适的项目实施方法。项目治理给项目团队提供了一个工作框架，项目团队仍然要负责项目的规划、执行、控制和收尾。应该在项目管理计划中阐述项目治理方法，如谁应该参与、升级流程，需要什么资源以及通用的工作方法。

软件项目的组织治理可能包括诸如项目管理办公室、项目组合管理或IT策略组等元素。软件的无形性可能会导致治理模式更正式，试图把固有的无形产品变得可见。随着项目演化，软件项目通常涉及发现一个学习环境中的需求和约束。将软件开发当作一个线性的、可预测的过程的形式化治理模式，可能对由该组织开展的软件项目产生不利影响。由于不同类型的项目需要不同级别的治理方式，因此治理模式能够适合软件开发的非线性、自适应的学习环境是非常重要的。

2.4.3 项目成功

项目具有临时性，因此，应该用项目经理和高级管理层批准的范围、时间、成本、质量、资源和风险等目标，来考核项目的成功与否。为了确保项目能够实现预期收益，在项目产品移交运营之前，可以在项目总工期中安排一段测试期(如服务试运行)。

项目经理负责确定切实可行的项目边界，并且负责在批准的基准内完成项目。

2.5 项目团队

项目团队是为实现项目目标而一起工作的一群人，包括项目经理、项目管理人员，以及其他执行项目工作但不一定参与项目管理的团队成员。项目团队由来自不同团体的个人组成，他们拥有执行项目工作所需的专业知识或特定技能。项目团队的结构和特点可以相差很大，但项目经理作为团队领导者的角色是固定不变的。

2.5.1 软件项目团队的组成

一个软件项目团队的组成往往是理想的考虑和实际情况的限制之间的平衡。组成软件开发团队的理想的考虑因素包括以下几个。

1. 专用和非专用的团队成员

在知识工作领域，多个任务之间的背景切换会带来智力的开销。因此，软件项目受益于专用资源。为一个项目一次分配项目成员，可以限制多头、兼职工作带来的背景切换开销，提高软件开发团队的生产力。然而，有些项目没有足够的工作所需的各种专业技能，或者预算不支持那些具有专业技能的专用资源。其结果是，许多软件项目经理只能在专用和非专用资源之间进行权衡。

2. 团队协作与分工

在一些组织中，协作的专业团队成员具备所有的交付试验运转的软件的技能，而不是将软件按照独立的功能单元开发进行分配所需的技能。后一种方法可能涉及分配用户界面组件到用户界面组和分配数据库组件到数据库组等。相比之下，一个协作的团队可能包括用户界面、数据库和其他需要的专业知识。直线团队以合作的方式加强团队成员之间的反馈，以及减少反馈时间。这也让学习发生在整个项目中，这是体现在工作的产品和团队成员之间的相互作用的过程。有些软件组织维持最大化利用专业资源的功能组。正如前面所指出的，公平处理专用和非专用的资源，可能反映出一个协作的团队与职能部门之间的平衡。协作团队的管理者有时需要通过在所需的不同时期分配职能专家来缓解协作与功能性的困境。

3. 虚拟与同位

由于软件的复杂性和抽象性，软件工程师很难以书面形式通报详细的技术问题。为了表达抽象的概念和实现创新所需要的合作，很多团队采用面对面讨论。一个额外的好处是，项目小组在共同的会议区域进行讨论能够获得和使用默认知识。然而，一些企业通过外包给低成本的供应商来控制成本和使用专有资源。其结果是，软件项目经理会在项目启动和计划、取向和培训等面对面的沟通活动与虚拟环境中的日常工作中做出权衡。

4. 专家与通才

软件项目往往需要专门的技能，这会产生高昂的劳动力成本。许多项目经理为软件项目配备团队成员时，会选择依靠通才来执行大部分项目工作。每隔一段时间，专家将会被要求指导和协助通才解决专业领域的问题。这种方法的另一个好处是，通才可能比专家具有更广阔的视角，以及开发更多的解决方案选项。

5. 稳定与临时

许多组织会为每个软件项目创建一个新的项目团队，当产品交付后会立即解散团队。

为了软件产品的持续维护、增强和支持，维持一个经久不散的跨职能团队是有益的。这样，团队知识可以保留，团队互动和团队学习得以保持和提升，团队可以保持高绩效水平。稳定团队的另一个好处是，整个组织的项目绩效通常变得更加可预测。

在实际的项目中，组织不得不在这些方面进行考虑并做出取舍。

2.5.2 团队协作

软件项目能够从改善团队内部和团队之间协作的项目团队结构中获益。如表 2-2 所示，合作的目的是提高生产力和促进创新问题的解决。

表 2-2 协作团队的属性

属　　性	目　　标
专用资源	增强重点和生产力
全能团队	加速整合不同的工作环境； 频繁的宽带反馈
集中办公	更好的沟通； 改善团队动力； 知识共享； 降低学习成本
通才和专家	专门技能和工作任务灵活性
稳定的工作环境	简化人力资源规划； 知识资本的保存和扩充

虽然协作的优点也适用于预测性生命周期项目的团队，但是协作团队往往是适应性生命周期的项目成功的关键，主要原因是适应性团队需要一个协同工作的环境，动态地适应不断变化的项目工作。

2.6 项目生命周期

软件项目生命周期和软件产品生命周期是不同的概念。一个软件产品的生命周期包括一个初始的软件项目的生命周期，也包括软件产品的部署、支持、维护、演化、更换和下线等过程。对最初交付软件的增强与调整可能涉及超出最初的生命周期的几个项目生命周期。

项目生命周期是指项目从启动到收尾所经历的一系列阶段。项目阶段通常按顺序排列，阶段的名称和数量取决于参与项目的一个或多个组织的管理与控制需要、项目本身的特征及其所在的应用领域。可以在总体工作范围内或根据财务资源的可用性，按职能目标或分项目标、中间结果或可交付成果，或者特定的里程碑来划分阶段。阶段通常都有时间限制，有一个开始点、结束点或控制点。

可以根据所在组织或行业，或者所用技术的特性，来确定或调整项目生命周期。虽然每个项目都有明确的起点和终点，但具体的可交付成果及项目期间的活动会因项目的不同而有很大差异。不论项目涉及的具体工作是什么，生命周期都可以为管理项目提供基本框架。

从预测性方法到适应性方法，项目生命周期可以处于这个连续区间内的任何位置。描述软件项目生命周期在该连续区间的位置的因素包括需求和计划的不同处理方式、风险和成本的管理以及关键干系人的参与。软件项目生命周期的连续区间如图 2-8 所示。

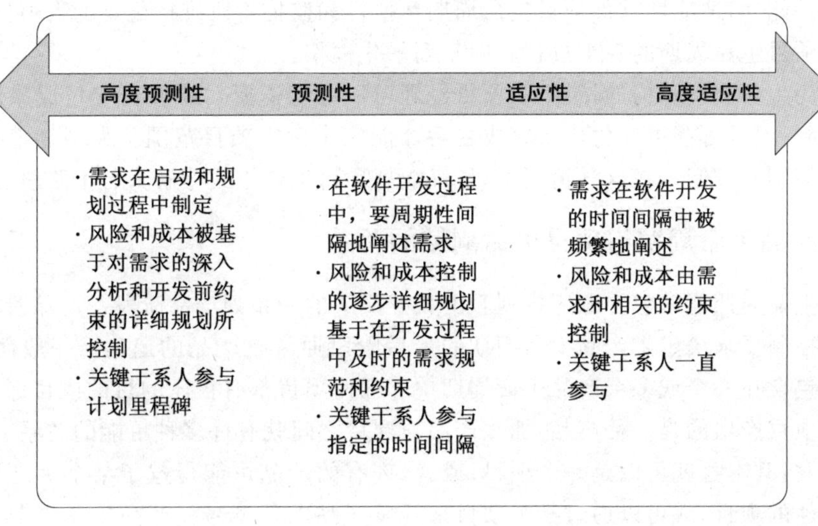

图 2-8 软件项目生命周期的连续区间

软件项目经理有责任为其项目选择开发方法（与他人协商），因此应该知道各种不同的软件开发方法，以及这些方法的相对优缺点。应当指出，敏捷方法不是项目生命周期，而是能够嵌入适应性软件生命周期中的开发方法。

2.6.1 项目生命周期的特征

项目的规模和复杂性各不相同，但不论其大小繁简，所有项目都呈现下列通用的生命周期结构（如图 2-9 所示），即启动项目→组织与准备→执行工作→结束项目。

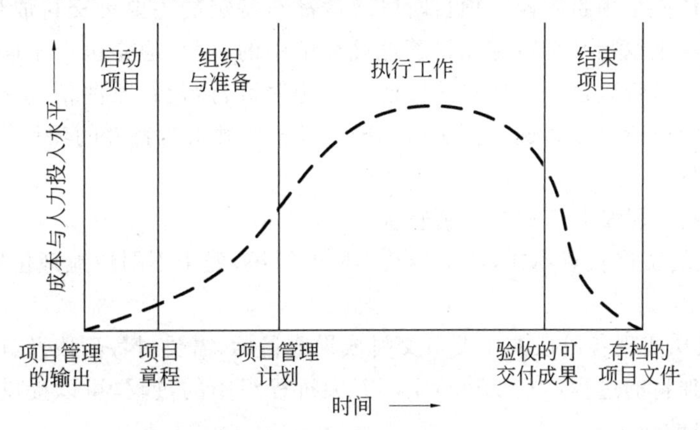

图 2-9 项目生命周期中典型的成本与人力投入水平

图 2-9 给出了整个项目生命周期中典型的成本和人力投入水平，描绘了项目成本和人力投入的框架，其在启动和计划阶段起步，在执行和监控阶段达到最高，并在收尾阶段减少。此框架是典型的预测性软件项目生命周期。适应性软件项目生命周期趋向于降低执行和监控阶段的成本和人力投入水平的峰值，从而将整体投入转向早期阶段。适应性软件项目生命周期很可能为了降低后期变更造成的影响和成本变化，而持续验证运行软件的增量。此外，适应性软件项目生命周期在执行和监控阶段维持稳定的人力投入水平，使得软件项目生命周期的各个过程趋向于扁平化框架。

在通用生命周期结构的指导下，项目经理可以确定需要对哪些可交付成果施加更为有力的控制，或者哪些可交付成果完成之后才能完全确定项目范围。大型复杂项目尤其需要这种特别的控制。在这种情况下，最好能把项目工作正式分解为若干阶段。

2.6.2 产品生命周期与项目生命周期的关系

产品生命周期通常包含顺序排列且不相互交叉的一系列产品阶段。产品阶段由组织的制造和控制要求决定。产品生命周期的最后阶段通常是产品的退出。一般而言，项目生命周期包含在一个或多个产品生命周期中。任何项目都有自己的目的或目标。

如果项目产出的是一种产品，那么产品与项目之间就有许多种可能的关系。例如，新产品的开发，其本身就可以是一个项目；或者，现有的产品可能得益于某个为之增添新功能或新特性的项目，或可以通过某个项目来开发产品的新型号。产品生命周期中的很多活动都可以作为项目来实施，如进行可行性研究、开展市场调研、开展广告宣传、安装产品、召集焦点小组会议及试销产品等。在这些例子中，项目生命周期都不同于产品生命周期。由于一个产品可能包含多个相关项目，所以可通过对这些项目的统一管理来提高效率。

2.6.3 项目阶段

一个项目可以划分为若干个阶段。项目阶段是一组具有逻辑关系的项目活动的集合，通常以一个或多个可交付成果的完成为结束。如果待执行的工作具有某种独特性，就可以把它们当作一个项目阶段。项目阶段通常都与特定的主要可交付成果的形成相关。一个阶段可能着重执行某个特定项目管理过程组中的过程，但是也会不同程度地执行其他多数或全部项目管理过程。项目阶段通常按顺序进行，但在某些情况下也可重叠。各阶段的持续时间或所需投入通常都有所不同。具备这种宏观特性的项目阶段是项目生命周期的组成部分。

所有的项目阶段都具有以下类似特征。

① 各阶段的工作重点不同，通常涉及不同的组织，处于不同的地理位置，需要不同的技能组合。

② 为了成功实现各阶段的主要可交付成果或目标，需要对各阶段及其活动进行独特的控制或采用独特的过程。重复执行全部五大过程组中的过程，可以提供所需的额外控制，并定义阶段的边界。

③ 阶段的结束以作为阶段性可交付成果的工作产品的转移或移交为标志。阶段结

束点是重新评估项目活动，并变更或终止项目的一个当然时点，称为阶段关口、里程碑、阶段审查、阶段门或关键决策点。在很多情况下，阶段收尾需要得到某种形式的批准，阶段才算结束。

有些项目仅有一个阶段，如图 2-10 所示，有些项目则有两个或多个阶段。

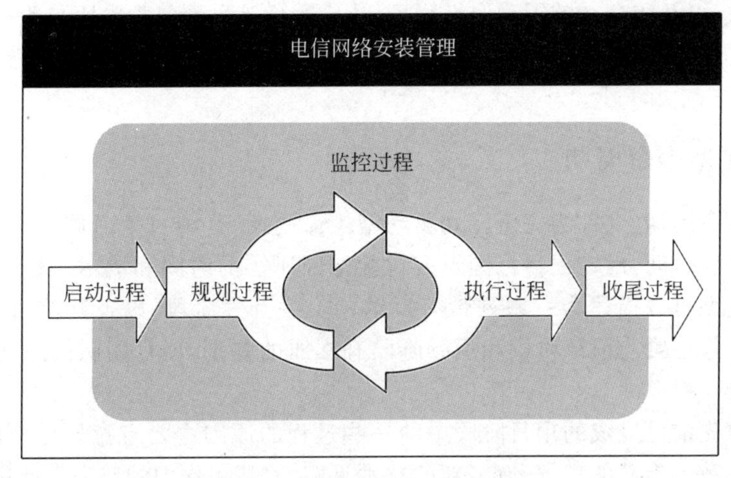

图 2-10 单阶段项目的例子

有些组织已经为所有项目制定了标准化的结构，而有些组织则允许项目管理团队自行选择和裁剪最适合其项目的结构。例如，某个组织可能将可行性研究作为常规的项目前工作，某个组织将其作为项目的第一个阶段，而另一个组织则可能视其为一个独立的项目。同样，某个项目团队可能把一个项目划分成两个阶段，而另一个项目团队则可能把所有工作作为一个阶段进行管理。这些都在很大程度上取决于具体项目的特性以及项目团队或组织的风格。

当项目包含一个以上的阶段时，这些阶段通常按顺序排列，用来保证对项目的适当控制，并产出所需的产品、服务或成果。然而，在某些情况下，阶段交叠或并行可能更有利于项目。

阶段与阶段的关系有以下两种基本类型。

① 顺序关系。即一个阶段只能在前一阶段完成后开始。在图 2-11 中，项目的三个阶段完全按顺序排列，其按部就班的特点减少了项目的不确定性，但也排除了缩短项目总工期的可能性。

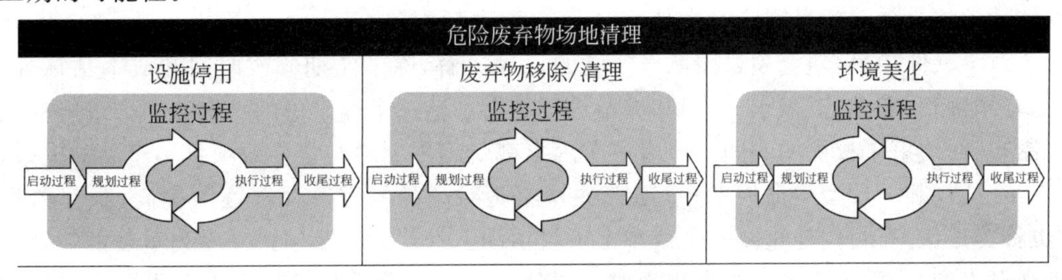

图 2-11 三阶段项目的例子

② 交叠关系。即一个阶段在前一阶段完成前就开始。这有时可作为进度压缩的一种技术，称为“快速跟进”。阶段交叠可能需要增加额外的资源来并行开展工作，可能增加风险，也可能因尚未获得前一阶段的准确信息就开始后一阶段工作而造成返工。

多阶段项目的各个阶段之间可能存在不同的关系（交叠、顺序、并行）。所需达到的控制水平和效果，以及所存在的不确定性程度，决定着应该采用何种阶段与阶段的关系。

软件的属性允许软件开发阶段之间的关系在交叠、交织和迭代等方面具有显著的灵活性。

2.6.4 预测型生命周期

预测型生命周期（也称为完全计划驱动型生命周期）是项目生命周期的一种，在项目生命周期的尽早时间，确定项目范围及交付此范围所需的时间和成本。预测性软件项目的生命周期模型可以描述为一系列带有反馈的交叠开发阶段，以及其前续阶段的重复。每个阶段的工作通常与前续阶段和后续阶段有本质的差别，项目团队的组成和所需技能也因阶段而异。

需要重复先前已完成的项目阶段中的一些过程的原因主要有意外出现的需求、项目干系人对产品范围有新的理解、有了新的技术见解、以往工作中的错误需要修正。

预测性软件项目生命周期的详细初始计划，并不等同于交付一个单一的“大爆炸”式的软件产品。预测性软件生命周期可以包括一个或多个阶段的迭代。一些迭代可以产生已测试的可交付软件，如果有需要，这些软件可以传递到用户环境中。

预测性生命周期对于那些有明确的需求定义、熟悉的问题领域、稳定的技术和熟悉的客户的软件项目是最成功的，这些属性允许项目范围及交付此范围所需的时间和成本在项目生命周期的早期得以确定。

高度预测性软件项目生命周期的特点是，在软件项目的启动和规划阶段，强调需求和详细计划的规约。基于已知需求和约束条件制订详细计划，可以降低风险和成本。为关键干系人参与建立的里程碑也应在计划之内。

即使采用了预测型生命周期，仍可使用滚动式规划的概念。先编制一份高层级的概要计划，再随新工作的临近、资源的分配，针对某个合理的时间段编制更详细的计划。

2.6.5 迭代和增量型生命周期

迭代和增量型生命周期的项目范围一般在项目生命周期早期就能确定，但时间和成本估计常常会随着项目团队对产品的深入了解而经常修改。

对于软件项目，随着项目团队对产品的深入了解，除了定期修改时间和成本估计外，还要经常修改需求，对需求、时间和成本进行权衡。这三个因素中的一个或多个可能受到限制，从而约束了权衡的空间。所有三个因素都受到限制通常会导致项目和产品的失败。

在迭代和增量型生命周期中，随着项目团队对产品的理解程度逐渐提高，项目阶段（也称为迭代）有目的地重复一个或多个项目活动。迭代方法是通过一系列重复的循环活动来开发产品，而增量方法是渐进地增加产品的功能。迭代和增量型生命周期同时采用迭代和增量的方式来开发产品。

采用迭代和增量方式的项目也可以按阶段推进，迭代本身可以顺序或交叠进行。一次迭代中，将执行所有项目管理过程组中的活动。每次迭代结束时，将完成一个或一组可交付成果。后续迭代可能对这些可交付成果进行改进，也可能创造新的可交付成果。每次迭代中，项目团队都综合考虑反馈意见，对可交付成果进行增量修补，直到符合阶段出口标准。

在大多数迭代生命周期中，都会制定一个高层级的框架计划以指导整体实施，但一次只针对一个迭代期制定详细的范围描述。通常，随着当前迭代期的范围和可交付成果的进展，开始规划下一个迭代期的工作。完成一组既定的可交付成果所需的工期和投入可能发生变化，项目团队在迭代期之间或之内也可能发生变化。对那些不属于当前迭代期工作范围的可交付成果，通常只需要简单概述，暂且留给未来的某个迭代期实施。一旦迭代期工作开始，就需要仔细管理该迭代期的工作范围变更。

过程迭代和产品增量是不同的概念。迭代是开发过程的要素，而增量是产品的要素。软件的无形性允许迭代和增量以各种方式进行交织、交叠和混合。

(1) 迭代型项目生命周期。软件项目的迭代型生命周期重复一个或多个软件开发阶段；不同的迭代所包含的阶段数量也会不同。有些迭代可能只涉及一个开发阶段，而另一些可能涉及多个开发阶段。软件产品是逐步建立起来的；随着新信息的获得和了解的深入，反馈也被吸收。新的需求可能会出现，现有的需求会被修改，并且派生的要求也会增加。当项目复杂度较高，或者项目变更频繁，或者项目范围受制于不同干系人对最终产品的期望时，生命周期通常是有益的。图 2-12 给出了交付单一产品的软件项目，在两个项目阶段及每个阶段的三个子阶段之间进行迭代的生命周期的几个元素。

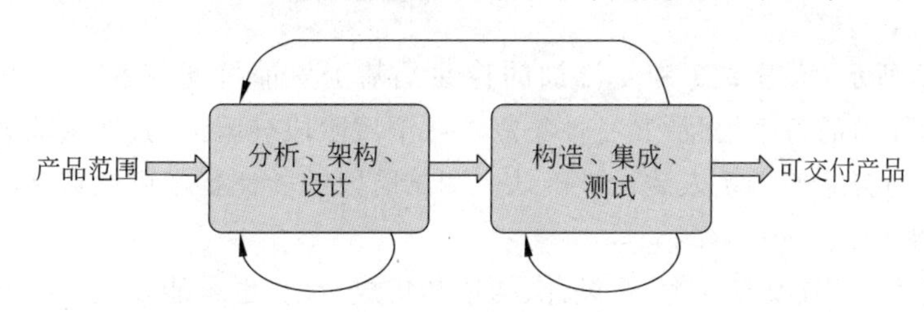

图 2-12 一个软件项目生命周期包括两个迭代阶段且各阶段分别包括三个子阶段

(2) 增量型产品开发。增量型产品开发的每个增量都增加了扩充产品范围的功能。这种方法为项目经理和干系人查看运行软件的中间演示提供了机会，需要时也为客户接受早期交付的工作产品的增量提供了机会。包含增量的产品范围的扩充程度可能因增量而异。不同的软件项目其增量阶段的持续时间差别很大。一些项目需要在较长的时间范围内完成较少的增量，另一些项目则可能需要在较短的时间范围内完成较多的增量。

图 2-13 给出了一个增量型软件产品开发的例子。产品特性已按照优先级区分成构建在后续增量上的四个特性集。特性和特性集在前面的分析和架构阶段已经区分，并根据预定的优先级标准来设定优先级(例如，构建基础软件具有最高优先级，其次是构建最关键软件的元素，然后是构建软件的用户界面等)。特性和特性集的优先级排序在某种程度上说明，已经实现的特性会与随后增加的特性结合起来进行充分的测试和演示。分析和架构阶段可以基于可交付产品增量的演示再重新进行审视。

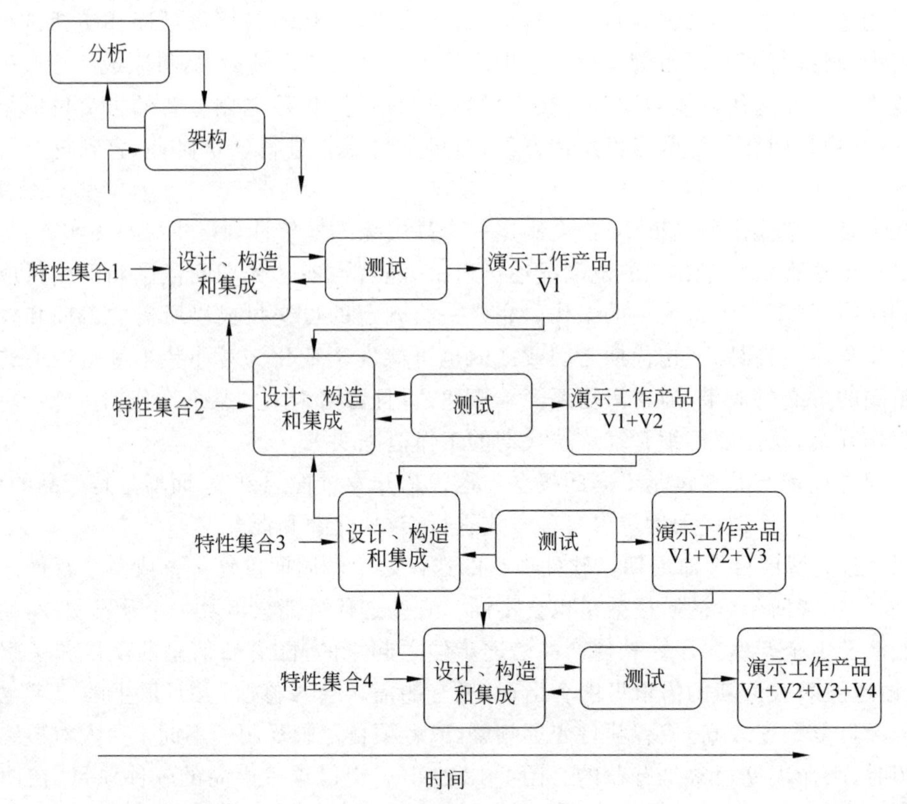

图 2-13　增量软件产品开发

如图 2-13 所示，增量 2、3 和 4 添加的特性是基于先前按照特性集优先级构建的特性。对于产品能力的每个增量，其特性集需求在测试阶段被验证，其增量能力在运行产品演示阶段通过为合适的干系人演示被确认。测试阶段的验证技术可能包括测试、分析、检验和审查。

迭代可能发生(或没有发生)在设计、构造和集成阶段，也可能发生(或没有发生)在测试阶段以及这两个阶段之间。增量开发之间的反馈箭头表明，增加新特性可能暴露前一个增量中需要修复的缺陷，或者可能需要重构先前的增量以更好地适应新增特性。

特性数量包含特性集，为特性开发分配的时间，为平衡特性、时间和资源提供空间的资源。每个增量开发阶段的持续时间限制在一个月甚至更短，以便频繁得到反馈，在缺陷蔓延到更大的软件单元导致更多返工之前进行修复工作。

增量的开发有可能被重叠，如图 2-13 所示，或者也可以连续开发。增量开发可以在增量部分完成且为下一个阶段的执行提供了基础，以及提供足够的资源允许两个增量并行开发时发生交叠。

增量软件开发可能在生命周期流的预测性一边或适应性一边，这取决于带有优先级的特性集管理方式。更改特性集受到严格控制。一种自适应方法允许为后续增量指定特性和特性集。后续增量可以重新分配优先级，以及在开始实现相关增量但开发过程中严格控制特性的增量阶段之前进行修改。

(3) 迭代-增量型产品开发。大多数生命周期同时采用迭代和增量的方式来开发产品,允许软件项目生命周期以各种方式将项目迭代和产品增量结合起来。

2.6.6 适应型生命周期

适应型生命周期(也称为变更驱动方法或敏捷方法)的目的在于应对大量变更,获取干系人的持续参与。适应型生命周期也包含迭代和增量的概念,但不同之处在于,迭代很快(通常 2～4 周迭代 1 次),而且所需时间和资源是固定的。虽然早期的迭代更多地聚焦于规划活动,但适应型项目通常在每次迭代中都会执行多个过程。

应该把项目的整体范围分解为一系列拟实现的需求和拟执行的工作(有时称为产品未完项)。在迭代开始时,团队会确定产品未完项中的哪些最优先项应该在下一次迭代中交付。在每次迭代结束时,应该准备好产品以供客户审查。但这并不意味着客户需接受交付,而只是为了确认产品中没有未完成、不完整或不可用的功能。发起人和客户代表应该持续参与项目,在可交付成果的创建过程中提供反馈意见,从而确保产品未完项能反映他们的当前需求。

软件项目适应性生命周期的敏捷属性包括以下内容。

① 定期生产可交付的工作软件增量。

② 适应性迭代周期的持续时间可以为每天、每周、每月,但通常不超过每月。

③ 适应性迭代周期通常具有相同的持续时间(如时间盒),但特许情况下允许一些周期更长或更短。

④ 每个迭代周期未必都会产生可交付的工作软件增量——增量和迭代是不同的。

⑤ 随着项目的进展,需求、设计和软件产品逐渐出现。

⑥ 一个典型客户、客户代表和/或知识型用户持续参与项目:观察周期的工作示范,在软件迭代开发周期(如每天、每周、每两周或每月)结束时,交付可交付的软件增量。此外,一个典型客户、客户代表和/或知识型用户可以基于可交互的软件的成果演示和项目范围(进度、预算和资源)的约束,为以后的软件开发提供指导。

⑦ 适应性软件开发团队是规模小(也就是说,不多于 10 个成员)且自组织的团队;大型项目包括多个小团队。

⑧ 每个软件开发团队的所有成员都分配到一个项目。

⑨ 每个软件开发团队包括通才和专才,分别完成相应的工作;职能专家可定期参与或根据需要参与。

图 2-14 给出了一个用于适应性软件项目生命周期的软件开发方法的通用例子。这是一种常见的软件开发模式,通常用来作为敏捷开发方法的基础。使用这种模式进行演变的例子包括 Scrum、极限编程、特性驱动开发、测试驱动开发及动态系统开发方法。

图 2-14 所示的适应性软件开发方法的主要内容包括产品愿景、产品特性集和迭代特性集(在 Scrum 中被称为特性积压和迭代积压)。一个产品的特性集是在最初产品规划过程中设想的结果。产品特性集中的特性可以进行添加、删除,也可以随着产品规划的不断修正而重新设置优先级,也会受到为顾客和其他关键干系人进行的工作软件外部展示的影响。迭代特性集中的特性是从产品特性集中选定的。迭代特性集中的特性开发包括

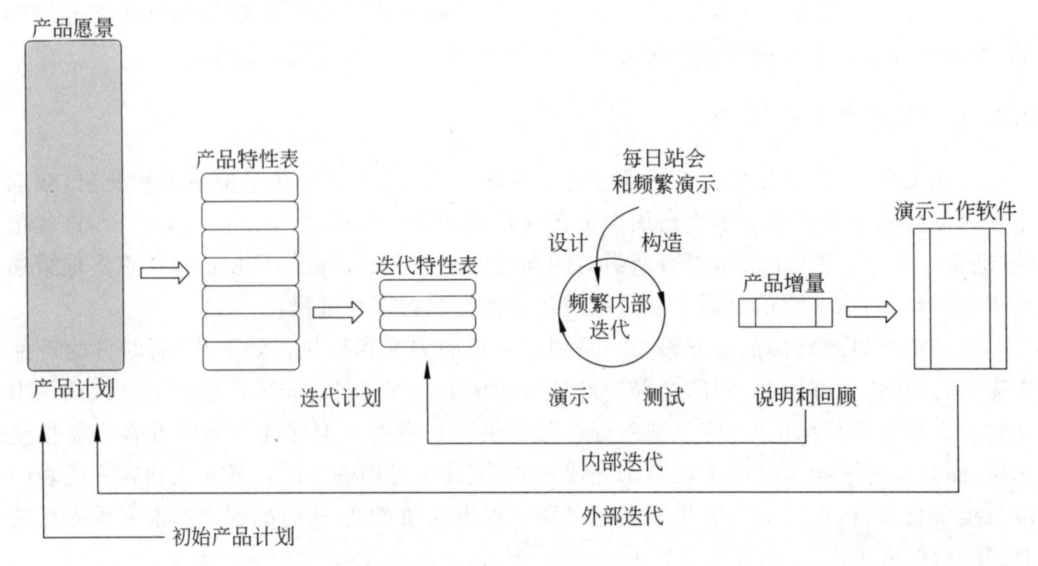

图 2-14　一种适应性软件开发方法

每日站会和频繁的内部开发迭代。迭代开发可能会每天或每周发生。外部迭代周期产生工作增量或用于向客户和其他干系人展示和供其审查的可交付软件。外部迭代通常发生在第 1、2 或 4 周期。图 2-14 所示适应性方法的一些实例不允许在外部迭代周期中更改特性，而其他实例允许进行有限的修改。

图 2-15 通常发生在图 2-14 描述的软件开发周期的内部迭代过程中。内部迭代开发激励开发人员不断进步。迭代可能发生在每小时、每天、每周；团队的不同成员可以在集成、测试和演示等不同部分进行分工。图 2-14 中的每日站会是一个短时会议，会议主要审查团队成员的进度、存在的问题及困难，并商定工作任务。

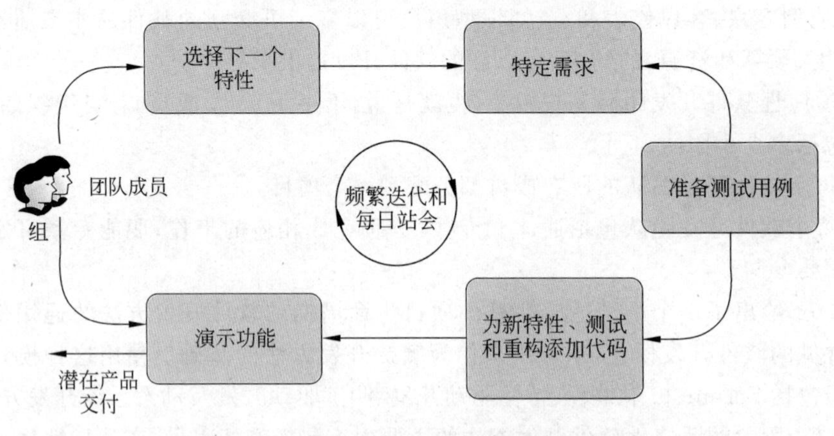

图 2-15　适应性软件开发的内部发展循环

图 2-15 详细描述了图 2-14 展示的软件开发周期的内部细节。需要注意的是，特性变为需求，并且新特性添加之前先写测试用例（测试驱动开发）。代码被添加，软件被测试（或迭代）。重构软件改善架构，但并不改变软件的特性。一些软件程序员将开发顺序“添

加新特性、测试和重构”改变为“测试、添加新特性和重构”。后者表明，迭代的方法适用于测试代码，但如果没有新特性就会失败；代码编写是迭代的，测试场景也在代码测试通过后才结束；然后进行代码重构。

当实现的特性在特性集上时，就经过测试，将交付的增量软件展示给客户、用户和其他干系人。展示后干系人可能会接受该软件或要求修改。由于迭代的周期短，校正者附加特性并不是很复杂的工作，所以对软件的校正、增加和调整通常可以放在后续的迭代周期中，但不会影响整个迭代计划。短周期反馈是很有效率的，因为软件程序员可以掌握所有的细节信息。团队的周转率较高，小的更新通常发生在日常的迭代周期内。

在某些情况下，后续可以考虑修正或添加产品的特性集。图 2-15 所示的迭代循环继续下去，直到所有的特性都已经实现，或者直到客户、用户和其他干系人都满意，或者直到时间、金钱和资源都消耗完毕。在后一种情况下，按照特性集中的优先级设置的最重要的特性已经实现。

还应该指出的是，适应性软件的范围包括适合项目需求的项目的其他元素，如架构设计、独立核查和验证、配置管理以及质量保证和质量控制等。

2.6.7 高度适应性软件开发

高度适应性软件项目生命周期的特点是，基于短迭代开发周期，对需求逐步规约。风险和成本随着最初计划的逐步演化而降低；关键干系人也逐步参与进来。

图 2-16 显示了一个高度适应性软件开发方法。为知识渊博的客户提供工作软件每日展示，以方便他能够在软件产品开发过程中继续每天投入精力。客户涉及软件所需特性的一个用户故事或场景，软件团队成员满足该产品需求，并且编写测试场景执行所需的特性。当新特性加入后测试场景就会应用。

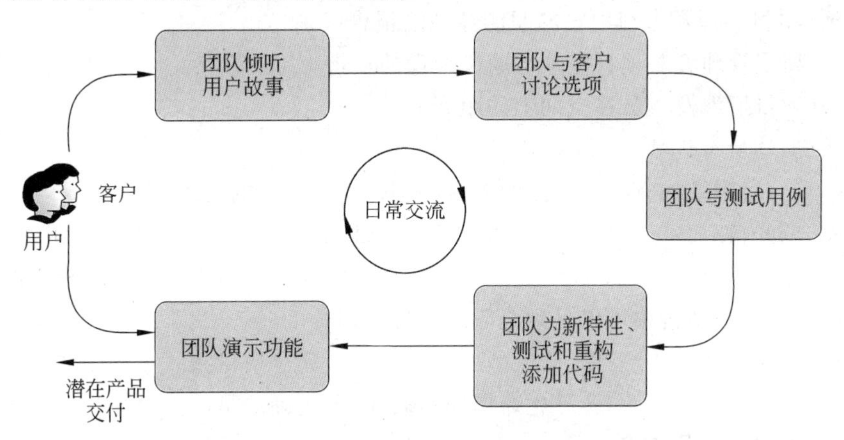

图 2-16 适应性软件开发的外部发展循环

图 2-15 和图 2-16 所示的一些差别在表 2-3 中阐明（内部适应性生命周期与外部高度适应性生命周期）。表 2-3 提供了项目迭代节奏和产品增量节奏之间关系的两个例子。这两个例子都包括迭代的日常节奏，但不同于产生产品增量的节奏。还有其他的可能性存在，如团队可能在每周的集成和测试周期内为内部审查和展示产生软件工作增量。当

使用适应性软件开发方法时，项目迭代和产品增量之间的关系还有很多可能。

表 2-3　内部适应性和外部高度适应性软件项目的典型实践

内部适应性生命周期	外部高度适应性生命周期
团队成员“循环内”	客户“循环内”
团队每日站会和内部迭代	团队接受或修订附加特性
团队选择下一个迭代周期中的一个或多个特性	客户为下一个迭代周期提供故事
团队接受或修订附加特性	客户接受、要求修订或拒绝附加特性
如果需要，可用的软件增量可以在预定时间间隔内(1、2 或 4 周)交付给用户环境	如果需要，可用的软件增量会在每日间隔内交付给用户环境

2.7　习　　题

请参考课文内容以及其他资料，完成下列选择题。

1. 下列关于组织文化的说法，不正确的是(　　)。
   A. 组织文化可能对项目实现产生强烈的影响
   B. 组织文化不是事业环境因素的一种
   C. 共同的愿景、价值观是组织文化的一种表现形式
   D. 对于职权的看法是组织文化的体现

2. 在强矩阵与弱矩阵结构中，权力均势可以通过改变(　　)转移到项目经理或职能经理。
   A. 项目经理及参与项目的职能经理的报告级别
   B. 高层管理者对项目经理与职能经理的支持
   C. 项目所涉及人员在空间上的距离
   D. 上述所有选项

3. (　　)组织结构有利于复杂的项目特别是跨多部门的管理。
   A. 弱矩阵　　B. 职能
   C. 强矩阵　　D. 含有强有力的传统经理人的

4. (　　)组织结构中可以见到全职的项目经理。
   A. 紧密矩阵　　B. 职能型　　C. 完全项目型　　D. 弱矩阵

5. 关于项目生命周期和产品生命周期的表述，不正确的是(　　)。
   A. 产品生命周期各阶段是不相互交叉的
   B. 一个产品生命周期可能包含多个项目生命周期
   C. 产品生命周期中的很多活动都可以作为项目来实现
   D. 项目生命周期就是该项目所产生的产品生命周期

6. (　　)不是项目与运营在产品生命周期交叉的时点。
   A. 在项目收尾阶段

B. 在新产品开发、产品升级或提高产量时

C. 在改善运营或产品开发过程时

D. 任命运营经理为项目经理时

7. 成本与人力投入在项目的(　　)阶段达到最高。

A. 启动阶段　　B. 组织和准备阶段

C. 执行阶段　　D. 结束项目阶段

8. 在项目的(　　)阶段进行变更的代价最小。

A. 启动阶段　　B. 组织与准备阶段

C. 执行阶段　　D. 收尾阶段

9. 事业环境因素包括(　　)。

A. 组织文化　　B. 基础设施

C. 政治氛围和干系人风险承受力　　D. 以上皆是

10. 项目管理信息系统属于(　　)。

A. 事业环境因素　　B. 组织过程资产

C. 变更控制系统　　D. 配置管理系统

11. (　　)不是组织过程资产。

A. 项目收尾指南　　B. 风险控制程序

C. 人事管理制度　　D. 过程测量数据库

12. 干系人对项目的影响力在(　　)阶段最大。

A. 启动阶段　　B. 组织与准备阶段

C. 执行阶段　　D. 收尾阶段

13. 项目经理对(　　)负有最终责任。

A. 项目审批

B. 设计和测试规范

C. 一旦项目被批准,确保没有项目变更

D. 团队发展

14. 项目发起人作为重要的干系人之一,他一般为项目提供(　　)。

A. 合同定义　　B. 范围　　C. 资金来源　　D. 风险管理

15. 你负责一个跨地区的项目,启动阶段在本地区进行,其他阶段在另一个地区,该项目目前有50多个干系人,项目成员来自5个地区。(　　)需要特别注意。

A. 努力拓宽沟通渠道

B. 确保每个地区要有一个发起人

C. 平衡许多相互冲突的需求和目标

D. 利益冲突要尽量公开

16. 在项目开始阶段,(　　)干系人会起核心干系人和关键决策者的作用。

A. 项目经理　　B. 项目团队成员　　C. 职能经理　　D. PMO

17. 项目经理拥有的权力与(　　)有关。

A. 项目经理的沟通技能　　B. 组织结构

C. 项目经理的领导所拥有的权力　　D. 项目经理的影响能力

18.（　　）不是项目型组织的优点。

A. 组织简单、责权明确　　B. 项目经理权力大，完全控制资源

C. 团队合作，决策较快　　D. 资源利用率高

19.（　　）不是项目型组织的缺点。

A. 项目结束后，成员有忧虑感　　B. 资源利用率不高

C. 不利于专业技术积累　　D. 项目经理权力大，完全控制资源

20. 可交付成果是一些独特的、可验证的产品、结果或执行服务的能力，它在完成（　　）后被产生。

A. 过程　　B. 阶段　　C. 项目　　D. 上面任意一项

2.8 实验与思考：Dorale 公司的业务流程与项目管理应用

【实验目的】

本节“实验与思考”的目的如下。

(1) 理解和熟悉项目管理有关组织影响和生命周期的基本概念。

(2) 通过 Dorale 公司案例，尝试研究其业务流程与项目管理应用，由此了解项目管理方法的运用。

【工具/准备工作】

(1) 在开始本实验之前，请回顾教科书的相关内容。

(2) 需要准备一台能够访问因特网的计算机。

【实验内容与步骤】

1. Dorale 案例研究(A)——关于业务流程

1) 案例背景

Dorale 公司刚刚建立了一个开发新产品的项目管理方法，尽管这是特意为新产品的开发设计的，执行副经理(发起人 VP)认为也能用在其他项目中。主管项目管理方法的项目经理(PM)和 VP 之间展开了讨论。

2) 会议(对话)

VP：公司为了这个项目管理方法花费了大量的时间和资金，因此，如果这套方法不能用于其他组织，这显然是不合算的。例如，在新产品开发和信息系统项目之间有很多相同之处，是否能把这个系统或者部分系统用到其他项目中呢？

PM：我不敢肯定，因为项目信息系统的需求和生命周期都不相同。一个通用的项目管理方法需要有足够的普遍性。

VP：难道你是说我们应该花费更多的时间和资金来发展若干个管理系统吗？

PM：我们已有的项目管理方法可以运用到除信息技术以外的所有活动中。因为我

们所有的项目都极其相似,但IT项目除外。IT项目会有自己的方法。

VP:从你的谈话中可以推测,我们现存的理论方法可以与应用在项目中一样应用于业务流程中。毕竟,业务流程是项目的延续,不是吗?

PM:我并不这样认为。我仔细考虑一下,以后再答复你。

3)问题

请根据上述资料,尝试回答下面问题:

(1)你认为一个项目管理方法和一个系统发展管理方法一同使用是高效的吗?

答:____

____

____

(2)业务流程的定义是什么?它和项目的定义有什么区别?

答:____

____

(3)项目管理方法会与应用在项目中一样应用于业务流程中吗?

答:____

____

2. Dorale案例研究(B)——项目管理应用

1)案例背景

Dorale公司刚刚建立的项目管理方法已经被运用到新产品的开发上,但这套管理方法也被希望运用到其他项目中。

2)会议(对话)

VP:对我们的项目管理方法应该应用在何种项目中有明确的限制吗?

PM:我觉得答案既可以说是也可以说不是。无论何种领域、何种功能,公司的每个活动都可以看作是项目,但并不是所有的项目都需要这套管理方法甚至项目管理。

VP:1个月以前,当我们谈论开始立项时,你说服我说,我们是应该把每件事都当作项目去看待,这不是自相矛盾吗?

PM:不是这样的,我们的项目管理所需的主要职能是整体管理。整合需求越强烈,那么项目就越需要项目管理。

VP:我现在越来越糊涂了,开始时你告诉我所有的项目都需要项目管理,但现在你告诉我不是所有的项目都需要使用项目管理方法。我到底是哪里理解错了?

3)问题

请根据上述资料,尝试回答下面问题:

(1)所有的项目都需要使用项目管理方法吗?

答:____

____

____

(2) 哪种项目应该或不应该使用项目管理方法？

答：

(3) 前面的答案和项目集成的规模有关吗？

答：

(4) 关于项目管理应用，你能得出什么结论？

答：

【实验总结】

【实验评价(教师)】

项目管理过程

按照《PMBOK® 指南》的定义，项目管理是通过合理运用与整合 47 个项目管理过程来实现的。过程是为创建预定的产品、成果或服务而执行的一系列相互关联的行动和活动。每个过程都有各自的输入、工具和技术以及相应的输出。项目经理需要考虑组织过程资产和事业环境因素。组织过程资产为“裁剪”组织的过程提供指南和准则，而事业环境因素则可能限制项目管理的灵活性。

为了实现对项目管理知识的应用，需要对过程进行有效管理。为此，项目团队应该做以下工作。

① 选择适用的过程来实现项目目标。

② 使用经定义的方法来满足要求。

③ 建立并维持与干系人的适当沟通与互动。

④ 遵守要求以满足干系人的需要和期望。

⑤ 在范围、进度、预算、质量、资源和风险等相互竞争的制约因素之间寻求平衡，以完成特定的产品、服务或成果。

由项目团队实施项目过程，并与干系人互动。这些过程一般可分为以下两类：

① 项目管理过程。这些过程保证项目在整个生命周期中顺利进行。它们借助各种工具与技术，来实现各知识领域的技能和能力。

② 产品导向过程。这些过程定义并创造项目的产品，并因应用领域，也因产品生命周期的阶段而异。没有对如何创造特定的产品的基本了解，就无法确定项目范围。项目经理也应该重视产品导向过程，因为从项目开始到结束，项目管理过程和产品导向过程始终彼此重叠、相互作用。

项目管理过程适用于各行各业，以提高各类项目成功的可能性。为了取得项目成功，对于任一具体项目，项目经理都要在项目团队的协作下，认真考虑每个过程及其输入和输出，决定应该采用哪些过程及每个过程的使用程度，对具体项目所必需的过程做必要调整(即“裁剪”)。

项目管理是一种整合性工作，要求每个项目过程和产品过程都与其他过程恰当地配合与联系，以便彼此协调。在一个过程中采取的行动通常会对这一过程和其他相关过程产生影响。例如，项目范围变更通常会影响项目成本。过程间的相互作用经常要求对项目需求和目标进行折中平衡。具体的平衡方法则因项目而异、因组织而异。成功的项目管理需要主动管理过程间的相互作用，以满足发起人、客户和其他干系人的需求。有些情况下，为了获得所需的结果，需要反复数次地执行某个或某组过程。

项目需要从组织内、外部获取输入数据，并向组织交付所形成的能力。项目过程中产生的信息，有助于提升未来项目的管理，并可丰富组织过程资产。

从过程间的整合和相互作用以及各过程的目的等方面，来描述项目管理过程的性质。项目管理过程可归纳为五类，即五大项目管理过程组。

① 启动过程组。定义一个新项目或项目的一个新阶段，授权开始该项目或阶段的一组过程。

② 规划过程组。明确项目范围，优化目标，为实现目标制定行动方案的一组过程。

③ 执行过程组。完成项目管理计划中确定的工作，以满足项目规范要求的一组过程。

④ 监控过程组。跟踪、审查和调整项目进展与绩效，识别必要的计划变更并启动相应变更的一组过程。

⑤ 收尾过程组。完成所有过程组的所有活动，正式结束项目或阶段的一组过程。

3.1 项目管理过程间的相互作用

在实践中，项目管理各过程会以某些方式相互重叠和作用。在项目期间，应该在项目管理过程组及其过程的指导下，恰当地应用项目管理知识和技能。需要迭代地应用项目管理过程。在一个项目中，很多过程要反复多次。项目管理的整合性要求监控过程组与其他所有过程组相互作用（如图 3-1 所示），监控过程随着其他过程组的过程同时进行。

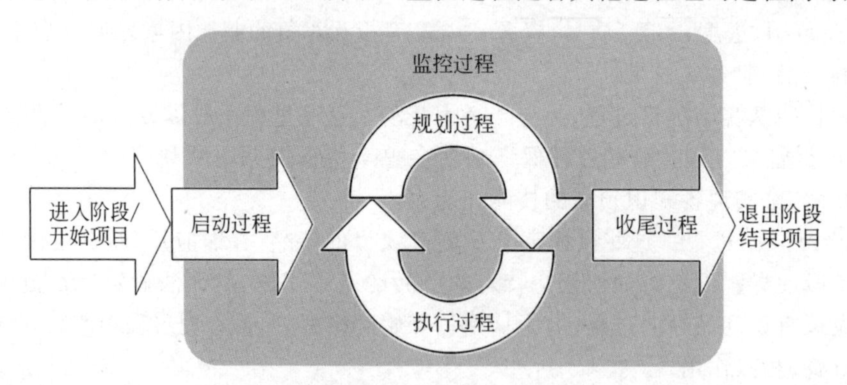

图 3-1　项目管理过程组

各项目管理过程组以它们所产生的输出相互联系。一个过程的输出通常成为另一个过程的输入，或者成为项目、子项目或项目阶段的可交付成果。规划过程组为执行过程组提供项目管理计划和项目文件，并随项目进展不断更新这些计划和文件。图 3-2 所示为各过程组如何相互作用以及在不同时间的重叠程度。如果将项目划分为若干阶段，各过程组会在每个阶段内相互作用。

当项目被划分成若干阶段时，应该合理采用过程组，有效推动项目以可控的方式完成。在多阶段项目上，这些过程会在每个阶段内重复进行，直到符合阶段完成标准。

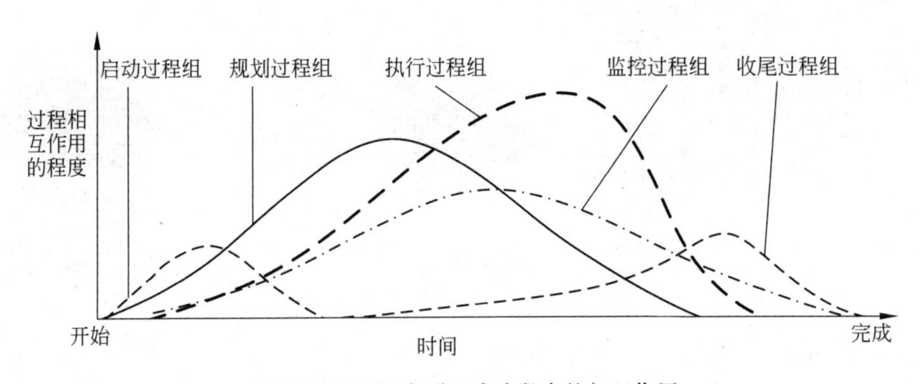

图 3-2 过程组在项目或阶段中的相互作用

3.1.1 数据流向图

在项目管理的各个知识领域中，数据流向图是对过程输入与输出沿知识领域内各过程流动情况的概要描述，其图例如图 3-3 所示。

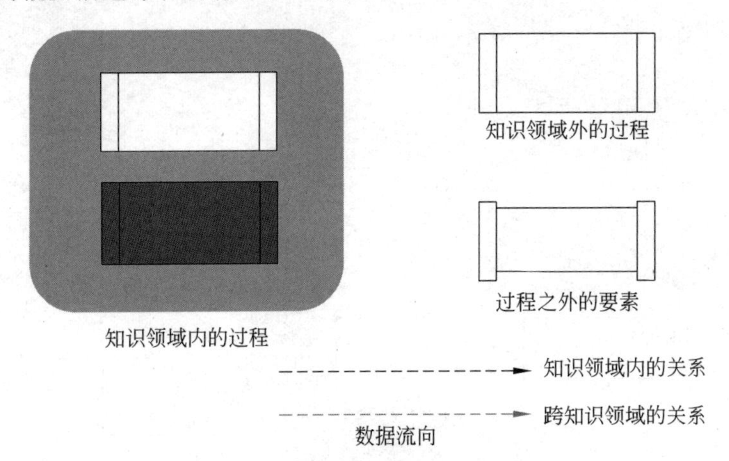

图 3-3 数据流向图的图例

3.1.2 管理过程间的相互作用

图 3-4 所示的流程图概述了过程组之间以及过程组与具体干系人之间的基本流程和相互作用，项目管理过程通过具体的输入输出相互联系。过程组不同于项目生命周期的阶段。事实上，在一个阶段中很可能会执行全部过程组。项目可以分解为不同的阶段或子组件，如概念开发、可行性研究、设计、建模、建造或测试等。

图 3-4 突出了其中的规划、执行、监控这三个过程组。通常情况下，这三个过程组的关系如此密切，以至于在软件项目的生命周期中无法将它们区分为独立的过程组。例如，在启动和规划进入预测性或迭代型生命周期的建设阶段的过程中，可能需要选择实现一组需求或功能，但所得到的工作软件的演示代码则可能会改变下一步计划实现的需求或

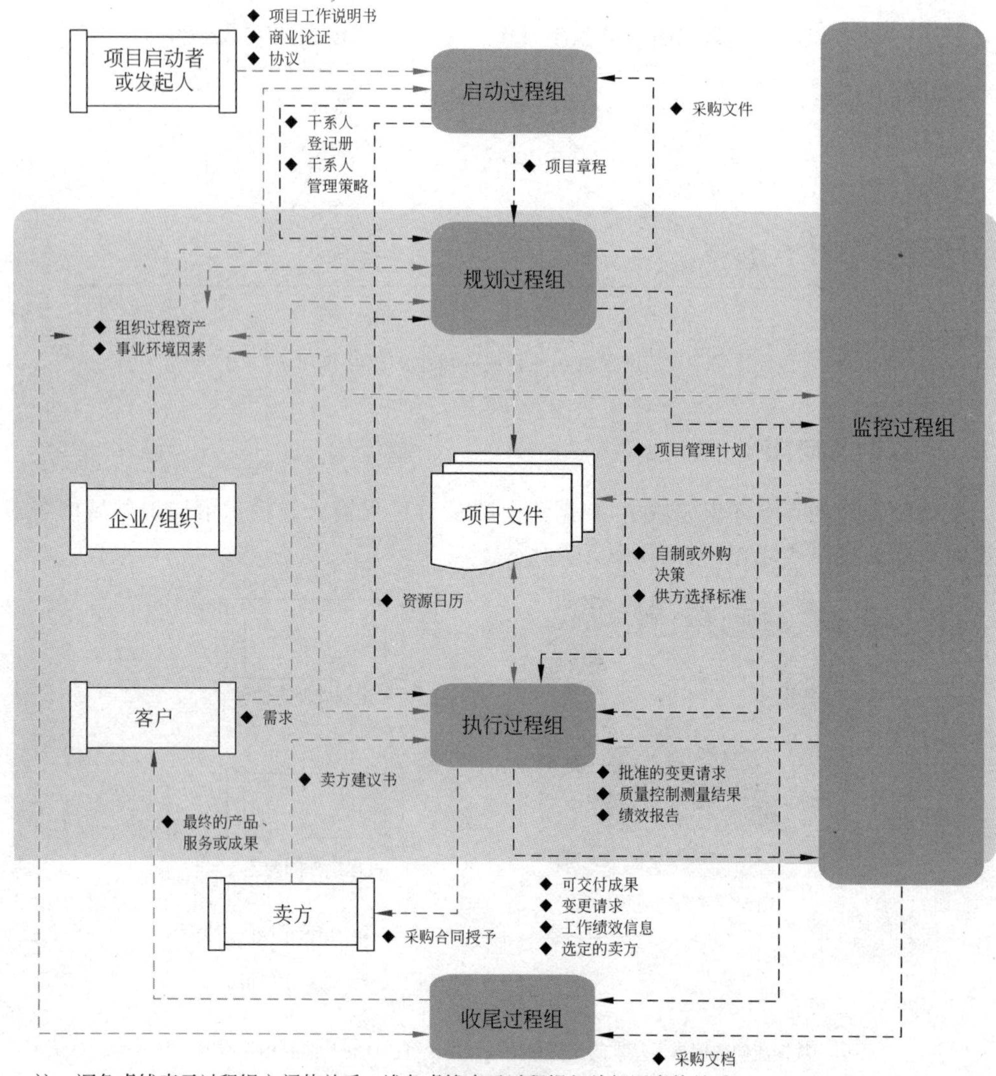

注：深色虚线表示过程组之间的关系，浅色虚线表示过程组与外部因素的关系

图 3-4　软件开发过程组之间的相互作用

功能，并且所使用的资源和演示软件将为监控提供切实证据。

基于适应性生命周期的软件开发项目包括客户和项目之间的频繁和密切相互作用，特别在将客户需求转化为项目规划的过程中，期间的相互沟通会一直持续到执行过程。特别重要的是，这一过程流不是在严格意义上遵循信息从一个过程到下一个过程的单向前馈。在软件开发中，需要五个过程组之间频繁地反馈，以确保新软件产品符合(可能会改变的)需求、功能和期望。决策文档是必要的，但文档本身并不足以有效提供实现一个满足客户或业务的软件产品所需要的理解。除了文档，为所有干系人提供清晰信息也需要频繁的人际交互。因此，在软件项目的生命周期内应强调每个开发周期中软件的改进和调试。同时，项目范围和产品范围之间应该设法保持平衡。

同样重要的是，认识到软件项目的生命周期的连续性不是线性的，而是多维的。所有的软件开发过程和支持功能(如配置管理、质量保证、文档、独立测试等)应适合每个项目生命周期和每个软件项目的需求。

各项目管理过程都被归入其大多数相关活动所在的那个过程组。例如，一个过程通常发生在规划阶段，就把这个过程放入"规划过程组"。项目管理的迭代性质意味着任何过程组的过程都可能在整个项目生命周期中重复使用。例如，为应对风险事件而采取风险应对措施，就可能引发进一步的分析，从而又会重复执行识别风险过程来评估风险影响。

3.2 项目管理过程组

项目管理的启动、规划、执行、监控和收尾这五大过程组之间有清晰的相互依赖关系，彼此之间有很强的相互作用，并且与具体的应用领域或行业无关。在项目完成之前，往往需要反复实施各过程组及其过程。各过程可能在同一过程组内或跨越不同过程组相互作用。过程之间的相互作用因项目而异。

3.2.1 启动过程组

启动过程组包含定义一个新项目或项目的一个新阶段，授权开始该项目或阶段的一组过程。在启动过程中，定义初步范围和落实初步财务资源，识别那些将相互作用并影响项目总体结果的内、外部干系人，选定项目经理。这些信息应反映在项目章程和干系人登记册中。一旦项目章程获得批准，项目就得到正式授权。对于一个成功的软件项目，知识渊博的顾客、指定的客户代表，或者能清楚表达需求和欲望，以一种连续的不断前进的基准把握新产品的表现的用户代表，是其最重要的干系人之一。在项目启动阶段，识别出这类干系人将允许项目的执行、监控阶段具有频繁互动。相关反馈将确保正确特性的传递。在项目启动期间，与在类似项目中有经验的项目经理和技术领导者讨论问题同样重要，或者与对以前版本的某一软件产品进行重大修改的管理者和领导者讨论。

虽然项目管理团队可以协助编写项目章程，但一般假定商业论证评估、批准和出资都是在项目边界之外进行的(如图 3-5 所示)。项目边界指的是一个项目或项目阶段从获得授权的时间点到得以完成的时间点。

本过程组的主要目的是：保证干系人期望与项目目的的一致性，让干系人明了项目范围和目标，同时让干系人明白他们在项目和项目阶段中的参与将有助于实现他们的期望。本组过程有助于设定项目愿景——需要完成什么。

大型复杂项目应该被划分为若干阶段。在此类项目中，随后各阶段也要进行启动过程，以便确认在最初的制定项目章程和识别干系人过程中所做出的决定是否依然有效。在每个阶段开始时进行启动过程，有助于保证项目符合其预定的业务需要，核实成功标准，审查项目干系人的影响、动力和目标。然后，决定该项目是继续、推迟还是中止。

让发起人、客户和其他干系人参与启动过程，可以建立对成功标准的共同理解，降低参与费用，提升可交付成果的可接受性，提高客户和其他干系人的满意度。

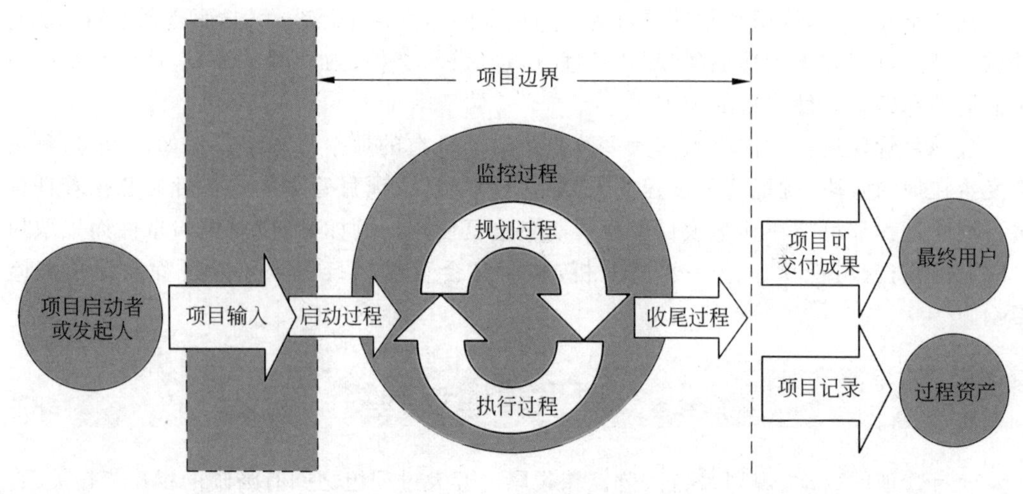

图 3-5　项目边界

启动过程可以在组织、项目集或项目组合的层面上进行，因此，超出了项目控制的级别。例如，在项目开始之前，可以在更大的组织计划中记录项目的高层需求；可以通过评价备选方案，来确定新项目的可行性；可以提出明确的项目目标，并说明为什么某具体项目是满足相关需求的最佳选择。关于项目启动决策的文件还可以说明初步项目范围、可交付成果、项目工期，以及为进行投资分析所做的资源预测。启动过程也要授权项目经理为开展后续项目活动而动用组织资源的权力。

3.2.2　规划过程组

规划过程组包含明确项目范围、定义和优化目标、为实现目标制定行动方案的一组过程。规划过程组制定用于指导项目实施的项目管理计划和项目文件。由于项目管理的复杂性，可能需要通过多次反馈来做进一步分析。随着收集和掌握的项目信息或特性不断增多，项目很可能需要进一步规划。项目生命周期中发生的重大变更可能会引发重新进行一个或多个规划过程，甚至是某些启动过程。这种项目管理计划的逐渐细化叫做“渐进明细”，表明项目规划和文档编制是反复进行的持续性过程。

规划过程组的主要作用是，为成功完成项目或阶段确定战略、战术及行动方案或路线。对规划过程组进行有效管理，可以更容易地获取干系人的认可和参与。作为规划过程组的输出，项目管理计划和项目文件将对项目范围、时间、成本、质量、人力资源、沟通、风险、采购和干系人参与等所有方面做出规定。

由经批准的变更导致的各种更新(一般发生在各监控过程中，也可发生在指导与管理项目工作过程中)，可能从多方面对项目管理计划和项目文件产生影响。对这些文件的更新意味着对进度、成本和资源的要求更加精确，以实现既定的项目范围。

在规划项目、制订项目管理计划和项目文件时，项目团队应当征求所有干系人的意见，鼓励所有干系人的参与。在制定这些程序时，要考虑项目的性质、既定的项目边界、所需的监控活动及项目所处的环境等。

规划过程组内各过程之间的其他关系取决于项目的性质。例如，对某些项目，只有在进行了相当程度的规划之后才能识别出风险。这时项目团队可能意识到成本和进度目标过分乐观,因而风险就比原先估计的多得多。反复规划的结果,应该作为项目管理计划或各种项目文件的更新而记录下来。

软件项目的范围、需要达到的目标、遵循的行动方案往往随着软件项目的发展而进行调整。通常来说,预测性生命周期比适应性生命周期能够完成更加详细的初始规划。

3.2.3 执行过程组

执行过程组包含完成项目管理计划中确定的工作,以满足项目规范要求的一组过程。这个过程组需要按照项目管理计划来协调人员和资源,管理干系人期望,以及整合并实施项目活动。

项目执行期间的结果可能需要更新规划和重定基准,包括变更预期的活动持续时间、变更资源生产率与可用性,以及考虑未曾预料到的风险。执行中的偏差可能影响项目管理计划或项目文件,需要加以仔细分析,并制定适当的项目管理应对措施。分析的结果可能引发变更请求。变更请求一旦得到批准,就可能需要对项目管理计划或其他项目文件进行修改,甚至还要建立新的基准。

执行期间发生过变更对于大多数软件项目而言是常态。初始信息的缺失导致的不确定性是软件项目中风险、问题和其他事项的主要原因。现有软件的复制与物理构件的复制相比是一个简单的过程,所以大多数软件项目的开发是独一无二的过程,其学习经验也具有不确定性。

3.2.4 监控过程组

监控过程组包含跟踪、审查和调整项目进展与绩效,识别必要的计划变更并启动相应变更的一组过程。这一过程组的关键作用是,定期(或在特定事件发生时、在异常情况出现时)对项目绩效进行测量和分析,从而识别与项目管理计划的偏差。

监控过程组涉及以下工作内容。

① 控制变更,推荐纠正措施,或者对可能出现的问题推荐预防措施。

② 对照项目管理计划和项目绩效测量基准,监督正在进行中的项目活动。

③ 对导致规避整体变更控制或配置管理的因素施加影响,确保只有经批准的变更才能付诸执行。

持续的监督使项目团队得以洞察项目的健康状况,并识别需要格外注意的方面。监控过程组要监控整个项目的工作。在多阶段项目中,监控过程组要对各项目阶段进行协调,以便采取纠正或预防措施,使项目实施符合项目管理计划。监控过程组也可能提出并批准对项目管理计划的更新。例如,未按期完成某项活动,可能导致对预算和进度目标的调整和平衡。为了降低或控制管理费,应该合理运用异常管理程序和其他技术。

根据所使用的项目生命周期的不同,软件项目的监督方法可以在从传统技术(预计划里程碑、跟踪和技术绩效测量)到依赖工作软件频繁演示的方法的范围内改变,而监控过程组则可能包括项目和/或产品的范围重界定,或者工具与技术的变更。

3.2.5 收尾过程组

收尾过程组包含为完成项目管理过程组的所有活动，正式结束项目或阶段或合同责任的一组过程。当本过程组完成时，表明为完成某一项目或项目阶段所需的所有过程组的所有过程均已完成，标志着项目或项目阶段正式结束。

本过程组也用于正式处理项目提前结束的情形。提前结束的项目可能包括中止的项目、取消的项目或有严重问题的项目。在特定情况下，如果合同无法正式关闭(因索赔、终止条款等原因)，或者需要向其他部门转移某些活动，可能需要安排和落实具体的交接手续。

项目或阶段收尾时，可能需要进行以下工作。

① 获得客户或发起人的验收，以正式结束项目或阶段。

② 进行项目后评价或阶段结束评价。

③ 记录裁剪任何过程的影响。

④ 记录经验教训。

⑤ 对组织过程资产进行适当更新。

⑥ 将所有相关项目文件在项目管理信息系统中归档，以便作为历史数据使用。

⑦ 结束所有采购活动，确保所有相关协议的完结。

⑧ 对团队成员进行评估，释放项目资源。

工作软件的演示是对一个软件项目迭代周期进行收尾的重要组成部分之一。在迭代周期或软件项目的收尾阶段，开展会议进行回顾和吸取教训、评估团队绩效和更新组织知识库等工作都是很重要的。这些活动可以为未来提高性能提供数据。

3.3 项目信息

在整个项目生命周期中，需要收集、分析和加工大量数据和信息，并以各种形式分发给项目团队成员和其他干系人。从各执行过程中收集项目数据，并在项目团队内分享。在各监控过程中，对项目数据进行综合分析和汇总，并加工成项目信息；然后以口头方式传递项目信息，或者把项目信息编辑成各种形式的报告加以存储和分发。

需要在项目执行的动态环境中持续收集和分析项目数据。因此，在实践中，数据和信息这两个术语经常替换使用。

① 工作绩效数据。在执行项目工作的过程中，从每个正在执行的活动中收集到的原始观察结果和测量值。例如，工作完成百分比、质量和技术绩效测量值、进度活动的开始和结束日期、变更请求的数量、缺陷数量、实际成本和实际持续时间等。

② 工作绩效信息。从各控制过程中收集并结合相关背景和跨领域关系，进行整合分析而得到的绩效数据。绩效信息的例子有可交付成果的状况、变更请求的执行状况、预测的完工估算。

③ 工作绩效报告。为制定决策、提出问题、采取行动或引起关注，而汇编工作绩效信息，所形成的实物或电子项目文件，如状况报告、备忘录、论证报告、信息札记、电子报表、

推荐意见或情况更新。

这三种项目信息的相互关系是：工作绩效数据可以转化为工作绩效信息，并用于准备工作绩效报告。这种主要数据通过与其他收集到的数据元素进行比较，并根据系统具体情况进行分析，最终汇集并转换成项目信息。这些信息便可以用于非书面形式的交流，或者存储分布到各种文档格式的报告中。

在一个软件项目中收集到的数据及其所产生的结果信息（包括模块、组件、功能和特性的实现），可以用来预测过程与计划、中间及最终产品的成本和交付日期等项目属性。

这些数据和信息可以收集并储存到有组织的数据库中，以便为将来有类似特性（类似的领域、客户、软件开发者、开发工具）的软件项目提供估算依据。但在运用过去的绩效数据和信息去评估未来的项目时，应该着重注意确保过去和未来项目的特性属性足够类似。

图3-6展示了在管理项目的过程中项目信息在不同过程间的流动情况。

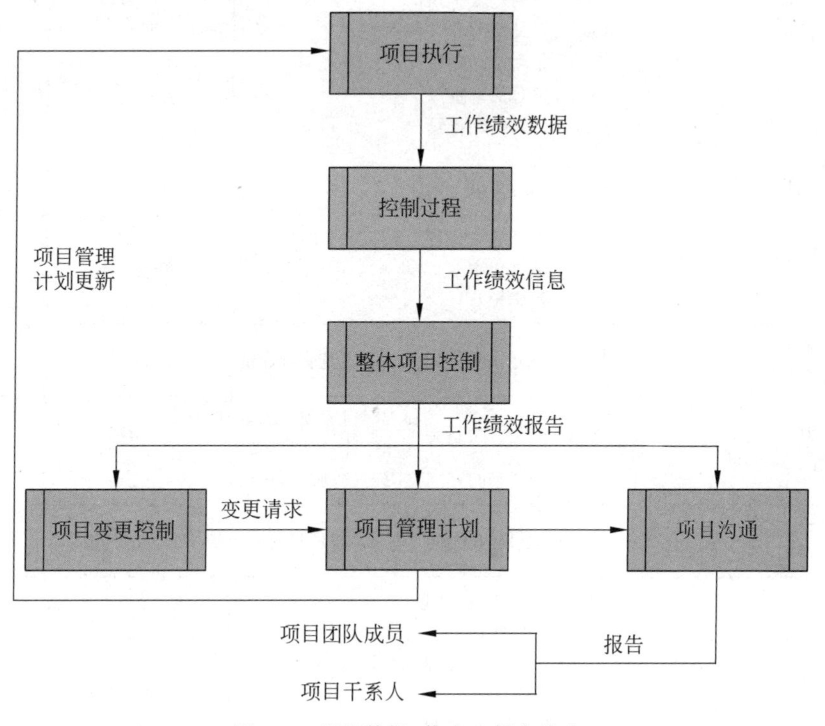

图3-6　项目数据、信息和报告流向

3.4　知识领域的作用

47个项目管理过程被进一步归组于十大知识领域，即项目整合管理、范围管理、时间管理、成本管理、质量管理、人力资源管理、沟通管理、风险管理、采购管理和干系人管理。知识领域是一套完整的概念、术语和活动的集合，它们联合构成某个专业领域、项目管理领域或其他特定领域。这十大知识领域在大部分时间适用于大部分项目。

表 3-1 把 47 个项目管理过程归入五大项目管理过程组和十大项目管理知识领域。

表 3-1 项目管理过程组与知识领域

知识领域	项目管理过程组				
	启动过程组	规划过程组	执行过程组	监控过程组	收尾过程组
4. 项目整合管理	4.1 制定项目章程	4.2 制订项目管理计划	4.3 指导与管理项目执行	4.4 监控项目工作 4.5 实施整体变更控制	14. 结束项目或阶段
5. 项目范围管理		5.1 规划范围管理 5.2 收集需求 5.3 定义范围 5.4 创建工作分解结构		5.5 确认范围 5.6 控制范围	
6. 项目时间管理		6.2 规划进度管理 6.3 定义活动 6.4 排列活动顺序 6.5 估算活动资源 6.6 估算活动持续时间 6.7 制订进度计划		6.8 控制进度	
7. 项目成本管理		7.2 规划成本管理 7.3 估算成本 7.4 制定预算		7.5 控制成本	
8. 项目质量管理		8.2 规划质量管理	8.3 实施质量保证	8.4 控制质量	
9. 项目人力资源管理		9.1 规划人力资源管理	9.2 组建项目团队 9.3 建设项目团队 9.4 管理项目团队		
10. 项目沟通管理		10.1 规划沟通管理	10.2 管理沟通	10.3 控制沟通	
11. 项目风险管理		11.2 规划风险管理 11.3 识别风险 11.4 实施定性风险分析 11.5 实施定量风险分析 11.6 规划风险应对		11.7 控制风险	
12. 项目采购管理		12.1 规划采购管理	12.2 实施采购	12.3 控制采购	12.4 结束采购
13. 项目干系人管理	13.1 识别干系人	13.2 规划干系人管理	13.3 管理干系人参与	13.4 控制干系人参与	

注：表中序号为本书中的章节编号(下同)。

3.5 项目管理软件

在开展项目管理活动的时候，常常需要使用辅助的项目管理软件。一般来说，如果没有软件工具的支持，项目管理技术和方法的实现是困难的，因为不仅需要用模型来描述它们，还需要进行大量的计算。通常，项目管理软件具有预算、成本控制、计算进度计划、分配资源、分发项目信息、项目数据的转入和转出、处理多个项目和子项目、制作报表、创建工作分析结构、计划跟踪等功能。这些工具可以帮助项目管理者完成很多工作，是项目经理的得力助手。

对于一般的项目管理来说，Microsoft Project（简称 Project）和 Microsoft Excel（简称 Excel）是目前最常用的项目管理工具软件。Project 可以创建并管理整个项目，它的数据库中保存了有关项目的详细数据，可以利用这些信息计算和维护项目的日程、成本以及其他要素、创建项目计划并对项目进行跟踪控制。Project 的配套软件 Microsoft Project Server 可以用来给整个项目团队提供任务汇报、日程更新、每个项目耗时记录等协同工作方式。

人们使用 Project 的目的是进行项目控制和跟踪、详细的时间安排、早期的项目计划、沟通、报告、高级计划、甘特图、CPM 和 PERT；而人们使用 Excel 的主要目的，是为了进行成本预算、成本分析、方差分析、跟踪和报表以及创建工作分解结构（WBS）。Project 为项目管理提供了灵活的协作计划与项目追踪的能力，并且可以将项目的所有信息有效地传达给与项目有关的人员。

Project 可以从十大项目管理知识领域的各个角度来帮助用户辅助实施项目管理，但它主要还是用来辅助项目范围、时间、成本、人力资源、沟通和干系人的管理。而用户能用好 Project 的条件是必须理解项目管理的基本概念。

3.6 习　题

请参考课文内容以及其他资料，完成下列选择题。

1. 项目管理过程包括（　　）。

   A. 输入　　B. 输出　　C. 工具　　D. 以上皆是

2. 识别相互作用的内外部干系人，选定项目经理应该在（　　）实施。

   A. 启动过程组　　B. 规划过程组　　C. 执行过程组　　D. 监控过程组

3. （　　）与其他所有过程组都有相互作用。

   A. 启动过程组　　B. 规划过程组　　C. 监控过程组　　D. 执行过程组

4. 项目管理计划的制定在（　　）。

   A. 启动过程组　　B. 规划过程组　　C. 执行过程组　　D. 监控过程组

5. 在（　　）制定详细的项目预算。

   A. 启动过程组　　B. 在项目管理过程组之前

   C. 规划过程组　　D. 执行过程组

6. 项目管理的规划过程应该由(　　)负责。

A. 项目经理　　B. 团队成员　　C. 职能经理　　D. 发起人

7. (　　)不是启动组的输入。

A. 组织过程　　B. 组织文化

C. 历史的工作分解结构　　D. 项目范围说明书

8. 在项目启动中,项目经理希望做好沟通工作,请问他需要考虑的过程内容是(　　)。

A. 制定项目章程　　B. 沟通规划

C. 管理干系人期望　　D. 识别干系人

9. 在项目过程中,项目经理正打电话通知干系人参加会议,这是在(　　)过程。

A. 管理干系人期望　　B. 信息发布

C. 沟通规划　　D. 绩效报告

10. 项目经理正在对照项目管理计划确认项目产品是否已经完成全部的工作。项目现在处在(　　)项目管理过程中。

A. 规划过程组　　B. 执行过程组

C. 监控过程组　　D. 收尾过程组

11. 在一次团队会议上,一个成员提出了一些关于测量项目绩效标准的问题,这些标准即将用来衡量分派给他任务的绩效,但是该成员认为有些标准并不十分有效。这个项目处在(　　)项目管理过程。

A. 收尾过程组　　B. 监控过程组　　C. 执行过程组　　D. 启动过程组

12. 在项目计划阶段让客户参与(　　)。

A. 通常不予推荐,因为客户不了解足够的项目管理知识

B. 由于他们更熟悉项目内情,这样能够带来更好的计划

C. 仅能提供一些相互谅解,但是通常介入项目的客户仅有有限的权力

D. 通常使情形混乱

13. 启动过程组包含的过程用来正式授权启动一个新项目或项目阶段,它通常由项目所在组织通过计划或项目组合管理过程组来提供项目边界的输入。在开始启动过程组之前(　　)。

A. 创建范围管理计划说明项目范围将如何被定义验证和控制

B. 完成项目管理计划

C. 定义出一些特定活动用来产出不同的项目可交付成果

D. 上面的都不对

14. 项目管理过程确保项目自始至终顺利进行。产品导向过程说明并创造项目产品。因此,项目管理过程和产品导向过程(　　)。

A. 是重叠的并且在整个项目期间是交互影响的

B. 由项目的周期决定

C. 与对项目工作的描述和组织有关

D. 在每个应用领域都是类似的

15. 实施质量保证是一个(　　)。

A. 规划过程　　B. 执行过程　　C. 监控过程　　D. 收尾过程

16. (　　)不是项目管理过程组。

A. 可行性研究　　B. 实施　　C. 计划　　D. 收尾

17. 执行过程组的主要目标是(　　)。

A. 跟踪并审查项目进度　　B. 管理利害关系者的期望

C. 满足项目规范　　D. 监控进度表

18. 确认范围是一个(　　)。

A. 规划过程　　B. 执行过程　　C. 监控过程　　D. 收尾过程

19. 项目管理过程可以划分成5组。这5个过程组通过它们产生的结构衔接起来,一个过程组的成果变成了另一个过程组的依据。这5个管理过程组最恰当的排序是(　　)。

A. 启动—规划—监控—执行—收尾　　B. 启动—执行—监控—规划—收尾

C. 启动—规划—执行—监控—收尾　　D. 启动—监控—规划—执行—收尾

20. 开展实施后项目审查的目标是(　　)。

A. 发出变更请求　　B. 分析项目是否达到其目标

C. 审查项目风险　　D. 进行团队成员的绩效评估

3.7　实验与思考:奥立安系统的组织架构与项目计划

【实验目的】

本节“实验与思考”的目的如下。

(1) 理解和熟悉与项目管理组织、结构与文化相关的知识概念。

(2) 透过对奥立安系统的案例研究,尝试探究性学习,理解项目管理的组织架构和项目计划。

【工具/准备工作】

(1) 在开始本实验之前,请回顾教科书的相关内容。

(2) 需要准备一台能够访问因特网的计算机。

【实验内容与步骤】

1. A 部分:奥立安的项目管理

当宣布奥立安(ORIOON)刚刚获得建造新一代高速轻轨火车的政府合同时,办公室里欢声雷动。大家都围过来,与迈克·罗萨斯握手祝贺。大家知道,罗萨斯将成为这一代号为“美洲豹”的重大项目的项目经理。

庆祝高潮过后,罗萨斯凝视窗外,思考着他已涉入的这一新领域。“美洲豹”项目的影响力很大,它会影响到将来继续与政府签订合同的可能性。愈演愈烈的竞争提高了大家对绩效的预期，其中包括完成时间、质量、可靠性及成本。他认识到，有必要对奥立安组织与管理项目的方式进行重大调整，从而使其满足"美洲豹"项目的需要。

1）奥立安的项目管理

奥立安是一家大型航空公司的一个分部，它从一个项目组织逐渐演化为矩阵结构形式，目的是节约成本和更好地利用有限资源。在任何时候，奥立安都能同时从事 3～5 个大型项目，比如"美洲豹"项目，以及 30～50 个小型项目。各项目经理与主管运营的副总裁协商人力资源的分配，最终由副总裁决定项目的安排。在同一周内，一位工程师同时参与 2～3 个项目工作的这种情况并不罕见。图 3-7 表明了新产品开发项目是如何在奥立安组织起来的。项目的管理只限于新产品的设计与开发，一旦完成了最后的设计与原型，它们将被送去生产，加工成产品后推向市场。由 4 个人组成的管理团队监督项目的完成，他们的责任简述如下。

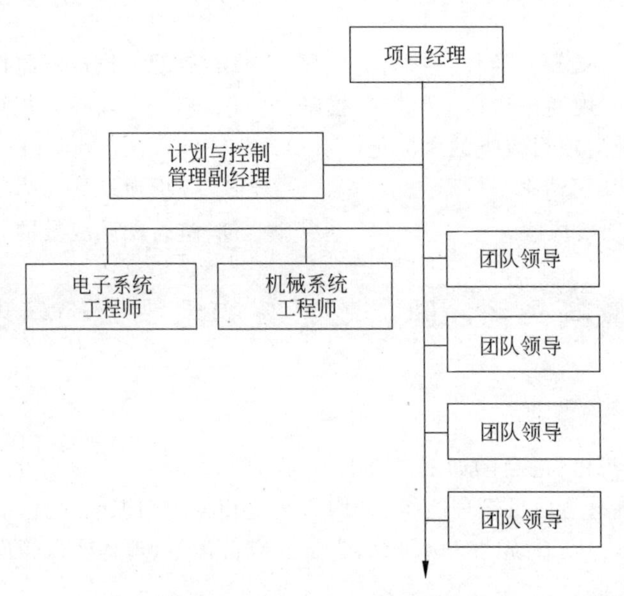

图 3-7　奥立安产品开发项目的组织

① 项目经理——总体负责产品设计与开发。

② 计划与控制管理副经理——负责建立一个全面的项目网络体系，制定时间表，管理预算，控制并评估设计和开发方案，以及准备状态报告。

③ 电子系统工程师——负责与电子系统有关的事项。

④ 机械系统工程师——负责与机械系统有关的事项。

核心工作由 12～20 个设计团队来完成，每个团队有一位领导，负责设计、开发、创建及测试此产品的具体部分。团队的规模为 5～15 个工程师，这要取决于他们工作范围的大小，这些工程师将工作时间分配到多个项目上。

在奥立安，由设计工程师主持大局，而希望生产、营销及其他团体服从设计工程师的领导。设计工程师的特殊地位因为以下这一事实而得以加强：他们的实际收入比生产工程师高。

整个产品开发与生产过程在主计划表(如图 3-8 所示)中列出。新产品的设计与开发经由 5 次检查逐渐演化成型,这 5 次检查分别为系统设计检查(SDR)、初级设计检查(PDR)、关键设计检查(CDR)、测试准备就绪检查(TRR)及生产准备就绪检查(PRR)。

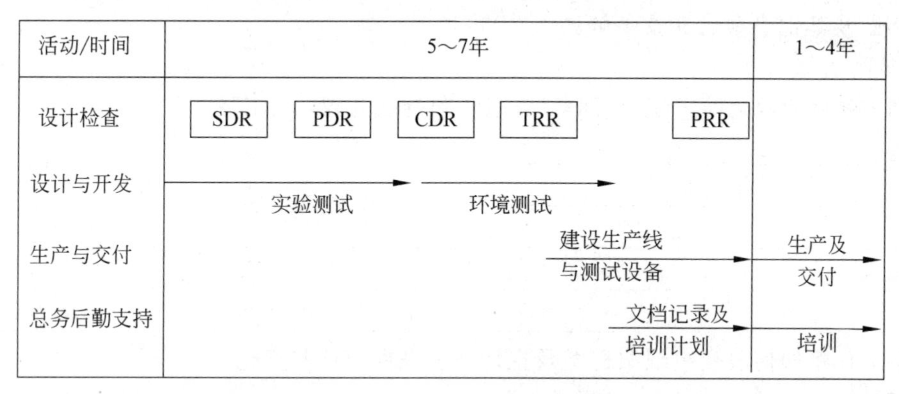

图 3-8　奥立安传统的主计划表

设计与开发工作首先从实验室开始,然后再过渡到对具体部分甚至到最终产品原型的现场测试。设计与原型一旦完成,就送去生产,生产部门就开始建立新产品的生产线。生产部门还要开发必要的测试设备,保证生产出来的产品部件正常运行。与此同时,总务后勤支持(ILS)团队则准备好产品的记录、用户手册、维修方案,以及针对产品客户的培训计划。一般情况下,像“美洲豹”这样的项目,开发与生产一种新产品需要花费奥立安 6～7 年的时间。

奥立安刚刚完成了一次针对重大项目管理的评估,以下是对已确定的几个主要问题的简单描述。

(1) 生产成本高于预算。产品一旦设计出来,就会有这样一种趋势:不顾一切地投入生产。由于缺少对生产能力的设计,产品的转化变得非常复杂,没有效率,给工厂的工人也造成很大压力。

(2) 质量问题。竞争的加剧提高了客户对产品质量的期望。客户希望产品的缺陷更少,而更新换代周期更长。奥立安的倾向是在事故发生后再处理质量问题,在生产过程确定以后再进行质量改进。在将质量与产品的最初设计结合起来这一方面,奥立安做得还不够。

(3) 客户支持问题。用户手册和技术记录有时并不能解决所有客户关心的问题,而相应的培训也总准备得不够充分,这些问题都会导致客户服务成本的增加和客户满意度的下降。

(4) 项目所有权不够强。因为人人都接受这一现实:矩阵安排是奥立安所有项目的唯一方式,人员在不同项目之间流动,他们对各项目的进展情况不甚了解,他们经常不能分辨出手头的工作属于哪个项目,因此也无法产生兴奋感,而这种兴奋感是优异成绩的必要源泉。人员在项目之间频繁转移拖延了工作的进程,因为必须花更多的时间使成员转换思维,以适应目前项目发展的速度。

(5) 范围蔓延。奥立安因其工程技术过硬而声名远扬,但是设计工程师们有一种倾向，即太注重项目的科学性，对其实践性的考虑太少。这导致了代价不菲的拖延，甚至有时候因为与客户要求不一致而被迫修改产品设计。

在和团队成员坐在一起探讨如何用最好的方式组织“美洲豹”项目时，罗萨斯对上述所有问题及其他事项已非常了解。

2）问题

（1）你将为罗萨斯组织“美洲豹”项目提供什么建议？为什么？

答：____

（2）你将如何改变组织架构图及主计划表来反映这些变化？

答：____

2. B部分：罗萨斯的计划

罗萨斯及其成员努力工作了一星期，制订了一份计划，为完成奥立安的项目制定了一个新的标准。“美洲豹”项目的管理团队将扩展为7位经理，由他们负责监督产品从设计到交付给客户等一系列任务的完成。新添的3个职位的责任可以简述如下(如图3-9所示)。

① 生产副经理。在设计阶段负责提出关于产品生产的事项，负责产品线的建设与管理。

② ILS(总务后勤支持)经理。负责产品交付后满足客户要求的所有活动，包括客户培训、记录和设备测试。

③ QA(质量保证)经理。负责质量方案的实施，保证产品的可靠性、可操作性和可维护性。

这7个经理(3个如上所述，另外4个在A部分已讨论过)将协调项目的完成，他们在各自领域的工作将对所有重大决策产生影响。罗萨斯作为项目经理，将致力于让大家取得一致意见，但在必要时他有权干预并制定决策。

核心工作将由35个团队完成。每个团队都有一位“领导”，负责设计、开发、建造并测试项目的某一具体部分。他们还负责各部分的质量与生产效率，负责在预算范围内及时完成工作。

每个团队由5～12个队员组成，罗萨斯坚持认为每个团队至少一半为全职人员，这将有助于保证工作的连续性，有助于加强对项目的投入。

计划的第二个主要特征是制定项目的整个主计划表，这涉及放弃传统的连续式产品开发方法，转而采用同步工程法(如图3-10所示)。

一旦系统设计通过检查，不同的小组将在实验室里开始设计、开发、测试各个子系统

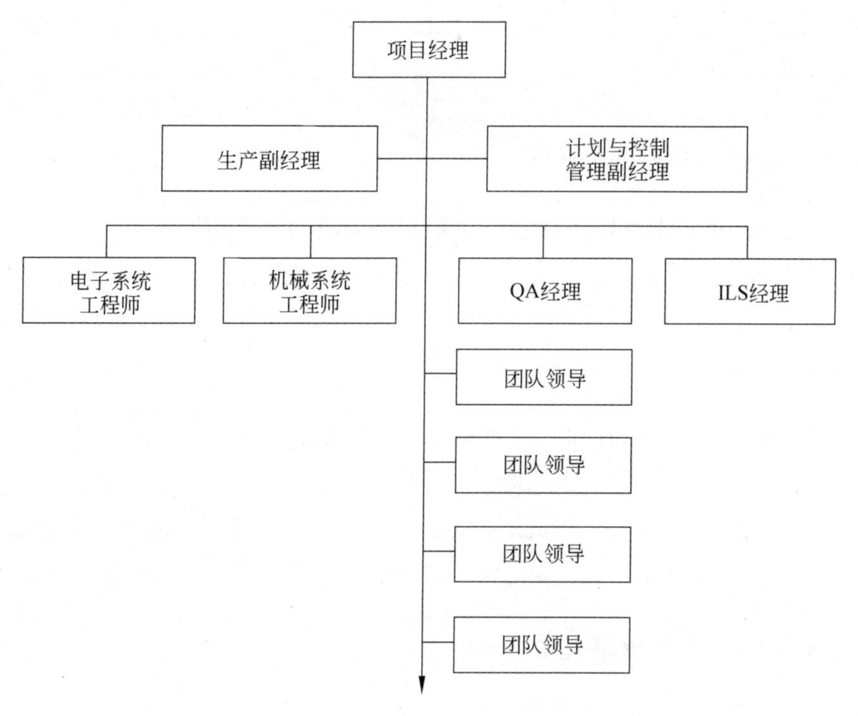

图 3-9　为“美洲豹”项目提议的项目组织

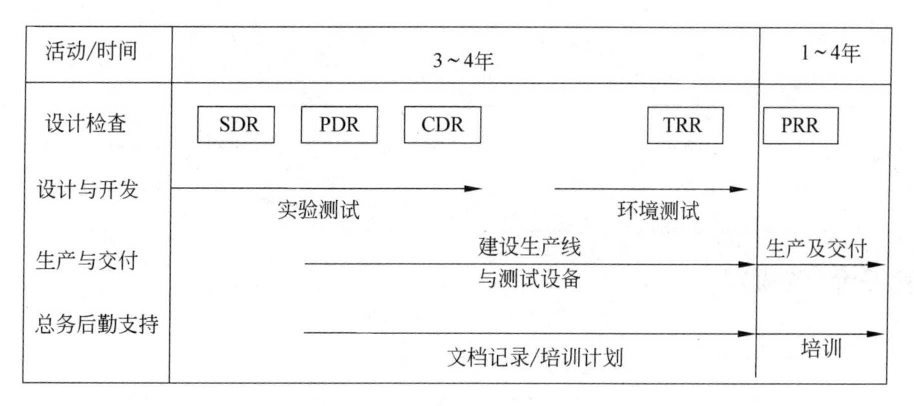

图 3-10　“美洲豹”主计划表

和组成部件。不久之后，ILS团队将着手搜集信息并准备产品的相关文档。PDR一旦完成，生产团队将开始设计必要的生产线。CDR不仅要负责重大技术问题的解决，还要负责产品生产的计划安排。CDR一旦完成，项目团队就开始进行现场测试，这些测试要在各种各样的环境下进行，以满足政府的具体要求。而随后的设计改良要与生产及ILS团队密切配合，这样，理想的情况是，奥立安做好了充分准备，一旦完成PDR，就着手投入生产。

罗萨斯相信，与核心开发工作同时进行生产和文档工作，这会加速项目的完成，降低生产成本，并有利于提高客户的满意度。

■问题

(1) 请分析：与奥立安过去管理项目的方式相比，这份计划有何重大变化?

答：

(2) 你认为这些变化对处理 A 部分中所提到问题的效果如何？

答：

(3) 哪些人可能支持此计划？哪些人可能不支持此计划？

答：

请记录：该项实验能够顺利完成吗？

【实验总结】

【实验评价(教师)】

项目整合管理

在项目管理中,“整合”兼具统一、合并、沟通和集成的性质,对受控项目从执行到完成、成功管理干系人期望和满足项目要求,都至关重要。项目整合管理包括为识别、定义、组合、统一和协调项目管理过程组的各种过程和活动而开展的过程和活动,包括选择资源分配方案、平衡相互竞争的目标和方案,以及项目管理各知识领域之间的依赖关系。软件项目的整合管理是指过程和活动的整合,而不是指整合软件组件以形成一个部分的或完整的软件产品的技术过程。图 4-1 概括了软件项目整合管理的各个过程,这些过程彼此相互作用,而且还与其他知识领域中的过程相互作用。在实践中,各项目管理过程会以一定的方式相互交叠、相互作用。

当各过程之间发生相互作用时,项目整合管理就显得非常必要了。例如,为应急计划制定成本估算时,就需要整合项目成本、时间和风险管理知识领域中的相关过程。在识别出与各种人员配备方案有关的额外风险时,可能又需要再次进行上述某个或某几个过程。项目的可交付成果可能也需要与执行组织、需求组织的持续运营活动相整合,并与考虑未来问题和机会的长期战略计划相整合。项目整合管理还包括开展各种活动来管理项目文件,以确保项目文件和项目管理计划及可交付成果(产品、服务或能力)的一致性。

应用项目管理知识、技能和所需的过程,项目经理和项目团队需要考虑每个过程和项目环境,以决定在具体项目中各过程的实施程度。如果项目有不止一个阶段,那么各个项目阶段中所采用的严格程度应与该阶段相适应。通过考虑为完成项目而开展的其他类型的活动,可以更好地理解项目与项目管理的整合性质。

项目整合管理各过程之间的关系数据流对理解各个过程很有帮助,如图 4-2 所示。

项目管理团队所开展的活动示例如下。

① 确定、审查、分析并理解范围,包括项目需求、产品需求、准则、假设条件、制约因素和可能影响项目的其他因素,以及决定如何管理和处理这些内容。

② 使用结构化方法,把收集到的项目信息转化为项目管理计划。

③ 开展活动,以产生项目的可交付成果。

④ 测量和监督项目进展,并采取适当措施来实现项目目标。

此外,项目整合管理知识领域的“结束项目或阶段”过程将在本书第 14 章中进行介绍。

计划和实施一个软件项目大多是前瞻性的尝试,而不是子计划整合和协调。有时候,其他部门提供了某些功能能力(如配置管理、独立测试等)。然而,在大多数情况下,软件

项目整合管理

4.1 制定项目章程

1. 输入
   ① 项目工作说明书
   ② 商业论证
   ③ 协议
   ④ 事业环境因素
   ⑤ 组织过程资产
2. 工具与技术
   ① 专家判断
   ② 引导技术
3. 输出
   项目章程

4.2 制订项目管理计划

1. 输入
   ① 项目章程
   ② 其他过程的输出
   ③ 事业环境因素
   ④ 组织过程资产
2. 工具与技术
   ① 专家判断
   ② 引导技术
3. 输出
   项目管理计划

4.3 指导与管理项目执行

1. 输入
   ① 项目管理计划
   ② 批准的变更请求
   ③ 事业环境因素
   ④ 组织过程资产
2. 工具与技术
   ① 专家判断
   ② 项目管理信息系统
   ③ 会议
   ④ 信息传播
3. 输出
   ① 可交付成果
   ② 工作绩效数据
   ③ 变更请求
   ④ 项目管理计划（更新）
   ⑤ 项目文件（更新）
   ⑥ 演示工作，交付软件

4.4 监控项目工作

1. 输入
   ① 项目管理计划
   ② 进度预测
   ③ 成本预测
   ④ 确认的变更
   ⑤ 工作绩效信息
   ⑥ 事业环境因素
   ⑦ 组织过程资产
2. 工具与技术
   ① 专家判断
   ② 分析技术
   ③ 项目管理信息系统
   ④ 会议
3. 输出
   ① 变更请求
   ② 工作绩效报告
   ③ 项目管理计划（更新）
   ④ 项目文件（更新）

4.5 实施整体变更控制

1. 输入
   ① 项目管理计划
   ② 工作绩效报告
   ③ 变更请求
   ④ 事业环境因素
   ⑤ 组织过程资产
2. 工具与技术
   ① 专家判断
   ② 会议
   ③ 变更控制工具
3. 输出
   ① 批准的变更请求
   ② 变更日志
   ③ 项目管理计划（更新）
   ④ 项目文件（更新）

14. 结束项目或阶段

1. 输入
   ① 项目管理计划
   ② 验收的可交付成果
   ③ 组织过程资产
2. 工具与技术
   ① 专家判断
   ② 分析技术
   ③ 会议
3. 输出
   ① 最终产品、服务或成果移交
   ② 组织过程资产（更新）

图 4-1　项目整合管理概述

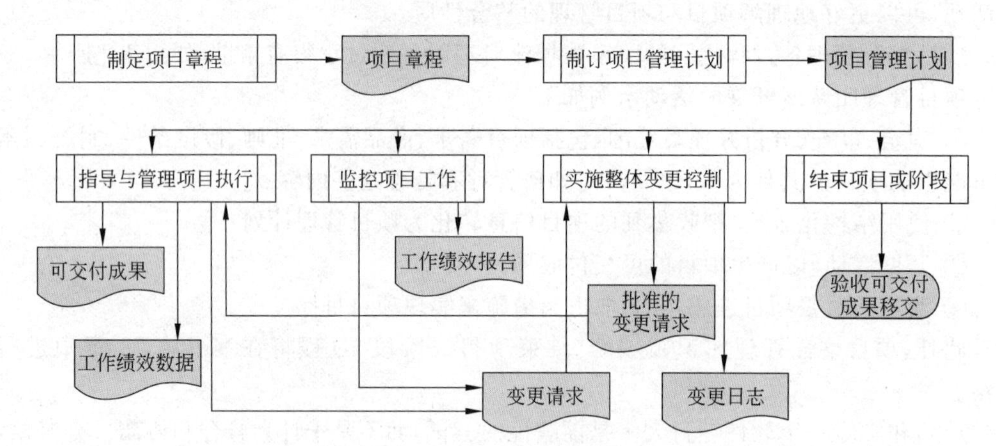

图 4-2　项目整合管理各过程的数据关系

项目经理负责计划和指挥范围广泛的项目活动。

管理软件项目没有唯一最佳的方法。大范围的作用影响着软件项目中各个项目管理活动对强调重点和严谨程度的需求。项目管理的47个过程中的每个过程应当确定实施中的每个项目努力达到的适当水平。项目经理可以裁剪项目管理过程，以最大限度地提高项目团队实现项目绩效的期望水平的潜力。

4.1 制定项目章程

制定项目章程是编写一份正式批准项目并授权项目经理在项目活动中使用组织资源的文件的过程。本过程的主要作用是，明确定义项目开始和项目边界，确立项目的正式地位，以及高级管理层明确表述他们对项目的支持。

图4-3显示了本过程的数据流向图。

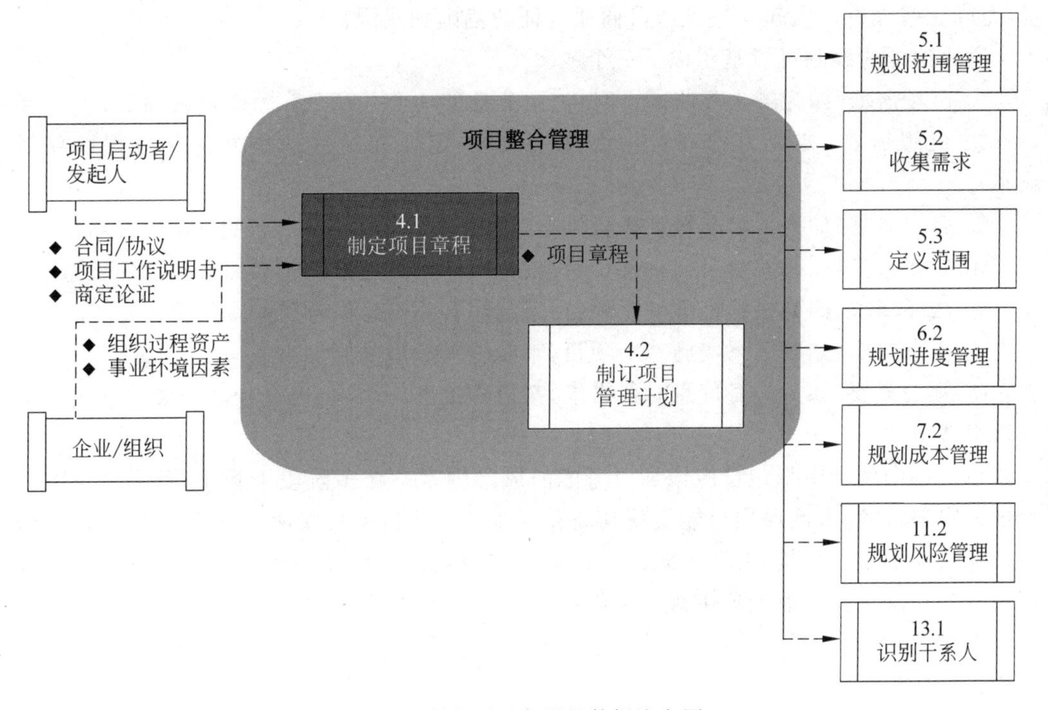

图4-3 制定项目章程的数据流向图

4.1.1 输入：项目工作说明书

项目工作说明书(Statement Of Work,SOW)是对项目需交付的产品或服务的叙述性说明。对于内部项目，项目启动者或发起人根据业务需要及对产品或服务的需求，来提供工作说明书。对于外部项目，工作说明书则由客户提供，可以是招标文件(如建议邀请书、信息邀请书、投标邀请书)的一部分或合同的一部分。

SOW应包括以下内容。

① 业务需要。可基于市场需求、技术进步、法律要求、政府法规或环境焦虑。通常，会在商业论证中，进行业务需要和成本效益分析，对项目进行论证。

② 产品范围描述。记录项目所需产出的产品、服务或成果的特征，以及这些产品、服务或成果与项目所对应的业务需求之间的关系。

③ 战略计划。记录了组织愿景和目标，也可包括高层级的使命阐述。所有项目都应支持组织的战略计划。确认项目符合战略计划，才能确保每个项目都能为组织的整体目标做出贡献。

4.1.2 输入：商业论证与协议

商业论证或类似文件，能从商业角度提供必要的信息，决定项目是否值得投资。组织的高层往往使用该文件作为决策的依据。在商业论证中，应开展业务需求和成本效益分析，论证项目的合理性，并确定项目边界。通常由商业分析师根据各干系人提供的输入信息，完成这些分析。发起人应该认可商业论证的范围和局限。

商业论证的编制可能基于以下一个或多个原因。

① 市场需求（如为融入互联网+时代，企业批准一个共享单车系统研发项目）。

② 组织需要（如因为管理费用太高，公司决定合并一些职能并优化流程以降低成本）。

③ 客户要求（如为了给超级计算机供电，某电力公司批准一个新变电站建设项目）。

④ 技术进步（如某航空公司批准了一个新项目，来开发电子机票以取代纸质机票）。

⑤ 法律要求（如某机构批准一个项目，来编写有关信息安全隐私保护指南）。

⑥ 生态影响（如某公司实施一个项目，来减轻对环境的影响）。

⑦ 社会需要（如为应对信息时代需求，某机构批准一个项目，在社区开展信息技术普及教育）。

以上每个例子中都包含应该加以考虑的风险因素。在多阶段项目中，可通过对商业论证的定期审核，来确保项目能实现其商业利益。在项目生命周期的早期阶段，发起组织对商业论证的定期审核，有助于确认项目仍然与商业论证保持一致。项目经理负责确保项目有效地满足在商业论证中规定的组织目的和广大干系人的需求。

此外，商业论证对于软件产品，特别对于企业体系来讲，应该提出所有权总成本，包括预期的操作和维护成本。

协议定义了启动项目的初衷。协议有多种形式，包括合同、谅解备忘录、服务品质协议、协议书、意向书、口头协议、电子邮件或其他书面协议。通常，为外部客户做项目时就用合同。

此外，本过程的其他输入还有以下内容。

事业环境因素，包括政府标准、行业标准或法规、组织文化和结构、市场条件。

组织过程资产，包括：组织的标准过程、政策和过程定义；模板（如项目章程模板）；历史信息与经验教训知识库（如项目记录和文件、完整的项目收尾信息和文档、关于以往项目选择决策的结果和以往项目绩效的信息，以及风险管理活动中产生的信息）。

4.1.3 过程工具与技术

本过程的工具与技术主要有以下几项。

(1) 专家判断。这是项目管理过程的常用工具与技术之一。在本过程中,专家判断用于评估制定项目章程的输入以及本过程的所有技术和管理细节。

专家判断可来自具有专业知识或受过专业培训的任何小组或个人,可从许多渠道获取,包括组织内的其他部门、顾问、干系人(包括客户或发起人)、专业与技术协会、行业团体、主题专家(SME)和项目管理办公室(PMO)。

(2) 引导技术。广泛应用于各项目管理过程,可用于指导项目章程的制定。头脑风暴、冲突处理、问题解决和会议管理等,都是引导者可以用来帮助团队和个人完成项目活动的关键技术。

4.1.4 输出:项目章程

项目章程在项目执行组织与需求组织之间建立起伙伴关系。在执行外部项目时,通常需要一份正式的合同来确立这种协作关系。在这种情况下,项目团队成了卖方,负责对来自外部实体的采购邀约中的条件做出响应。这时候,在组织内部仍需要一份项目章程来建立内部协议,以保证合同内容的正确交付。经批准的项目章程意味着项目的正式启动。在项目中,应尽早确认并任命项目经理,最好在制定项目章程时就任命,最晚也必须在规划开始之前。项目章程应该由发起项目的实体批准。项目章程授权项目经理规划和执行项目。项目经理应该参与项目章程的制定,以便对项目需求有基本的了解,从而在随后的项目活动中更有效地分配资源。

项目由项目以外的实体来启动,如可以是发起人、项目集或 PMO 职员,或项目组合治理委员会主席或授权代表。项目启动者或发起人应该具有一定的职权,能为项目获取资金并提供资源。项目可能因内部经营需要或外部影响而启动,故通常需要进行需求分析、可行性研究、商业论证或者项目处理情况的描述。通过编制项目章程,来确认项目符合组织战略和日常运营的需要。项目章程不是合同,因为其中并未承诺报酬或金钱或用于交换的价值。

项目章程(如表 4-1 所示)是由项目启动者或发起人发布的,正式批准项目成立,并授权项目经理动用组织资源开展项目活动的文件。

表 4-1 项目章程

项目名称:______________________________

项目发起人:______________ 准备日期:______________

项目经理:______________ 项目客户:______________

项目目的或批准项目的原因
项目开展的原因:从商业角度提供必要信息、组织的战略规划、外部因素、合同规定或者其他任何启动项目的原因

续表

<table>
<tr><td colspan="3">高层级项目描述</td></tr>
<tr><td colspan="3">项目的总体描述，应该包含产品和项目可交付成果的高层级描述以及如何达到项目目标</td></tr>
<tr><td colspan="3">高层级需求</td></tr>
<tr><td colspan="3">要达成项目目标需要满足高层级的条件和性能，描述必须是产品的当前特性与功能，以满足干系人的需求和期望。这部分不需要像需求文件那样描述详细的需求</td></tr>
<tr><td colspan="3">高层级风险</td></tr>
<tr><td colspan="3">项目刚开始时的启动风险会有资金到位风险、新技术风险、缺少资源风险</td></tr>
<tr><td>项目目标</td><td>成功标准</td><td>批准人员</td></tr>
<tr><td colspan="3">范围</td></tr>
<tr><td>描述需要实现计划的项目收益的范围</td><td></td><td></td></tr>
<tr><td colspan="3">时间</td></tr>
<tr><td>描述要及时完成项目的目标</td><td></td><td></td></tr>
<tr><td colspan="3">成本</td></tr>
<tr><td>描述项目开销的目标</td><td></td><td></td></tr>
<tr><td colspan="3">其他</td></tr>
<tr><td>额外目标，如质量目标、安全目标、干系人满意度目标</td><td></td><td></td></tr>
<tr><td colspan="2">总体里程碑</td><td>到期日</td></tr>
<tr><td colspan="2" rowspan="2">项目中的重大事件，如完成项目主要可交付成果、项目的开始或结束，或者产品得到验收</td><td></td></tr>
<tr><td></td></tr>
<tr><td colspan="2"></td><td></td></tr>
<tr><td colspan="2"></td><td></td></tr>
<tr><td colspan="2"></td><td></td></tr>
<tr><td colspan="2"></td><td></td></tr>
<tr><td colspan="2"></td><td></td></tr>
<tr><td colspan="2"></td><td></td></tr>
<tr><td colspan="2"></td><td></td></tr>
<tr><td colspan="3">预算</td></tr>
<tr><td colspan="3">项目预期的开销</td></tr>
</table>

续表

干系人	角　色
在项目成功中有利益或者有影响力的人员列表	

项目经理职权层级(项目经理在人员配备、预算管理以及偏差、技术决策和冲突管理方面的职权)

人员配备决策

雇用、解雇人员，制定团队规则，以及接收或不接收员工的职权

预算管理和偏差

指项目经理拥有调拨、管理、控制项目资金的权力，偏差是指为批准或重设基准而需要的偏差水平

技术决策

定义或限定项目经理对可交付成果或项目方法做出技术决定的权力

冲突解决

定义了项目经理在团队内、组织内以及与外部干系人解决冲突的程度

批准：

项目经理签字　　　　发起人或委托人签字

项目经理姓名　　　　发起人或委托人姓名

日期　　　　日期

在项目章程中记录业务需要、假设条件、制约因素、对客户需要和高层级需求的理解，以及需要交付的新产品、服务或成果。项目章程正式确认项目的存在、特点和截止日期，并指明了该项目的目标和发起人、项目经理等。项目章程规定了每个人的角色，以及相互交流信息的方式。主要的项目干系人要在项目章程上签字，以表示确认在项目需求和目的上已经达成一致。

每个项目都应该有章程，它建立了项目经理的责任心、发起人的主人翁意识以及项目团队的团队意识，帮助团队更加自信地快速向目标前进。项目章程通常在公司内部共享。依据项目的性质，项目章程可以很简单，仅为一页表格即可，或是一个来自上级管理人员的备忘录，以概括地描述项目内容并列出项目经理和干系人的职责权力。有时，合同起到了项目章程的作用。

4.2 制订项目管理计划

制订项目管理计划是定义、编制、整合和协调所有子计划，并把它们整合为一份综合项目管理计划的过程。本过程的主要作用是，生成一份核心文件，作为所有项目工作的依据。

图 4-4 显示了本过程的数据流向图。

项目管理计划确定项目的执行、监控和收尾方式，其内容会因项目的复杂程度和所在应用领域而异。编制项目管理计划，需要整合一系列相关过程，而且要持续到项目收尾。本过程将产生一份项目管理计划，该计划需要通过不断更新来渐进明细。其更新需要由整体变更控制过程进行控制和批准。存在于项目集中的项目也应该制定项目集管理计划，而且这份计划需要与项目管理计划保持一致。例如，如果项目集管理计划中要求超过特定成本的任何变更都需要由变更控制委员会(CCB)来审查，则在项目管理计划中也应该做出相应规定。

计划用来指导工作，因此，必须以特定项目的需要为准，量体裁衣，制定出与之相符合的项目计划。但大多数项目计划还是存在着一定的一般性。由于需要用到各个方面的知识，为构建并合成一个好的项目计划，项目经理必须懂得整合管理的艺术。与项目组成员及其他项目干系人一道制定项目计划，将有利于项目经理较好地理解项目的整体以及指导计划的实施工作。

4.2.1 软件项目的项目管理计划

制订项目管理计划的过程取决于所选择的软件项目生命周期、组织结构与文化以及项目情境。软件项目经理可以执行所有或部分项目计划活动，如基于历史数据进行准备估计等工作，也可能由项目管理办公室或内部咨询组执行。其他计划活动，如独立测试，可以由其他职能小组执行。项目整合管理确保所有必需过程足够精确地执行，并且生成足够的项目绩效信息，使软件项目经理可以进行适当的执行、监督和控制等过程。

预测性生命周期软件项目的项目经理，往往把大量精力投入在项目计划的前期开发和资产的集成上，包括其他组织单元成员开发的计划(如配置管理、质量保证、成本管理、

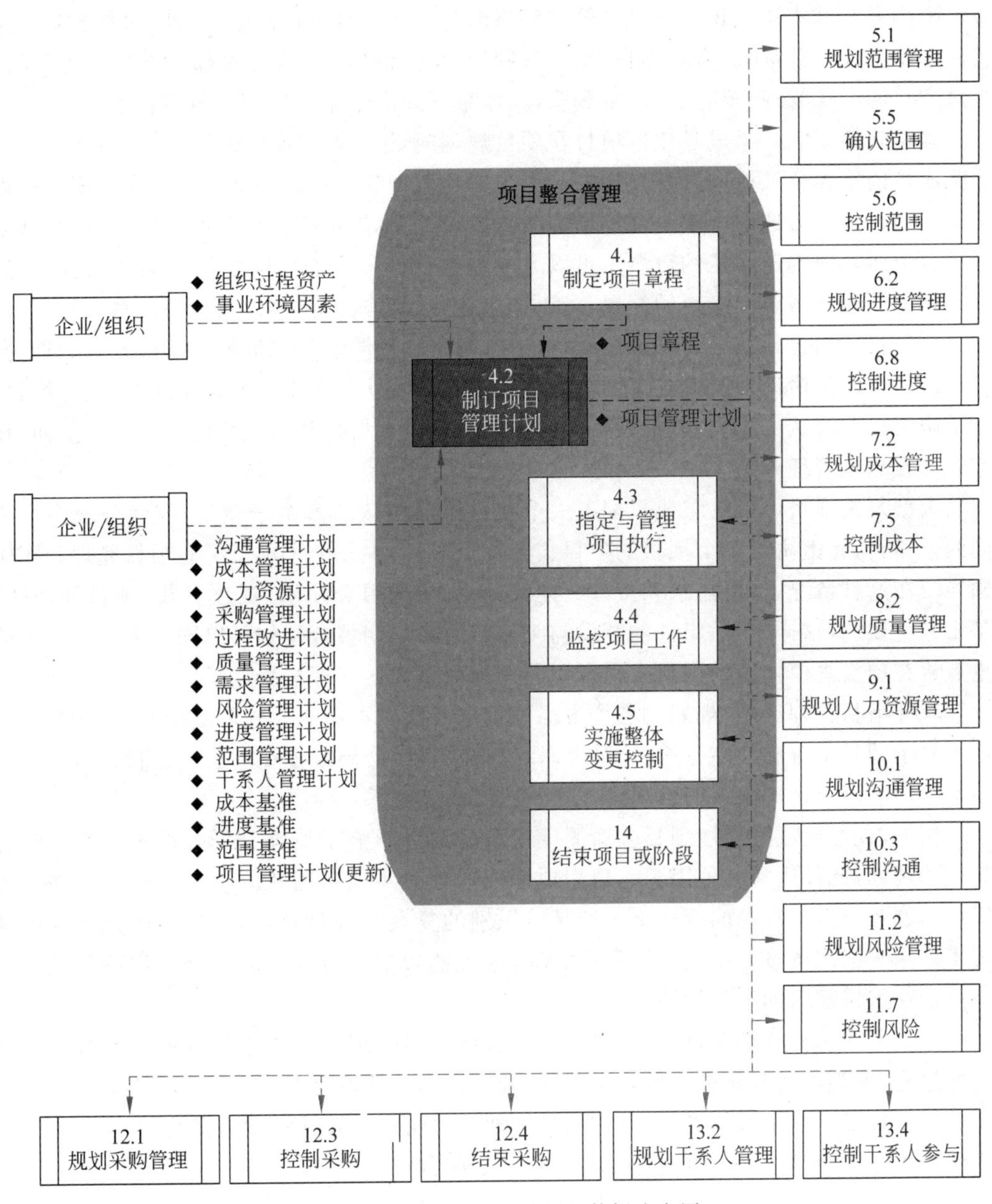

图 4-4 制订项目管理计划的数据流向图

管理）。

在适应性项目中，通常制订详细的范围、成本和进度计划的前期工作较少。

无论所采用的生命周期如何，软件项目可能还需要整合大量额外的计划（也许是职能小组），如信息安全管理计划、信息管理计划、问题管理计划、产品上市计划、发行计划，同时也许是新技术或新领域的团队训练计划。为确保在落实计划时项目成员或项目团队之间的协调，通常要在定义监控过程上花费大量精力。

影响软件项目计划制订的项目制约因素包括组织政策、规模和项目重要性，以及问题域和解决方案域中风险识别和风险管理策略的复杂性，所需资源的可用性（包括具备一定技能的团队成员数量）。有些项目，其项目制约因素和产品制约因素都是严格的，需要加强对项目的风险管理、整合管理、采购管理、质量管理和干系人管理的重视程度。

确定软件团队的组成是软件项目在项目规划时的一个重要组成部分，因为软件是由团队成员的集体智慧协同开发出来的。为了一个大型软件项目而计划一个大型团队的做法是不明智的。首选的方法是通过增加团队数量达到按比例增加团队成员的目的，这限制了每个团队内沟通路径的数量。可以通过结构设计来控制团队之间的沟通，具体做法是允许不同团队需求和接口的配置，可以作用在并行方式的组件以及计划的整合点。

该项目计划包括整合和验证过程，这通常发生在预测性生命周期的软件开发后期，并整合进适应性生命周期。有多个团队的软件项目通常由团队领导直接向项目经理汇报。除了协调一个团队的工作，软件项目的团队领导也是发展性和功能性的贡献者。然而，他们并不被当成管理开销。

大型复杂项目可以组织成只配有一个项目管理团队的多个子项目，或者分成多个不同的子项目，并由协调多个项目的项目集经理负责，其中每个子项目都有项目经理和团队领导。在这种情况下，将需求和接口分配给项目、子项目和团队（或项目集、项目和团队）是十分重要的，这样，产品组件的开发与工作产品的定期整合计划可以同时进行。更多的重点放在项目规模增长的项目人力资源管理和项目沟通管理过程上。

软件项目管理计划、规划的各个方面的重点及项目本身的模式取决于许多因素，包括但不限于项目本身和产品范围、产品要求、软件项目生命周期模型的选择、组织资产、背景因素的影响以及客户关系的性质。

例如，预测性或适应性项目生命周期模型的选择影响了范围、时间、成本和产品整合管理的规划，此外还有其他因素。启用地理位置分散的项目团队的项目将重点放在人力资源问题及对这些资源的管理上。产品已识别的复杂性、问题域内软件团队熟悉性以及技术被用于强调质量控制、质量保证和风险管理的规划。与供应商和分承包商打交道应该更加注重采购活动的规划。

无论采用哪种软件项目生命周期，一个软件项目管理计划要素的发展和整合很少呈线性过程，因为项目要素进化周转率不同，同时发挥对其他要素不同层次的影响。执行一个软件项目是一个学习的过程，其中项目计划及附属计划修订促进认识的增长；而不管使用何种生命周期，对于软件项目来说，重新规划项目和产品是不可避免的。

4.2.2 过程输入

一个软件项目计划的制订往往是一个计划主要活动、协调制订子计划，并把它们整合成一份软件项目管理计划的过程。成熟组织制订软件项目管理计划可能会使用模板和裁剪现有组织资产。

成本、进度、技术基础设施和风险估计为项目管理计划的开发提供了重要的输入。每个软件项目与以往的所有项目都不同，因为相对于人工制品的复制，软件的复制是一个简单的过程，并不需要一个项目，所以通常在一个软件项目的启动和计划阶段有许多未知性和不确定性。这些未知性和不确定性往往会导致软件项目估算不精确和不准确。

本过程的输入主要有以下几项。

(1) 项目章程。其内容的多少取决于项目的复杂程度及所获取的信息数量,但至少应该定义了项目的高层级边界。在启动过程组中,项目经理把项目章程作为初始规划的始点。

(2) 其他过程的输出。其他规划过程所输出的任何基准和子管理计划,都是本过程的输入。此外,对这些文件的变更都可能导致对项目管理计划的相应更新。

(3) 事业环境因素。这类因素包括政府或行业标准、纵向市场(如建筑)或专门领域(如环境、安全、风险或敏捷软件开发)的项目管理知识体系、项目管理信息系统(PMIS)、组织的结构与文化、基础设施(如现有设施和固定资产)以及人事管理制度。

此外,还有可能会影响软件项目计划的因素包括:熟练的技术工人资源的可用性;使用开放源代码软件的政策;现有的技术资产。现有的技术资产可能包括:可重复使用软件;开发和测试环境工具;配套基础设施和设备;技术基础设施,包括网络、数据存储库及模拟和建模设施。

(4) 组织过程资产。一般包括以下内容。

① 标准化的指南、工作指示、建议书评价准则和绩效测量准则。

② 项目管理计划模板,如根据项目的具体需要而"剪裁"组织标准流程的指南与准则;项目收尾指南或要求,如产品确认及验收标准。

③ 变更控制程序,包括修改组织标准、政策、计划和程序(或任何项目文件)所须遵循的步骤,以及如何批准和确认变更。

④ 以往项目的项目档案(如范围、成本、进度与绩效测量基准,项目日历,项目进度网络图,风险登记册,风险应对计划和风险影响评价),历史信息与经验教训知识库。

⑤ 配置管理知识库,包括组织标准、政策、程序和项目文件的各种版本与基准。

此外,变更控制和配置管理的方法和工具都需要控制不断升级的产品,如软件代码基准,因为在软件开发过程中软件代码会进行频繁的更新和变化。一些软件项目使用正式的治理机制来维护软件构件的控制,如软件变更控制委员会。其他软件项目则运用工作软件频繁演示以及与客户或用户代表进行磋商的方式,最终对项目修改达成一致意见。

4.2.3 过程工具与技术

制定软件项目章程时应咨询领域专家。使用相似的开发平台、系统软件、产品架构、信息设计(如数据库、数据交换和数据仓库)开发相似的系统的专门知识,可提供有价值的见解,并揭示未识别出的复杂性和风险因素。另外,当软件项目的工作涉及现有软件时,熟悉软件架构的专家的输入、技术实现与/或测试方法等都有助于制定项目章程。那些熟悉项目团队的专家(已知的)可以提供有关团队能力的输入。

本过程的工具与技术包括专家判断,可用于以下方面。

① 根据项目需要而裁剪项目管理过程。

② 编制应包括在项目管理计划中的技术与管理细节。

③ 确定项目所需的资源与技能水平。

④ 定义项目的配置管理级别。

⑤ 确定哪些项目文件受制于正式的变更控制过程。

⑥ 确定项目工作的优先级，确保把项目资源在合适的时间分配到合适的工作上。

在开发一个软件项目计划时，引导技术、模板和预测工具是十分有用的。

4.2.4 输出：项目管理计划

项目管理计划（如表 4-2 所示）是说明项目将如何执行、监督和控制的一份文件，它合并与整合了其他各规划过程所输出的所有子管理计划和基准。

表 4-2 项目管理计划

项目名称：________________ 准备日期：________________

项目生命周期		
阶段		关键可交付成果
描述用于完成项目的生命周期。生命周期可以包括阶段以及各个阶段的可交付成果		
项目管理过程和裁剪决策		
知识领域	过程	裁剪决策
整合	指出对于项目管理过程所做的任一组合、省略或扩展决策。这个过程可以包括定义用于每个生命周期阶段的特定过程，以及该过程是粗略应用还是细致应用	
范围		
时间		
成本		
质量		
人力资源		
沟通		
采购		
干系人		
知识领域	工具与技术	
整合	识别不同过程中使用的工具和技术，如使用成本估算软件还是特定的质量控制技术	
范围		
时间		

续表

成本		
质量		
人力资源		
沟通		
采购		
干系人		
偏差和基准管理		
范围偏差临界值		范围基准管理
进度偏差临界值		进度基准管理
成本偏差临界值		成本基准管理
项目审核		

提示：表4-2中的各名词解释如下。

- 进度偏差临界值：定义可接受的进度偏差、应发出警告的偏差和不可接受的偏差。进度偏差可以用相对基准偏差的百分比表示，包括使用过的浮动数量或者进度储备的使用情况。
- 进度基准管理：描述将如何管理进度基准，包括可接受的应对、警告和不可接受的偏差。定义触发预防和纠正措施的状况，以及何时制订变更控制过程。
- 成本偏差临界值：定义可接受的成本偏差、应发出警告的偏差和不可接受的偏差。成本偏差可以用相对基准偏差的百分比表示，如0～5%、5%～10%、大于10%等。
- 成本基准管理：描述将如何管理成本基准，包括可接受的应对、警告和不可接受的偏差。定义触发预防和纠正措施的状况，以及何时制订变更控制过程。
- 范围偏差临界值：定义可接受的范围偏差、应发出警告的偏差和不可接受的偏差。可以用最终产品的功能特性或期望的性能测量指标来表示范围偏差。
- 范围基准管理：描述将如何管理范围基准，包括对可接受的偏差、应发出警告的偏差和不可接受的偏差的响应。定义触发预防和纠正措施的状况，以及何时制订变更控制过程。

项目基准包括范围基准、进度基准和成本基准。

子管理计划包括范围管理、需求管理、进度管理、成本管理、质量管理、过程改进、人力资源管理、沟通管理、风险管理、采购管理和干系人管理等子计划。

项目管理计划还可能包括以下内容。

① 项目所选用的生命周期及各阶段将采用的过程。

② 项目管理团队做出的裁剪决定,包括选择的项目管理过程、每个过程的执行程度、过程所需工具与技术的描述、如何利用所选过程来管理项目的描述(包括过程间的依赖关系和相互影响,以及这些过程的主要输入和输出)。

③ 关于如何执行工作以实现项目目标的描述。

④ 变更管理计划,用来明确如何对变更进行监控。

⑤ 配置管理计划,用来明确如何开展配置管理。

⑥ 对如何维护绩效测量基准的完整性的说明。

⑦ 干系人的沟通需求和适用的沟通技术。

⑧ 为处理未决事宜和制定决策所需开展的关键管理审查,包括内容、程度和时间安排等。

项目管理计划可以是概括或详细的,可以包括一个或多个子计划。每个子计划的详细程度取决于具体项目的要求。一旦被确定为基准,就只有在提出变更请求并经实施整体变更控制过程批准后才能变更。

项目管理计划是用于管理项目的主要文件之一,同时,还会使用其他项目文件。表4-3 列出了项目管理计划的主要组成和主要的项目文件。

表 4-3 项目管理计划与项目文件的区别

项目管理计划	项 目 文 件	
变更管理计划	活动属性	项目人员分派
沟通管理计划	活动成本估算	项目工作说明书
配置管理计划	活动持续时间估算	质量核对单
成本基准	活动清单	质量控制测量结果
成本管理计划	活动资源需求	质量测量指标
人力资源管理计划	协议	需求文件
过程改进计划	估算依据	需求跟踪矩阵
采购管理计划	变更日志	资源分解结构
范围基准 • 项目范围说明书 • WBS 与 WBS 词典	预测 • 成本预测 • 进度预测	资源日历
质量管理计划	变更请求	风险登记册
需求管理计划	问题日志	进度数据
风险管理计划	里程碑清单	卖方建议书
进度基准	采购文件	供方选择标准
进度管理计划	采购工作说明书	干系人登记册

续表

项目管理计划	项 目 文 件	
范围管理计划	项目日历	团队绩效评价
干系人管理计划	项目章程 项目资金需求、项目进度计划 项目进度网络图	工作绩效数据 工作绩效信息 工作绩效报告

此外，还可能包括安全计划(物理、工程、数据)、企业技术插入计划、信息安全计划、测试和评估计划、信息管理计划、发布和部署计划、技术基础设施计划、软件团队项目培训计划等。

有些项目要把软件产品部署到外部客户网站，这类项目的计划发布和部署很重要。技术基础设施计划对于安装和维护 IT 基础设施产品同样很重要。

4.3　指导与管理项目执行

指导与管理项目执行是为实现项目目标而领导和执行项目管理计划中所确定的工作，并实施已批准变更的过程。本过程的主要作用是对项目工作提供全面管理。

图 4-5 所示为本过程的数据流向图。

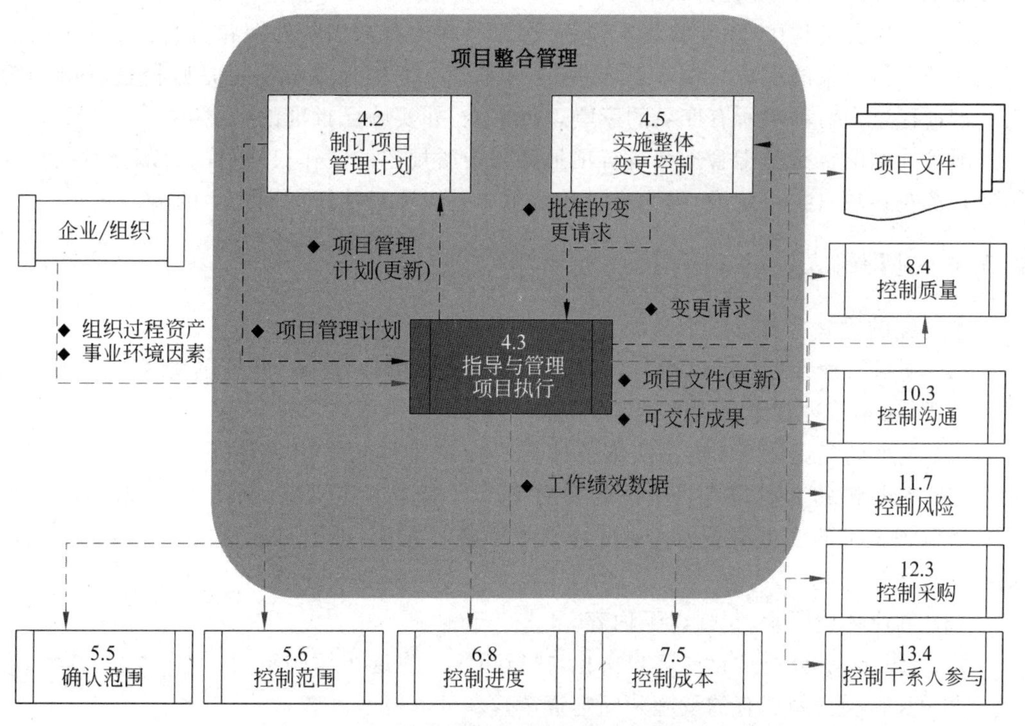

图 4-5　指导与管理项目执行的数据流向图

对于管理预测性生命周期项目的软件项目经理来说，往往遵循以下传统的方法来指导和管理项目工作。

① 开展活动来实现项目要求。

② 创造项目的可交付成果，完成规划的项目工作。

③ 配备、培训和管理项目团队成员。

④ 获取、管理和使用资源，包括材料、工具、设备与设施。

⑤ 执行已计划好的方法和标准。

⑥ 建立并管理项目团队内外的项目沟通渠道。

⑦ 生成工作绩效数据(如成本、进度、技术和质量进展情况及状态数据)，为预测提供基础。

⑧ 提出变更请求，并根据项目范围、计划和环境来实施批准的变更。

⑨ 管理风险并实施风险应对活动。

⑩ 管理卖方和供应商。

⑪ 管理干系人及其在项目中的参与。

⑫ 收集和记录经验教训，并实施批准的过程改进活动。

项目经理与项目管理团队一起指导实施已计划好的项目活动，并管理项目内的各种技术接口和组织接口。项目经理还应该管理所有的计划外活动，并确定合适的行动方案。本过程会受项目所在应用领域的直接影响。通过实施相关过程来完成项目管理计划中的项目工作，产出相应的可交付成果。

在项目执行过程中，还须收集工作绩效数据，并进行适当的处理和沟通。工作绩效数据包括可交付成果的完成情况和其他相关的细节。工作绩效数据也是监控过程组的输入。本过程还须对项目所有变更的影响进行审查，并实施已批准的变更。

项目计划的执行是指管理和运行项目计划中所规定的工作。项目的大部分时间和预算通常都花在项目执行阶段，因为项目产品主要是在项目执行期间产生的。

4.3.1 过程输入

本过程的输入主要有以下几项。

(1) 项目管理计划：这包括与项目各个方面相关的子计划，如范围管理、需求管理、进度管理、成本管理和干系人管理等子计划。

(2) 批准的变更请求：这是实施整体变更控制过程的输出，包括那些经变更控制委员会审查和批准的变更请求。批准的变更请求可能是纠正措施、预防措施或缺陷补救。项目团队把批准的变更请求列入进度计划并付诸实施，它可能对项目或项目管理计划的某些领域产生影响。

(3) 事业环境因素，包括以下内容。

① 组织文化、公司文化或客户文化，执行组织或发起组织的结构。

② 基础设施(如现有的设施和固定资产)。

③ 人事管理制度(如人员雇用与解聘指南、员工绩效评价与培训记录)。

④ 干系人风险承受力(如允许的成本超支百分比)。

⑤ 项目管理信息系统(PMIS)。

(4) 组织过程资产,包括以下内容。

① 标准化的指南和工作指示。

② 组织对沟通的规定,如许可的沟通介质、记录保存政策以及安全要求。

③ 问题与缺陷管理程序,包括问题与缺陷控制、识别与处理,以及对相关行动的跟踪。

④ 过程测量数据库,用来收集与提供过程和产品的测量数据。

⑤ 以往项目的项目档案(如范围、成本、进度和绩效测量基准,项目日历,项目进度计划,项目进度网络图,风险登记册,风险应对计划、风险影响评价和文档化的经验教训)。

⑥ 问题与缺陷管理数据库,包括历史问题与缺陷的状态、控制情况、解决方案以及相关行动的结果。

4.3.2 工具与技术:会议

可以通过会议来讨论和解决项目的相关问题。例如,参会者包括项目经理、项目团队成员,以及与所讨论问题相关或会受该问题影响的干系人。应该明确每个参会者的角色,确保有效参会。会议通常可分为下面3类。

① 交换信息。

② 头脑风暴、方案评估或方案设计。

③ 制定决策。

不要混合各种会议类型。会前应该做好准备工作,包括确定会议议程、目的、目标和期限;会后要形成书面的会议纪要和行动方案。应该按照项目管理计划中的规定保存会议纪要。

面对面的会议效果最好,也可以借助视频或音频会议工具举行虚拟会议。但通常需要为此进行额外的准备和组织,以取得与面对面会议相同的效果。

4.3.3 工具与技术:信息传播

信息传播在指导和管理软件项目实施中是一个重要的工具或技术。因为软件是一种无形的产品,传播项目信息的工具与技术对于软件项目尤其重要。在每个所选区域内的适当水平,为团队成员、经理、客户、用户、其他干系人、每名受软件项目影响或影响该软件项目的参与者,提供适当和及时的信息,是软件项目经理的一项重要活动。这种被传播的信息包括以下内容。

① 该项目目前的整体状态。

② 风险及风险状况(观察名单、监控、面对)。

③ 目前的工作任务。

④ 每日进度和剩余工作。

⑤ 未来的项目状态预测。

⑥ 需求、特点、故事,或者用例编写/展示/交付数量。

⑦ 编写/通过测试场景和测试用例。

⑧ 产品组件/功能实现所对应的成本或人·时。

⑨ 上一次回顾会制定的决议和行动项。

⑩ 服务器和其他基础设施设备的状态(运行、停机、维护中)。

一些软件项目将一些醒目的显示方式(如信息辐射)很有特色地放置于软件开发者以及项目组的其他成员很容易看到的位置。视觉展示的目的是沟通成员需要知道的、没有任何疑问的、基本的项目信息。这种方法有利于使项目团队和其他干系人在较少的混乱和误解的情况下加强沟通。

当目标明确、信息简洁时,视觉展示更为有效。虽然视觉展示通常以纸张为基础,但也可以呈现在大屏幕显示器或更容易获得的网页上。视觉显示可用于告知项目团队以外的干系人有关项目状态的信息,以及对他们而言有意义的其他问题。

在本过程中,还可以使用专家判断来评估所需的输入,使用专业知识处理各种技术和管理问题。

4.3.4 输出:变更请求

如果在项目工作的实施过程中发现问题,就需要提出变更请求,对项目政策或程序、项目范围、项目成本或预算、项目进度计划或项目质量进行修改。

变更请求(如表 4-4 所示)是关于修改任何文档、可交付成果或基准的正式提议,它可能包括纠正措施、预防措施、缺陷补救和更新。

表 4-4 变更请求

项目名称:________		准备日期:________	
个人请求的变更:________		变更编号:________	
变更分类:□范围 □质量 □需求 □成本 □进度 □文件			
所建议变更的详细描述			
足够详细地描述变更的建议,明确地沟通变更的各个方面			
所建议变更的理由			
表明变更的原因			
所建议变更的影响			
范围	□增加	□减少	□修改
描述:所建议变更对项目或产品范围的影响			

续表

质量	□增加	□减少	□修改
描述：所建议变更对项目或产品质量的影响			
需求	□增加	□减少	□修改
描述：描述所建议变更对项目或产品需求的影响			
成本	□增加	□减少	□修改
描述：所建议变更对项目预算、成本估算或资金范围的影响			
进度	□增加	□减少	□修改
描述：所建议变更对进度的影响，以及它是否会导致关键路径的延迟			
干系人影响	□高度风险	□中度风险	□低度风险
描述：项目文件，所建议变更对每个项目文件的影响			
说明			
提供任何能阐明有关请求的变更信息			
处理：□批准　□搁置　□拒绝 理由			
变更控制委员会提供变更请求处理的理由			

续表

变更控制委员会的签署		
姓　名	角　　色	签　名

日期：________________________

① 纠正措施。为使项目工作绩效重新与项目管理计划一致而进行的有目的的活动。

② 预防措施。为确保项目工作的未来绩效符合项目管理计划而进行的有目的的活动。

③ 缺陷补救。为了修正不一致的产品或产品组件而进行的有目的的活动。

更新是对正规受控的文件或计划等的变更，以反映修改或增加的意见或内容。很多执行过程和所有监控过程都会产生“变更请求”这个输出。这通常不会影响项目基准，而只对基于基准的具体实施工作产生影响。

变更请求被批准之后将会引起对相关文档、可交付成果或基准的修改，也可能导致对项目管理计划其他相关部分的更新。可能需要编制新的（或修订的）成本估算、活动排序、进度日期、资源需求和风险应对方案分析。这些变更可能要求调整项目管理计划或项目的其他管理计划或文件。变更控制的实施水平，取决于项目所在应用领域、项目复杂程度、合同要求以及项目所处的背景与环境。变更请求可以是直接或间接的，可以由外部或内部提出，可以是自选的或由法律（合同）所强制的。

在比较实际情况与计划要求的基础上，通过提出变更请求，来扩大、调整或缩小项目范围或产品范围，或者提高、调整或降低质量要求和进度或成本基准。变更请求可能导致需要收集和记录新的需求。变更可能会影响项目管理计划、项目文件或产品可交付成果。符合项目变更控制准则的变更，应该由项目既定的整体变更控制过程进行处理。

变更请求在项目中以多种不同的形式出现，项目的任何干系人都可以提出变更请求。所有变更请求都必须以书面形式记录，并纳入变更管理和/或配置管理系统中。每一项记录在案的变更请求都必须由项目管理团队或外部组织加以批准或否决。在很多项目中，根据项目角色与职责文件的规定，项目经理有权批准某些种类的变更请求。必要时，需由变更控制委员会负责批准或否决变更请求。

变更控制委员会的角色与职责，应该在配置控制程序与变更控制程序中明确规定，并经相关干系人一致同意。很多大型组织会建立多层次的变更控制委员会，来分别承担相关职责。如果项目是按合同来实施的，那么按照合同要求，某些变更请求还需要经过客户的批准。

4.3.5 其他输出

本过程的其他输出主要有以下几项内容。

(1) 可交付成果：是在某一过程、阶段或项目完成时，必须产出的任何独特并可核实的产品、成果或服务能力。它通常是为实现项目目标而完成的有形的组件，也可以包括项目管理计划。

(2) 工作绩效数据：是在执行项目工作的过程中，从每个正在执行的活动中收集到的原始观察结果和测量值。数据是指最低层的细节，将由其他过程从中提炼出项目信息。在工作执行过程中收集数据，再交由各控制过程做进一步分析。例如，工作绩效数据包括已完成的工作、关键绩效指标、技术绩效测量结果、进度活动的开始日期和结束日期、变更请求的数量、缺陷的数量、实际成本和实际持续时间等。

生产力和进度指标，如周转率、燃耗图和燃尽图为适应性生命周期的软件项目提供工作绩效数据。

① 周转率。当前工作单元的完工率，通过单位时间段完成的工作单元来衡量，如在给定时间段内完成的故事点、交付的特性、功能、功能点、用户故事、用例或需求。用于度量燃尽率或燃耗率。

② 燃耗。一个数量指示器，用以指示在一个产品迭代开发周期中，已完成的软件故事点、特性、功能、用户故事、用例或需求的数量、剩余工作或还需要投入的工作量。其中的工作用迭代产品开发中的故事点、故事、特性、功能、功能点、用户故事、用例或需求等工作来衡量。

③ 燃尽。一个工作完成度指示器，指示了在一个产品迭代开发周期中，对已完成的工作、剩余的工作或还需要投入的工作量的估算。其中的工作用迭代产品开发中的故事点、故事、特性、功能、功能点、用户故事、用例或需求等工作来衡量。

④ 燃尽率。每个工作单元(周或迭代)完成的软件故事点、特性、功能、用户故事、用例或需求的数量。

(3) 项目管理计划(更新)：包括范围管理、需求管理、进度管理、成本管理、质量管理、过程改进、人力资源管理、沟通管理、风险管理、采购管理和干系人管理等计划以及项目基准。

(4) 项目文件(更新)：包括需求文件、项目日志(用于记录问题、假设条件等)、风险登记册和干系人登记册。

(5) 演示工作，交付软件：对工作软件、交付软件频繁且持续的演示是软件项目具体进展的最重要的指标。

4.4 监控项目工作

监控项目工作是跟踪、审查和调整项目进展，以实现项目管理计划中确定的绩效目标的过程。本过程的主要作用是，让干系人了解项目的当前状态、已采取的步骤，以及对预算、进度和范围的预测。

此外,如果有必要,当这些触发变更控制的事件超出控制界限时,可以评估工作软件代码的增量,而不是评估项目和产品约束、团队绩效和项目总体目标。范围管理计划也许包括优化机制和商业规则,可能有助于管理那些超出控制界限的项目范围变更或产品范围变更。

图 4-6 所示为本过程的数据流向图。

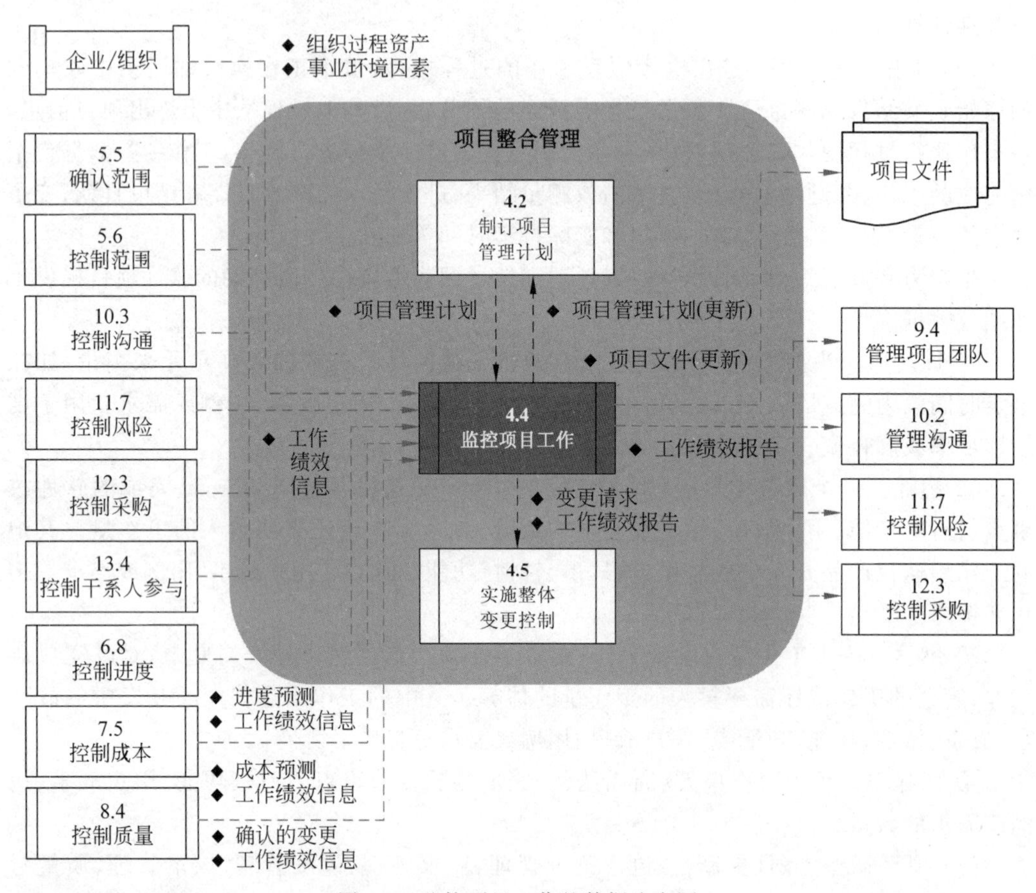

图 4-6　监控项目工作的数据流向图

监督是贯穿于整个项目周期的项目管理活动之一,包括收集、测量和发布绩效信息,分析测量结果和预测趋势,以便推动过程改进。持续的监督使项目管理团队能洞察项目的健康状况,并识别需特别关注的任何方面。控制包括制定纠正或预防措施或进行重新规划,并跟踪行动计划的实施过程,以确保它们能有效解决问题。

监控项目工作过程主要关注以下几点。

① 把项目的实际绩效与项目管理计划进行比较。

② 评估项目绩效,决定是否需要采取纠正或预防措施,并推荐必要的措施。

③ 识别新风险,分析、跟踪和监测已有风险,确保全面识别风险、报告风险状态并执行适当的风险应对计划。

④ 在整个项目期间维护一个准确并及时更新的信息库，以反映项目产品及相关文件情况。

⑤ 为状态报告、进展测量和预测提供信息。

⑥ 做出预测，来更新当前的成本与进度信息。

⑦ 监督已批准的变更的实施情况。

⑧ 如果项目是项目集的一部分，还应向项目集管理层报告项目进展和状态。

4.4.1 过程输入

本过程的输入主要有以下几项内容。

(1) 项目管理计划：监控项目工作包括查看项目的各个方面。项目管理计划中的子计划是控制项目的依据。

(2) 进度预测：基于实际进展与进度基准的比较而计算出进度预测，即完工尚需时间估算(ETC)，通常表示为进度偏差(SV)和进度绩效指数(SPI)。如果项目没有采用挣值管理，则需要提供实际进展与计划完成日期的差异以及预计的完工日期。

通过预测可以确定项目是否仍处于可容忍范围内，并识别任何必要的变更。

(3) 成本预测：基于实际进展与成本基准的比较而计算出的完工尚需估算(ETC)，通常表示为成本偏差(CV)和成本绩效指数(CPI)。通过比较完工估算(EAC)与完工预算(BAC)，可以看出项目是否仍处于可容忍范围内、是否需要提出变更请求。如果项目没有采用挣值管理，则需要提供实际支出与计划支出的差异以及预测的最终成本。

(4) 确认的变更：批准的变更是实施整体变更控制过程的结果。需要对它们的执行情况进行确认，以保证它们都得到正确的落实。确认的变更用数据说明变更已得到正确落实。

(5) 工作绩效信息：这是从各控制过程中收集并结合相关背景和跨领域关系，进行整合分析而得到的绩效数据。这样，工作绩效数据就转化为工作绩效信息。工作绩效信息考虑了相互关系和所处背景，可以作为项目决策的可靠基础。

工作绩效信息通过沟通过程进行传递。绩效信息包括可交付成果的状态、变更请求的落实情况及预测的完工尚需估算。

(6) 事业环境因素，包括以下内容。

① 政府或行业标准(如监管机构条例、行为准则、产品标准、质量标准和工艺标准)。

② 组织的工作授权系统。

③ 干系人风险承受能力。

④ 项目管理信息系统(PMIS，如自动化工具，包括进度计划软件、配置管理系统、信息收集与发布系统，或进入其他在线自动化系统的网络界面)。

(7) 组织过程资产，包括以下内容。

① 组织对沟通的要求。

② 财务控制程序(如定期报告、必要的费用与支付审查、会计编码及标准合同条款)。

③ 问题与缺陷管理程序，该程序定义问题和缺陷控制、问题和缺陷的识别和解决，以及对行动方案的跟踪。

④ 变更控制程序,包括针对范围、进度、成本和质量差异的变更控制程序。

⑤ 风险控制程序,包括风险类别、概率定义和风险后果,以及概率和影响矩阵。

⑥ 过程测量数据库,用来提供过程和产品的测量数据。

⑦ 经验教训数据库。

4.4.2 工具与技术:分析技术

在项目管理中,根据可能的项目或环境变量的变化,以及它们与其他变量之间的关系,采用分析技术来预测潜在的后果。例如,可用于项目的分析技术包括回归分析、分组方法、因果分析、根本原因分析、预测方法(如时间序列、情景构建、模拟等)、失效模式与影响分析(FMEA)、故障树分析(FTA)、储备分析、趋势分析、挣值管理和差异分析。

4.4.3 其他过程输出

此外,本过程的工具与技术主要还有以下几项。

(1) 专家判断:借助专家判断解读由各监控过程提供的信息。项目经理与项目管理团队一起制定所需措施,确保项目绩效达到预期要求。

(2) 项目管理信息系统作为事业环境因素的一部分,为监控项目工作过程提供自动化工具(如进度、成本和资源工具)以及绩效指标、数据库、项目记录和财务数据等。

(3) 会议可以是面对面或虚拟会议、正式或非正式会议。参会者可包括项目团队成员、干系人及参与项目或受项目影响的其他人。会议的类型包括用户小组会议和用户审查会议。

(4) 工作绩效报告是为制定决策、采取行动或引起关注而汇编工作绩效信息所形成的实物或电子项目文件。项目信息可以通过口头形式进行传达,但为了便于项目绩效信息的记录、存储和分发,有必要使用实物形式或电子形式的项目文件。工作绩效报告包含一系列的项目文件,旨在引起关注,并制定决策或采取行动。可以开始时就规定具体的项目绩效指标,并在正常的工作绩效报告中向关键干系人报告这些指标的落实情况。例如,工作绩效报告包括状况报告、备忘录、论证报告、信息札记、推荐意见和情况更新等。

用于软件项目的工作绩效报告还包括以下内容。

① 评估更新(产品尺寸、交付质量、交付日期、最终成本)。

② 团队生产率指标,如周转率度量和竣工速度。

③ 未完项特性。

④ 配置管理报告。

(5) 项目管理计划(更新):在监控项目工作过程中提出的变更可能会影响整体项目管理计划。这些变更在经恰当的变更控制过程处理后,可能导致对项目管理计划的更新。其中可能需要更新的内容包括范围管理、需求管理、进度管理、成本管理、质量管理等计划,以及范围基准、进度基准和成本基准。

(6) 项目文件(更新),包括进度和成本预测、工作绩效报告和问题日志。

4.5 实施整体变更控制

变更贯穿整个项目生命周期始末,并且变更常常会给某些项目带来好处。所有项目都存在着一定的变更,如何对它们进行管理是项目管理的一个关键问题。项目经理应当适应这类变更,并在他们的项目计划和执行中融入一定的灵活性。

实施整体变更控制是审查所有变更请求,批准变更,管理对可交付成果、组织过程资产、项目文件和项目管理计划的变更,并对变更处理结果进行沟通的过程。该过程审查所有针对项目文件、可交付成果、基准或项目管理计划的变更请求,并批准或否决这些变更。本过程的主要作用是,从整合的角度考虑记录在案的项目变更,从而降低因未考虑变更对整个项目目标或计划的影响而产生的项目风险。

图 4-7 显示了本过程的数据流向图。

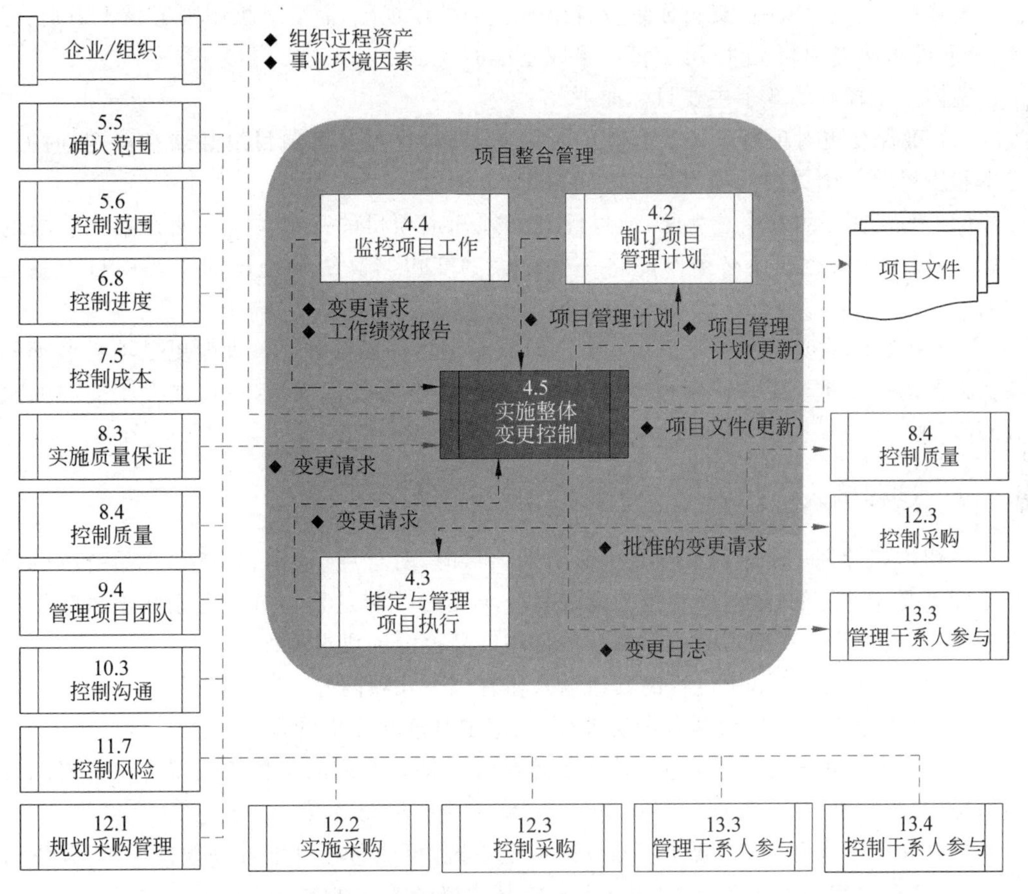

图 4-7 实施整体变更控制的数据流向图

项目经理需要通过谨慎、持续的管理变更,来维护项目管理计划、项目范围说明书和其他可交付成果。应该通过否决或批准变更,来确保只有经批准的变更才能纳入修改后的基准中。

项目的任何干系人都可以提出变更请求，但所有变更请求都必须以书面形式记录，并纳入变更管理和/或配置管理系统中。变更请求应该由变更控制系统和配置控制系统中规定的过程进行处理。应该评估变更对时间和成本的影响，并向这些过程提供评估结果。

每项记录在案的变更请求都必须由一位责任人批准或否决，这个责任人通常是项目发起人或项目经理。应该在项目管理计划或组织流程中指定这位责任人。必要时，应该由变更控制委员会(CCB)来开展实施整体变更控制过程。CCB 是一个正式组成的团体，负责审查、评价、批准、推迟或否决项目变更，以及记录和传达变更处理决定。变更请求得到批准后，可能需要编制新的(或修订的)成本估算、活动排序、进度日期、资源需求和风险应对方案分析。这些变更可能要求调整项目管理计划和其他项目文件。变更控制的实施程度，取决于项目所在应用领域、项目复杂程度、合同要求以及项目所处的背景与环境。某些特定的变更请求，在 CCB 批准之后，还可能需要得到客户或发起人的批准，除非他们本来就是 CCB 的成员。

配置控制重点关注可交付成果及各个过程的技术规范，而变更控制则着眼于识别、记录、批准或否决对项目文件、可交付成果或基准的变更。

整体变更控制的 3 个主要目标如下。

(1) 确保变更对项目来说是有利的。为此，项目经理及其项目组必须在范围、时间、成本和质量等几个关键的项目尺度之间权衡。

(2) 确定变更的发生。为此，项目经理必须知道项目的几个关键方面在各个阶段的状态。另外，项目经理还必须及时将一些重大的变更与高级管理层和主要项目干系人沟通。

(3) 在实际的变更发生或正在发生的时候对变更加以管理。管理变更是项目经理和项目人员的一个重要工作。项目经理采取一定的规章来管理项目，使可能发生变故的次数减到最小。

4.5.1 过程输入

在初始和计划一个预测性项目生命周期项目时，对进度、成本、缺点和产品范围的控制范围是要建立好的，超过控制范围会触发一个变更控制过程。对于适应性项目的生命周期，只要最终目标在到达时还保持在项目和产品范围的要求内即可。

除了变更请求之外，本过程的其他输入还有以下几项内容。

(1) 项目管理计划：包括范围管理计划、范围基准和变更管理计划。

(2) 工作绩效报告：对实施整体变更控制过程特别有用的工作绩效报告包括资源可用情况、成本数据、挣值管理(EVM)报告、燃烧图或燃尽图。

(3) 事业环境因素：主要是项目管理信息系统，可能包括进度计划软件工具、配置管理系统、信息收集与发布系统，或进入其他在线自动化系统的网络界面。

(4) 组织过程资产，一般包括以下内容。

① 变更控制程序，包括修改公司标准、政策、计划和其他项目文件所需遵循的步骤，以及如何批准、确认和实施变更。

② 批准与签发变更的程序。

③ 过程测量数据库,用来收集与提供过程和产品的测量数据。

④ 项目档案(如范围、成本、进度基准,绩效测量基准,项目日历,项目进度网络图,风险登记册,风险应对计划和风险影响评价)。

⑤ 配置管理知识库,包括公司标准、政策、程序和项目文件的各种版本及基准。

4.5.2 过程工具与技术

所有计划的变更都应该评估对项目和产品范围、软件开发团队、客户、使用者及其他干系人所造成的影响。更改用户界面的图标颜色或许是不重要的,但其可能导致某些特定用户,如色盲和其他眼疾患者无法识别颜色,从而引起使用困难。在网页上增添一个额外的选项也许不会产生功能性的冲突,但将会导致数据交互功能的瘫痪。一些改变或许只会带来较小的影响,但也许会带来极为严重的影响,因此,所提议的更改必须经过影响评估。

对于预测性软件项目周期项目,一个典型的变更控制过程通常包括变更请求和变更控制面板,变更控制面板将变更请求安排在一个优先、推迟或驳回的级别。对于适应性生命周期项目,一个变更请求是产品特性集合的其他元素。一个迭代功能的集合包括新功能的变更请求和修改已有功能的变更请求;变更内容是新增功能还是已有功能的修改,决定了它们在迭代功能集合中的优先级。

本过程的工具与技术主要有以下几个。

(1) 专家判断:除了项目管理团队自己的判断外,也可以邀请干系人贡献专业知识和加入变更控制委员会。在本过程中,专家判断和专业知识可用于处理各种技术和管理问题。

(2) 会议:通常是指变更控制会议。根据项目需要,可以由变更控制委员会(CCB)开会审查变更请求,并做出批准、否决或其他决定。CCB也可以审查配置管理活动。应该明确规定变更控制委员会的角色和职责,并经相关干系人一致同意后,记录在变更管理计划中。CCB的决定都应记录在案,并向干系人传达,以便其知晓并采取后续措施。

(3) 变更控制工具:为了便于开展配置和变更管理,可以使用一些手工或自动化的工具。工具的选择应基于项目干系人的需要,并考虑组织和环境情况和/或制约因素。

可以使用工具来管理变更请求和后续的决策。同时还要格外关注沟通,以帮助CCB成员履行职责,以及向相关干系人传达决定。

4.5.3 过程输出

本过程的输出包括以下几项内容。

(1) 批准的变更请求:项目经理、CCB或指定的团队成员应该根据变更控制系统处理变更请求。批准的变更请求应通过指导与管理项目工作过程加以实施。全部变更请求的处理结果,无论批准与否,都要在变更日志中更新。这种更新是项目文件更新的一部分。

(2) 变更日志:变更日志用来记录项目过程中出现的变更。应该与相关的干系人沟通这些变更及其对项目时间、成本和风险的影响。被否决的变更请求也应该记录在变更日志中。

(3) 项目管理计划(更新)：包括各个子计划、受制于正式变更控制过程的基准。

对基准的变更，只能针对今后的情况，而不能变更以往的绩效。这有助于保护基准和历史绩效数据的严肃性。

(4) 项目文件(更新)：包括受项目正式变更控制过程影响的所有文件。

4.5.4 变更控制系统

为了有计划地管理好变更，一个项目必须具备好的变更控制系统，它是一个正式的、文档化的过程，用来描述项目文档是在何时并又是怎样发生变更的。这个系统还反映了被授权做出变更的相应人员、要求的文件，以及所有项目会用到的自动的或人工的跟踪系统。一个变更控制系统通常包括一个变更控制小组、配置管理和变更信息的沟通过程。

(1) 变更控制小组。这是一个负责项目变更审批的组织，其主要职能是为准备提交的变更请求提供指导，对变更请求做出评价，并管理经批准的变更的实施过程。该组织可以包括主要的几个项目干系人，根据每个项目的特殊需要，还可以由个别项目组成员轮流参与。通过建立管理变更的正式小组和过程，将会有效地提高整体变更控制的水平。

(2) 配置管理是另一个用于整体变更管理的重要方法，它确保项目产品描述的正确性和完整性。配置管理主要是进行技术上的管理，对产品的功能和设计特征以及辅助文档进行确认和控制。配置管理人员的主要工作就是确定和用文档记录项目产品的功能特征和结构特征，对这些特征可能的变更进行控制、记录和总结报告，并对产品进行审查以考察其与要求的一致性。

附带整体变更控制功能的配置管理系统可以提供标准化、效果好和效率高的方式，来集中管理已批准的变更与基准。配置控制重点关注可交付成果及各个过程的技术规范，而变更控制则着眼于识别、记录和控制对项目及产品基准的变更。在整个项目中使用包含变更控制过程的配置管理系统，旨在实现以下 3 个主要目标。

① 建立一种先进的方法，以便规范地识别和提出对既定基准的变更，并评估变更的价值和有效性。

② 通过分析各项变更的影响，为持续验证和改进项目创造机会。

③ 建立一种机制，以便项目管理团队规范地向有关干系人沟通变更的批准和否决情况。

(3) 沟通。项目经理要同时运用书面的和口头的执行绩效报告进行项目变更的确认和管理工作，同时或及时地让大家知道最新的项目状况。为了能够把握项目整体的走向，要把所有的项目变更进行统一考虑，这也是项目经理要做的事情。项目经理及项目人员必须建立一个信息系统，用以及时通知受项目变更影响的每个人。电子邮件和 Web 使得发送最新的项目信息变得轻而易举。专门的项目管理软件的运用也可以帮助项目经理对项目变更进行监控和沟通。

4.6 习　　题

请参考课文内容以及其他资料，完成下列选择题。

1. (　　)文件根据公司在新项目之初所做成本效益分析，阐述了项目是否值得所需投资。

A. 项目工作说明书　　B. 商业论证
C. 战略计划　　D. 商业计划

2. 一家公司第一次考虑全球发布一项新产品，必须确定项目是否值得投资。项目经理应该(　　)。

A. 在项目章程中记录项目目标和商业论证，对项目的开展提出建议
B. 在项目范围说明书中记录项目目标和已知的可交付成果
C. 记录项目的业务需求，并推荐一个为确定项目可行性而执行的可行性研究
D. 在项目范围说明书中，记录高层次产品需求和干系人期望

3. 关于项目启动会议，下列说法错误的是(　　)。

A. 需要项目相关的各方都参加
B. 是一个信息沟通与协商的会议
C. 会议要制定具体的行动方案
D. 需要在项目正式投入执行之前召开

4. 作为制定项目章程过程重要的输入之一，(　　)不是项目工作说明书(SOW)的内容。

A. 业务需要　　B. 项目范围说明书
C. 产品范围说明书　　D. 战略计划

5. 关于商业论证，说法错误的是(　　)。

A. 制定项目章程过程的输入
B. 内部项目由项目发起组织或客户来撰写
C. 从商业角度说明为什么要做这个项目
D. 多阶段的项目可以对商业论证进行定期审核

6. (　　)不是制定项目章程过程的输入。

A. 项目工作说明书　　B. 商业论证
C. 合同　　D. 变更请求

7. 在选择项目时，最重要的标准是(　　)。

A. 组织战略　　B. 财务收益
C. 评分模型　　D. 实用性和功能性

8. (　　)文件的批准，标志着项目的正式启动。

A. 项目章程　　B. 项目管理计划
C. 工作绩效报告　　D. 项目档案

9. 项目章程中授予项目经理(　　)权力。

A. 考核人员　　B. 动用组织资源

C. 计划　　D. 领导职能经理

10. (　　)合并与整合了其他各规划过程所输出的所有子计划和基准。

A. 项目管理计划　　B. 项目章程

C. 项目工作说明书　　D. 项目文件

11. 项目经理完成了项目章程,他需要做的下一个活动是(　　)。

A. 创建详细的干系人登记册　　B. 创建需求文件

C. 创建干系人管理策略　　D. 创建质量管理计划

12. 关于项目管理计划,错误的是(　　)。

A. 整合了各个知识领域的多个管理计划和基准

B. 是一个渐进明细的过程

C. 由项目经理制定即可

D. 项目管理计划一旦被确定下来,就只有在提出变更请求并被批准后才能变更

13. 变更请求不包括(　　)。

A. 纠正措施　　B. 预防措施　　C. 缺陷补救　　D. 绩效报告

14. 以下关于可交付成果的说法,错误的是(　　)。

A. 批准的可交付成果只在项目完成时产生

B. 批准的可交付成果是独特的

C. 批准的可交付成果可验证

D. 批准的可交付成果可以是产品或者服务能力

15. 变更请求的提出方式不包括(　　)。

A. 直接的或间接的　　B. 正式的或非正式的

C. 外部的或内部的　　D. 自选的或强制的

16. 一个新产品研发的项目进行到中期后,客户要求使用新技术增加产品的功能,变更控制委员会正在审批这项变更。这个场景属于(　　)整合管理过程。

A. 指导与管理项目执行　　B. 监控项目工作

C. 制定项目章程　　D. 实施整体变更控制

17. 作为项目经理的你负责一项新产品的开发。在开发阶段,你偶然得知采用另一种技术也能有效实现产品功能,而且会节省更多的资金和时间。在这种情况下,你应该(　　)。

A. 细致分析情况后,按照变更控制程序提交变更请求

B. 衡量已发生成本及采用新技术的成本,做出最好的选择

C. 和项目小组商议,讨论是否采用新技术

D. 立即采用新技术

18. 从事药品研发的你,参与了企业的一项新的感冒药的研制。在药品某一试验过程结束,进入另一关键性阶段的时候,你突然发现原来的试验过程中的某项数据有错误,而这个时候关键阶段即将开展,一旦按原计划开展就会给企业造成巨大损失。这时的你

应该(　　)。

A. 立即组织项目团队的工作

B. 立即向项目经理说明原因,请项目经理批准立即停止项目团队的工作,并将这次变更书面记录,提交变更控制委员会

C. 立即向变更控制委员会提交书面变更请求,等待上级批准

D. 立即对项目小组成员解释并停止工作

19. 作为项目经理,你负责公司一个为期6个月的新软件产品开发项目,项目开始后的每个月的月末,项目团队需要对目前完成的工作和出现的问题等做出书面报告,这个工作属于项目整合管理的(　　)过程。

A. 指导与管理项目工作

B. 监控项目工作

C. 制定项目章程

D. 实施整体变更控制

20. 一个为期3个月的房屋改造项目进行到中期,项目小组成员提出采用新的技术以节省费用开支,但会增加对周围居民的噪声污染。面对这个变更请求,作为上级管理者的你要根据新的污染控制条例对变更进行批准或者否决,这个过程的工作属于(　　)整合管理过程。

A. 指导与管理项目工作

B. 监控项目工作

C. 制订项目管理计划

D. 实施整体变更控制

4.7 实验与思考:数据中心迁移项目的章程与计划

【实验目的】

本节"实验与思考"的目的如下。

(1) 理解和熟悉项目整合管理的基本概念。

(2) 通过对某公司数据中心迁移案例的研究,尝试制订初步的项目管理计划,开展项目整合管理的实践活动,提升自己的项目管理知识水平和应用能力。

【工具/准备工作】

(1) 在开始本实验之前,请回顾教科书的相关内容。

(2) 需要准备一台能够访问因特网的计算机。

【实验内容与步骤】

案例

喀什先进能源技术公司(KS-AET)的网络管理员古力米拉接到了一个任务:把公司

的一个大型数据中心迁移到新的办公地点。KS-AET 是为石油批发商和汽油经销商提供会计和业务管理包的专业软件公司。几年前，KS-AET 进入“应用服务提供商”领域，其大型数据中心为用户提供远程访问 AET 完整的应用软件系统的服务。传统上，KS-AET 的一个主要竞争优势是该公司的信息技术与系统的可靠性。由于这个项目的复杂性，为了不影响系统应用的可靠性，古力米拉将只能使用并行处理方法。虽然这会增加项目的成本，但却是必要的。

目前，KS-AET 的数据中心(如图 4-8 所示)位于喀什市区的一栋装修陈旧的银行大楼的二楼。该公司正要搬到位于艾提尕尔广场附近新工业中心的一幢新大楼中去。公司执行副总裁帕尔哈提给古力米拉布置的任务有以下指导原则。

图 4-8 数据中心

① 从开始到结束，预计整个项目将花费 3～4 个月时间完成。

② 搬迁期间必须保证 KS-AET 的 235 个客户不会停机。

帕尔哈提建议古力米拉在 2 月 15 日答复执行委员会，做一个关于项目范围的介绍，包括成本、初步时间表以及项目团队的成员草案。

古力米拉与 KS-AET 的经理们和各职能部门的主管做了一些初步讨论，然后在 2 月 4 日安排了一场与几位运营、系统、设施和应用方面的管理者和技术代表们共同参与的会议。会上明确了以下内容。

① 3～4 个月是一个可行的项目时间，初步的成本估算是 80～90 万元(包括新站点的基础设施升级)。

② “无停机时间”的要求，关键是需要完全依靠 KS-AET 的远程灾难恢复“热”站点来实现全部功能。

③ 古力米拉将作为项目经理，项目团队成员包括基础设施、操作系统、电信系统及应用以及客户服务领域的人。

古力米拉提交给执行委员会的报告得到了积极响应，经过几次修改和建议，她正式负责该项目。古力米拉召集她的团队，并将他们的第一次小组会议(3 月 1 日)作为项目规划过程中的初始任务。

首次会议之后，项目就可以聘请承建商来装修新的数据中心。在此期间，古力米拉要弄清楚如何设计网络。古力米拉估计，筛选和雇用承包商将花费大约一个星期，网络设计需要大约两个星期。新的中心需要一个新的通风系统。制造商要求提供一个 25℃的环境温度以保持所有的数据服务器以最优速度运行。通风系统有一个为期三周的从订货到交货的时间。古力米拉也需要订购新的机架来存放服务器、交换机及其他网络设备，机架要两个星期的交货时间。

数据中心主管要求项目团队替换所有旧的电源线和数据线。团队需要采购这些东西。因为古力米拉与供应商有很好的关系，他们保证电源线和数据线的交货时间将只需要一个星期。一旦新的通风系统和机架到了，团队就开始安装，需要一个星期安装通风系统，3 个星期安装机架。新的数据中心的装修工程在聘请承办商后就可以开始。承建商告诉古力米拉，这需要 20 天时间。在施工开始后，项目团队安装通风系统和机架之前，要报城建部门批准其建设活动用地。

城建部门需要两天时间来批准基础设施的建设。批准后，同时新的电源供应器和电缆也已经抵达后，项目团队就可以安装电源和运行电缆了。古力米拉估计需要 5 天时间安装电源和一个星期时间运行所有的数据线，在古力米拉确定一个实际的日期来切断网络并切换到热远程站点之前，她必须得到各职能单位（"同意切换"）的确认。与各职能单位的会议需要一个星期。在这段时间内，她可以启动电源检查，以确保每个机架都有足够的电压，这只需要一天时间。

电源检查完成后，项目团队可以花费一个星期来安装测试服务器。测试服务器将测试所有的主要网络功能，并在网络下线前作为一项保障措施。在管理部门可以确定新的基础设施是安全的之前，电池必须充电，通风系统要安装，测试服务器要启动、运行，这需要两天时间。然后，他们将启动主系统检查，花费一天时间开会，还将确定一个移动网络的确切日期。

古力米拉很开心，因为迄今为止一切顺利，并且相信此后将一样顺利。现在正式的日期设置好了，网络将关闭一天。项目团队必须将所有的网络组件搬迁到新的数据中心。古力米拉确定在周末两天迁移——这是用户流量最低的时候。

作业

（1）小组讨论研究和熟悉这个项目的具体工作内容。

（2）请为本项目建立类似于表 4-1 所示的"项目章程"。

（3）请为本项目初步建立类似于表 4-2 所示的"项目管理计划"。

注意，你起草的文件要对应下列准则：每天 8h，每周 7 天，没有假期，2015 年 3 月 1 日是本项目的开始日期。

将上述内容整理形成正式的项目整合管理文件并适当命名。

如果是书面作业，请适当注意文档装饰并用 A4 纸打印。

如果是电子文档，请用压缩软件对本作业压缩打包，并将压缩文件命名为

＜班级＞_＜姓名＞_项目整合管理.rar

请将该压缩文件在要求的日期内，以电子邮件、QQ 文件传送交付，或者以实验指导教师指定的其他方式交付。

请记录：该项实践作业能够顺利完成吗？

____

【实验总结】

【实验评价(教师)】

项目范围管理

影响项目成功的因素有很多，其中的一些因素，如用户参与、清晰的项目任务、明确的需求说明以及正确的工作计划等，都是项目范围管理的组成要素。因此，项目管理最重要也是最难做的工作之一就是确定项目的范围。

在项目环境中，"范围"这一术语有以下两种含义。

① 产品范围。某项产品、服务或成果所具有的特性和功能。

② 项目范围。为交付具有规定特性与功能的产品、服务或成果而必须完成的工作。项目范围有时也包括产品范围。

对于软件而言，产品范围包括用户、客户和其他干系人需要和期望的特性以及质量属性。产品范围可被用于估计项目的范围(如计划、预算、资源和技术)。另外，对项目范围的限制可能决定产品范围(特性和质量属性)。对项目范围和产品范围的约束条件可能需要在以下项目中进行平衡，即特性、质量属性、进度、预算、资源和技术。

项目和产品范围决定了开发或修改一个软件产品的工作量。工作量是大多数软件项目的主要成本因素，因为软件是工作量的直接产品。附加成本可能包括如用户培训、产品文档编制、硬件和软件平台，或一个专用的测试机构等这些元素的成本。团队工作量也被作为制订一个软件项目计划的基础；估计需要 60 人 · 月的工作量的项目可能会被计划为由 6 人开发 10 个月。适应性生命周期项目的团队通常为每个迭代周期配置一个固定数量的团队成员和一个固定的时间；在整个迭代周期内，工作范围需要不断调整，包括团队成员的数目和其他资源的可用性等。在软件项目中，进度和成本(工作量)是紧密联系在一起的。

项目范围管理包括确保项目做且只做所需的全部工作，以成功完成项目的各个过程。管理项目范围主要在于定义和控制哪些工作应包括在项目内，哪些不应该包括在项目内。这个过程用于确保项目组和项目干系人对作为项目结果的项目产品以及生产这些产品所用到的过程有一个共同的理解。

图 5-1 概述了项目范围管理的各个过程，这些过程不仅彼此相互作用，而且还与其他知识领域中的过程相互作用。

项目范围管理各过程之间的数据流关系对理解各个过程很有帮助，如图 5-2 所示。

管理项目范围所需的各个过程及其工具与技术，会因项目而异。经过批准的项目范围说明书、WBS 和相应的 WBS 词典，构成了项目范围基准。只有通过正式变更控制程序才能进行基准变更。在开展确认范围、控制范围及其他控制过程时，基准被用作比较的基

图 5-1 项目范围管理概述

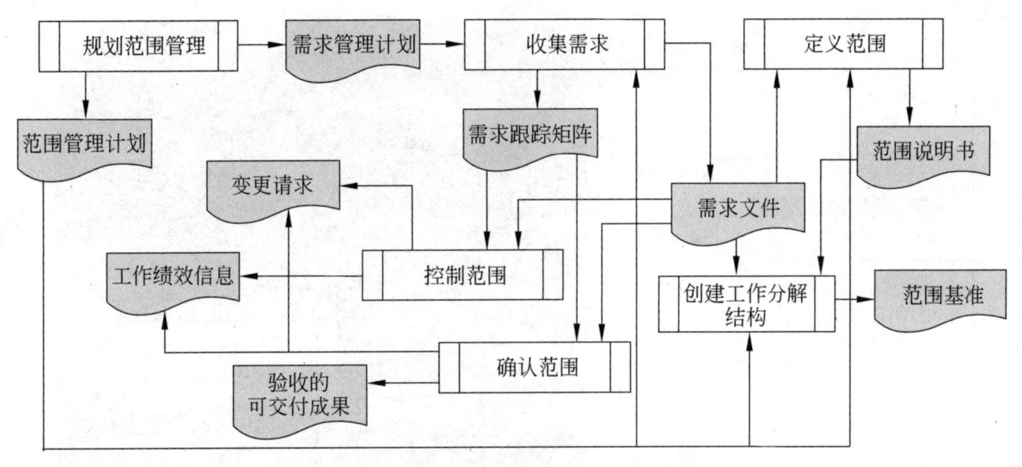

图 5-2　项目范围管理各过程的数据关系

础。此外，应该根据项目管理计划来衡量项目范围的完成情况，根据产品需求来衡量产品范围是否完成。

5.1　规划范围管理

规划范围管理是创建范围管理计划，书面描述将如何定义、确认和控制项目范围的过程。一个软件项目的规划范围管理的细节取决于用于管理项目的生命周期模型。预测性软件项目的生命周期依赖于最初收集和记录软件产品的要求(尽可能详细)和软件体系结构的开发；这些都被用来确定项目范围，为建立工作分解结构(WBS)提供了依据。对于一个软件项目，在项目立项和计划阶段，开发可靠的、足够详细的软件需求最可能导致一个预测性生命周期项目成功；一个对范围固定的定义会产生一个详细的初始 WBS；而且该产品在一个熟悉的产品领域。许多软件项目需要创新，这些创新无法被预测和计划，这也许是因为用户不确定自己需要什么或需求如何能够被提供，也许因为涉及新技术(新的硬件、新的基础设施软件)，也许因为环境因素，如新的政策法规应被考虑。规划一个适应性生命周期的项目，以项目范围和产品范围一起作为特性迭代说明，适用于这类软件项目。本过程的主要作用是在整个项目中对如何管理范围提供指南和方向。

图 5-3 是本过程的数据流向图。

5.1.1　识别潜在项目

一般情况下，启动项目首先要从组织整体环境和战略计划上进行考虑。战略计划是指通过对组织优势和劣势的分析，研究组织环境中存在的机会与威胁，预测未来趋势，展望新的产品与服务需求，从而确定长远的目标规划。

在项目的计划过程中，一开始就从组织整体的战略角度进行分析是非常关键的。组织必须制定一个项目战略以明确项目怎样才能服务于组织的整体目标。项目的计划与战略必须要与组织的计划与战略相一致。多数组织都面临着许多问题和改进的机会。因

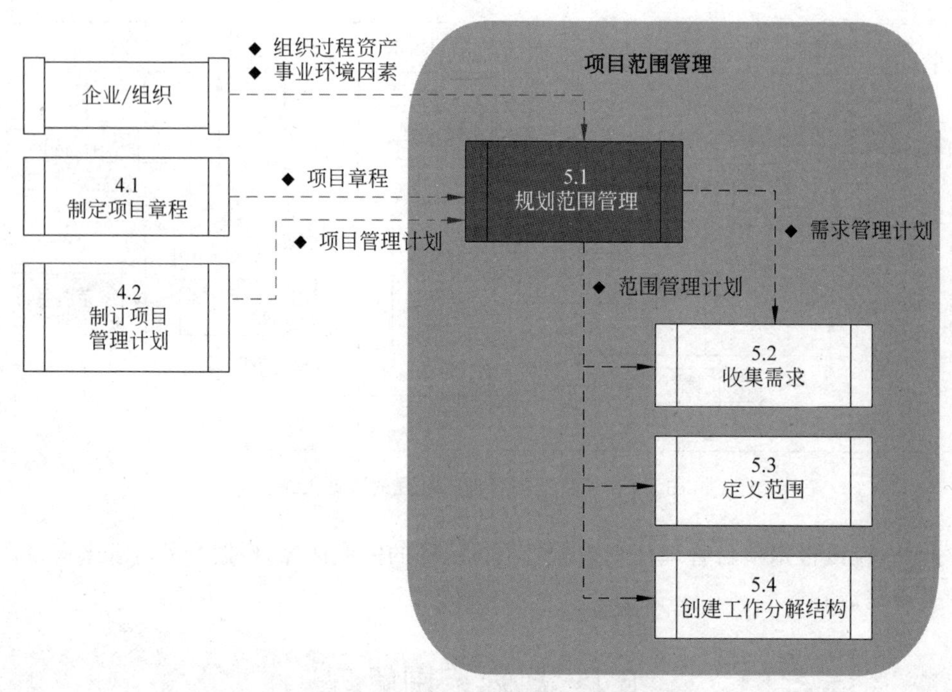

图 5-3　规划范围管理的数据流向图

此，组织的战略计划应该在项目选择过程中发挥指导作用。表 5-1 对组织为什么投资项目的原因进行了分析。

表 5-1　组织为什么要投资项目

投资项目的原因	从项目整体价值角度考虑的排序
支持明确的商业目标	1
较好的内部收益率(IRR)	2
支持潜在的商业目标	3
较好的净现值(NPV)	4
合理的回收期	5
作为抗衡竞争对手类似系统的手段	6
支持管理决策	7
满足预算约束条件	8
存在很大的获益可能性	9
较好的投资回收率	10
项目成功实施完工的可能性很大	11
满足技术和系统上的要求	12
支持法律和政府要求	13
较好的利润指标	14
引入新技术	15

项目范围管理的第一步就是决定要做一个什么样的项目，主要是在组织的整体战略计划的基础上制订出一个项目计划。这里的关键是要让业务部门的经理参与这个过程，他们能够帮助技术人员很好地理解组织战略和相关的业务部门。

在明确了要重点关注的业务领域之后，项目计划过程的下一步工作就是进行业务分析。要记录那些对实现战略目标重要的业务过程，并且帮助找出哪些业务最能够从项目中得到好处。接着，就是开始形成可能的项目方案，确定它们的范围、所带来的好处和各自的约束等。项目计划过程的最后一步是选择项目方案并分配资源。

从可能的项目中进行选择的方法有很多，常见的有注重整个组织的需要、将项目进行分类、进行净现值法等财务分析、运用一个加权评分模型等。在实际运用中，组织通常综合运用以上方法进行项目的选择。每一种方法都有其优、缺点，要由管理层根据特定的组织背景来确定良好的选择项目的方法。

5.1.2 净现值、投资收益率与投资回收期分析

财务方面的考虑向来是项目选择过程中的重要考虑因素。主要的项目财务价值评价方法包括净现值分析、投资收益率和投资回收期分析。

1. 净现值分析

净现值分析(NPV)是指把所有预期的未来现金流入与流出都折算成现值，以计算一个项目预期的净货币收益与损失。如果财务价值是项目选择的主要指标，那么只有净现值为正时项目才可给予考虑。因为正的净现值意味着项目收益会超过资本成本——即将资本进行别的投资的潜在收益。如果其他指标都一样，应该优先考虑净现值高的项目。电子表格软件 Microsoft Excel 就带有 NPV 的计算功能。

2. 投资收益率分析

投资收益率分析(ROI)是将净收入除以投资额的所得值。在计算多年份项目的投资收益率时，最好对收益和投资进行折现。比如，计算项目的投资收益率，即

$$\mathrm{ROI}=\frac{\text{总的折现收益}-\text{总的折现成本}}{\text{折现成本}}$$

ROI 值越大越好。许多组织都有自己的要求收益率，即每项投资中最低要达到的收益率，经常是以该组织投资其他风险相当的项目所可能获得的收益率为准。

3. 投资回收期分析

投资回收期分析是项目选择过程中要用到的一个重要的财务分析工具，它是要确定经过多长时间累计收益就可以超过累计成本以及后续成本。当累计折现收益与成本之差开始大于零时，回收就完成了。

许多公司对于投资回收期的长度都会建议在某个长度以内。他们可能会要求所有项目的投资回收期在 3 年甚至 2 年以内，而不考虑预期净现值和投资收益率。为有利于项目的选择，项目经理必须知道组织对项目的财务期望。

4. 加权评分模型

加权评分模型是一种基于多种标准进行项目选择的系统方法。这些标准包括多种因素,比如：满足整个组织的需要;解决问题、把握机会以及应对指示的能力;完成项目所需的时间;项目整体优先级;项目预期的财务指标等。

构建加权评分模型的第一步就是要识别对项目选择过程很重要的那些标准。要建立并一致同意这些标准恐怕要花费较多的时间。举行头脑风暴会议和通过群组活动交流看法可以帮助标准的建立。可能的标准包括以下几个。

① 符合主要的商业目标。

② 有极具实力的内部项目发起人。

③ 有较强的客户支持。

④ 运用符合实际的技术水平。

⑤ 可以在1年或更少的时间内得以实施。

⑥ 有正的净现值。

⑦ 能在较低的风险水平下实现范围、时间和成本等目标。

下一步就是对各个标准赋予权重。权重即对每个标准的评价程度或是每个标准的重要程度。可以用百分比的形式赋予权重,所有标准的权重总和必须等于100%。然后,可以给每个项目的每一个标准进行评分(如可以从0到100)。这些分数意味着每个项目达到每个标准的程度。可以通过如Microsoft Excel来创建一个项目、标准、权重和评分的矩阵。

绘制柱状图有利于分析结果。用电子表格建立加权评分模型后,可以直接输入数据、创建或复制计算公式,然后进行假设分析。例如,假设改变标准的权重系数,可以轻松地改动权重,而加权得分和图形演示也会随之自动更新。

还可以通过分数进行评价。例如,如果项目完全符合主要商业目标,可以得10分;如果在一定程度上符合就得5分;如果与主要商业目标没关系就只得0分。运用分数模型,可以简单地把所有分数加起来,然后选出最好的项目。

在加权评分模型中,还可以为特定的标准设定最低分数或阈值(阈：界限)。例如,如果某个项目在某个标准上没有达到50(100分为满分),该项目就不予考虑。可以在加权评分模型中结合这种类型的阈值,在项目没有符合这些最低目标时给予拒绝。

5.1.3 过程输入

本过程的主要输入包括以下内容。

(1) 项目管理计划。依据该计划中已批准的子计划来创建范围管理计划,它们会对用于规划和管理项目范围的方法产生影响。

(2) 项目章程。依据其中的项目背景信息来规划各个范围管理过程,它提供了高层级的项目描述和产品特征。产品特征出自项目工作说明书(SOW)。

(3) 事业环境因素,包括组织文化、基础设施、人事管理制度和市场条件等。

(4) 组织过程资产,包括政策和程序、历史信息和经验教训知识库。

(5) 为规划范围管理发布计划。这是适用于适应性生命周期软件项目的规划范围管理的附加输入。一个软件项目的发布计划也可以提供一个软件项目范围管理计划的输入。如图 5-4 所示,一个软件项目的产品范围可以被指定为一个序列的功能集(如需求),该功能集在项目立项和规划中被说明。每个功能集被开发为可交付软件,该可交付软件作为实证演示向外部干系人发布,当用户需要时,也可发布到用户环境。当有需求或计划时,每个功能集产生的需要开发的产品增量可以被开发以及向内部干系人和外部干系人演示。计划开发的功能集向规划范围管理提供了输入。对于预测性生命周期的项目而言,每个功能集的增量也可能最初被计划。

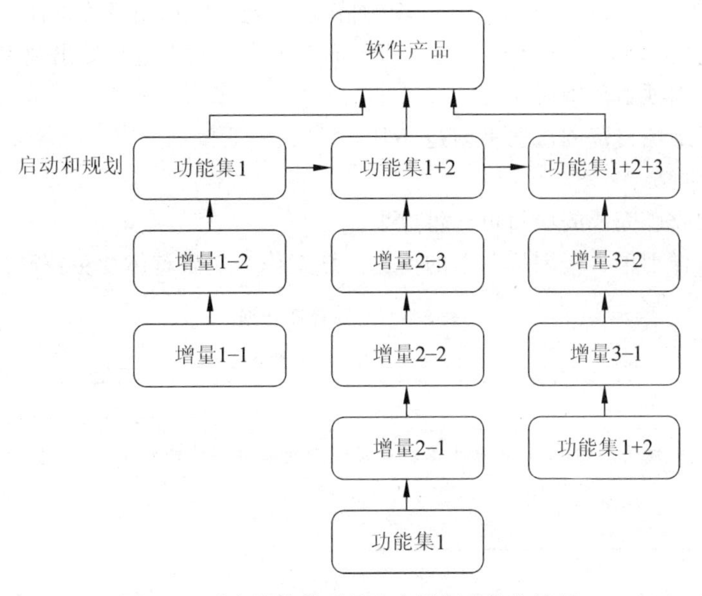

图 5-4 适应性软件项目生命周期的发布计划

对于适应性生命周期的软件项目而言,功能集的数量和内容通常在项目立项和计划中被指定。在项目发展中,对于每个功能集的数量和内容的增量通常做计划,但功能集和增量的数量和内容可能会随着项目的发展而调整。发布计划可能以滚动规划的方式发出。

还需要注意,在图 5-4 所示的适应性软件项目生命周期中,不同的功能集增量数可能不同。在这两种情况下,每个增量的开发会涉及多个迭代周期,开发迭代次数和产品增量是独立的因素。

5.1.4 过程工具与技术

除了专家判断之外,本过程的工具与技术还可以通过项目会议来制订范围管理计划。与会人员可能包括项目经理、项目发起人、选定的项目团队成员、选定的干系人、范围管理各过程的负责人以及其他必要人员。

5.1.5 输出：范围管理计划和需求管理计划

范围管理计划是项目或项目集管理计划的组成部分，描述如何定义、制定、监督、控制和确认项目范围。制订范围管理计划和细化项目范围始于对下列信息的分析：项目章程中的信息、项目管理计划中已批准的子计划、组织过程资产中的历史信息和相关事业环境因素。范围管理计划有助于降低项目范围蔓延的风险。根据项目需要，范围管理计划可以是正式或非正式的、非常详细或高度概括的。

一个软件项目规划范围管理的输出包括范围管理计划和需求管理计划，此外，项目计划可能包括一个发布计划。

(1) 范围管理计划：如表 5-2 所示，范围管理计划是制订项目管理计划过程和其他范围管理过程的主要输入。该计划要对将用于下列工作的管理过程做出规定。

① 制定详细项目范围说明书。

② 根据详细项目范围说明书创建 WBS。

③ 维护和批准 WBS。

④ 正式验收已完成的项目可交付成果。

⑤ 处理对详细项目范围说明书的变更。该工作与实施整体变更控制过程直接相连。

表 5-2 范围管理计划

项目名称：＿＿＿＿＿＿＿＿＿＿ 日期：＿＿＿＿＿＿＿＿

制定项目范围说明书
描述制定项目范围说明书的原则，包括干系人的访谈分析或者实施的研究
WBS
描述 WBS 以及是否使用阶段、所在区域、主要可交付成果及其他方式来安排 WBS。制定控制账户和工作包的指南也可以在本部分中记录
WBS 词典
识别需要在 WBS 词典中注明的内容和细节水平
范围基准维护
指明需要走变更控制过程的范围变更的类型以及如何维护范围基准
范围变更
描述如何管理范围变更，包括清楚地定义范围变更和范围修订的区别

续表

可交付成果验收
为了达到客户验收的目的,对每个可交付成果要识别如何被确认,包括需要签收的任何测试或文档
范围和需求整合
描述在项目范围说明书和WBS中项目和产品需求将如何被定义,识别整合、需求和范围确认将会如何发生

(2) 需求管理计划。如表5-3所示,需求管理计划是项目管理计划的组成部分,描述将如何分析、记录和管理需求。阶段与阶段间的关系对如何管理需求有很大影响。项目经理为项目选择最有效的阶段间关系,并将它记录在需求管理计划中。需求管理计划的许多内容都是以阶段关系为基础的。

需求管理计划的主要内容包括以下几项。

① 如何规划、跟踪和报告各种需求活动。

② 配置管理活动,例如,如何启动产品变更,如何分析其影响,如何进行追溯、跟踪和报告,以及变更审批权限。

③ 需求优先级排序过程。

④ 产品测量指标及使用这些指标的理由。

⑤ 用来反映哪些需求属性将被列入跟踪矩阵的跟踪结构。

表5-3 需求管理计划

项目名称:__________ 日期:__________ 需求收集
描述如何收集需求。可以考虑使用头脑风暴法、访谈法、观察法等
需求分析
描述为了排序、分类,如何分析需求,以及对产品或项目方法的影响
需求分类
识别对一组需求进行分类的方法,如业务、干系人、质量等

续表

需求记录
定义需求如何被记录。需求文件的格式可以是从简单的电子表格到包含详细说明和附件的详细表格
需求排序
识别对需求排序的方法。某些需求是不可商量的，如那些被监管的或者必须符合组织政策和基础架构的需求。其他一些需求可能是不错的，但不是必需的功能
需求测量指标
记录下需求的测量指标。例如，如果需求是这个产品必须能够支持150kg，那么测量指标会被设计成支持120%(180kg)，任何设计和工程决定导致这个产品的支持度会低于120%，都必须得到客户的审批
需求跟踪结构
识别用于连接初始需求到满意的可交付物之间的信息
需求跟踪
描述追踪需求所需的频率和技术
需求报告
描述需求报告如何被管理并指明汇报的频率
需求确认
识别用于确认需求的各种方法，如检查、审计、证明、试验等

续表

需求配置管理
描述用于控制需求、文件、变更管理过程和对变更有批准权层级的配置管理系统

5.2 收集需求

收集需求是为实现项目目标而确定、记录并管理干系人的需要和需求的过程。本过程的主要作用是，为定义和管理项目范围(包括产品范围)奠定基础。

在软件工程中，收集需求的过程通常被称为“诱导需求”。软件需求提供了建立项目和产品范围的基础，并为确定所需的资源提供了基础。特别在适应性软件项目生命周期的迭代周期，可能会出现额外的要求。

最初，在预测软件项目生命周期时，试图开发一套完整、正确、一致、详细的软件需求。需求提供了确定项目范围、制定 WBS 和工作包的基础。项目范围是通过控制软件需求的变更以及实现这些需求的工作活动来管理的。变更控制委员会和版本控制系统通常用于预测软件项目生命周期，以管理软件项目的变化范围。

图 5-5 所示为本过程的数据流向图。

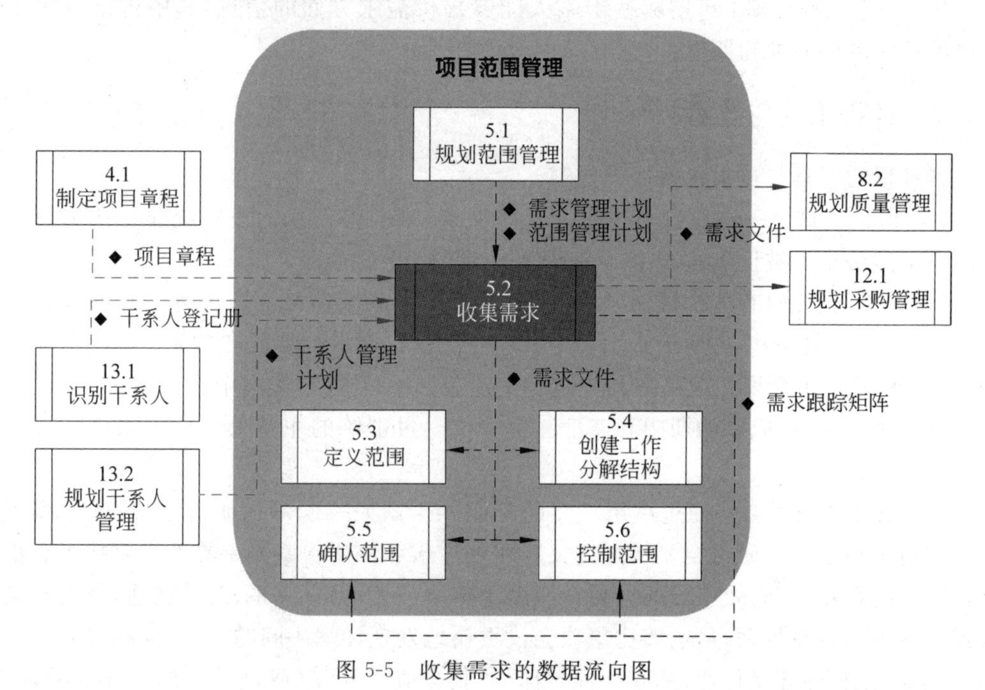

图 5-5　收集需求的数据流向图

让干系人积极参与发掘和分解工作(分解成需求),并仔细确定、记录和管理对产品、服务或成果的需求,能直接促进项目成功。需求是指根据特定协议或其他强制性规范,项目必须满足的条件或能力,或者产品、服务或成果必须具备的条件或能力。需求包括发起人、客户和其他干系人的已量化且书面记录下来的需要与期望。应该足够详细地探明、分析和记录这些需求,将其包含在范围基准中,并在项目执行开始后对其进行测量。需求将成为工作分解结构(WBS)的基础。需求也是成本、进度和质量规划的基础,有时也是采购工作的基础。收集需求从分析项目章程、干系人登记册及干系人管理计划中的信息开始。

许多组织把需求分为不同的种类,如业务解决方案和技术解决方案。前者是干系人的需要,后者是指如何实现这些需要。把需求分成不同的类别,有利于对需求作进一步完善和细化。这些分类包括业务需求、干系人需求、解决方案需求、过渡需求、项目需求和质量需求。

5.2.1 过程输入

本过程的输入包括以下内容。

(1) 范围管理计划:使项目团队知道应该如何确定所需收集的需求类型。

(2) 需求管理计划:规定了用于整个收集需求过程的工作流程,以便定义和记录干系人的需要。

(3) 干系人管理计划:了解干系人的沟通需求和参与程度,以便评估并适应干系人对需求活动的参与程度。

(4) 项目章程:了解项目产品、服务或成果的高层级描述,并据此收集详细的需求。

(5) 干系人登记册:了解哪些干系人能够提供需求方面的信息,其中也记录了干系人对项目的主要需求和期望。

5.2.2 过程工具与技术

本过程的工具与技术包括以下内容。

(1) 访谈。这是一种通过与干系人直接交谈,来获得信息的正式或非正式方法。访谈的典型做法是向被访者提出预设和即兴的问题,并记录他们的回答。通常采取"一对一"的形式,但也可以有多个被访者和/或多个访问者共同参与。访谈有经验的项目参与者、干系人和主题专家,有助于识别和定义项目可交付成果的特征和功能。

(2) 焦点小组会议。这是把预先选定的干系人和主题专家集中在一起,了解他们对所提议产品、服务或成果的期望和态度。由一位受过训练的主持人引导大家进行互动式讨论。

(3) 引导式研讨会。通过邀请主要的跨职能干系人一起参加研讨会,对产品需求进行集中讨论与定义。研讨会是快速定义跨职能需求和协调干系人差异的重要技术。由于群体互动的特点,被有效引导的研讨会有助于建立信任、促进关系、改善沟通,从而有利于参加者达成一致意见,并且能够比单项会议更快地发现和解决问题。

例如,在软件开发行业,就有一种被称为"联合应用开发(或设计)"的引导式研讨会,把用户和开发团队集中在一起,来改进软件开发过程。在制造行业,则使用"质量功能展开”引导式研讨会，来帮助确定新产品的关键特征。QFD(质量功能展开——用来确定新产品开发关键特性的一种引导式研讨会技术)从收集客户需求(又称“顾客声音”)开始，然后客观地对这些需求进行分类和排序，并为实现这些需求而设置目标。

(4) 群体创新技术。可以组织一些群体活动来识别项目和产品需求。下面是一些常用的群体创新技术。

① 头脑风暴法。这是一种用来产生和收集对项目需求与产品需求的多种创意的一种技术。头脑风暴法本身不包含投票或排序，但常与包含该环节的其他群体创新技术一起使用。

② 名义小组技术。这是用于促进头脑风暴的一种技术，通过投票来排列最有用的创意，以便进一步开展头脑风暴或优先排序。

③ 概念/思维导图。这是把从头脑风暴中获得的创意整合成一张图的技术，以反映创意之间的共性与差异，从而引导出新的创意。

④ 亲和图。如图5-6所示，把大量收集到的事实、意见或构思等语言资料，按其相互亲和性(相近性)归纳整理，使问题明确，求得统一认识和协调工作，以利于问题解决。在项目管理中，使用亲和图确定范围分解的结构，有助于WBS的制定。

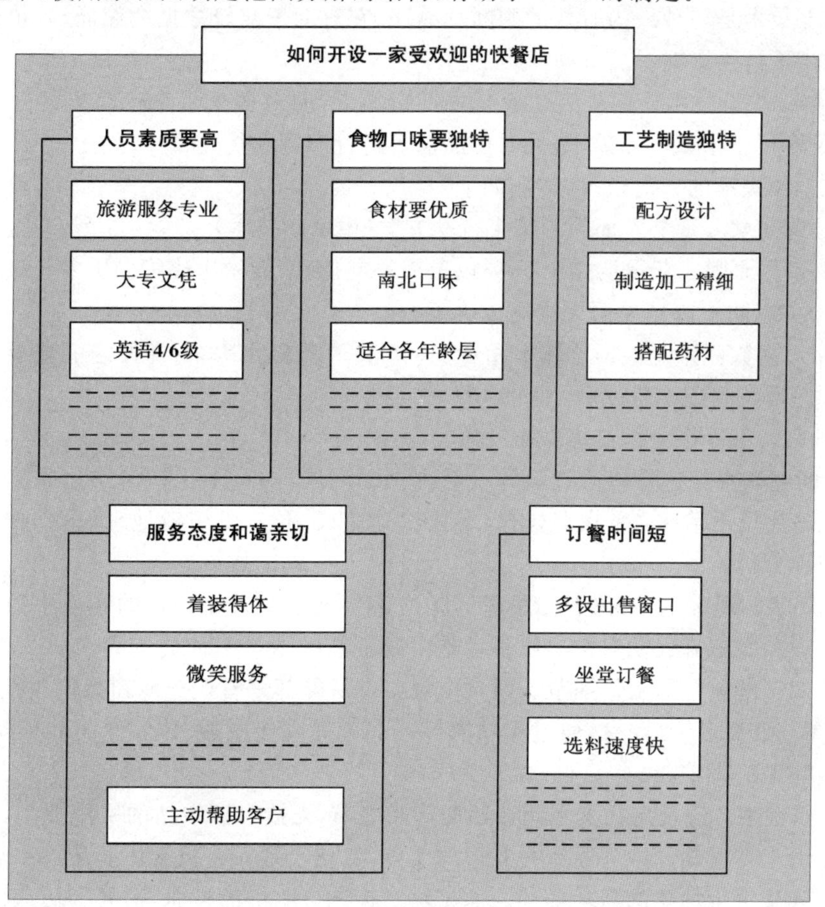

图5-6 亲和图示例

⑤ 多标准决策分析。借助决策矩阵,用系统分析方法建立如风险水平、不确定性和价值收益等多种标准,从而对众多方案进行评估和排序的一种技术。

(5) 德尔菲技术。这是决策学中组织专家就某个专题达成一致意见的一种方法,也是一种群体决策技术。德尔菲这一名称取自古希腊有关太阳神阿波罗的神话。德尔菲法的步骤如下。

① 根据问题的特点,选择和邀请做过相关研究或有相关经验的专家。

② 将与问题有关的信息分别提供给专家,请他们各自独立发表自己的意见,并写成书面材料,匿名回答组织者。专家的答复只能交给主持人,以保持匿名状态。

③ 管理者收集并综合专家们的意见后,将综合意见反馈给各位专家,请他们再次发表意见。如果分歧很大,可以开会集中讨论;否则,管理者分头与专家联络。

④ 如此反复多次,最后形成代表专家组意见的方案。

德尔菲法的典型特征如下。

① 吸收专家参与预测,充分利用专家的经验和学识。

② 采用匿名或背靠背的方式,能使每一位专家独立、自由地做出自己的判断。

③ 预测过程几轮反馈,使专家的意见逐渐趋同。

德尔菲技术是一种最为有效的判断预测法,它有助于减轻数据的偏倚,防止任何个人对结果产生不恰当影响。

(6) 群体决策技术。这是为达成某种期望结果,而对多个未来行动方案进行评估的过程,本技术用于生成产品需求,并对产品需求进行归类和优先排序。

达成群体决策的方法很多,举例如下。

① 一致同意。每个人都同意某个行动方案(德尔菲技术)。

② 大多数原则。获得群体中50%以上人的支持,就能做出决策。把参与决策的小组人数定为奇数,防止因平局而无法达成决策。

③ 相对多数原则。根据群体中相对多数者的意见做出决策,即便未能获得大多数人的支持。通常在候选项超过两个时使用。

④ 独裁。某一个人为群体做出决策。

(7) 问卷调查。这是指通过设计一系列书面问题,向众多受访者快速收集信息。此方法非常适用以下情况:受众多样化,需要快速完成调查,受访者地理位置分散,并且适合开展统计分析。

(8) 观察。观察也称为“工作跟踪”,是指直接观察个人在各自的环境中如何执行工作(或任务)和实施流程。当产品使用者难以或不愿清晰说明他们的需求时,就特别需要通过观察来了解他们的工作细节。通常由观察者从外部来看业务专家如何执行工作。也可以由“参与观察者”来观察,通过实际执行一个流程或程序,来体验它是如何实施的,以便挖掘出隐藏的需求。

(9) 原型法。这是指在实际制造预期产品之前,先造出该产品的实用模型,并据此征求对需求的早期反馈。因为原型是有形的实物,它使干系人有机会体验最终产品的模型,而不是仅限于讨论抽象的需求描述。原型法支持渐进明细的理念,需要经历从模型创建、用户体验、反馈收集到原型修改的反复循环过程。在经过足够的反馈重复之后,就可以通过原型获得足够的需求信息，从而进入设计或制造阶段。

故事板是一种原型技术，通过一系列的图像和图示来展示顺序或导航路径。故事板用途广泛，如电影、广告、教学设计以及敏捷和其他软件开发项目。在软件开发中，故事板使用实体模型来展示网页、屏幕或其他用户界面的导航路径。

无论是出于预测性还是适应性考虑，原型法都是一个收集软件需求的特别有效的方法。此外，无论是预测性还是适应性方面，工作软件的演示是产品增量开发时，引出下一组要实现的需求的首要技术。

(10) 标杆对照。这是指将实际或计划的做法(如流程和操作过程)与其他可比组织的做法进行比较，以便识别最佳实践，形成改进意见，并为绩效考核提供依据。标杆对照所采用的可比组织可以是内部的，也可以是外部的。

(11) 系统交互图。这是范围模型的一个例子，它是对产品范围的可视化描绘，显示业务系统(过程、设备、计算机系统等)及其与人和其他系统(行动者)之间的交互方式。系统交互图显示了业务系统的输入、输入提供者、业务系统的输出和输出接收者。

(12) 文件分析。这是通过分析现有文档，识别与需求相关的信息来挖掘需求。可供分析的文档很多，包括商业计划、营销文献、协议、建议邀请书、现行流程、逻辑数据模型、业务规则库、业务流程或接口文档、用例、需求文档、问题日志、政策、程序和法规文件。

5.2.3 过程输出

对于适应性生命周期而言，客户、客户代表或一个知识渊博的用户提供灵感突现的软件需求。适应性项目通常对未来迭代特性集的潜在任务分配有积压的需求。产品特性集比基准化的需求、架构和高度预测性软件项目的 WBS 更容易修改(添加、删除、修改、重新确定优先次序特性)。

本过程的输出主要包括以下内容。

(1) 需求文件。描述各种单一需求将如何满足与项目相关的业务需求。一开始，可能只有高层级的需求，然后随着有关需求信息的增加而逐步细化。只有明确的(可测量和可测试的)、可跟踪的、完整的、相互协调的，且主要干系人愿意认可的需求，才能作为基准。需求文件的格式多样，既可以是一份按干系人和优先级分类列出全部需求的简单文件，也可以是一份包括内容提要、细节描述和附件等的详细文件。

需求文件的主要内容包括以下几项。

① 业务需求。包括可跟踪的业务目标和项目目标、执行组织的业务规则、组织的指导原则。

② 干系人需求。包括对组织其他领域的影响、对执行组织内部或外部团体的影响、干系人对沟通和报告的需求。

③ 解决方案需求。包括功能和非功能需求、技术和标准合规性[①]需求、支持和培训的

① 合规性：指组织为了履行遵守法律法规要求的承诺，建立、实施并保持一个或多个程序，以定期评价对适用法律法规的遵循情况的一项管理措施。

需求、质量需求、报告需求(可用文本记录或用模型展示解决方案需求,也可两者同时使用)。

④ 项目需求,如服务水平、绩效、安全和合规性等以及验收标准。

⑤ 与需求相关的假设条件、依赖关系和制约因素。

预测性生命周期的软件项目的软件需求通常记录在基准需求的储存库中。一个适应性生命周期未来迭代的软件需求可以保持在产品功能积压、候选功能列表、故事列表,或者一个更加自动化的需求管理系统中。

(2) 需求跟踪矩阵:如表 5-4 所示,需求跟踪矩阵是把产品需求从其来源连接到能满足需求的可交付成果的一种表格。使用需求跟踪矩阵,把每个需求与业务目标或项目目标联系起来,有助于确保每个需求都具有商业价值。

需求跟踪矩阵提供了在整个项目生命周期中跟踪需求的一种方法,有助于确保需求文件中被批准的每项需求在项目结束的时候都能交付。它还为管理产品范围变更提供了框架。

需求跟踪包括以下内容。

① 业务需要、机会、目的和目标。

② 项目目标。

③ 项目范围/WBS 中的可交付成果。

④ 产品设计/产品开发。

⑤ 测试策略和测试脚本。

⑥ 高层级需求到详细需求。

应在需求跟踪矩阵中记录每个需求的相关属性,它们有助于明确各项需求的关键信息。其中的典型属性包括唯一标识、需求的文字描述、收录该需求的理由、所有者、来源、优先级别、版本、当前状态(如进行中、已取消、已推迟、新增加、已批准、被分配和已完成)和状态日期。为确保干系人满意,可能需增加一些补充属性,如稳定性、复杂程度和验收标准。

因为软件无形的本质,需求文档,包括可追溯性,对软件项目来说尤为重要。需求跟踪矩阵提供了可见性,从软件需求到中间工作产品(如设计文档、测试计划、测试结果),再到可交付产品的组成部分。

5.3 定义范围

定义范围是制定项目和产品详细描述的过程。本过程的主要作用是,明确所收集的需求哪些将包含在项目范围内,哪些将排除在项目范围外,从而明确项目、服务或成果的边界。

范围定义对项目成功非常重要,因为好的范围定义可以提高项目时间、成本以及所需资源估算的准确性,还可以为项目执行绩效评测和项目控制提供一个基准,并有助于清楚地沟通工作职责。对于预测性生命周期和适应性生命周期,一些用于定义一个软件项目的范围的输入、工具与技术、输出是相同的,但也有一些是不同的。

表 5-4 需求跟踪矩阵

项目名称：________________ 日期：________________

需求信息					关系跟踪			
编号	需求	排序	分类	来源	目标	WBS 可交付成果	测量指标	确认
唯一的需求编号	记载项目或产品必须要达到的条件或者能力，以满足干系人对产品、服务或结果的要求和期望	给需求类别排序。例如级别1、级别2等，或者必须有、应该有、最好有等	需求分类。类别可以包括功能性的、非功能性的、可维护性、安全等	记录确定需求的干系人	列出在项目章程中确定的项目目标，确保满足需求	确定与WBS可交付成果有关的需求	描述用于测量需求满意度的测量指标	描述用于确认需求满足干系人需要的技术

图 5-7 是本过程的数据流向图。

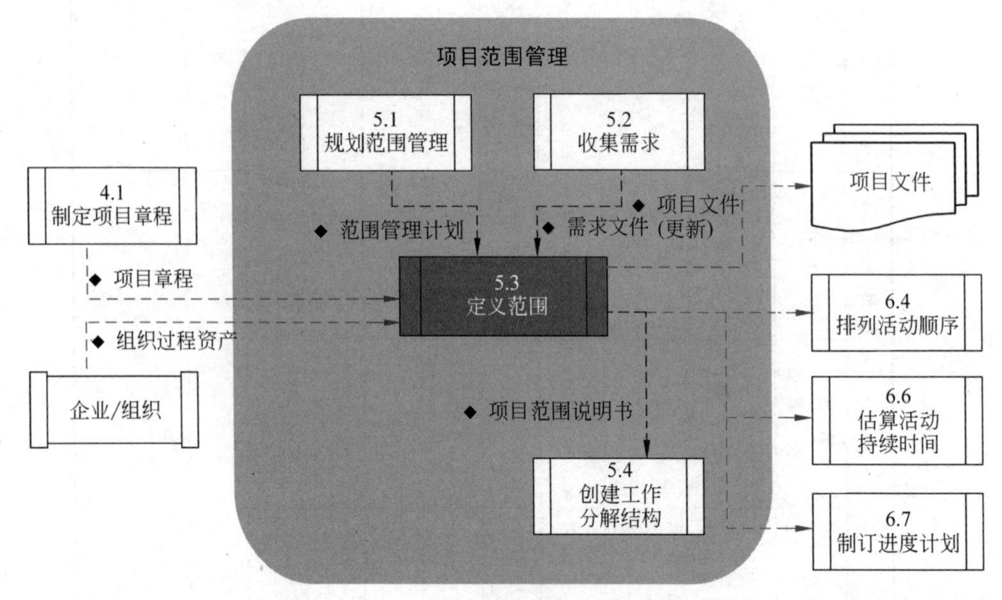

图 5-7　定义范围的数据流向图

由于在收集需求过程中识别出的所有需求未必都包含在项目中，所以定义范围过程就要从需求文件(收集需求过程的输出)中选取最终的项目需求，然后制定出关于项目及其产品、服务或成果的详细描述。对于软件项目，这个问题一般以通过标准判定需求的优先级来解决，这些标准包括顾客和用户群需要的和必需的，以及每项需求的附加价值。风险、假设和约束，也是定义软件项目和产品范围的考虑因素。

准备好的详细的项目范围说明书，对项目成功至关重要。应根据项目启动过程中记载的主要可交付成果、假设条件和制约因素来编制项目范围说明书。在项目规划过程中，随着对项目信息的更多了解，应该更加详细、具体地定义和描述项目范围。还需要分析现有风险、假设条件和制约因素的完整性，并做必要的增补或更新。需要多次反复开展定义范围过程。在迭代型生命周期的项目中，先为整个项目确定一个高层级的愿景，再针对一个迭代期明确详细范围。通常，随着当前迭代期的项目范围和可交付成果的进展，而详细规划下一个迭代期的工作。

5.3.1　过程输入

对于预测性生命周期软件项目，以下输入适用于定义项目和产品范围的输入；通过一次尝试，初步完整、正确、一致、详细地定义了项目和产品的范围。包括以下内容。

(1) 范围管理计划。这是项目管理计划的组成部分，确定制定、监督和控制项目范围的各种活动。

(2) 项目章程。其中包含对项目和产品特征的高层级描述。它还包括项目审批要求。如果执行组织不使用项目章程，则应取得或编制类似的信息，用作制定详细范围说明书的基础；如果组织不制定正式的项目章程，通常会进行非正式的分析，为后续的范围规划提供依据。

(3) 需求文件。用来选择哪些需求将包含在项目中。

(4) 组织过程资产。具体包括：用于制定项目范围说明书的政策、程序和模板；以往项目的项目档案；以往阶段或项目的经验教训。

对于适应性生命周期软件项目，项目和产品范围尽量在初期高水平地定义，但产品范围通常以迭代开发的方式完成。最初的项目范围会随着产品范围的形成进行调整。

5.3.2 过程工具与技术

具有不同期望和/或专业知识的关键人物参与引导式研讨会，有助于就项目目标和项目限制达成跨职能的共识。此外，本过程的工具与技术还有以下几项。

(1) 专家判断。常用来分析制定项目范围说明书所需的信息，也可用来处理各种技术细节。

(2) 产品分析。对于以产品为可交付成果的项目(区别于提供服务或成果的项目)，这是一种有效的工具。每个应用领域都有一种或几种普遍公认的、把概括性的产品描述转变为有形的可交付成果的方法，包括产品分解、系统分析、需求分析、系统工程、价值工程和价值分析等。

(3) 备选方案识别。用来制定尽可能多的潜在可选方案的技术，用于识别执行项目工作的不同方法。许多通用管理技术都可用于生成备选方案，如头脑风暴、横向思维、备选方案分析等。

5.3.3 输出：项目范围说明书

项目范围说明书(如表5-5所示)的编制对项目成功至关重要，它是对项目范围、主要可交付成果、假设条件和制约因素的描述。项目范围说明书记录了整个范围，包括项目和产品范围，它详细描述项目的可交付成果，以及为创建这些可交付成果而必须开展的工作。项目范围说明书也代表项目干系人之间就项目范围所达成的共识。

表5-5 项目范围说明书

项目名称：________________ 日期：________________

产品范围描述
记录产品、服务和结果的规格参数。这个信息应该从项目章程中的项目描述和需求文件里的需求渐进明细得到
项目可交付成果
识别在某一过程、阶段或项目完成后必须产出的任何独特的、可核实的产品、结果或者执行一项服务的能力。可交付成果包括项目管理报告和文件

续表

项目验收标准
为了使干系人接受可交付成果，验收标准必须被满足。验收标准可以为整个项目制定，也可以为项目的每个构成部分而制定
项目的除外责任
项目的除外责任清楚地定义了不包括在上述范围之内的事项
项目制约因素
项目制约因素是限制因素。影响项目的制约因素可以包括固定预算、硬性的交付日期或者特定的技术
项目假设条件
记录可交付成果、资源、估算和其他所有方面的假设条件。这些假设条件也许是真正的、真实的、正确的，但还没有得到确认

为了便于管理干系人的期望，项目范围说明书可明确指出哪些工作不属于本项目范围，使项目团队能进行更详细的规划，在执行过程中指导项目团队的工作，并为评价变更请求或额外工作是否超出项目边界提供基准。

项目范围说明书描述的要做和不要做的工作的详细程度，决定着项目管理团队控制整个项目范围的有效程度。详细的项目范围说明书包括以下内容。

① 产品范围描述。逐步细化在项目章程和需求文件中所述的产品、服务或成果的特征。

② 验收标准。可交付成果通过验收前必须满足的一系列条件。

③ 可交付成果。在某一过程、阶段或项目完成时，必须产出的任何独特并可核实的产品、成果或服务能力。可交付成果也包括各种辅助成果，如项目管理报告和文件。对可交付成果的描述可略可详。

④ 项目的除外责任。通常需要识别出什么是被排除在项目之外的。明确说明哪些内容不属于项目范围，有助于管理干系人的期望。

⑤ 项目制约因素。对项目或过程的执行有影响的限制性因素。需要列出并描述与项目范围有关且会影响项目执行的各种内外部制约或限制条件，例如，客户或执行组织事先确定的预算、强制性日期或强制性进度里程碑。如果项目是根据协议实施的，那么合同条款通常也是制约因素。关于制约因素的信息可以列入项目范围说明书，也可以独立成册。

⑥ 假设条件。指在制订计划时，不需验证即可视为正确、真实或确定的因素。同时

还应描述如果这些因素不成立，可能造成的潜在影响。在项目规划过程中，项目团队应该经常识别、记录并确定假设条件。关于假设条件的信息可以列入项目范围说明书，也可以独立成册。

此外，过程输出还包括需要更新的项目文件，如干系人登记册、需求文件、需求跟踪矩阵。

虽然项目章程和项目范围说明书的内容存在一定程度的重叠，但它们的详细程度完全不同。项目章程包括高层级的信息，而项目范围说明书则是对项目范围的详细描述。

其他注意事项：对于一个理想的预测性生命周期软件项目，最初的项目和产品范围说明是一个静态的文件，虽然这种情况在实践中很少见。在一个适应性生命周期软件项目中，范围说明是一个由整个项目的范围约束的不断完善的文件。系统的规划项目和产品范围是适应性生命周期软件项目区别于预测性生命周期软件项目的一个主要特征。

迭代的开发周期和产品增量的开发可以应用于预测性和适应性软件项目的开发阶段。需求或特性的范围可以在一个迭代周期内实现，这取决于特定的时间间隔（时间盒）和开发团队的生产率。生产率可通过积累的经验来获取，在一定时间限制和一定成员数量的团队下，使用如周转率和燃尽率等方式一个迭代一个迭代地测量。通过测试工作软件的演示，简短的开发周期可以提供高效的反馈，并且有能力修改和变更产品范围的优先级。这对于适应性生命周期项目可能比预测性生命周期项目更容易完成。

迭代开发的另一方面，即在一些迭代周期开发产品增量（也许）是客户和用户通过增量优先级和当前开发软件的周期性展示确认需求、需求优先级和产品功能的学习环境。

5.4 创建工作分解结构

创建工作分解结构（WBS）是把项目可交付成果和项目工作分解成较小的、更易于管理的组件的过程。本过程的主要作用是，对所要交付的内容提供一个结构化的视图。

图 5-8 所示为本过程的基本数据流向图。

对于软件项目，WBS 的顶层按生命周期过程或活动细分项目。工作产品和可交付成果在 WBS 的下一层以活动和任务的输出呈现。这种 WBS 形式称为活动导向的 WBS。

活动导向的 WBS 可以满足大多数软件开发项目，因为软件是软件开发人员认知过程的产品，并且不涉及制作物理介质上的工作产品或可交付成果，如木头、金属、塑料或硅。软件 WBS 中的任务工作包包括工作活动和这些工作活动创建或修改的工作产品或可交付成果的规格说明书，以及工作产品或可交付成果的验收标准。活动导向的 WBS 同样适用于其他种类基于知识的工作。

在预测性生命周期软件项目中，开发活动导向的 WBS 自上而下的注意事项如下：首先指出项目的顶层活动，然后分解每个顶层元素到次级活动和任务；首先确定最底层要执行的任务，然后将它们依次组成更大的分组（活动）；或者通过工作“从中间向外部”，通过识别中间层活动，把它们向上分组和向下分解。在实践中，这三种方法通常用于产生一个

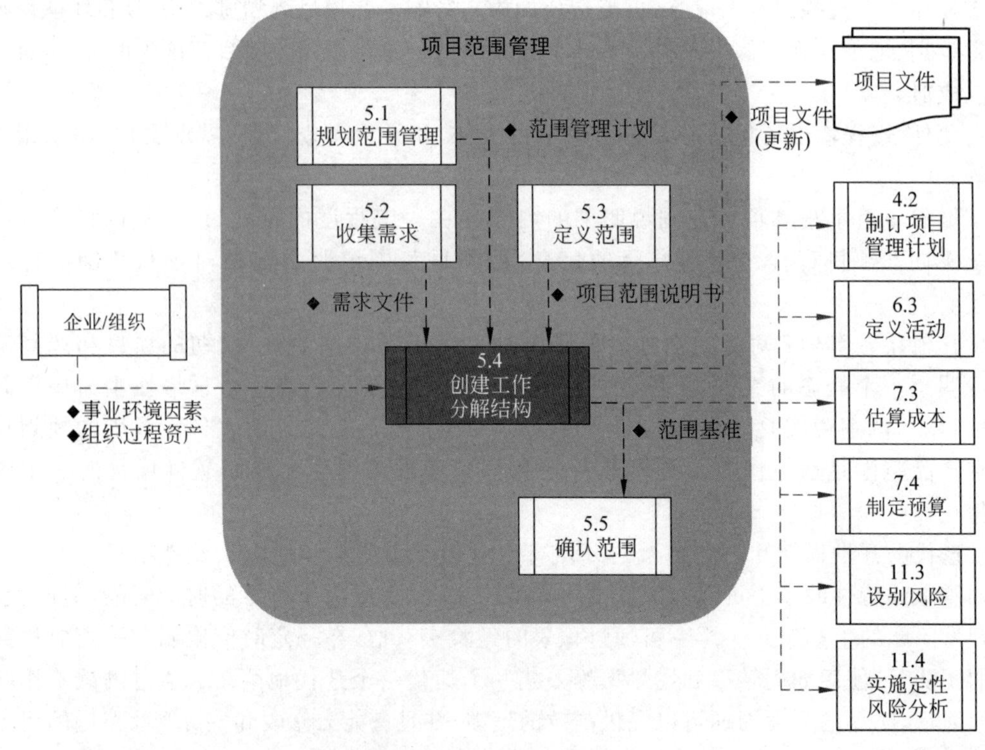

图 5-8　创建 WBS 的数据流向图

活动导向的 WBS。预定义 WBS 模板和工作包及设计来适应当前环境，使创建软件 WBS 的任务更加容易。

在活动导向的 WBS 中使用嵌入式工作技术来产生可交付成果，指出工作包中的可交付成果和验收标准，弥合软件项目和其他种类的活动导向项目的区别。

5.4.1　过程输入

本过程的输入包括以下内容。

(1) 范围管理计划。该计划定义了应该如何根据详细的项目范围说明书创建 WBS，以及应该如何维护和批准 WBS。

(2) 项目范围说明书。该说明书描述了需要实施的工作及不包含在项目中的工作，同时也列举和描述了会影响项目执行的各种内外部制约或限制条件。

(3) 需求文件。详细的需求文件对理解需要产出什么项目结果，需要做什么来交付项目及其最终产品，都非常重要。

(4) 事业环境因素。项目所在行业的 WBS 标准可以作为创建 WBS 的外部参考资料。

(5) 组织过程资产。具体包括：用于创建 WBS 的政策、程序和模板；以往项目的项目档案；以往项目的经验教训。

5.4.2 工具与技术：分解

分解是一种把项目范围和项目可交付成果划分为更小的、更便于管理的组成部分的技术。WBS是对项目团队为实现项目目标、创建可交付成果而需要实施的全部工作范围的层级分解。WBS组织并定义了项目的总范围，代表着经批准的当前项目范围说明书中所规定的工作。分解技术适用于创建软件项目的活动导向WBS。

WBS最底层的组件称为"工作包"，它对相关的活动进行归类，以便对工作安排进度进行估算，开展监督与控制。在"工作分解结构"这个词中，"工作"是指作为活动结果的工作产品或可交付成果，而不是活动本身。工作包分解的详细程度因项目规模和复杂程度而异。要把整个项目工作分解为工作包，通常需要开展以下活动。

① 识别和分析可交付成果及相关工作。

② 确定WBS的结构与编排方法。

③ 自上而下逐层细化分解。

④ 为WBS组件制定和分配标志编码。

⑤ 核实可交付成果分解的程度是否恰当。

图5-9显示了某WBS的一部分，其中的分支"1.1 需求评估"已经向下分解到工作包层次。

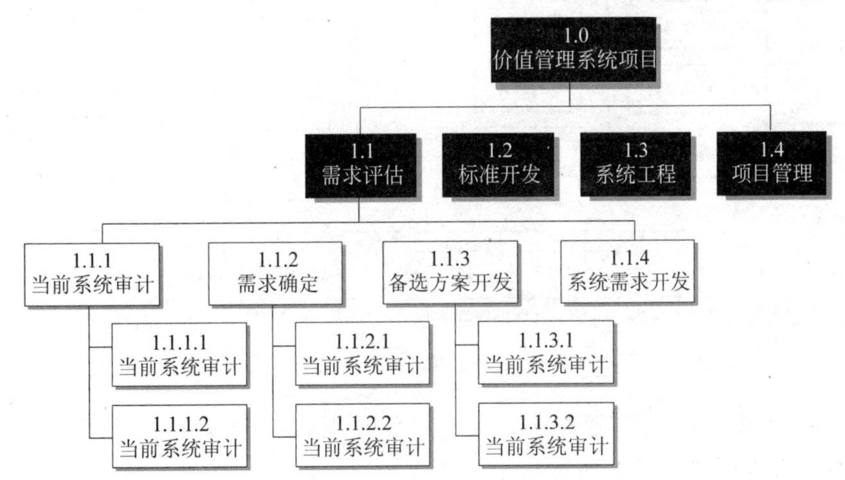

图5-9 分解到工作包的WBS示例

WBS的结构可以采用多种形式，举例如下。

① 以项目生命周期的各阶段作为分解的第二层，把产品和项目可交付成果放在第三层，如图5-10所示。

② 把主要可交付成果作为第一层，如图5-11所示。

③ 整合可能由项目团队以外的组织来实施的各种子组件（如外包工作）。随后，作为外包工作的一部分，卖方须制定相应的合同WBS。

对WBS上层的组件进行分解，就是要把每个可交付成果或组件的工作分解为最基

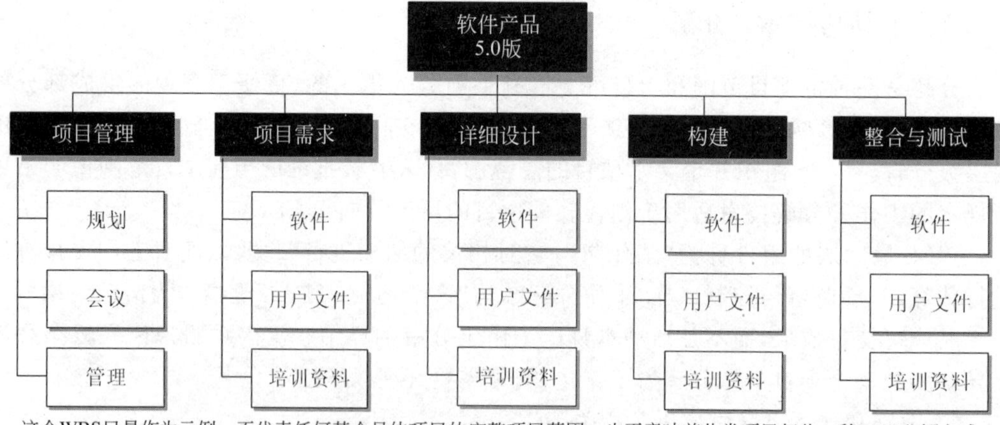

图 5-10　WBS 示例：以阶段为第二层

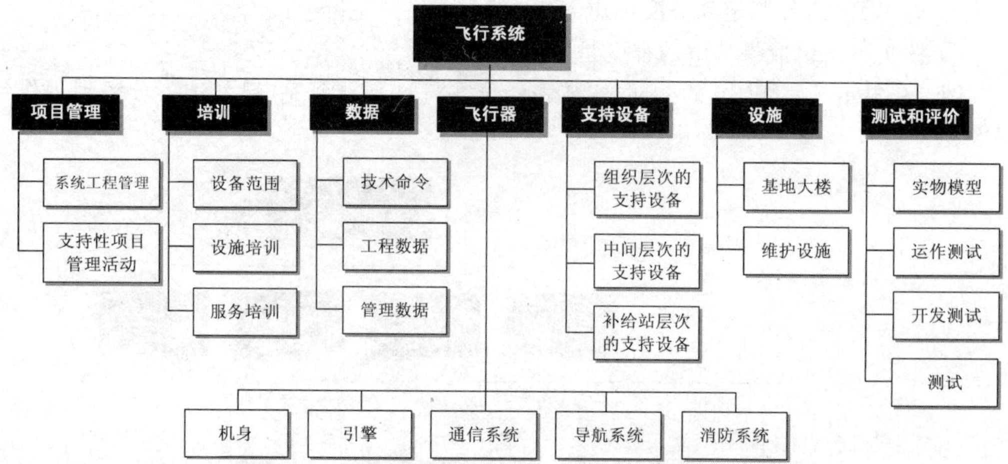

图 5-11　WBS 示例：以主要可交付成果为第一层

本的元素，即可核实的产品、服务或成果。WBS 可以采用提纲式、组织结构图或能说明层级结构的其他形式(如表 5-6 所示)。

通过确认 WBS 下层组件是完成上层相应可交付成果的必要且充分的工作，来核实分解的正确性。不同的可交付成果可以分解到不同的层次。某些可交付成果只需分解到下一层，即可到达工作包的层次，而另一些则须分解更多层。工作分解得越细致，对工作的规划、管理和控制就越有利。但是，过细的分解会造成管理努力的无效耗费、资源使用效率低下、工作实施效率降低，同时造成 WBS 各层级的数据汇总困难。

要在未来远期才完成的可交付成果或组件，当前可能无法分解。通常需要等待对该交付成果或组件的一致意见，以便能够制定出 WBS 中的相应细节。这种技术有时称为滚动式规划。

表 5-6 WBS(提纲式)

1. 项目
  1.1 主要可交付成果
    1.1.1 可交付成果
      1.1.1.1 工作包
      1.1.1.2 工作包
      1.1.1.3 工作包
    1.1.2 主要可交付成果
  1.2 主要可交付成果
    1.2.1 工作包
    1.2.2 工作包
  1.3 主要可交付成果
    1.3.1 工作包
    1.3.2 可交付成果
      1.3.2.1 工作包
      1.3.2.2 工作包

WBS包含了全部的产品和项目工作以及项目管理工作。通过把WBS底层的所有工作逐层向上汇总,来确保既没有遗漏,也没有多余的工作。这有时被称为100%规则。

创建WBS常用的方法包括自下而上的方法、使用组织特定的指南和使用WBS模板。举例如下。

(1) 使用指导方针。如果存在制定WBS的指导方针,那就必须遵循这些方针。许多组织会指定WBS的形式和内容,要求承包商按所提供的样式提交项目建议书。这些建议书必须包括针对WBS中每一个任务的成本估算。

(2) 类比法。指用一个类似产品的WBS作为起点。许多组织都建有知识库来为项目人员的工作提供帮助。参考其他类似项目的WBS还能够了解到建立WBS的不同方法。

(3) 自上而下法。大多数项目经理将自上而下的WBS构建方法视为常规方法。自上而下法就是从项目最大的单位开始,逐步将它们分解成下一级的多个子项。这个过程要不断增加级数,细化工作任务。由于项目经理具备广泛的技术知识和整体视角,这种自上而下的方法对他们来说是最好的。

要制定一个好的WBS还要遵循以下一些基本原则。

(1) 一个单位工作任务在WBS中只能出现在一个地方,其工作内容是下一级各项工作之和。

(2) WBS中的每项工作都只由一个人负责,即使这项工作要多人来做也是如此。

(3) WBS必须与工作任务的实际执行过程相一致。WBS首先应当服务于项目组。

(4) 项目组成员必须参与WBS的制定,以确保一致性和全员参与。

(5) 每一个WBS项都必须归档,以确保准确理解该项包括和不包括的工作范围。

(6) 在正常的根据范围说明书对项目工作内容进行控制的同时,还必须让WBS具有一定的灵活性以适应无法避免的变更需要。

5.4.3 工具与技术：活动导向的 WBS

举一个活动导向的 WBS 例子。这里描述了创建软件项目 WBS 的一种方法，它不是预先被规定的。软件项目活动导向的顶层 WBS 在高层面包括成功完成项目需要的所有工作的整个范围（如图 5-12 所示）。顶层活动导向的 WBS 为细化项目范围说明反映和提供了一个输入。因为生产产品组件的工作因素嵌入活动导向的 WBS 中，第二层可以为细化产品范围说明提供一个输入。软件 WBS 建设活动的最低层工作因素产生明确的可交付成果。图 5-12 中的活动“构造软件”任务包括重用、构造和购买一些软件组件。简单地说，这个例子仅包括创建软件的次级因素。

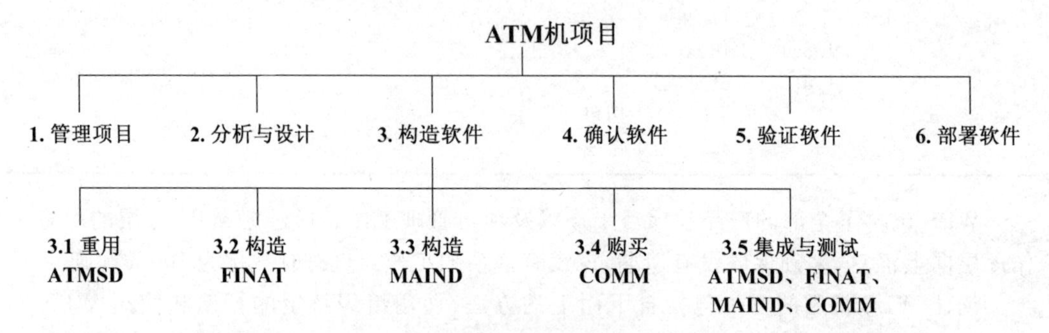

图 5-12 活动导向的 WBS 的部分分解

ATMSD—软件驱动；FINAT—财务交易；MAIND—维护与诊断；COMM—通信软件包

图 5-12 描述了活动导向的软件 WBS 的嵌入式产品范围，图中列举了为自动提款机（ATM 机）开发软件的部分 WBS，这些产品组件用粗体字表示。图 5-13 列举了对图 5-12 中 WBS 元素“构造 FINAT”（构造财务交易）进一步的分解。

项目范围和产品范围这两种范围因为软件的本质和软件开发和维护的方法可以集成在一个软件项目的活动导向的 WBS 中，图 5-12 所示的产品结构被嵌入活动导向的软件 WBS 中。

工作包可以用来在软件项目 WBS 中记录任务。工作包中创建软件组件的记录因素包括以下几个。

① 估算工期。

② 各技术水平的人员数量。

③ 所需的额外资源。

④ 软件组件或被开发和修改的组件。

⑤ 软件组件或被开发和修改的组件的验收标准。

⑥ 风险因素。

风险因素是潜在的问题，可能会阻碍成功完成软件组件或让组件使用更多的劳力和附加资源。其他因素可以被包括在一个活动导向的工作包中，包括被记录的前任和继任者的任务和置于版本控制下的工作产品。

5.4.4 工具与技术：WBS的滚动式规划

滚动式规划是一种迭代式的规划技术，对近期要完成的工作进行详细规划，对远期工作只做粗略规划。这是一种逐步规划的方式。因此，依赖其在项目生命周期中的位置，工作可以存在各种层面的细化程度。

当预测性生命周期软件项目使用活动导向的 WBS 时，滚动式规划对于逐步计划要完成的工作是一种重要的技术。无论是新开发还是修改，每个软件项目都产生唯一的产品。大多数软件项目因此需要创新和创造性的问题解决方案来满足新的和不断变化的需求。对于预测性生命周期软件项目，活动导向的 WBS 随着对被解决问题的理解度的提高，以滚动的方式对构建软件产品的细节进行了细化。一些滚动式修改工作使用活动导向的 WBS 完成，可以实现整个范围内计划、预算、资源和技术的约束，尽管其他计划需要项目范围约束的重新谈判。

一个 ATM 项目（如图 5-12 所示）WBS 的滚动式规划例子如图 5-13 所示，这里添加了构造财务交易组件的详情，一旦项目开始，也许一些原型化和可行性分析就开始了。图 5-12 所示的财务交易组件（FINAT）的工作包被分解成图 5-13 中的 4 个次级软件组件加上 FINAT 整合和测试任务。另外，注意重用另一个软件产品的现有记录器软件。一个软件构造任务的工作包包括需要完成的详细设计、编码、单元测试和复合软件模块的集成测试工作（如图 5-13 所示的验证器模块）。

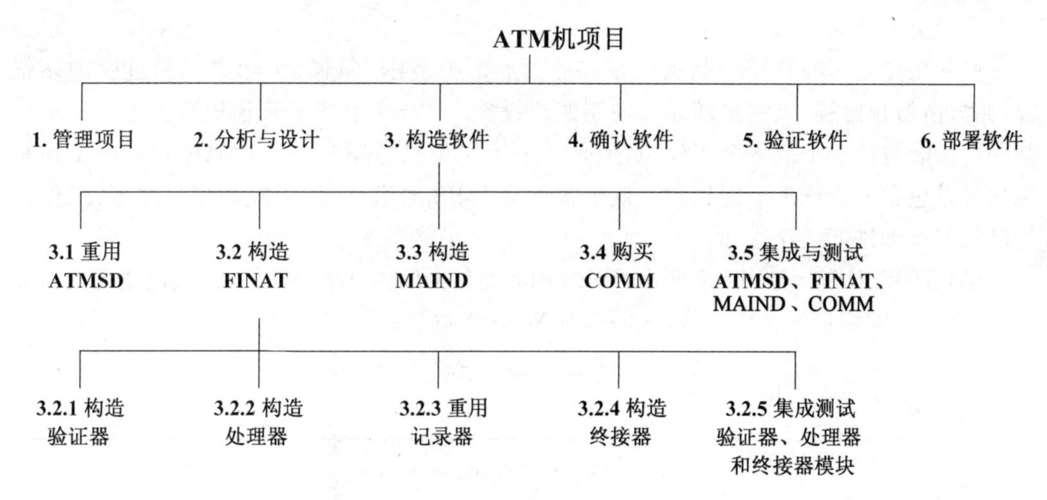

图 5-13 活动导向的 WBS 的滚动式规划

ATMSD—软件驱动；FINAT—财务交易；MAIND—维护与诊断；COMM—通信软件包

活动导向的软件 WBS 滚动式规划通常定期完成，可能是每月，以适应对被解决问题的理解的增长。滚动式规划也可能根据情况完成，如需求、计划、预算、资源或技术的变化。

适应性生命周期软件的范围可以以滚动的方式逐步细化，和滚动式 WBS 等效。特性集和功能增量随着计划后续的日历时间而逐步细化。可能在一个适应性软件项目计划过程中提出一个初始的发布计划。在其他情况下，发布计划可能以滚动方式制订。

此外，需要依据各种信息，把项目可交付成果分解为更小的组成部分。专家判断常用于分析这些信息，以便创建有效的WBS。专家判断和专业知识可用来处理有关项目范围的各种技术细节，并协调各种不同的意见，以便用最好的方法对项目整体范围进行分解。专家判断也可表现为预定义的模板。这些模板是关于如何分解某些通用可交付成果的指南，可能是某行业或专业所特有的，或来自类似项目上的经验。项目经理应该在项目团队的协作下，最终决定如何把项目范围分解为独立的工作包，以便有效管理项目工作。

5.4.5 输出：范围基准

创建WBS的输出适用于创建一个活动导向软件的WBS。

范围基准是经过批准的范围说明书、工作分解结构(WBS)和相应的WBS词典，只有通过正式的变更控制程序才能进行变更，它被用作比较的基础。范围基准是项目管理计划的组成部分，包括以下内容。

(1) 项目范围说明书。说明书包括对项目范围、主要可交付成果、假设条件和制约因素的描述。

(2) 工作分解结构(WBS)。它是对项目团队为实现项目目标、创建所需可交付成果而需要实施的全部工作范围的层级分解。工作分解结构每向下分解一层，代表着对项目工作更详细的定义。把每个工作包分配到一个控制账户，并根据"账户编码"为工作包建立唯一标识，是创建WBS的最后步骤。这些标识为进行成本、进度与资源信息的层级汇总提供了层级结构。

控制账户是一种管理控制点。在该控制点上把范围、预算、实际成本和进度加以整合，并与挣值相比较，以测量绩效。控制账户设置在WBS中选定的管理节点上。每个控制账户可能包括一个或多个工作包，但是一个工作包只能属于一个控制账户。一个控制账户可以包含一个或多个规划包。规划包也是WBS的组件，位于控制账户之下，工作内容已知但详细进度活动未知。

(3) WBS词典。如表5-7所示，WBS词典是针对每个WBS组件，详细描述可交付成果、活动和进度信息的文件。WBS词典对WBS提供支持。

表5-7 WBS词典

项目名称：__________ 准备日期：__________

工作包名称：输入WBS里关于工作包可交付成果的简短描述	账户代码：输入WBS里的账户代码
工作描述：	假设条件和制约因素：
里程碑： 1. 所有和工作包相关联的里程碑清单 2. 3.	到期日： 所有和工作包相关联的里程碑到期日清单

续表

编号	活动	资源	人工			材料			总价
			小时	单价	合计	数量	单价	合计	
唯一的活动标志，通常是WBS账户编号的拓展	描述活动清单或者进度计划上的活动	确定资源，通常来源于资源需求	需要的总人工	人工的单价，通常来源于成本估算	人工小时乘以人工单价	需要的材料总数量	需要的材料单价，通常来源于成本估算	材料数量乘以材料单价	人工、材料、其他任何与工作包有关的成本

质量需求：

记录任何有关工作包的质量要求或者测量指标

验收标准：

描述可交付成果的验收标准

技术信息：

记录或可参考的完成工作包的任何技术要求或需要的文档

合同信息：

可参考的任何影响到工作包的合同或者其他合约

WBS词典中的内容可能包括账户编码标识、工作描述、假设条件和制约因素、负责的组织、进度里程碑、相关的进度活动、所需资源、成本估算、质量要求、验收标准、技术参考文献、协议信息。

此外，需要更新的项目文件是需求文件。可能需要在需求文件中反映经批准的变更。如果在创建WBS过程中提交了变更请求并获得批准，那么应当更新需求文件，以反映经批准的变更。

5.5 确认范围

确认范围是正式验收项目已完成的可交付成果的过程。在软件工程中，核实和确认之间是有区别的。核实关注的是确定的、客观的方式，可交付软件关于产品需求、设计约束和其他产品变量是正确的、完整的和一致的。确认关注的是确定的、客观的方式，可交付软件满足需求和顾客、用户及其他干系人在操作环境下安装的期望。通常，核实回答“我们做的软件是否正确”的问题，而确认回答“我们是不是做了正确的软件”的问题。

本过程的主要作用是，使验收过程具有客观性；同时通过验收每个可交付成果，提高最终产品、服务或成果通过验收的可能性。

图 5-14 所示为本过程的数据流向图。

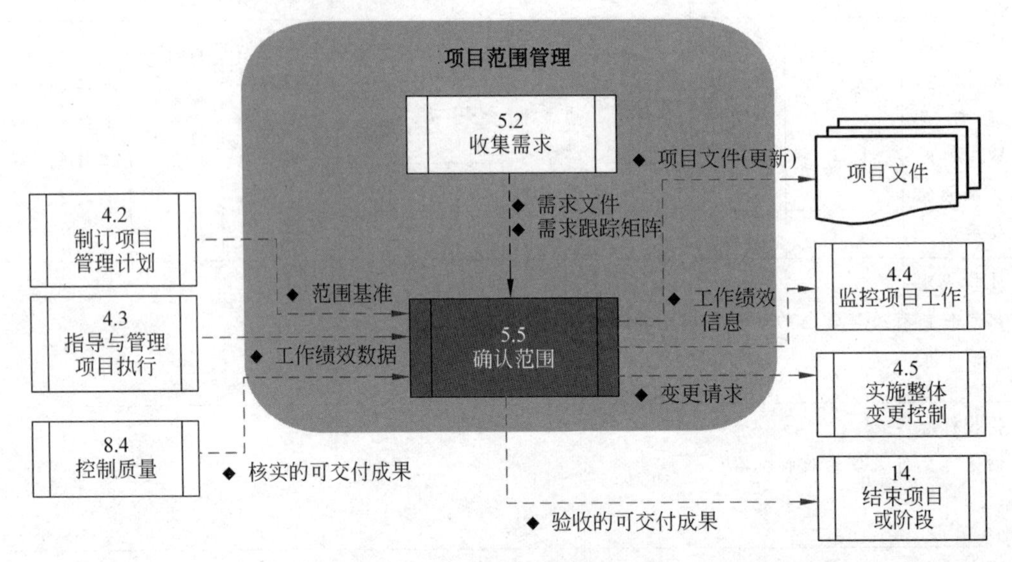

图 5-14　确认范围的数据流向图

由客户或发起人审查从控制质量过程输出的核实的可交付成果，确认这些可交付成果已经圆满完成并通过正式验收。为此，需要依据从项目范围管理知识领域的各规划过程获得的输出(如需求文件或范围基准)，以及从其他知识领域的各执行过程获得的工作绩效数据。

确认范围过程与控制质量过程的不同之处在于，前者关注可交付成果的验收，而后者关注可交付成果的正确性及是否满足质量要求。控制质量通常先于确认范围，但二者也可同时进行。

5.5.1　过程输入

确认软件项目范围的主要输入是工作的可交付软件，其他可交付成果可能包括验收测试计划、用户培训材料、安装和操作说明及维护指导。预期用户、操作员和维护人员使用这些输入来确认软件的可交付性。这些工作产品可以在线打印。

本过程中，适用于确认预测性生命周期软件项目的输入包括以下内容。

(1) 项目管理计划。其中包含范围管理计划和范围基准。范围管理计划定义了项目已完成可交付成果的正式验收程序。范围基准包含批准的范围说明书、WBS 和 WBS 词典。

(2) 需求文件。其中列明了全部项目需求、产品需求及对项目和产品的其他类型的需求，同时还有相应的验收标准。

(3) 需求跟踪矩阵。它连接了需求与需求源，用于在整个项目生命周期中对需求进行跟踪。

(4) 核实的可交付成果。它是指已经完成，并被控制质量过程检查为正确的可交付成果。

核实的输入可能包括正式的需求记录、一个或多个需求跟踪矩阵、设计文档和软件源代码,所有这些都可以随着迭代周期不断更新增加。有时候,一套开发工作产品包括技术规范、设计文档、跟踪矩阵、测试计划和测试结果,保留在自动化的应用生命周期管理系统中,也是确认范围的输入。

(5) 工作绩效数据。它可能包含符合需求的程度、不一致的数量、不一致的严重性,或在某时间段内开展确认的次数。

(6) 适应性软件项目的输入。对于适应性生命周期软件项目,确认发生增量在产生软件产品的工作可交付成果增量的迭代周期中或结尾逐渐展开;输入是在每个迭代周期之前或中间开发的测试用例、测试场景和验证场景。其他适应性生命周期软件项目确认范围的输入包括正式的需求记录、一个或多个需求跟踪矩阵、设计文件和软件源代码,这些都是在迭代周期中逐步更新的。在开始时可以开发一个正式的确认计划,并在整个项目生命周期中应用,或者对每个迭代周期确认而不要正式的确认计划。

5.5.2 过程工具与技术

产品范围可以使用分析、审查、验收测试和证明来确认。审查包括正式检查、工作软件的同行评审、确认状态的管理评审和外部干系人评审。测试驱动开发(TDD)是一种验证小的软件范围改进的方法。

理论上,软件测试包括准备测试输入、测试条件和对期望测试结果的目标陈述;在特殊条件下在特殊环境中运行测试;观察和记录测试结果。

对于预测性生命周期软件项目,产品范围确认是一个发生在开发产品增值和软件交付结束时的主要方面。对于适应性生命周期,连续确认发生在每个迭代周期结尾。一个主要的确认工作可以在最后的迭代周期结束时完成最终产品交付。在开始时可以做一个正式的确认计划,并且在整个适应性项目生命周期中应用;或者没有正式确认计划,确认可以是在每个迭代周期建立的因素。

检查是指开展测量、审查与确认等活动,来判断工作和可交付成果是否符合需求和产品验收标准。检查有时也称为审查、产品审查、审计和巡检等。在某些应用领域,这些术语具有独特和具体的含义。

软件检查与正式检查过程中的软件走查不同,包括记录和系统的跟踪,来保证在固定的检查中发现缺陷。

此外,对于适应性生命周期软件项目,测试的验证范围、可交付的产品增量由用户、用户代表和其他干系人等适当的群体决策产生。

5.5.3 过程输出

本过程的输出包括以下内容。

(1) 验收的可交付成果。符合验收标准的可交付成果应该由客户或发起人正式签字批准。应该从客户或发起人那里获得正式文件,证明干系人对项目可交付成果的正式验收。这些文件将提交给结束项目或阶段过程。

在产生可论证工作产品增量的每个迭代周期末,适应性生命周期软件项目生产出经过验证的可交付软件。用户可以选择适应性生命周期项目的一些或全部验收的可交付成果,或者没有中间可交付成果可被选择。

(2) 变更请求。对已经完成但未通过正式验收的可交付成果及其未通过验收的原因,应该记录在案;可能需要针对这些可交付成果提出适当的变更请求以进行缺陷补救。变更请求应该由实施整体变更控制过程审查与处理。

软件项目的变更请求可能根据验证过程的形式被非正式地处理,或者可能使用一个实施整体变更控制来记录和处理。

(3) 工作绩效信息。包括项目进展信息。例如,哪些可交付成果已经开始实施,它们的进展如何;哪些可交付成果已经完成,或者哪些已经被验收。这些信息应该被记录下来并传递给干系人。

(4) 项目文件(更新)。包括定义产品或报告产品完成情况的任何文件。确认文件需要客户或发起人以签字或会签的形式进行批准。

5.6 控制范围

控制范围是监督项目和产品的范围状态、管理范围基准变更的过程。本过程的主要作用是在整个项目期间保持对范围基准的维护。

图 5-15 所示为本过程的数据流向图。

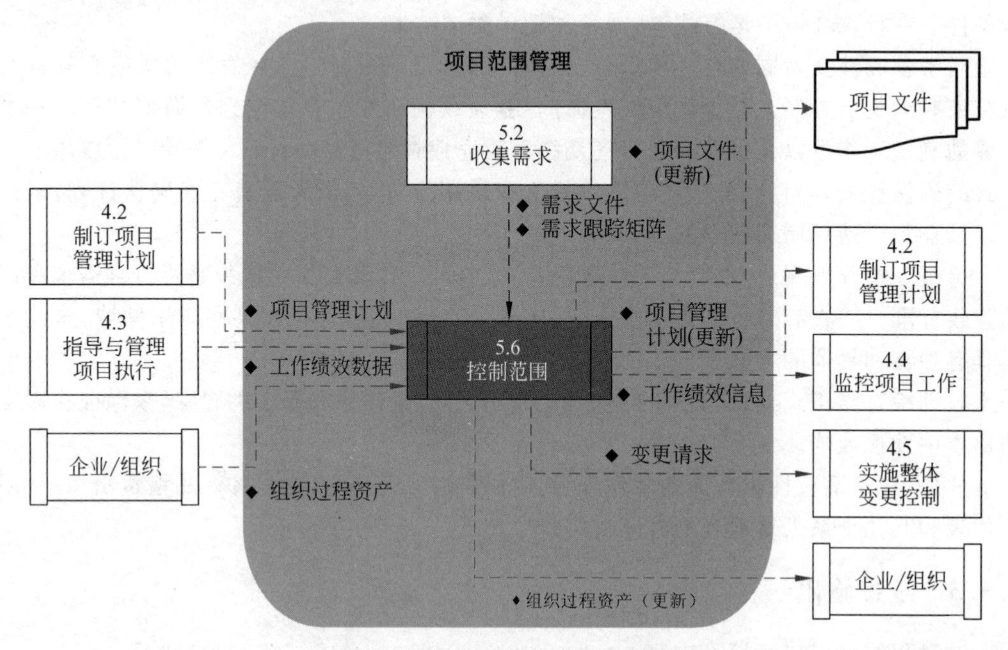

图 5-15 控制范围的数据流向图

控制项目范围确保所有变更请求、推荐的纠正措施或预防措施都通过实施整体变更控制过程进行处理。在变更实际发生时,也要采用范围控制过程来管理这些变更。控制范围过程应该与其他控制过程协调开展。未经控制的产品或项目范围的扩大(未对时间、成本和资源做相应调整)被称为范围蔓延。变更不可避免,因此在每个项目上都必须强制实施某种形式的变更控制。

5.6.1 过程输入

本过程的输入主要有以下内容。

(1) 项目管理计划。其中包含的以下信息可用来控制范围。

① 范围基准。用范围基准与实际结果相比较,以决定是否有必要进行变更、采取纠正措施或预防措施。

② 范围管理计划:描述将如何管理和控制项目范围。

③ 变更管理计划:定义管理项目变更的过程。

④ 配置管理计划:定义哪些是配置项,哪些配置项需要正式变更控制的内容,以及针对这些配置项的变更控制过程。

⑤ 需求管理计划:这是项目管理计划的组成部分,描述如何分析、记录和管理项目需求。

(2) 需求文件。需求应该明确(可测量且可测试)、可跟踪、完整、相互协调且得到主要干系人的认可。记录完好的需求文件便于发现任何对于批准的项目或产品范围的偏离。

(3) 需求跟踪矩阵。它有助于发现任何变更或对范围基准的任何偏离给项目目标造成的影响。

(4) 工作绩效信息。其包括收到和接受的变更请求的数量,或者完成的可交付成果的数量等。对于适应性生命周期软件项目,工作绩效数据包含周转率,它常用于帮助随后的迭代建立现实的工作范围。

(5) 组织过程资产。其包括现有的、正式和非正式的,与范围控制相关的政策、程序和指南;可用的监督和报告的方法与模板。

5.6.2 过程工具与技术

控制范围的工具与技术主要适用于预测性生命周期软件项目的控制范围,因为这些项目通常使用传统的项目管理技术,如变更请求和变更控制委员会、偏差分析。

如果用户确保稳定的问题域足够相似、项目初始和计划时详细的软件需求可以被足够详细地开发、团队对产品非常熟悉并且所有参与者都熟悉问题和解决方案域,那么一个事先声明的、预测的、计划驱动的生命周期对一个软件项目来说是最可能成功的,这些条件使项目和产品范围容易控制。

软件项目适应性生命周期的一个重要方面就是用户,通过咨询项目经理和软件团队,决定产品特性范围被包含在每个开发周期中。这些特性范围是适应可用时间和资源的。产品范围在连续的开发周期中继续扩大,直到用户的需求全部满足或直到时间和资源耗尽。在后者的情况下,运作的、可交付的软件将包含最大增值特性——被用户指定的迭代开发周期的输入。

适应性生命周期软件项目的项目范围包括进度、预算、资源,考虑到继续或终止产品开发,可以是固定的或基于继续或终止产品开发的增值考虑而可适性发展的。

同样应该注意到的是,软件项目适应性生命周期范围也包含其他项目范围因素以适应项目需求,如范围管理计划、初步分析与设计、独立验证和确认、配置管理、质量保证和质量控制。软件项目生命周期不是一条连续的细线,而是多维的适应各个方面的范围控制。

偏差分析:是一种确定实际绩效与基准的差异程度及原因的技术。可利用项目绩效测量结果,来评估偏离范围基准的程度。确定偏离范围基准的原因和程度,并决定是否需要采取纠正或预防措施,是项目范围控制的重要工作。

评审和会议:预测性生命周期软件项目依赖于控制范围的里程碑审查。正式审查可以包括演示工作软件增长,以便在必要的时候为修改项目和产品范围提供输入。修订的结果置于一个新的范围基准。

适应性生命周期项目通常使用较短的迭代周期和频繁演示的工作软件来为不间断的项目和产品范围控制提供输入。用户在咨询项目经理和软件开发团队后,决定在每个迭代周期要开发的功能;这些功能被定义的产品范围扩大,并且甚至可能改变更高层次的范围。项目范围可能足够容纳扩大的产品范围,也可能只在必要时做出调整。另外,一些需要的功能可能因为项目范围的约束而被省略。

5.6.3 过程输出

软件项目控制范围的输出随着治理模式和整个软件项目生命周期的持续使用而变化。对于预测性生命周期,控制范围的主要输出是变更控制委员会拒绝或接受变更请求的决定;可计划接收当前或延迟的响应。对于适应性生命周期,控制范围的主要输出是顾客考虑实现下一个功能集和改变当前工作软件的决定。开发团队在和项目经理、用户商量后,可以决定用下一个迭代周期修改软件体系结构,并在继续迭代开发周期前在现有软件的基础上做显著的重构。

控制范围的输出可能需要项目经理、更高级的管理人员和用户(或用户群)对项目范围(计划、预算、资源)和产品范围(特性、功能需求、质量属性、技术和任务)做重要的变动。这些变动可能被项目经理控制范围之外的因素需要,如变化的操作环境、软件开发组织或用户战略构想的变化、技术或基础设施的变化或竞争产品的变化。

本过程的输出包括以下内容。

(1) 工作绩效信息。这是有关项目范围实施情况(对照范围基准)的、相互关联且与各种背景相结合的信息,包括收到的变更的分类、识别的范围偏差和原因、偏差对进度和成本的影响,以及对将来范围绩效的预测。这些信息是制定范围决策的基础。

(2) 变更请求。对范围绩效的分析,可能导致对范围基准或项目管理计划其他组成部分提出变更请求。变更请求可包括预防措施、纠正措施、缺陷补救或改善请求。变更请求需要经实施整体变更控制过程的审查和处理。

(3) 项目管理计划(更新)。包括以下两项。

① 范围基准(更新)。如果批准的变更请求会对项目范围产生影响,那么范围说明书、WBS 及 WBS 词典都需要重新修订和发布,以反映这些通过实施整体变更控制过程批

准的变更。

② 其他基准(更新)。如果批准的变更请求会对项目范围以外的方面产生影响,那么相应的成本基准和进度基准也需要重新修订和发布,以反映这些批准的变更。

(4) 项目文件(更新)。包括需求文件和需求跟踪矩阵。对适应性生命周期的软件项目而言,文件的更新可能包括产品特性集更新、迭代计划更新和发布计划更新。

(5) 组织过程资产(更新)。包括造成偏差的原因、所选的纠正措施及选择理由、从项目范围控制中得到的其他经验教训。

5.7 习　　题

请参考课文内容以及其他资料,完成下列选择题。

1. 下列各知识领域都会影响项目范围管理,除了(　　)。

A. 整合管理　　B. 质量管理　　C. 沟通管理　　D. 采购管理

2. (　　)过程会直接影响创建 WBS。

A. 定义范围,控制范围　　B. 定义范围,收集需求

C. 控制范围,确认范围　　D. 收集需求,确认范围

3. 下列说法错误的是(　　)。

A. 收集需求过程只需定义客户期望,无须管理这些期望

B. 需求是 WBS 的统计基础

C. 成本、进度和质量规划要在需求的基础上进行

D. 收集需求中的需求是干系人的需求

4. 焦点小组会议是(　　)。

A. 与干系人直接交谈,以获得信息

B. 把干系人和主题专家集中在一起,了解他们对产品的期望和态度

C. 通过邀请主要的跨职能干系人一起参加会议,对产品需求进行集中讨论与定义

D. 由一组专家回答问卷,专家的答复只能交给主持人,以保持匿名状态

5. 下列(　　)过程的输出会直接影响创建 WBS。

A. 定义范围　　B. 确认范围　　C. 收集需求　　D. A 和 C

6. 下列(　　)不是创建 WBS 的输入。

A. 项目范围说明书　　B. 需求文件

C. 需求跟踪矩阵　　D. 组织过程资产

7. WBS 应该细化到(　　)。

A. 能进行可靠估算的层面　　B. 可以由一个人来完成

C. 完成时间为 80h 的工作包　　D. 控制账户层面

8. 你作为项目组成员,负责某些子项目的分解工作,但由于这些子项目的信息不明确,你暂时无法分解,你应该采取(　　)技术。

A. 类比估算　　B. 假设分析　　C. 滚动式规划　　D. 自下而上估算

9. 工作包是(　　)。

A. 在 WBS 底层的可交付成果或项目工作要素

B. 带有特定标示符的任务

C. 包含计划包的可交付成果

D. 可以在两周内完成的可交付成果或项目工作

10. 下列(　　)不是分解产生的输出。

A. WBS　　B. WBS 词典

C. 项目进度网络图　　D. 范围基准

11. 控制账户主要用于(　　)。

A. 分配资源　　B. 总账　　C. WBS 中的元素　　D. 分账

12. WBS 有如下作用,除了(　　)。

A. 帮助安排工作　　B. 防止工作遗漏

C. 为制订进度计划提供依据　　D. 确定项目团队成员的责任

13. 某项目团队正在就创建 WBS 进行讨论,为了使分解进行得更顺利,下列(　　)与这次讨论没有关系。

A. 完成的状况是否是可测量的　　B. 清楚定义开始和结束的日期

C. 便于估算时间和成本　　D. 能给工作包制定责任人或可以外包

14. 小张是某项目的项目经理,他遇到了这样的情况:产品的性能没有达到预期的质量标准,但却被客户接受了,这表明进行了(　　)活动。

A. 偏差分析　　B. 返工　　C. 质量审计　　D. 确认范围

15. 因为客户的放弃,你的项目提前终止,确认范围过程(　　)。

A. 应该被延缓至项目结束才进行

B. 应该取消,以节省资源

C. 应该用来建立和记录项目完成的程度

D. 将用于制定项目审计的基础

16. 项目团队成员 A 向客户提交成果时,项目经理 B 发现这一成果缺少了一些他认为应该包括的内容,而且 B 对有些内容不是很满意,这时 B 应该(　　)。

A. 告诉该成员的上司　　B. 让该成员立即按自己的要求返工

C. 进行确认范围　　D. 识别风险

17. 已经完成并经实施质量控制过程检验合格的可交付成果是(　　)。

A. 工作绩效信息　　B. 工作绩效测量结果

C. 确认的可交付成果　　D. 验收的可交付成果

18. 假设你是 A 项目的项目经理,负责信息系统的设计及开发。某位客户组成员向项目部门主管提出要在信息系统安装阶段完成一项小工作。项目部门主管让客户向你询问。应答复这一请求为(　　)。

A. 修订项目管理计划　　B. 修订成本和进度计划

C. 修订 WBS　　D. 实施整体变更控制

19. 下列(　　)过程的输出会直接作为控制范围的输入。

A. 收集需求　　B. 确认范围　　C. 报告绩效　　D. 制定项目章程

20. 客户提出变更项目范围。为了确定要求的变更可能产生的影响,项目经理需要项目管理计划、需求文件、需求跟踪矩阵、组织过程资产及(　　)。

A. 工作绩效信息　B. 责任分配矩阵　C. 组织分解结构　D. 帕累托图表

5.8 实验与思考:数据中心迁移项目的范围管理文件

【实验目的】

本节“实验与思考”的目的如下。

(1) 理解和熟悉项目范围管理的基本概念。

(2) 通过对某公司数据中心迁移项目案例的研究,尝试为该项目建立范围管理计划、需求管理计划和需求跟踪矩阵。

(3) 为该项目建立初步的工作分解结构(WBS)和 WBS 词典。

【工具/准备工作】

(1) 在开始本实验之前,请回顾教科书的相关内容。

(2) 需要准备一台能够访问因特网的计算机。

【实验内容与步骤】

1. 案例

请重温本书 4.7.3 节中的案例说明,进一步熟悉先进能源技术公司的数据中心迁移项目。

2. 作业要求

(1) 小组讨论研究和熟悉这个项目的具体工作内容。

(2) 请为该项目建立类似于表 5-2 的“范围管理计划”。

(3) 请为该项目建立类似于表 5-3 的“需求管理计划”。

(4) 请为该项目建立类似于表 5-4 的“需求跟踪矩阵”。

(5) 请为该项目建立初步的工作分解结构,其形式可以参照如图 5-9 或者表 5-6。你所建立的 WBS 中的某一项至少分解到第三层。

(6) 请为该项目建立类似于表 5-7 的“WBS 词典”。

将上述内容整理形成正式的项目范围管理文件并适当命名。

如果是书面作业,请适当注意文档装饰并用 A4 纸打印。

如果是电子文档,请用压缩软件对本作业压缩打包,并将压缩文件命名为

＜班级＞_＜姓名＞_项目范围管理.rar

请将该压缩文件在要求的日期内,以电子邮件、QQ 文件传送或者实验指导教师指定

的其他方式交付。

请记录：该项实践作业能够顺利完成吗？

____

____

【实验总结】

____

____

____

____

【实验评价(教师)】

____

____

项目时间管理

相比较而言，制订进度计划容易，但使项目沿着既定轨道前进则要困难得多。进度问题是项目生命周期内造成项目冲突的主要原因之一，其部分原因是由于时间易于测量，任何人都可以迅速地估计进度计划的执行情况。

项目时间管理包括为管理项目按时完成所需的各个过程，如图 6-1 所示。这些过程不仅彼此相互作用，而且还与其他知识领域中的过程相互作用。

图 6-1　项目时间管理概述

项目时间管理各过程之间的关系数据流对理解各个过程很有帮助，如图 6-2 所示。

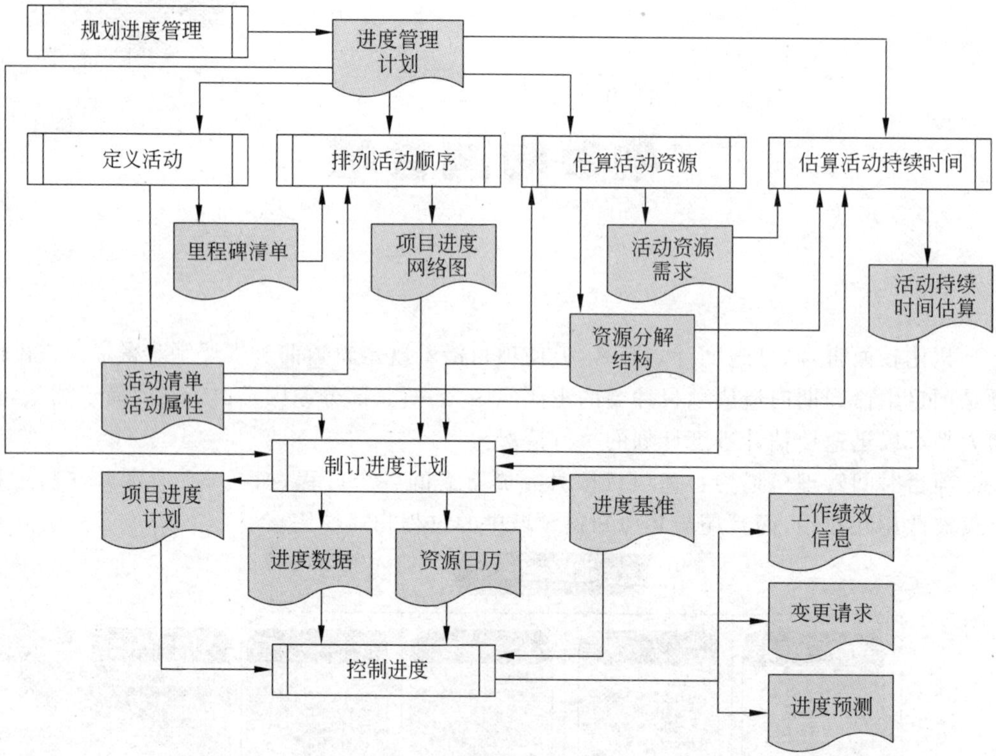

图 6-2　项目时间管理各过程的数据关系

应该依据定义活动、排列活动顺序、估算活动资源、估算活动持续时间等过程的输出，并结合用于创建进度模型的进度编制工具来编制项目进度计划。经批准的最终进度计划将作为基准用于控制进度过程。随着项目活动的开展，项目时间管理的大部分工作都将发生在控制进度过程中，以确保项目工作按时完成。

6.1　软件项目的项目时间管理

软件项目的项目时间管理由风险、资源可用性、商业价值以及使用的进度计划编制方法驱动。在可能的情况下，为了调整获得的知识、对风险的深入理解和增值，一个软件项目进度计划应该在整个项目中保持灵活。理解不同的进度计划编制方法，并且选择一个或多个合适的方法来应对进度计划风险，对项目的成败是至关重要的。一个软件项目的开发成本的大部分是人力投入，人力投入是人和时间的产物。

在进度管理计划中规定项目时间管理的各个过程及其工具与技术，确定进度规划的方法和工具，并为编制和控制进度计划建立格式和准则。在所选的进度规划方法中，规定进度编制工具的框架和算法，以便创建进度模型。它还建立开发和控制项目进度计划的标准，以及用于展示进度计划信息的格式。一个进度管理计划基于生命周期决策和范围考虑。常用的进度规划方法包括关键路径法（CPM）和关键链法（CCM）。

建立一个进度计划，如同绝大多数软件决策，应该把与项目关联的风险、开发环境、组织文化、组织过程资产、客户和用户及其他相关方之间的协调考虑在内。当与人的生命或公司的声誉攸关时，更多预付的设计和更加注重质量相关的过程要获得保证。

6.2 规划进度管理

规划进度管理是为规划、编制、管理、执行和控制项目进度而制定政策、程序、文档的过程。本过程的主要作用是，为如何在整个项目过程中管理项目进度提供指南和方向。

图6-3所示为本过程的数据流向图。

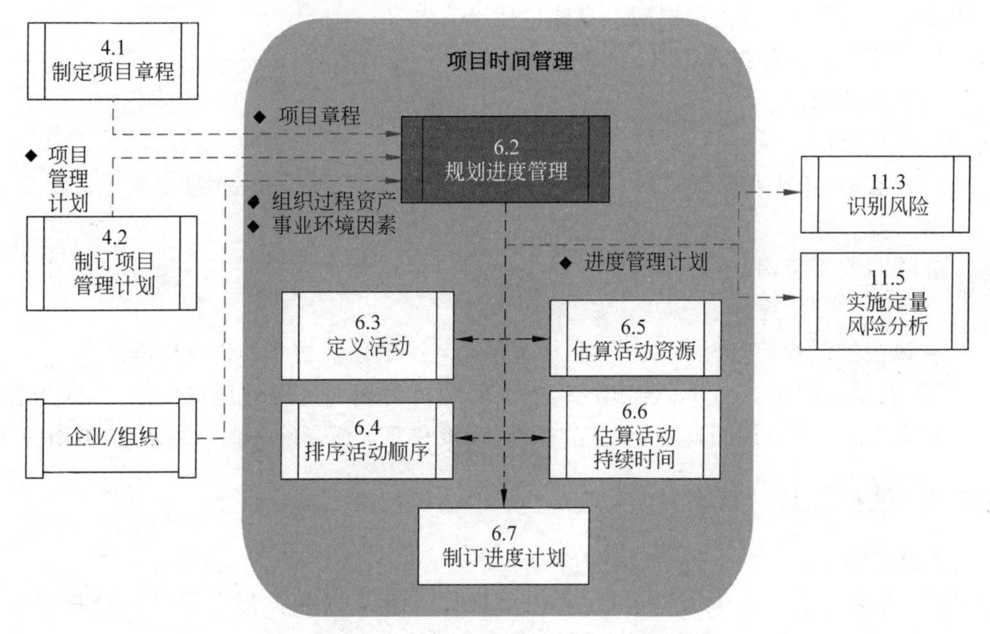

图6-3 规划进度管理的数据流向图

根据项目需要，进度管理计划可以是正式或非正式的、非常详细或高度概括的，其中应包括合适的控制临界值。进度管理计划也会规定如何报告和评估进度紧急情况。为反映在管理进度过程中所发生的变更，需要更新进度管理计划。

6.2.1 过程输入

本过程的输入主要有以下内容。

(1) 项目管理计划。其中用于制订进度管理计划的信息包括以下几项。

① 范围基准。包括项目范围说明书和WBS，可用于定义活动、持续时间估算和进度管理。

② 其他信息。可依据项目管理计划中的其他信息制定进度计划，如与规划进度相关的成本、风险和沟通决策。

(2) 项目章程。其中规定的总体里程碑进度计划和项目审批要求，都会影响项目的进度管理。

(3) 事业环境因素。包括软件项目组合和事业架构，它们可能影响软件项目进度管理，举例如下。

① 能影响进度管理的组织文化和结构。

② 可能影响进度规划的资源可用性和技能。

③ 提供进度规划工具的项目管理软件，有利于设计管理进度的多种方案。

④ 发布的商业信息(如资源生产率)，通常来自各种商业数据库。

⑤ 组织中的工作授权系统。

(4) 组织过程资产。软件项目的组织过程资产可包括管理规定和预定义的在软件开发组织内部使用的项目生命周期。具体包括以下内容。

① 可用的监督和报告工具。

② 历史信息。

③ 进度控制工具。

④ 现有的、正式和非正式的、与进度控制有关的政策、程序和指南。

⑤ 模板。

⑥ 项目收尾指南。

⑦ 变更控制程序。

⑧ 风险控制程序，包括风险类别、概率定义与影响以及概率和影响矩阵。

(5) 安全性问题。公共安全和网络安全问题可为规划进度管理提供输入，因为它们会为了满足软件项目期间的安全规定、标准、政策和要求而影响一些项目活动的顺序。

6.2.2 过程工具与技术

本过程的工具与技术包括以下内容。

(1) 专家判断。基于历史信息，可以对项目环境及以往类似项目的信息提供有价值的见解；还可以对是否需要联合使用多种方法，以及如何协调方法之间的差异提出建议。

针对正在开展的活动，基于某应用领域、知识领域、学科、行业等的专业知识，而做出的判断，可以用于制订进度管理计划。

(2) 分析技术。在本过程中，需要选择项目进度估算和规划的战略方法，如进度规划方法论、进度规划工具与技术、估算方法、格式和项目管理软件。进度管理计划中还需详细描述对项目进度进行快速跟进或赶工的方法，如并行开展工作，这些决策可能对项目风险产生影响。

组织政策和程序可能影响对进度规划技术的选择决定。进度规划技术包括滚动式规划、提前量和滞后量、备选方案分析和进度绩效审查方法。

(3) 会议。可能举行规划会议来制订进度管理计划。参会人员可能包括项目经理、项目发起人、选定的项目团队成员、选定的干系人、进度规划或执行负责人以及其他必要人员。

6.2.3　输出：进度管理计划

进度管理计划(如表6-1所示)是项目管理计划的组成部分，为编制、监督和控制项目进度建立准则和明确活动。根据项目需要，进度管理计划可以是正式或非正式的、非常详细或高度概括的，其中应包括合适的控制临界值。

表6-1　进度管理计划

项目名称：________________　准备日期：________________

<table>
<tr><td colspan="3">进度方法</td></tr>
<tr><td colspan="3">识别项目所使用的进度方法，无论是关键路径法、关键链法还是其他方法</td></tr>
<tr><td colspan="3">进度工具</td></tr>
<tr><td colspan="3">识别项目所使用的进度工具。工具可以是进度软件、报告软件、挣值软件等</td></tr>
<tr><td>准确度</td><td>计量单位</td><td>偏差临界值</td></tr>
<tr><td>描述所需估算的准确程度。当掌握更多信息时，准确程度可以渐进明细。如果把滚动规划作为准则并且改进的级别会用于过程和工作量估算，那么准确程度需要渐进明细</td><td>指出持续时间的估算单位，如以天、周、月或者其他时间为单位</td><td>指出活动、工作包或者项目作为整体是达标了还是需要预防措施，或者落后并且需要纠正措施</td></tr>
<tr><td colspan="3">进度报告信息和格式</td></tr>
<tr><td colspan="3">记录状态和进展报告所需要的进度信息。如果要使用特殊的报告格式，需要附上特殊的表格或者模板作为副本</td></tr>
<tr><td colspan="3">过程管理</td></tr>
<tr><td>活动识别</td><td colspan="2">描述活动怎样被识别，如分解、头脑风暴、访谈等</td></tr>
<tr><td>活动排序</td><td colspan="2">描述给活动排序，从而创建网络图的准则，可以包括依赖关系的类型以及怎样记录它们的准则</td></tr>
<tr><td>估算资源</td><td colspan="2">指出资源如何在进度计划工具中被估算、装载及管理，包括如何与资源池、技能清单、资源类型水平工作</td></tr>
<tr><td>估算人力投入和持续时间</td><td colspan="2">指出用于估算人力投入和持续时间的技术，如类比估算、三点估算、参数估算等</td></tr>
<tr><td>更新、管理和控制</td><td colspan="2">记录更新进度的过程，包括更新频率、权限、版本等。指出维护基准完整和必要情况下重设基准的准则</td></tr>
</table>

例如，进度管理计划会规定以下各项内容。

① 项目进度模型制定。需要规定用于制定项目进度模型的进度规划方法论和工具。

② 准确度。需要规定活动持续时间估算的可接受区间，以及允许的应急储备数量。

③ 计量单位。需要规定每种资源的计量单位，例如，用于测量时间的人·时数、人·天数或周数；用于计量数量的 m、L、t、km 或 m^3。

④ 组织程序链接。工作分解结构(WBS)为进度管理计划提供框架，保证了与估算及相应进度计划的协调性。

⑤ 项目进度模型维护。需要规定在项目执行期间，将如何在进度模型中更新项目状态、记录项目进展。

⑥ 控制临界值。可能需要规定偏差临界值，用于监督进度绩效。它是在需要采取某种措施前，允许出现的最大偏差。通常用偏离基准计划中的参数的某个百分数来表示。

⑦ 绩效测量规则。需要规定用于绩效测量的挣值管理(EVM)规则或其他测量规则。例如，进度管理计划可能规定：确定完成百分比的规则；用于考核进展和进度管理的控制账户；拟用的挣值测量技术，如基准法、固定公式法、完成百分比法等；进度绩效测量指标，如进度偏差(SV)和进度绩效指数(SPI)，用来评价偏离原始进度基准的程度。

⑧ 报告格式。需要规定各种进度报告的格式和编制频率。

⑨ 过程描述。对每个进度管理过程进行书面描述。

6.3 定义活动

创建 WBS 过程已经识别出 WBS 中底层的可交付成果，即工作包。项目工作包通常还应进一步细分为更小的组成部分，即活动(或称为任务)，代表着为完成工作包所需的工作投入。活动是项目进行期间需要完成的工作单元，它们有预期的历时、成本和资源要求。活动也是开展估算、编制进度计划以及执行和监控项目工作的基础。

定义活动是识别和记录为完成项目可交付成果而需采取具体行动的过程。本过程的主要作用是，将工作包分解为活动，作为对项目工作进行估算、进度规划、执行、监督和控制的基础。软件项目的定义活动是以需求或特性、项目范围、项目环境和选择的项目生命周期为基础的。

图 6-4 所示为本过程的数据流向图。

定义活动过程的目标是，确保项目团队对作为项目范围的一部分而必须完成的所有工作有一个完整的理解。活动定义也会产生一些辅助性的详细资料，以将重要的产品信息、与具体活动相关的假设和约束条件形成相应的文件。在转移到项目时间管理的下一个阶段以前，项目团队应该与项目干系人一起，审查修订的 WBS 和依据资料。

6.3.1 过程输入

本过程的输入包括以下内容。

(1) 进度管理计划。规定了管理工作所需的详细程度。

(2) 范围基准。在定义活动时，需明确考虑范围基准中的项目 WBS、可交付成果、制约因素和假设条件。此外，一个组织的事业架构，当它适用时是一个可能影响软件项目活动定义的范围因素。

(3) 事业环境因素。其包括组织文化和结构、商业数据库中发布的商业信息、项目管

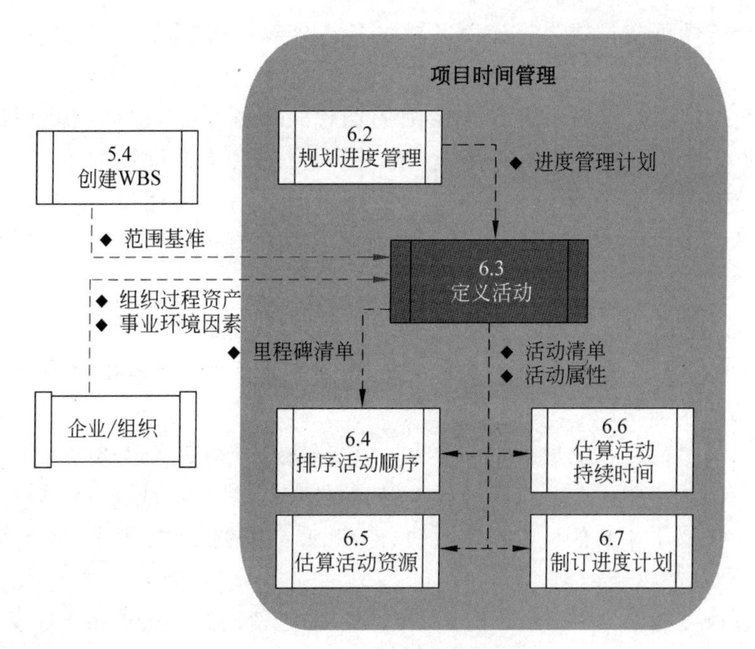

图 6-4　定义活动的数据流向图

理信息系统(PMIS)。

(4) 组织过程资产。其包括以下各项。

① 经验教训知识库,其中包含以往类似项目的活动清单等历史信息。

② 标准化流程。

③ 来自以往项目的标准活动清单或包括部分活动清单的模板。

④ 现有的、正式和非正式的,与活动规划相关的政策、程序和指南,如进度规划方法论,在编制活动定义时应考虑这些因素。

此外,因为一个软件项目可能包括管理文档、项目生命周期模型、团队周转率测量、进度计划技术,如迭代的节奏和工作流测量,比如对请求式进度计划在过程中的时间统计,所以组织过程资产还可能为定义活动提供输入。

组织因素,如任务和版本声明为制订软件项目进度计划提供输入,因此项目、程序和组合信息能够被囊括到战略规划中。

(5) 其他因素。其他可能为定义软件项目活动提供输入的因素包括工作指令和增加需求、之前的工作留下的技术负债、未完成功能、需要的返工、业务流程变更以及与软件项目不相关的活动,如一个数据库或操作系统升级。

6.3.2　过程工具与技术

除了专家判断之外,本过程的工具与技术主要有以下各项。

(1) 分解。定义活动过程的最终输出是活动而不是可交付成果,可交付成果是创建WBS过程的输出。WBS、WBS词典和活动清单可依次或同时编制,其中WBS和WBS词典是制定最终活动清单的基础。WBS中的每个工作包都需分解成活动,以便通过这些活动来完成相应的可交付成果。让团队成员参与分解过程，有助于得到更好、更准确的结果。

(2) 滚动式规划。这是一种渐进明细的迭代式规划技术，即详细规划近期要完成的工作，同时在较高层级上粗略规划远期工作。在项目生命周期的不同阶段，工作的详细程度会有所不同。在早期的战略规划阶段，信息尚不够明确，工作包只能分解到已知的详细水平；而后，随着了解到更多的信息，近期即将实施的工作包就可以分解到具体的活动。

(3) 故事分解结构。适应性的软件项目开发方法有时候基于"用户故事"，"用户故事"从用户的观点出发，描述期望的软件功能，指出用来支持这个故事的特性，识别用于构建这些特性的工作活动。

复杂的故事可能会在之后被定义为史诗故事(在一个高层次描述的故事)，换言之，它被精练到详细的故事中。被一个共同因素，如软件功能、数据源或安全级别所关联的故事划分在同一个主题下。其他项目工作活动(采购、文档编制、风险管理、培训等)也可通过史诗故事、主题和故事被识别。

(4) 故事板。能以一种类似于电影和电视产品中使用的方式被用于定义软件项目活动。它们提供项目的一个形象化的概述，这个概述说明了要完成的工作活动的顺序。

(5) 用例。提供用户(称为一个 actor)和软件之间操作(逐步交互)的场景。一个用例场景可被指定为一个步骤的详细项目单或用一个 UML/SysML 图：一个时序图、一个活动图或状态图。软件工具可用于这些图；一些工具支持不同形式的分析，并且能够为软件构建产生代码模板。除了基本场景以外，用例还可包括业务规则、并联通路和异常场景。它们可用于识别要实现的特性，如图 6-5 所示；特性被用于识别需要用来构建特性的工作活动。

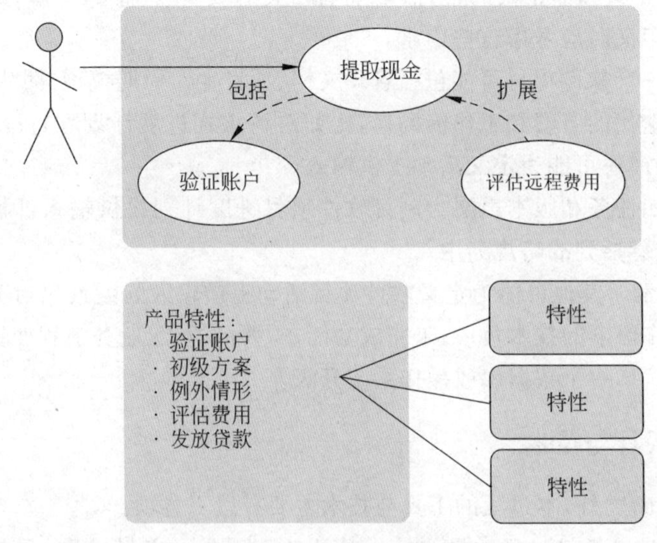

图 6-5 识别用例特性

6.3.3 过程输出

本过程的输出包括以下内容。

(1) 活动清单。表 6-2 所示的是一份含有项目所需的全部进度活动的综合清单,其中包括每个活动的标识及工作范围详述,使项目团队成员知道需要完成什么工作。每个活动有一个独特的名字,用来标识它在进度计划中的位置,即使此活动名称可能显示在项目进度计划文件之外。

表 6-2 活动清单

项目名称:________________ 准备日期:________________

编号	活动名称	工作描述
唯一编号	记录活动的简要总结。活动名称用动词开始,通常很少的几个词汇描述了活动的唯一结果,如"设计可交付成果 A"或者"测试单元 B"	如果需要用这一项来提供更多关于活动描述的细节,如需要特殊的过程或者方法来工作

软件项目的活动清单可能包括与外部实体的协作。软件开发团队可能需要访问测试设备和基础设备,和/或访问多用户环境。这些项目元素可能在软件项目管理的控制范围之外,并且可能要求外部进度计划来避免对软件项目进度计划的消极影响。

(2) 活动属性。(如表 6-3 所示)它是指每项活动所具有的多种属性,用来扩展对该活动的描述。与里程碑不同,活动具有持续时间,需要在该持续时间内开展工作,可能需要相应的资源和成本。活动属性随时间演进。在项目初始阶段,活动属性包括活动标识、WBS 标识和活动标签或名称;在活动属性编制完成时,可能还包括活动编码、活动描述、紧前活动、紧后活动、逻辑关系、提前量与滞后量、资源需求、强制日期、制约因素和假设条件。

表 6-3 活动属性

项目名称:________________ 准备日期:________________

编号:唯一的编号	活动名称:记录活动的简要总结。活动名称从动词开始,用很少词汇描述活动的唯一结果,如"设计可交付成果 A"或者"测试单元 B"

工作描述:关于活动的细节描述,让人可以理解完成这项工作需要什么

紧 前	关 系	时间提前量或滞后量	紧 后	关 系	时间提前量或滞后量
识别任何必须在活动之前发生的紧前活动	描述紧前活动和紧后活动之间关系的本质,如从开始到开始、从结束到开始、从结束到结束	应用于任何逻辑关系的、活动间需要的延迟或者加速	识别任何必须在活动之后发生的紧后活动		

续表

资源需求的数量和类型： 记录完成工作所需要的人员角色和数量	技能需求：	其他需要的资源：
人力投入的类型：指出工作是否是固定持续时间，固定人力投入数量和投入水平，分配的人力投入或者其他工作类型		
执行的地点：如果工作要在组织办公室之外的某地完成，指明这个区域		
强制日期或其他制约因素： 强制日期：记录任何开始、结束、审核或者完成所需要的时间 制约因素：记录任何关于活动的限制，如不晚于某天结束、工作方式、资源等		
假设条件：记录任何关于活动的假设，如资源可用性、技能信息，或者其他影响到活动的假设		

活动属性可用于分配执行工作的负责人、确定开展工作的地区或地点，编制开展活动的项目日历，以及明确活动类型，如支持型、独立型和依附型活动。活动属性还可用于编制进度计划。根据活动属性，可在报告中以各种方式对计划进度活动进行选择、排序和分类。

此外，属性可能包括一个软件项目活动清单中的定义活动的输出，举例如下。

① 依赖性和使先前活动可用。

② 干系人的价值或优先权。

③ 估计人力投入、规模、复杂度和/或风险。

④ 安全标准及约束。

⑤ 对项目团队成员的特殊能力要求等。

(3) 里程碑。这是(如表6-4所示)项目中的重要时点或事件。里程碑清单列出了所有里程碑，并指明每个里程碑是强制性的(如合同要求的)还是选择性的(如根据历史信息确定的)。里程碑与常规的进度活动类似，有相同的结构和属性，但是里程碑的持续时间为零，因为里程碑代表的是一个时间点。

表6-4　里程碑清单

项目名称：______________　准备日期：______________

里程碑名称	里程碑描述	类　型
唯一地描述里程碑的名字	里程碑描述要足够详细，以使人能理解需要什么来完成里程碑	描述里程碑的类型，例如： • 内部或者外部 • 暂时的或是永久的 • 可选择的或是强制的

软件项目的里程碑可通过多种途径定义，因为有多种开发环境和项目生命周期。例如，一些软件项目生命周期定义锚点，它是项目生命周期中发生主要阶段转折的时间点。

在预测性软件开发中，里程碑可能被定义为指示需求和架构设计评审、客户评审和产品交付，通常每个里程碑包括验收标准的验证。

请求式进度计划方法并不总有明确的里程碑；前进与否由客户对完成需要的时间节奏的满意度衡量。以期限为基础的协调会议可能会举办，以商讨项目绩效，但是这些很少与一个明确的目标或技术标准联系在一起。

用于减少项目风险的一个有用技术是定义里程碑与硬件采购、安装及开发平台和安装平台的配置，以及相关的软件项目等相互依赖的项目结合。这类项目集/项目组合管理常对软件产品能否成功交付起着关键作用，特别在受约束的进度计划中。

6.4 排列活动顺序

排列活动顺序是识别和记录项目活动之间关系的过程。本过程的主要作用是，定义工作之间的逻辑顺序，以便在既定的所有项目制约因素下获得最高的效率。

图 6-6 所示为本过程的数据流向图。

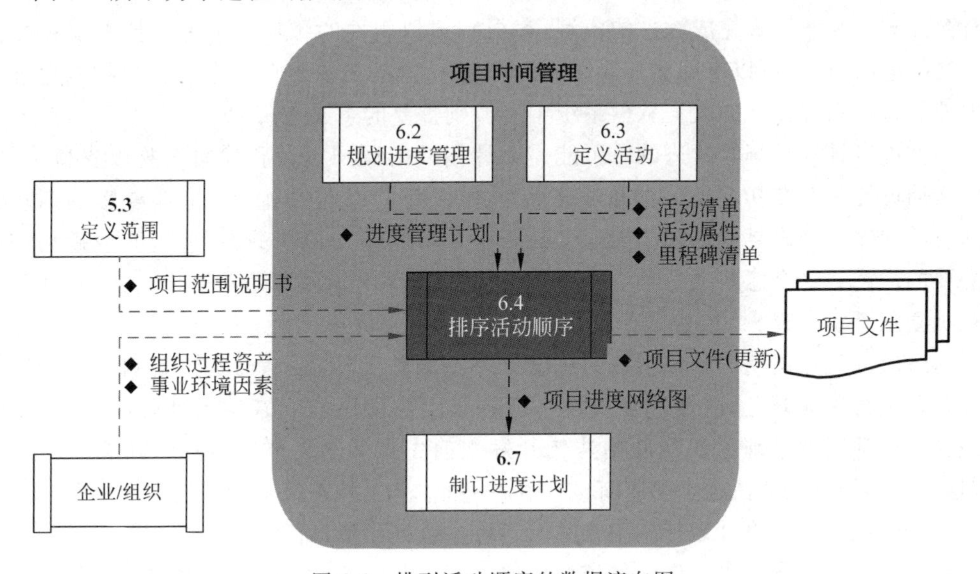

图 6-6 排列活动顺序的数据流向图

除了首尾两项，每项活动和每个里程碑都至少有一项紧前活动（逻辑关系为从结束到开始或从开始到开始）和一项紧后活动（逻辑关系为从结束到开始或从结束到结束）。通过设计逻辑关系来创建一个切实的项目进度计划。可能有必要在活动之间使用提前量或滞后量，使项目计划更为切实可行。可以使用项目管理软件、手工技术或自动化技术来排列活动顺序。

6.4.1 为软件项目排列活动顺序

为软件项目排列活动顺序所使用的排序方法可能基于附加价值、技术风险、软件架构和特定的专门技术的可用性。许多软件项目存在数据库结构、基础设施需求和其他架构及设计理念上的依赖性。然而，对于一个新的应用领域，或者在一个新的或已有领域中的一个大的、复杂的软件项目，通常需要建议和精练其操作概念，以构建原型和/或在明确产品的功能需求之前定义一个架构或基础设施。这些活动需要多少时间及怎么让它们同时完成，取决于软件产品的相似性、规模和复杂性。排列项目活动的顺序还依赖风险预测，特别依赖项目期间产品需求变更的可能性。

软件架构在各个领域都对排列项目活动顺序有重大影响。首先，软件架构的开发所需时间不容易估计，因此，编制任何直接关系到架构设计的软件开发活动的进度计划也许需要延迟，直到架构(部分)完成。在一些实例中，只有一些架构决策留下来做，所以在证明一个架构方案的效果或构建一个初始总体结构的活动中的早期投入可能是有效的，这些活动有时称为构建一个架构基石或框架。

这些活动的目的是证明这个关键的体系结构方案是可行的，以及该方案能为软件需求或用户特性而开发。例如，为了所有软件组件的一致性，异常处理、数据保障和安全模式需要提早建立。其次，软件架构提供了定义能够独立开发和测试的产品零件的能力，可能有允许测试和演示未完成软件的模型、存根和虚拟软件的添加。架构设计需要在软件构建之前进行，以便可以应用诸如测试驱动开发等方法，这在与软件项目经理控制之外的其他外部软件系统交互的大型软件系统中有特别重要的意义。

软件进度计划是频繁改进的。可能需要计划外的原型设计和代码实验以支持决策。这些活动可能没有在初步进度安排时被识别，所以它们引起的涟漪效应能够影响到对其他活动的排序。为修复发现缺陷的返工是另一个可能不是预期的、对项目能否顺利完成是必要的活动。这个意料之外的工作(有时被称为暗物质)常常优先于其他工作，并且有时被独立跟进。

对适应性生命周期的软件项目的进度排序的调整更加动态，通常比预测性生命周期的项目发生得更频繁；适应性进度安排一般提供更多的吸收尚未纳入计划的工作机会。适应性软件项目的经理往往在开始迭代开发之前先排列活动顺序，但是，随着项目的发展，这个初始排序的范围通常是精练的。在一些情况下，较高级别的特性和故事分解被用于协调较低级别——将计划外的工作并入对较高级别的活动的估计中。

请求式进度计划技术允许工作流向任何合适的人力资源，它有时被称为工作对可用资源的后期绑定。可用的人力资源依据已排队的工作活动的附加价值来动态地选择(或被分配)下一个要做的工作。价值由项目特定风险和约束(如延迟的代价、对客户的价值、服务登记或服务标准)界定。

与日期确定的事件进度计划或为要完成的一定数量的任务指定时间限制不同的是，请求式计划建立事件的一个有规律的节奏，如明显的软件增量的完成。节奏的快慢通过测量如周转率、基于统计学的前置期或一个活动的过渡时间等来决定。这个节奏给出一个客户或软件项目经理期望的等待一个特定活动完成的时间指示。工作过程限制用于维持资源可行性和平滑工作流;整个开发过程中根据统计测量调整这些限制。指示器(如工作流图)可用于提供可见性和帮助识别及突破瓶颈来更好地利用可用资源。

6.4.2 过程输入

架构的约束(如什么需要首先构建)、独立验证和验证规划可以提供影响排序的输入。本过程的输入还包括以下内容。

(1) 进度管理计划。规定了用于项目的进度规划方法和工具,对活动排序具有指导作用。

(2) 活动清单。列出了项目所需的、待排序的全部进度活动。这些活动的依赖关系和其他制约因素会对活动排序产生影响。

(3) 活动属性。其中可能描述了事件之间的必然顺序或确定的紧前紧后关系。

(4) 里程碑清单。其中可能已经列出特定里程碑的实现日期,这可能影响活动排序的方式。

(5) 项目范围说明书。其中包含产品范围描述,而产品范围描述中又包含可能影响活动排序的产品特征,如待建厂房的布局图或软件项目的子系统界面。项目范围说明书中的其他信息也可能影响活动排序,如项目可交付成果、项目制约因素和假设条件。虽然活动清单中已经体现了这些因素的影响结果,但还是需要对产品范围描述进行整体审查以确保准确性。

(6) 事业环境因素。其包括政府或行业标准、项目管理信息系统(PMIS)、进度规划工具、组织的工作授权系统。

(7) 组织过程资产。其包括组织知识库中有助于确定进度规划方法论的项目档案,现有的、正式或非正式的、与活动规划有关的政策、程序和指南(如用于确定逻辑关系的进度规划方法论),以及有助于加快项目活动网络图编制的各种模板。模板中也会包括有助于活动排序的,与活动属性有关的信息。

里程碑、模板和环境因素等可以为软件项目排列活动顺序提供输入,事业架构也可以影响排序。评估软件投入的组织参数可能在识别要提供的功能的价值时有用并因此影响排序。

(8) 安全性分析。系统安全和网络安全问题可以影响一些软件活动的排序以满足需求、策略和标准。认证活动的代价是高昂的,所以认证要求作为制定排序的输入时,应尽量使进度计划中的认证周期的数量最小化。

6.4.3 工具与技术:紧前关系绘图法

紧前关系绘图法(PDM,又称前导图法、优先图法、节点法)是创建进度模型的一种技术,用节点(方框或矩形)表示活动,用一种或多种逻辑关系(箭线)连接活动,以显示活动的实施顺序。活动节点法(AON)是 PDM 的一种展示方法,是大多数项目管理软件包所使用的方法。图 6-7 所示为一张简单的 PDM 项目进度网络图。

PDM 包括 4 种依赖关系或逻辑关系(如表 6-5 所示),其中"完成-开始"是最常用的逻辑关系类型,很少使用"开始-完成"关系。PDM 方法避免了使用虚活动(即没有历时、

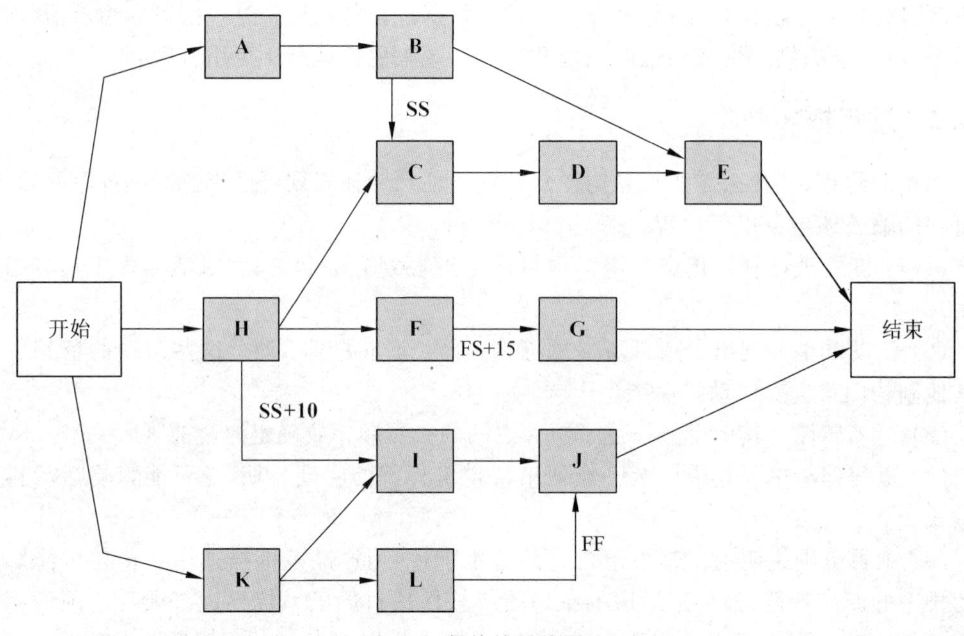

图 6-7　紧前关系绘图法

不占用资源的活动)，也反映了任务之间的各种依赖关系。

表 6-5　项目活动的依赖关系

任务相关性	Project 软件示例	说　明
完成-开始(FS)		任务 B 只有在任务 A 完成之后才能开始
开始-开始(SS)		任务 B 只有在任务 A 开始之后才能开始
完成-完成(FF)		任务 B 只有在任务 A 完成之后才能完成
开始-完成(SF)		任务 B 只有在任务 A 开始之后才能完成

6.4.4　工具与技术：确定依赖关系

依赖关系可能是强制或选择的、内部或外部的。4 种依赖关系可以组合成强制性外部依赖关系、强制性内部依赖关系、选择性外部依赖关系或选择性内部依赖关系。在活动排序过程中，项目团队应明确这些依赖关系。

(1) 强制性依赖关系。这是法律或合同要求的或工作的内在性质决定的依赖关系。

强制性依赖关系往往与客观限制有关。例如，在电子项目中，必须先把原型制造出来，然后才能对其进行测试。

(2) 选择性依赖关系。基于具体应用领域的最佳实践来确定选择性依赖关系；或者，基于项目的某些特殊性质而采用某种依赖关系，即便还有其他依赖关系可用。应该对选择性依赖关系进行全面记录，因为它们会影响总浮动时间，并限制后续的进度安排。如果打算进行快速跟进，则应当审查相应的选择性依赖关系，并考虑是否需要加以更改或消除。

(3) 外部依赖关系。这是项目活动与非项目活动之间的依赖关系。这些依赖关系往往不在项目团队的控制范围内，如软件项目的测试活动取决于外部硬件的到货。

(4) 内部依赖关系。这是项目活动之间的紧前关系，通常在项目团队的控制之中。例如，只有机器组装完毕，团队才能对其进行测试，这是一个内部的强制性依赖关系。

与定义活动一样，与项目干系人一起讨论并定义项目中的活动依赖关系是很重要的。一些组织根据类似项目的活动依赖关系，制定了一些指导原则。有的组织则依靠项目中有专门技术的人才以及他们与该领域其他员工和同事的联系。有人喜欢将每一个活动名称写在一张即时贴或其他一些活动纸上，来确定依赖关系或排序，也可以直接用项目管理软件来建立关系。

6.4.5 工具与技术：提前量与滞后量

提前量和滞后量是网络分析中使用的一种调整方法，通过调整紧后活动的开始时间来编制一份切实可行的进度计划。项目管理团队应该明确哪些依赖关系中需要加入时间提前量或滞后量，以便准确地表示活动之间的逻辑关系。时间提前量与滞后量的使用，不能取代进度逻辑关系。应该对各种活动及其相关假设条件加以记录。

提前量是相对于紧前活动、紧后活动可以提前的时间量，用于在条件许可的情况下提早开始紧后活动。例如，在财务软件建设项目中，用户培训可以在确认测试完成后两周开始，这就是带两周提前量的完成到开始关系。如图 6-8 所示，在进度规划软件中，提前量往往表示为负滞后量。

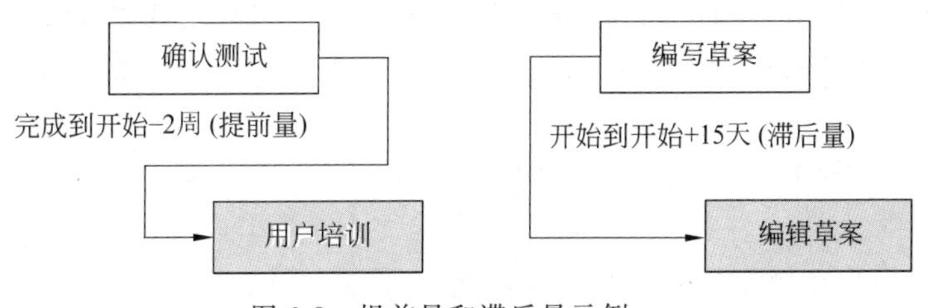

图 6-8 提前量和滞后量示例

滞后量是相对于紧前活动、紧后活动需要推迟的时间量，是在某些限制条件下，在紧前和紧后活动之间增加一段不需工作或资源的自然时间。例如，对于一个大型技术文档，编写小组可以在编写工作开始 15 天后，开始编辑文档草案。这就是带 15 天滞后量的开始到开始关系。在图 6-9 所示的项目进度网络图中，活动 H 和活动 I 之间就有滞后量，表示为 SS＋10(带 10 天滞后量的开始到开始关系)，虽然图中并没有用精确的时间刻度来表示滞后的量值。

6.4.6 工具与技术：特性集评估

特性集包含交付业务价值的一些特性，它常来源于用户故事。图 6-9 说明了特性在一个迭代特性集中软件的构建和评价。为实现特性而需要的活动通常一次将一个特性排入序列。对一个已实现特性的评估可以影响其他特性或特性集的排序。

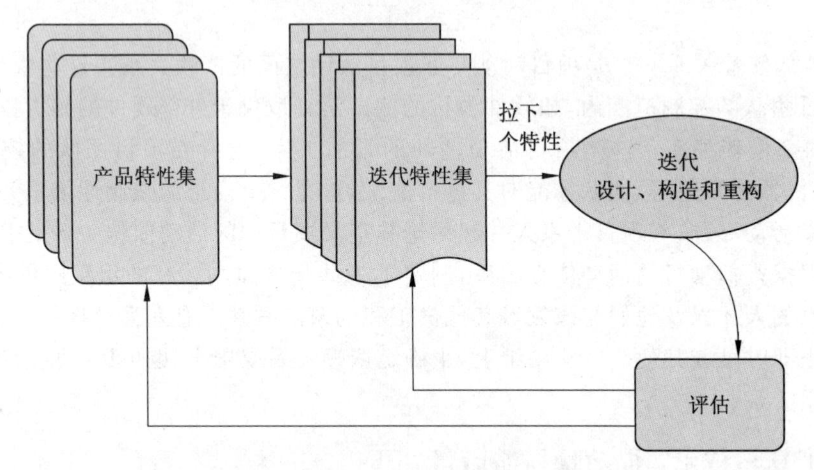

图 6-9 特性集序列建设

此外，本过程的工具与技术还有 SAIV 与时间盒、进行中限制与服务等级，以及服务等级协议，在项目经理和客户（或其他干系人）之间可能有一个服务等级协议来说明在规定的一段时间内要完成的特定工作量，这建立了项目能力，并可能影响活动的排序。

6.4.7 输出：项目进度网络图

项目进度网络图是表示项目进度活动之间的逻辑关系（也叫依赖关系）的图形（如图 6-10 所示）。项目进度网络图可手工或借助项目管理软件来绘制。进度网络图可包括项目的全部细节，也可只列出一项或多项概括性活动。项目进度网络图应附有简要文字描述，说明活动排序所使用的基本方法。在文字描述中，还应该对任何异常的活动序列做详细说明。

本过程可能需要更新的输出文件包括活动清单、活动属性、里程碑清单和风险登记册。

特性集：包含交付业务价值的一些特性，通常来源于用户故事。

发布计划：为软件功能的交付指明版本的整个项目计划，它可作为软件项目活动排序的输出之一。版本交付可能为了客户/用户评价或为了交付至用户环境中。版本计划高度依赖于软件团队的生产速率。通过估计时间与在若干迭代开发周期内完成工作的实际时间对比，为后续版本的估计时间提供一个基准。

架构的和非功能的依赖关系：为了避免其他项目团队或举措的重复工作或返工，排列软件项目活动顺序的输出可能受架构的和非功能的依赖关系的影响；反过来，这些依赖

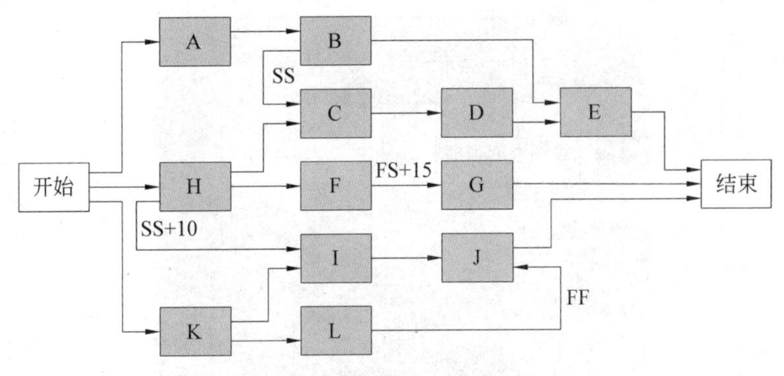

图 6-10　项目进度网络图示例

关系可能需要基于预定的项目活动进行更新。

6.5　估算活动资源

因为软件是由众多软件开发者的协调智力活动来开发的，因此，软件项目对人力资源依赖程度远大于对任何其他项目资源的依赖。在估算所需的软件开发人员的数量时，软件开发者的技术和能力是重要参考因素。

确定软件项目中所需的角色可以通过查看产品需求、项目目标、相关方的目标以及预算和进度的约束来确定。作为一个软件项目的发展，需求将会被细化，用户故事和特性将会被识别，此外，人力资源需要满足项目目标并与目前的项目集体能力做比较。差距可能表明，不同的角色或针对目前的角色，更多的团队成员是必需的。同样，团队的生产速率（周转率）和质量指标可以随着项目的进展来提供对团队中的角色要求的深入了解。在某些情况下，软件项目经理会给出一个没有机会确定所需的项目角色或随着项目的发展来调整的角色的团队成员的集合。在其他情况下，项目经理可能会被要求指定需要填补的角色、每个角色所需成员数量以及填补角色的时机。

估算活动资源是估算执行各项活动所需的材料、人员、设备或用品的种类和数量的过程。本过程的主要作用是，明确完成活动所需的资源种类、数量和特性，以便做出更准确的成本和持续时间估算。

软件项目的其他资源需求可能包括额外的建筑研究和几种支持活动（如配置管理、质量保证、文档、用户培训等）的资源。软件测试设备、多配置测试套件和多目标环境或平台的部署是可能需要的其他资源的例子。

图 6-11 所示为本过程的数据流向图。

6.5.1　过程输入

软件开发者是一个软件项目中最重要的资源。关于一个团队的生产速率的历史数据是估算软件项目活动资源有价值的输入，因为软件开发团队和软件开发人员之间的软件生产率差别很大（甚至在那些有类似的教育背景和工作经验的人之间）也是如此。软件项目经理使用适应性生命周期，则有机会在频繁的、持续的基础上收集生产速率数据。

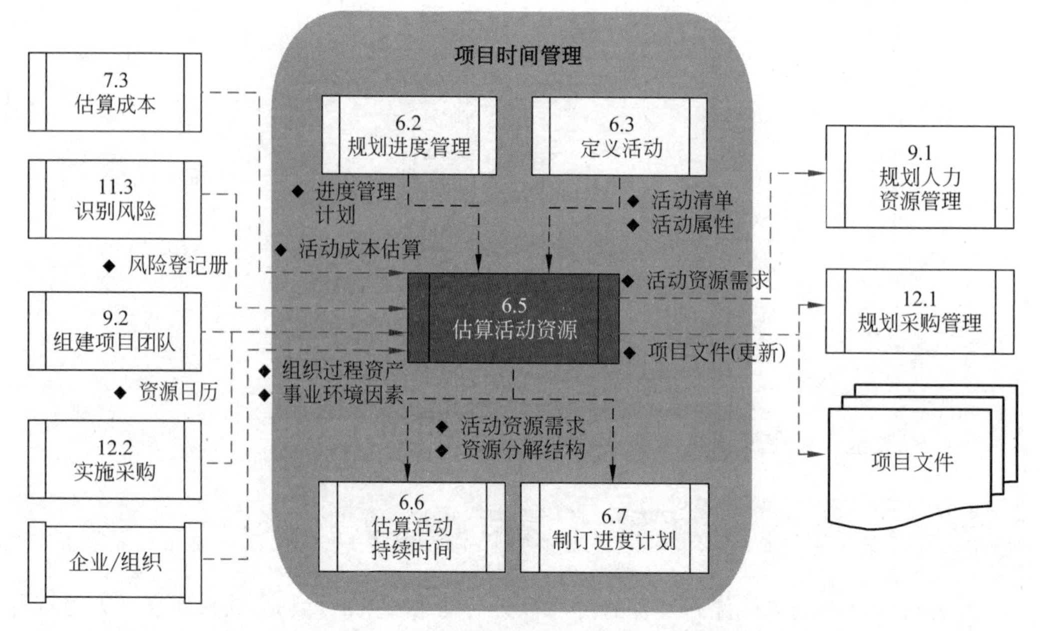

图 6-11　估算活动资源的数据流向图

其他用来估算软件项目活动资源的输入包括使用一个结果链或其他形式的分析来识别软件开发活动外部的关键假设和资源，可能影响对一个软件项目活动资源的估算（如协调多个客户或软件的多个变种之间的发展）。

本过程的输入包括以下内容。

（1）进度管理计划。其中确定了资源估算准确度以及所使用的计量单位。

（2）活动清单。其中定义了需要资源的活动。

（3）活动属性。为估算每项活动所需的资源提供了主要输入。

（4）资源日历。这是表明每种具体资源的可用工作日或工作班次的日历。在估算资源需求情况时，需要了解在规划的活动期间，哪些资源（如人力资源、设备和材料）可用。资源日历规定了项目期间特定的项目资源何时可用、可用多久。可以在活动或项目层面建立资源日历。另外，还需要考虑更多的资源属性，如经验和/或技能水平、来源地和可用时间等。

（5）风险登记册。风险事件可能影响资源的可用性及对资源的选择。从规划风险应对过程得到的项目文件更新，其中包含对风险登记册的更新。

（6）活动成本估算。资源的成本可能影响对资源的选择。

（7）事业环境因素。其包括资源所在位置、可用性和技能水平。

（8）组织过程资产。其包括：关于人员配备的政策和程序；关于租用、购买物品和设备的政策与程序；关于以往项目中类似工作所使用的资源类型的历史信息。

6.5.2　工具与技术：自下而上估算

自下而上估算是一种估算项目持续时间或成本的方法，通过从下到上逐层汇总 WBS

组件的估算而得到项目估算。如果无法以合理的可信度对活动进行估算，则应将活动中的工作进一步细化后估算资源需求。接着再把这些资源需求汇总起来，得到每个活动的资源需求。活动之间可能存在或不存在会影响资源利用的依赖关系。如果存在，就应该对相应的资源使用方式加以说明，并记录在活动资源需求中。

在项目成本管理的成本估算中，自下而上估算是对工作组成部分进行估算的一种方法。首先对单个工作包或活动的成本进行具体、细致的估算；然后把这些细节性成本向上汇总或"滚动"到更高层次，用于后续报告和跟踪。自下而上估算的准确性及其本身所需的成本，通常取决于单个活动或工作包的规模和复杂程度以及估算人员的经验。

如果一个项目有详细的WBS，项目经理能够让每个人负责一个工作包，并让其为那个工作包建立自己的成本估算。然后将所有的估算加起来，产生更高一级的WBS项的估算，并且最终完成整个项目的估算。使用更细的工作项能够提高估算的精确度，因为正是被分派做这项工作并且熟悉这项工作的人来制定估算。自下而上估计法的缺点是通常花费时间长，因而应用代价高。

除了专家判断，本过程的其他工具与技术还包括以下几个。

(1) 备选方案分析。很多进度活动都有若干种备选的实施方案，如使用能力或技能水平不同的资源、不同规模或类型的机器、使用不同的工具(手工或自动化)，以及自制、租赁或购买相关资源。

(2) 发布的估算数据。一些组织会定期发布最新的生产率信息与资源单位成本。

(3) 项目管理软件。如进度规划软件，有助于规划、组织与管理资源库以及编制资源估算。利用软件可以确定资源分解结构、资源可用性、资源费率和各种资源日历，从而有助于优化资源使用。

(4) 服务等级协议。在项目经理与客户或其他干系人之间可能有一个服务等级协议来说明在规定的一段时间内要完成的特定工作量。这确定了发展能力，并可能影响资源量估算。

此外，还有使用算法估算模型和功能点/故事点/用例评估工具等。

6.5.3 过程输出

本过程的输出主要有以下内容。

(1) 活动资源需求。明确了工作包中每个活动所需的资源类型和数量。然后把这些需求汇总成每个工作包和每个工作时段的资源估算。资源需求描述的细节数量与具体程度因应用领域而异。在每项活动的资源需求文件中，都应说明每一种资源的估算依据以及为确定资源类型、可用性和所需数量所做的假设。

(2) 资源分解结构。这是按资源类别和类型的层级展现。资源类别包括人力、材料、设备和用品。资源类型包括技能水平、等级水平或适用于项目的其他类型。资源分解结构有助于结合资源使用情况，组织与报告项目的进度数据。

(3) 项目文件(更新)。其包括活动清单、活动属性、资源日历。

6.6 估算活动持续时间

估算活动持续时间是根据资源估算的结果，估算完成单项活动所需工作时段数的过程。本过程的主要作用是，确定完成每个活动所需花费的时间量，为制订进度计划过程提供主要输入。

估算软件项目活动持续时间的困难是多种因素作用的结果，包括：软件的无形性，软件开发者生产力的广泛变动，为满足应急需求的变化需要，软件产品之前未有的性质，软件团队能力的未知，未知的硬件或软件缺陷，以及需要将传统软件、商业软件、客户提供的软件或开源软件并入软件产品。即使当这些因素都考虑在内，对于已知的工作来说，结果可能是准确的，但对于未知的工作来说就是不准确的，未知的工作则需要被执行。

估算软件活动持续时间面临的一个主要挑战是扩展软件工作的非线性特性；然而在测量一个两倍规模或两倍复杂度的产品时，通常需要比两倍更多的工作、比两倍更多的时间，这是由于工作活动相互依赖程度的增加及个体开发人员和软件开发团队之间沟通的增加。添加额外的工作活动可能导致每个增量交付价值传递的显著延迟，并可能导致进度受到扰动，使准确更新活动持续时间估算的能力复杂化。软件项目的生命周期和方法常被用来估算活动持续时间应该为可能估算错误的显著风险而承担责任。

因为工作是人与时间的产品，软件项目活动的计划时间取决于工作量的估计和技能型人才资源的可用性。

图 6-12 所示为本过程的数据流向图。

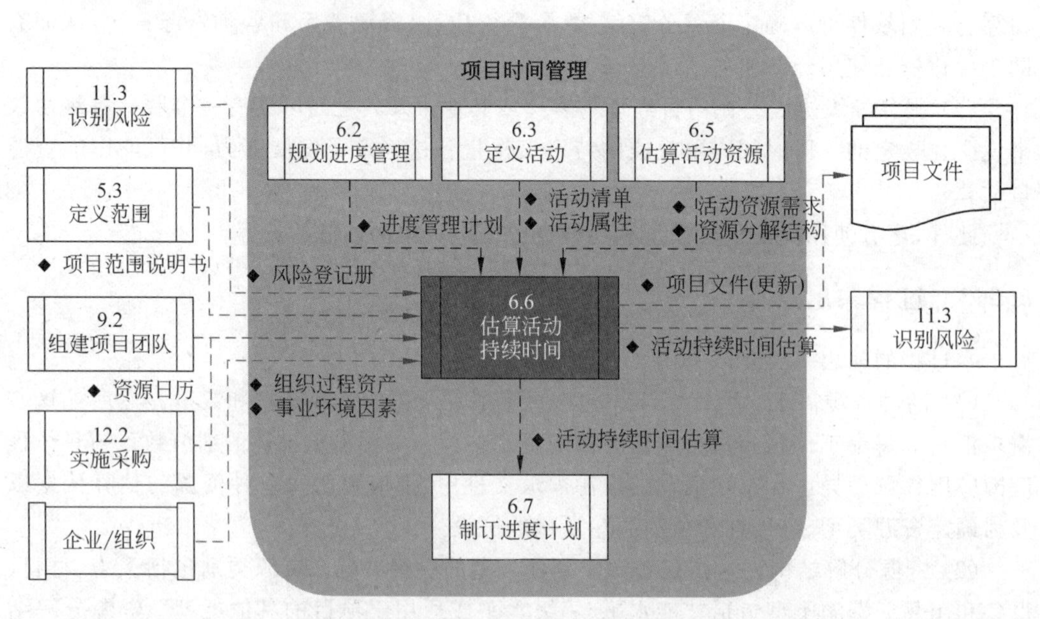

图 6-12 估算活动持续时间的数据流向图

估算活动持续时间依据的信息包括活动工作范围、所需资源类型、估算的资源数量和资源日历。应该由项目团队中最熟悉具体活动的个人或小组，来提供活动持续时间估算所需的各种输入。对持续时间的估算应该渐进明细,取决于输入数据的数量和质量。例如,在工程与设计项目中,随着数据越来越详细、越来越准确,持续时间估算的准确性也会越来越高。所以,可以认为,持续时间估算的准确性和质量会逐步提高。

在本过程中,应该首先估算出完成活动所需的工作量和计划投入该活动的资源数量,然后结合项目日历和资源日历,据此估算出完成活动所需的工作时段数(活动持续时间)。应该把活动持续时间估算所依据的全部数据与假设都记录在案。

对工作时间有特殊要求的资源,通常会提出备选的资源日历,列出可供选择的工作时段。除了遵循逻辑顺序之外,活动还需要按项目日历与适当的资源日历实施。

历时包括一项活动所消耗的实际工作时间加上间歇时间。项目干系人参与讨论活动历时估算,对项目而言也是很重要的,因为项目的绩效是根据是否达到项目干系人要求来衡量的。在活动历时估算的过程中,考查一些类似的项目、征求专家的建议,也对项目很有帮助。

在估算活动资源过程中编制的资源日历,其中包括了人力资源的种类、可用性与能力。也应该考虑对进度活动持续时间有显著影响的设备和材料资源,如类型、数量、可用性和能力。例如,一位初级人员和一位高级人员都全职从事某项工作,高级人员通常完成时间较短。

6.6.1 过程输入

本过程的输入主要有以下内容。

(1) 进度管理计划。规定了用于估算活动持续时间的方法和准确度,以及其他标准,如项目更新周期。

(2) 活动清单。列出了需要进行持续时间估算的所有活动。

(3) 活动属性。为估算每个活动的持续时间提供了主要输入。

(4) 活动资源需求。估算的活动资源需求会对活动持续时间产生影响。对于大多数活动来说,所分配的资源能否达到要求,将对其持续时间有显著影响。例如,向某个活动新增资源或分配低技能资源,就需要增加沟通、培训和协调工作,从而可能导致活动效率或生产率下降,以致需要更长的持续时间。

(5) 资源日历。其中的资源可用性、资源类型和资源性质,都会影响进度活动的持续时间。例如,由全职人员实施某项活动,熟练人员通常能比不熟练人员在更短时间内完成该活动。

(6) 项目范围说明书。在估算活动持续时间时,需要考虑其中所列的假设条件和制约因素。假设条件包括现有条件、信息的可用性、报告期的长度;制约因素包括可用的熟练资源、合同条款和要求。

(7) 风险登记册。提供了风险清单,以及风险分析和应对规划的结果。对风险登记册的更新包含在项目文件更新中。

(8) 资源分解结构。按照资源类别和资源类型,提供了已识别资源的层级结构。

(9) 事业环境因素。其包括持续时间估算数据库和其他参考数据、生产率测量指标、发布的商业信息、团队成员的所在地。

(10) 组织过程资产。其包括关于持续时间的历史信息、项目日历、进度规划方法论和经验教训。

此外,整理成列表的用户故事和功能、群组或集合对估算软件项目活动持续时间是有用的,速度和返工指标也是有用的输入。

6.6.2 工具与技术:类比估算

类比估算也叫自上而下估算法,是一种使用相似活动或项目的历史数据,来估算当前活动或项目的持续时间或成本的技术。类比估算以过去类似项目的参数值(如持续时间、预算、规模、重量和复杂性等)为基础,来估算未来项目的同类参数或指标。在估算持续时间时,类比估算技术以过去类似项目的实际持续时间为依据,来估算当前项目的持续时间。这是一种粗略的估算方法,有时需要根据项目复杂性方面的已知差异进行调整。

类比估算通常成本较低、耗时较少,但准确性也较低,可以针对整个项目或项目中的某个部分进行类比估算。

6.6.3 工具与技术:参数估算

参数估算是一种基于历史数据之间的统计关系和其他变量来估算诸如成本、预算和持续时间等活动参数的技术。把需要实施的工作量乘以完成单位工作量所需的工时,即可计算出活动持续时间。例如,对于设计项目,将图纸的张数乘以每张图纸所需的工时;或者对于电缆铺设项目,将电缆的长度乘以铺设每米电缆所需的工时。又例如,如果所用的资源每小时能够铺设 25m 电缆,那么铺设 1000m 电缆的持续时间是 40h(1000m 除以 25m/h)。

参数估算的准确性取决于参数模型的成熟度和基础数据的可靠性。参数估算可以针对整个项目或项目中的某个部分,并可与其他估算方法联合使用。

6.6.4 工具与技术:三点估算

通过考虑估算中的不确定性和风险,可以提高活动持续时间估算的准确性。这个概念起源于计划评审技术(PERT)。PERT 使用 3 种估算值来界定活动持续时间的近似区间。对这 3 种估算进行加权平均,来计算预期活动持续时间(加权平均时间 t_E)。

(1) 最可能时间(t_M)。基于最可能获得的资源、最可能取得的资源生产率、对资源可用时间的现实预计、资源对其他参与者的可能依赖以及可能发生的各种干扰等,所得到的活动持续时间,即出现概率最高的"一个项目所需的时间"。

(2) 最乐观时间(t_O)。基于活动的最好情况所估算的活动持续时间。所以,最乐观时间也就是最短时间。

(3) 最悲观时间(t_P)。基于活动的最差情况,指在一切条件非常不利的情况下所得到的活动持续时间。最悲观时间也就是最长时间。

基于持续时间在 3 种估算值区间内的假定分布情况,使用共识来计算期望持续时间

t_E。基于三角分布和贝塔分布的两个常用公式如下。

① 三角分布,即

$$t_E = \frac{t_O + t_M + t_P}{3}$$

② 贝塔分布(源自传统的 PERT 技术),即

$$t_E = \frac{t_O + 4t_M + t_P}{6}$$

基于三点的假定分布计算出期望持续时间,并说明期望持续时间的不确定区间。

PERT 与关键路径法的主要不同之处,是对项目时间的估计不同。关键路径法对网络图上的项目只估计一个时间,而 PERT 会针对项目网络图上的每个项目估计 3 个时间值来界定活动持续时间的近似区间,再根据这 3 个时间计算出一个"期望值时间"作为求"关键路径"使用。

6.6.5 工具与技术:储备分析

在进行持续时间估算时,需考虑应急储备(有时称为时间储备或缓冲时间),并将其纳入项目进度计划中,用来应对进度方面的不确定性。应急储备是包含在进度基准中的一段持续时间,用来应对已经接受的已识别风险,以及已经制定应急或减轻措施的已识别风险。应急储备与"已知-未知"风险相关,需要加以合理估算,用于完成未知的工作量。应急储备可取活动持续时间估算值的某一百分比、某一固定的时间段,或者通过定量分析来确定,如蒙特卡洛模拟法。可以把应急储备从各个活动中剥离出来,汇总成为缓冲。

随着项目信息越来越明确,可以动用、减少或取消应急储备。应该在项目进度文件中清楚地列出应急储备。也可以估算项目所需要的管理储备。管理储备是为管理控制的目的而特别留出的项目时段,用来应对项目范围中不可预见的工作。管理储备用来应对会影响项目的"未知-未知"风险。管理储备不包括在进度基准中,但属于项目总持续时间的一部分。依据合同条款,使用管理储备可能需要变更进度基准。

此外,本过程的工具与技术还包括专家判断、群体决策技术等。

6.6.6 过程输出

本过程的输出包括以下内容。

(1) 活动持续时间估算。这是对完成某项活动所需的工作时段数的定量评估。持续时间估算中不包括任何滞后量。在活动持续时间估算中,可以指出一定的变动区间,举例如下。

① 2 周±2 天,表明活动至少需要 8 天,最多不超过 12 天(假定每周工作 5 天)。

② 超过 3 周的概率为 15% ,表明该活动将在 3 周内(含 3 周)完工的概率为 85%。

(2) 项目文件(更新)。其包括活动属性、为估算活动持续时间而制定的假设条件,如技能水平、可用性以及估算依据。

6.7 制订进度计划

制订项目进度计划是分析活动顺序、持续时间、资源需求和进度制约因素，创建项目进度模型的过程。本过程的主要作用是，把进度活动、持续时间、资源、资源可用性和逻辑关系代入进度规划工具，从而形成包含各个项目活动的计划日期的进度模型。

此外，一个更灵活的方法可以促进在一个软件项目进度中不可避免的预期变动。软件项目进度和计划的变化由客户的要求、项目的反馈和以前未知的工作活动的出现来带动。一些相关方对于软件项目进度的模式可能是不熟悉的。例如，按优先级排序的工作未完项可能是除网络图之外的用以说明和管理项目活动顺序的首选方法。维护按优先级排序的工作未完项的方法类似于滚动式规划，随着项目的发展，其中一个顶层时间表维持整个项目的进度和进度相似元素的详细完成。

图 6-13 所示为本过程的数据流向图。

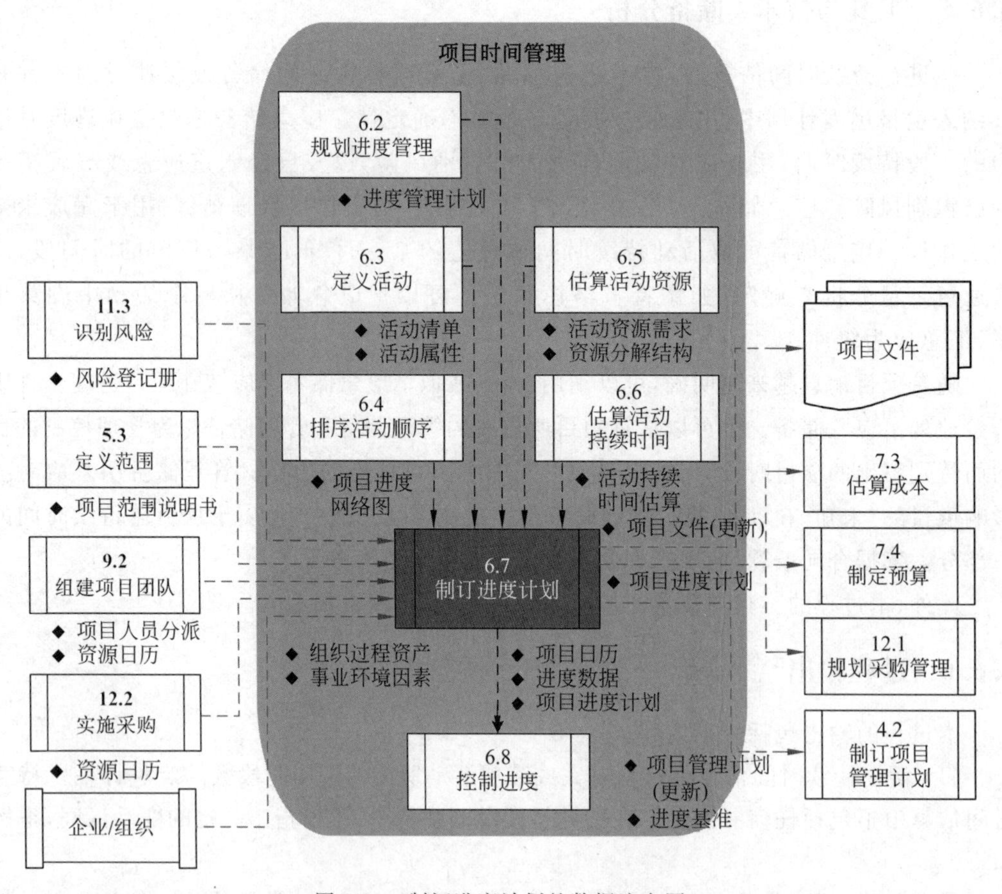

图 6-13　制订进度计划的数据流向图

编制可行的项目进度计划往往是一个反复进行的过程。基于准确的输入信息，使用进度模型来确定各项目活动和里程碑的计划开始日期和计划完成日期。在本过程中，需要审查和修正持续时间估算与资源估算，创建项目进度模型，制订项目进度计划，并在经批准后作为基准用于跟踪项目进度。一旦活动的开始和结束日期得到确定，通常就需要由分配至各个活动的项目人员审查其被分配的活动，确认开始和结束日期与资源日历没有冲突，也与其他项目或任务没有冲突，从而确认计划日期的有效性。随着工作进展，需要修订和维护项目进度模型，确保进度计划在整个项目期间一直切实可行。

6.7.1 过程输入

本过程的输入包括以下内容。

(1) 进度管理计划。规定了制订进度计划的进度规划方法和工具，以及推算进度计划的方法。

(2) 活动清单。明确了需要在进度模型中包含的活动。

(3) 活动属性。提供了创建进度模型所需的细节信息。

(4) 项目进度网络图。其中包含用于推算进度计划的紧前和紧后活动的逻辑关系。

(5) 活动资源需求。明确了每个活动所需的资源类型和数量，用于创建进度模型。

(6) 资源日历。规定了在项目期间的资源可用性。

(7) 活动持续时间估算。这是完成各活动所需的工作时段数，用于进度计划的推算。

(8) 项目范围说明书。其中包含了会影响项目进度计划制定的假设条件和制约因素。

(9) 风险登记册。其中的所有已设别风险的详细信息及特征会影响进度模型。

(10) 项目人员分派。明确了分配到每个活动的资源。

(11) 资源分解结构。其中提供的详细信息，有助于开展资源分析和情况报告。

(12) 事业环境因素。包括标准、沟通渠道和用以创建进度模型的进度规划工具。

(13) 组织过程资产。包括进度规划方法论和项目日历。

此外，还要开发一个软件项目进度的其他输入，包括活动列表、功能和功能集，还有故事。另一些输入包括项目团队的节奏和速度的历史数据，以及请求式进度计划的服务等级协议。

6.7.2 工具与技术：关键路径法

关键路径法(CPM，也称为关键路径分析)是一种在进度模型中，估算项目最短工期，确定逻辑网络路径的进度灵活性大小的方法，用来预测总体项目历时的项目网络分析技术：将工程——从头到尾的连续事件与作业——绘制成网状图，在图上可以决定一条最短的日程路线，该路线就称为关键路径。

关键路径法在不考虑任何资源限制的情况下，沿进度网络路径进行顺推与逆推分析，计算出所有活动的最早开始、最早结束、最晚开始和最晚结束日期，如图 6-14 所示。

在这个例子中，最长的路径包括活动 A、C 和 D，因此，活动序列 A-C-D 就是关键路径。关键路径是项目中时间最长的活动顺序，决定着可能的项目最短日期。由此得到的最早和最晚的开始和结束日期并不一定就是项目进度计划，而只是把既定的参数(活动持续时间、逻辑关系、提前量、滞后量和其他已知的制约因素)输入进度模型后所得到的一种

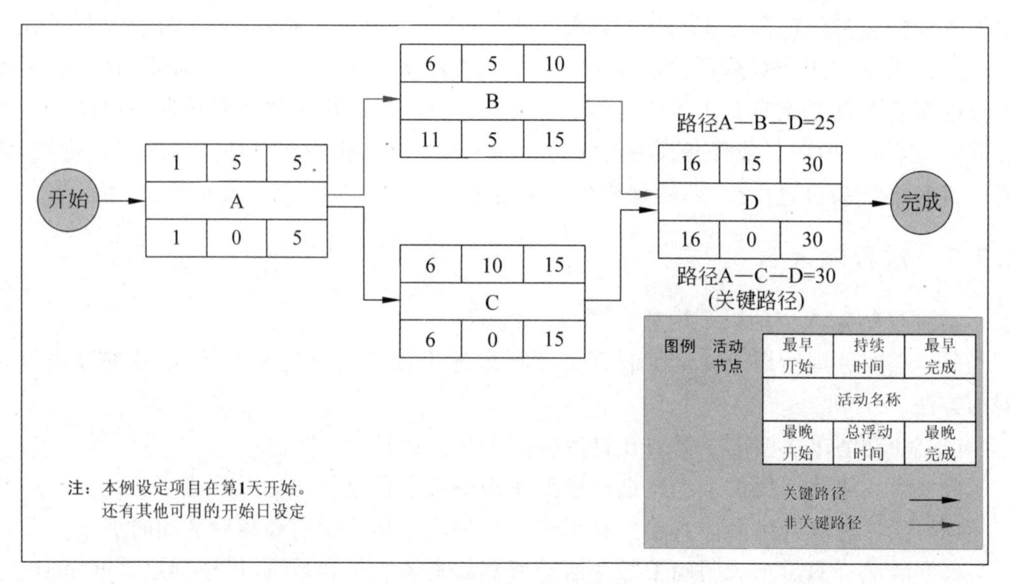

图 6-14　关键路径法示例

结果，表明活动可以在该时段内实施。关键路径法用来计算进度模型中的逻辑网络路径的进度灵活性大小。

在任一网络路径上，进度活动可以从最早开始日期推迟或拖延的时间，而不至于延误项目完工日期或违反进度制约因素，就是进度灵活性，被称为“总浮动时间”。正常情况下，关键路径的总浮动时间为零。在进行 PDM 排序的过程中，取决于所用的制约因素，关键路径的总浮动时间可能是正值、零或负值。关键路径上的活动被称为关键路径活动。总浮动时间为正值，是由于逆推计算所使用的进度制约因素要晚于顺推计算所得出的最早结束日期；总浮动时间为负值，是由于持续时间和逻辑关系违反了对最晚日期的制约因素。进度网络图可能有多条次关键路径。许多软件包允许用户自行定义用于确定关键路径的参数。为了使网络路径的总浮动时间为零或正值，可能需要调整活动持续时间(通过增加资源或缩减范围)、逻辑关系(针对选择性依赖关系)、提前量和滞后量，或其他进度制约因素。一旦计算出路径的总浮动时间，也就能确定相应的自由浮动时间。自由浮动时间是指在不延误任何紧后活动最早开始日期或不违反进度制约因素的前提下，某进度活动可以推迟的时间量。例如，在图 6-14 中，活动 B 的自由浮动时间是 5 天。

6.7.3　工具与技术：关键链法

关键链法(CCM)是一种进度规划方法，允许项目团队在任何项目进度路径上设置缓冲，以应对资源限制和项目的不确定性。这种方法建立在关键路径法之上，考虑了资源的分配、优化、平衡和活动历时不确定性对关键路径的影响。关键链法引入了缓冲和缓冲管理的概念。在关键链法中，也需要考虑活动持续时间、逻辑关系和资源可用性，其中活动持续时间中不包含安全冗余。它用统计方法确定缓冲时段，作为各活动的集中安全冗余，放置在项目进度路径的特定节点，用来应对资源限制和项目不确定性。资源约束型关键路径就是关键链。

关键链法增加了作为“非工作进度活动”的持续时间缓冲，用来应对不确定性。如图6-15所示，放在关键链末端的缓冲称为项目缓冲，用以保证项目不受关键链延误的影响，其他缓冲，即接驳缓冲，则放在非关键链与关键链的接合点，用来保护关键链不受非关键链延误的影响。应该根据相应活动链持续时间的不确定性，来决定每个缓冲时段的长短。一旦确定“缓冲进度活动”，就可以按可能的最晚开始与最晚结束日期来安排计划活动。这样关键链法不再管理网络路径的总浮动时间，而是重点管理剩余的缓冲持续时间与剩余的活动链持续时间之间的匹配关系。

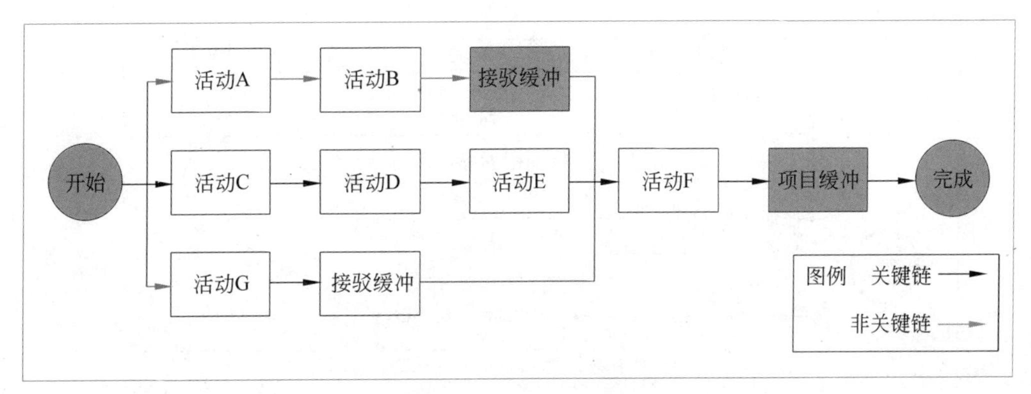

图 6-15 关键链法示例

6.7.4 工具与技术：资源优化技术

资源优化技术是根据资源供需情况来调整进度模型的技术，包括以下两项技术。

(1) 资源平衡。为了在资源需求与资源供给之间取得平衡，根据资源制约对开始日期和结束日期进行调整的一种技术。如果共享资源或关键资源只在特定时间可用，数量有限，或被过度分配，如一个资源在同一时段内被分配至两个或多个活动(如图6-16所示)，就需要进行资源平衡。也可以为保持资源使用量处于均衡水平而进行资源平衡。资源平衡往往导致关键路径改变，通常是延长。

(2) 资源平滑。对进度模型中的活动进行调整，从而使项目资源需求不超过预定的资源限制的一种技术。相对于资源平衡而言，资源平滑不会改变项目关键路径，完工日期也不会延迟。也就是说，活动只在其自由和总浮动时间内延迟。因此，资源平滑技术可能无法实现所有资源的优化。

6.7.5 工具与技术：建模技术

建模技术包括以下两项。

(1) 假设情景分析。这是对各种情景进行评估，预测它们对项目目标的积极或消极的影响。假设情景分析基于已有的进度计划，考虑各种各样的情景，如推迟某主要部件的交货日期、延长某设计工作的时间或加入外部因素(如罢工或许可证申请流程变化等)。可以根据假设情景分析的结果，评估项目进度计划在不利条件下的可行性，以及为克服或减轻意外情况的影响而编制应急和应对计划。

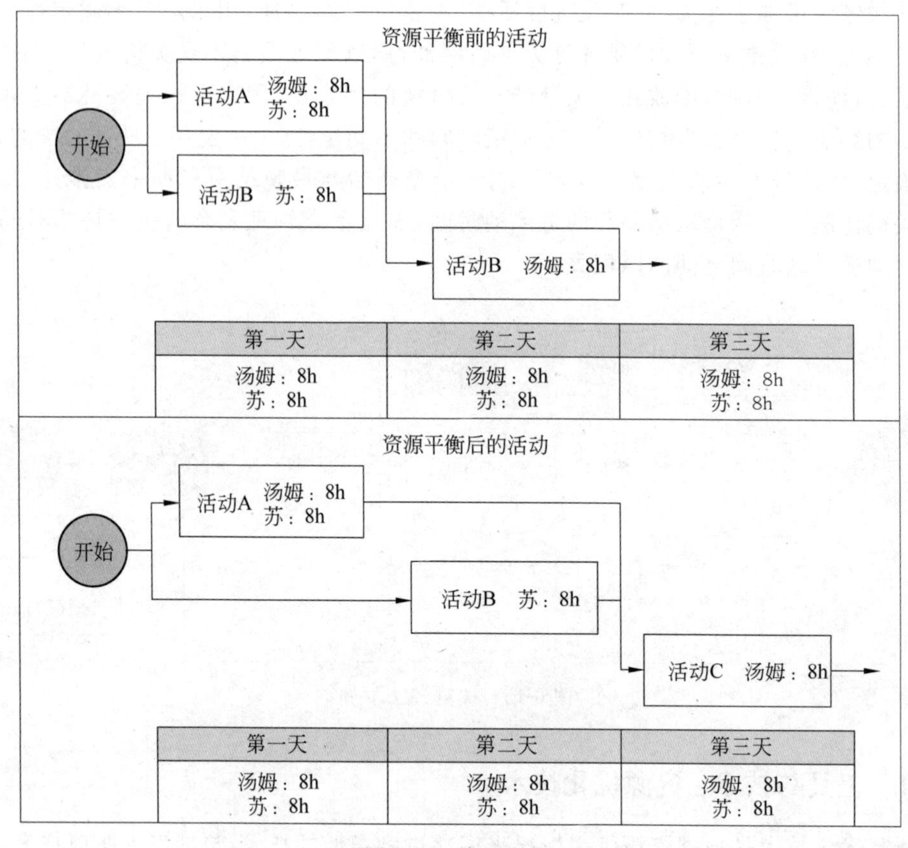

图 6-16 资源平衡

(2) 模拟。基于多种不同的活动假设(通常使用三点估算的概率分布)计算出多种可能的项目工期,以应对不确定性。

最常用的模拟技术是蒙特卡洛分析①,它首先确定每个活动的可能持续时间概率分布,然后据此计算出整个项目的可能工期概率分布。

6.7.6 工具与技术:进度压缩

进度压缩是指在不缩减项目范围的前提下,缩短项目的进度时间,以满足进度制约因素、强制日期或其他进度目标。进度压缩技术包括以下两个。

(1) 赶工。这是通过增加资源,以最小的成本增加来压缩进度工期的一种技术。赶工的例子包括批准加班、增加额外资源或支付加急费用,来加快关键路径上的活动。赶工只适用于那些通过增加资源就能缩短持续时间的活动,且位于关键路径上的活动。赶工并非总是切实可行的,它可能导致风险和/或成本的增加。

---

① 蒙特卡洛(Monte Carlo)方法,或称计算机随机模拟方法,源于美国在第二次世界大战时研制原子弹的"曼哈顿计划"。该计划的主持人之一、数学家冯·诺伊曼用驰名世界的赌城(摩纳哥首都)来命名这种方法。早在 17 世纪,蒙特卡洛方法的基本思想就被人们所发现和利用。人们用事件发生的"频率"来决定事件的"概率"。电子计算机的出现,使得用数学方法在计算机上大量、快速地模拟这样的试验成为可能。

（2）快速跟进。一种进度压缩技术，将正常情况下按顺序进行的活动或阶段改为至少是部分并行开展。例如，在大楼的建筑图纸尚未全部完成前就开始建地基。快速跟进可能造成返工和风险增加，它只适用于能够通过并行活动来缩短工期的情况。

在没有做其他权衡的情况下压缩软件项目的进度计划将会导致需要满足进度计划的人数呈非线性增长，因为更多项目成员之间通信路径的数目呈指数增加；而更多的精力花在工作活动中的沟通和协调。一个著名的法则指出，当项目进度被压缩超过25%，且不管有多少人加入这个项目，软件项目也很少会成功，因为增加沟通与协调会使工作变得适得其反。正如著名的布鲁克斯定律“往延迟的项目中增加人手会让项目更加延迟”。

对于适应性软件项目，可以通过减少迭代周期内计划特性的数量到可以在计划时间框架内交付给特定数量团队成员的水平来压缩进度。另一个压缩进度的方法是限制特性的功能水平到最小可行集。

6.7.7 工具与技术：增量式产品规划

软件项目经理经常调度功能和质量属性（产品范围）的开发作为软件的可交付增量。这种方法可用于预测性生命周期的建设阶段和适应性生命周期的迭代开发周期。项目进度计划按照增量产品的开发周期，通常是每周、每月或每季度的优先级来排序。工作增量的时间安排序列在周期性增量产品规划会议期间，可交付的软件可以被审查和修订。

对于适应性生命周期，项目经理和项目团队通过为了下一个增量交付周期而足够详细的规划工作活动来完成工作，通常根据每天完成工作的回顾来做出相应的调整。使用这种渐进式的产品规划方法，预期的未知可能表明在计划的开发周期内对于交付来说选择的增量太大。当这种情况发生的时候，这个团队将增量传递到所能实现的交付，这需要在工作活动和产品未完项的优先次序上做一个调整。

6.7.8 其他工具与技术

除了提前量和滞后量，本过程的其他工具与技术还包括以下几项。

（1）进度网络分析。这是创建项目进度模型的一种技术。它通过多种分析技术，如关键路径法、关键链法、假设情景分析和资源优化技术等，来计算项目活动未完成部分的最早与最晚开始日期，以及最早与最晚完成日期。某些网络路径可能含有路径会聚或分支点，在进行进度压缩分析或其他分析时应该加以识别和利用。

（2）进度计划编制工具。自动化的进度计划编制工具包括进度模型，它用活动清单、网络图、资源需求和活动持续时间等作为输入，使用进度网络分析技术，自动生成开始日期和结束日期，从而加快进度计划的编制过程。此可与其他项目管理软件以及手工方法联合使用。

6.7.9 输出：项目进度计划

项目进度计划是进度模型的输出，展示活动之间的相互关联，以及计划日期、持续日期、里程碑和所需资源。项目进度计划中至少要包括每个活动的计划开始日期与计划完成日期。即使在早期阶段就进行了资源规划，在未确认资源分配和计划开始与结束日期之前,项目进度计划都只是初步的。一般要在项目管理计划编制完成之前进行这些确认。还可以编制一份目标项目进度模型,规定每个活动的目标开始日期与目标结束日期。项目进度计划可以是概括的(有时称为主进度计划或里程碑进度计划)或详细的。虽然项目进度计划可用列表形式,但图形方式更常见。可以采用以下一种或多种图形来呈现。

(1) 横道图。也称为甘特图,是展示进度信息的一种图表方式。在横道图中,进度活动列于纵轴,日期排于横轴,活动持续时间则表示为按开始与结束日期定位的水平条形。横道图相对易读,常用于向管理层汇报情况。为了便于控制以及与管理层进行沟通,可在里程碑之间或横跨多个相关联的工作包,列出内容更广、更综合的概括性活动(有时也叫汇总活动)。在横道图报告中应该显示这些概括性活动,如图 6-17 所示的"概括性进度计划"部分,它按 WBS 的结构罗列相关活动。

图 6-17 所示为一个正在执行的示例项目的进度计划,其实际工作已经进展到数据日期(记录项目状况的时间点。有时也叫截止日期或状态日期)。针对一个简单的项目,图 6-17 给出了进度计划的 3 种形式:① 里程碑进度计划,也叫里程碑图;② 概括性进度计划,也叫横道图;③ 详细进度计划,也叫项目进度网络图。图 6-17 还直观地显示出这 3 种不同层次的进度计划之间的关系。

(2) 里程碑图。与横道图类似,但仅标示出主要可交付成果和关键外部接口的计划开始或完成日期。

(3) 项目进度网络图。这些图形通常用节点法绘制,没有时间刻度,纯粹显示活动及其相互关系,有时也称为"纯逻辑图"。项目进度网络图也可以是包含时间刻度的进度网络图,有时称为"逻辑横道图"。这些图形中有活动日期,通常会同时展示项目网络逻辑和项目关键路径活动。本例显示了如何通过一系列相关活动来对每个工作包进行规划。项目进度网络图的另一种呈现形式是"时标逻辑图",其中包含时间刻度和表示活动持续时间的横条,以及活动之间的逻辑关系。它用于优化展现活动之间的关系,许多活动都可以按顺序出现在图的同一行中。

6.7.10 过程其他输出

本过程的其他主要输出包括以下内容。

(1) 进度基准。这是经过相关干系人接受和批准的进度模型,其中包含基准开始日期和基准结束日期,用作与实际结果进行比较的依据,只有通过正式的变更控制程序才能进行变更。在监控过程中,将用实际开始和结束日期与批准的基准日期进行比较,以确定是否存在偏差。进度基准是项目管理计划的组成部分。

(2) 进度数据。这是用以描述和控制进度计划的信息集合,它至少包括进度里程碑、进度活动、活动属性以及已知的全部假设条件与制约因素。所需的其他数据因应用领域而异。经常可用作支持细节的信息包括以下几个。

① 按时段计划并列举的资源需求,往往用资源直方图表示。

② 备选的进度计划,如最好情况或最坏情况下的进度计划,经资源平衡或未经资源平衡的进度计划,有强制日期或无强制日期的进度计划。

③ 进度应急储备。

里程碑进度计划

活动标识	活动描述	日历单元	项目进展计划时间表				
			时段1	时段2	时段3	时段4	时段5
1.1.MB	研发新产品Z（可交付成果）——开始	0					
1.1.1.M1	组件1——完成	0					
1.1.2.M1	组件2——完成	0					
1.1.MF	研发新产品Z（可交付成果）——结束	0					

数据日期

概括性进度计划

活动标识	活动描述	日历单元	项目进展计划时间表				
			时段1	时段2	时段3	时段4	时段5
1.1	研发新产品Z（可交付成果）	120					
1.1.1	工作包1——研发组件1	67					
1.1.2	工作包2——研发组件2	53					
1.1.3	工作包3——复合各组件	53					

数据日期

带逻辑关系的详细进度计划

活动标识	活动描述	日历单元	项目进展计划时间表				
			时段1	时段2	时段3	时段4	时段5
1.1.MB	研发新产品Z（可交付成果）——开始	0					
1.1.1	工作包1——研发组件1	67					
1.1.1.D	设计组件1	20					
1.1.1.B	建造组件1	33					
1.1.1.T	测试组件1	14					
1.1.1.M1	组件1——完成	0					
1.1.2	工作包2——研发组件2	53					
1.1.2.D	设计组件2	14					
1.1.2.B	建造组件2	28					
1.1.2.T	测试组件2	11					
1.1.2.M1	组件2——完成	0					
1.1.3	工作包3——复合各组件	53					
1.1.3.G	复合组件1和组件2	14					
1.1.3.T	测试整合得到的产品2	32					
1.1.3.P	交付产品2	7					
1.1.MF	研发新产品Z（可交付成果）——结束	0					

数据日期

图 6-17 项目进度计划示例

进度数据可以包括资源直方图、现金流预测以及订购与交付进度安排等。

(3) 项目日历。其中规定可以开展进度活动的工作日和工作班次。它把可用于开展进度活动的时间段(按天或更小的时间单位)与不可用的时间段区分开来。在一个进度模型中,可能需要采用不止一个项目日历来编制项目进度计划,因为有些活动需要不同的工作时段。可能需要对项目日历进行更新。

(4) 项目管理计划(更新)。其包括进度基准和进度管理计划。

(5) 项目文件(更新):其包括以下各项。

① 活动资源需求。资源平衡可能对所需资源类型与数量的初步估算产生显著影响。如果资源平衡改变了项目资源需求,就需要对其进行更新。

② 活动属性。更新活动属性以反映在制订进度计划过程中所产生的对资源需求和其他相关内容的修改。

③ 日历。每个项目可能有多个日历，如项目日历、单个资源的日历等，作为规划项目进度的基础。

④ 风险登记册。可能需要更新，以反映进度假设条件所隐含的机会或威胁。

(6) 发布和迭代计划(更新)。这是开发一个预测性生命周期的施工阶段或一个适应性生命周期的软件项目的循环迭代的附加输出。

6.8 控制进度

控制进度是监督项目状态、更新项目进展、管理进度基准变更以实现计划的过程。本过程的主要作用是，提供发现计划偏离的方法，从而可以及时采取纠正和预防措施，以降低风险。

控制软件项目进度是一个具有挑战性的命题，这是因为软件项目的动态性。为了控制进度偏差，一个软件项目经理需要了解以下内容：团队交付完整软件增量比率；目前工作过程中的完成率，风险和依赖性能够影响进度；技术变迁对进度的影响；用于重新设置优先级产品范围，通过减少、延迟或从产品范围中除去低优先级的功能选项。软件技术变化可能对项目进度产生重大影响，尤其当技术变化的根本原因在软件项目的后期被解决。

进度偏差可以通过提高软件开发团队的速度予以纠正；速度是在固定的时间内(时间盒)和可交付的软件工作增量的比率，并且团队成员数量固定。

图 6-18 所示为本过程的数据流向图。

控制进度偏差的其他变化可能包括剩余未完项的优先顺序重新排列，或者和客户调整参与模式。进度控制也可能会涉及改变团队结构和团队内部管理工作流程。

要更新进度模型，就需要了解迄今为止的实际绩效。进度基准的任何变更都必须经过实施整体变更控制过程的审批。作为实施整体变更控制的一部分，控制进度应关注以下内容。

① 判断项目进度的当前状态。

② 对引起进度变更的因素施加影响。

③ 确定项目进度是否已经发生变更。

④ 在变更实际发生时对其进行管理。

如果采用敏捷方法，控制进度要关注以下内容。

① 通过比较上一个时间周期中已交付并验收的工作总量与已完成的工作估算值，来判断项目进度的当前状态。

② 实施回顾性审查(定期审查、记录经验教训)，以便纠正与改进过程。

③ 对剩余工作计划(未完项)重新进行优先级排序。

④ 确定每次迭代时间(约定的工作周期时长，通常是两周或一个月)内可交付成果的生成、核实和验收的速度。

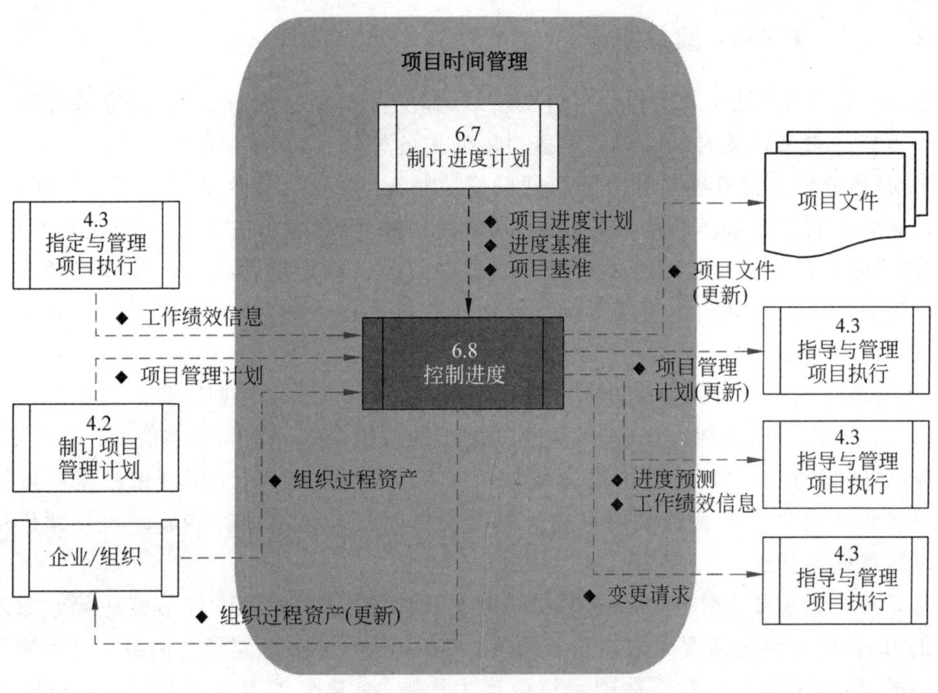

图 6-18 控制进度的数据流向图

⑤ 确定项目进度已经发生变更。

⑥ 在变更实际发生时对其进行管理。

6.8.1 过程输入

本过程的输入包括以下内容。

(1) 项目管理计划。其中包含进度管理计划和进度基准。进度管理计划描述了应该如何管理和控制项目进度。进度基准用来与实际结果相比较以判断是否需要进行变更、采取纠正措施或采取预防措施。

(2) 项目进度计划。其中用符号标明了截至数据日期的更新情况、已经完成的活动和已经开始的活动。

(3) 工作绩效信息。这是关于项目进展情况的信息,如哪些活动已经开始、它们的进展知何(如实际持续时间、剩余持续时间和实际完成百分比)、哪些活动已经完成。

近期工作完成的节奏,当前周转率指标和按需调度服务水平协议可以提供输入,用于控制适应性生命周期的软件项目的进度。

(4) 项目日历。在一个进度模型中,可能需要采用不止一个项目日历来编制项目进度计划,因为有些活动需要不同的工作时段。可能需要对项目日历进行更新。

(5) 进度数据。在控制进度过程中需要对进度数据进行审查和更新。

(6) 组织过程资产。会影响本过程的内容包括:现有的、正式和非正式的、与进度控制有关的政策、程序和指南;进度控制工具;可用的监督和报告方法。

6.8.2 工具与技术：绩效审查

绩效审查是指测量、对比和分析进度绩效，如实际开始和完成日期、已完成百分比以及当前工作的剩余持续时间。绩效审查可以使用各种技术，其中包括以下几个。

① 趋势分析。检查项目绩效随时间的变化情况，以确定绩效是在改善还是在恶化。图形分析技术有助于理解当前绩效，并与未来的目标绩效(表示为完工日期)进行对比。

② 关键路径法。通过比较关键路径的进展情况来确定进度状态。关键路径上的差异将对项目的结束日期产生直接影响。评估次关键路径上的活动的进展情况，有助于识别进度风险。

③ 关键链法。比较剩余缓冲时间与所需缓冲时间(为保证按期交付)，有助于确定进度状态。是否需要采取纠正措施，取决于所需缓冲与剩余缓冲之间的差值大小。

④ 挣值管理(EVM)。采用进度绩效测量指标，如进度偏差(SV)和进度绩效指数(SPI)，评价偏离初始进度基准的程度。总浮动时间和最早结束时间偏差也是评价项目时间绩效的基本指标。

进度控制的重要工作包括：分析偏离进度基准的原因与程度，评估这些偏差对未来工作的影响，确定是否需要采取纠正或预防措施。例如，非关键路径上的某个活动发生较长时间的延误，可能不会对整体项目进度产生影响；而某个关键或次关键活动的稍许延误，却可能需要立即采取行动。对于不使用挣值管理的项目，需要开展类似的偏差分析，比较活动的计划开始和结束时间与实际开始和结束时间，从而确定进度基准和实际项目绩效之间的偏差。还可以进一步分析，以确定偏离进度基准的原因和程度，并决定是否需要采取纠正或预防措施。

在许多软件项目中，绩效审查是技术审查周期的一部分。在大多数情况下，最佳的绩效测量是创建/交付超时的价值。不过，审查软件的绩效时应注意确保所有未具体涉及的软件开发的辅助活动进展顺利。辅助活动包括基础设施支持、测试环境、测试案例开发、界面控制、配置管理、设备或供应购置、部署规划和物流活动。

6.8.3 其他工具与技术

除了提前量与滞后量，本过程的其他工具与技术还包括以下内容。

(1) 项目管理软件。可借助项目管理软件，对照进度计划，跟踪项目执行的实际日期，报告与进度基准相比的差异和进展，并预测各种变更对项目进度模型的影响。

(2) 资源优化技术。在同时考虑资源可用性和项目时间的情况下，对活动和活动所需资源进行进度规划。

(3) 建模技术。通过风险监控，对各种不同的情景进行审查，以便使进度模型与项目管理计划和批准的基准保持一致。

(4) 进度压缩。采用进度压缩技术使进度落后的活动赶上计划，可以对剩余工作使用快速跟进或赶工方法。

软件项目的进度压缩会导致团队成员的数量非线性增加。更多的团队成员之间增加的沟通和协调和更少的时间去做足够的开发和测试可能导致软件质量的降低。另一种降低质量的方法是减少软件产品中包含的低附加值特性的数量，和/或在功能最低可行水平的基础上减少功能。

(5) 进度计划编制工具。需要更新进度数据，并把新的进度数据应用于进度计划，来反映项目的实际进展和待完成的剩余工作。可以把进度计划编制工具及其支持性进度数据与手工方法或其他项目管理软件联合起来使用，开展进度网络分析，制订出更新后的项目进度计划。

(6) 循环审查。软件项目以证据为基础的审查包括下列准则。

① 基础证据的审查(如工作软件的演示)由开发商提供，由独立专家验证。一个工作活动完成清单不可作为证据。

② 提供的证据表明，当系统建立在指定的架构之上时，它将具有以下功能。

- 支持操作概念。
- 满足要求——能力、接口、服务水平、质量属性和演化。
- 在项目计划中的预算和进度内可建。
- 在投资上产生可行的回报。
- 为所有成功关键干系人产生令人满意的结果。
- 解决所有重大风险或将它们包括在风险管理计划中。

(7) 回顾。这是绩效评价的一个变种，但它们通常被认为比传统的绩效评价更频繁——通常在每个迭代周期之后。

(8) 累积流量图(差价合约)。这是用于控制软件项目进度的有效输入，提供了一种跟踪工作中的进步和视觉跟踪实现功能的预计交付趋势线的简单方法。差价合约让团队和管理人员对早期发展问题做出反应。此外，他们提供整个项目生命周期的可视性。因为差价合约以图表画出总产品范围和单个项目的进展，它们以视觉传达了进步及总体完整性的比例。图 6-19 提供了一种利用 CFD 软件开发的特点监测累积流量的一个例子。

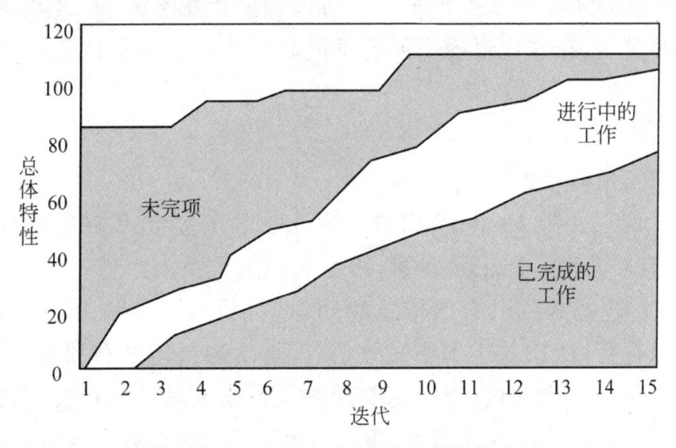

图 6-19 一个累积流量图追踪软件特性

(9) 带有日常演练的工作流公告板。当使用一个请求式进度计划方法时，工作流公告板是一个软件项目工作流程的可视化描述，它能及时反馈整个团队中出现的堵塞问题和资源问题，有效地支持了决策。

(10) 重新确定优先级审查。这是一个迭代调度过程的元素。如果缺乏令人满意的进展,可能需要调整计划工作活动的优先级。

(11) 燃耗图与燃尽图。燃耗图或燃尽图直观地说明了一个软件团队由完成的功能、故事或其他工作单位衡量的进展。燃耗图如图 6-20 所示。

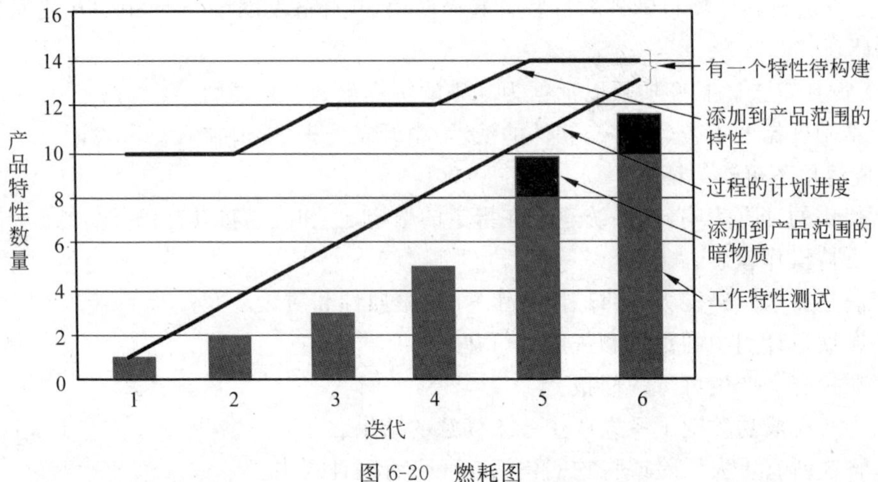

图 6-20 燃耗图

在图 6-20 中,特性的数量被绘制在竖轴上,各次迭代跟踪被绘制在横轴上。指示条显示在迭代过程中开发特性的数量。黑色线表示在迭代中计划完成的特性数量。"暗物质"表示添加的未预料到的和计划外的特性。顶部的"阶梯"线表示产品特性从 10 到 14 的增加。这种增加是可以接受的,只要它由客户发起,并为附加特性开发提供客户授权的额外的时间和资源的增加(在需要时)。

(12) 方差分析。当使用一个适应性软件项目生命周期时,近期工作完成的节奏、目前的周转率指标和按需调度的服务水平协议可以被分析用来控制工作绩效数据中的进度偏差。随着项目的发展,在迭代过程中周转率的趋势可以作为最后完成日期的指标。

6.8.4 过程输出

本过程的输出包括以下内容。

(1) 工作绩效信息。针对 WBS 组件,特别是工作包与控制账户计算出进度偏差(SV)与进度绩效指数(SPI),并记录在案,传达给相关干系人。

(2) 进度预测。这是根据已有的信息和知识,对项目未来的情况和事件进行的估算或预计。随着项目执行,应该基于工作绩效信息,更新和重新发布预测。这些信息包括项目的过去绩效和期望的未来绩效,以及可能影响项目未来绩效的挣值绩效指数。

(3) 变更请求。通过分析进度偏差,审查进展报告、绩效测量结果和项目范围或进度调整情况,可能会对进度基准、范围基准和/或项目管理计划的其他部分,向实施整体变更控制过程提交变更请求的审查和处理。预防措施可包括推荐的变更,以消除或降低不利进度偏差的发生概率。

(4) 项目管理计划(更新)。其包括以下内容。

① 进度基准。在项目范围、活动资源或活动持续时间等方面的变更获得批准后，可能需要对进度基准做相应变更。另外，因采用进度压缩技术造成变更时，也可能需要更新进度基准。

② 进度管理计划。可能需要更新进度管理计划，以反映进度管理方法的变更。

③ 成本基准。更新以反映批准的变更请求或因进度压缩技术导致的成本变更。

(5) 项目文件(更新)。包括以下几项。

① 进度数据。可能需要重新绘制项目进度网络图，以反映经批准的剩余持续时间和经批准的进度计划修改。有时，项目进度延误非常严重，以至于必须重新预测开始与完成日期，编制新的目标进度计划，才能为指导工作、测量绩效和度量进展提供现实的数据。

② 项目进度计划。把更新后的进度数据代入进度模型，生成更新后的项目进度计划，以反映进度变更并有效管理项目。

③ 风险登记册。采用进度压缩技术可能导致风险，所以需更新风险登记册及风险应对计划。

(6) 组织过程资产(更新)。其包括偏差的原因、采取的纠正措施及其理由、从项目进度控制中得到的其他经验教训。

(7) 周转率测量、迭代和发布计划(更新)：是控制适应性生命周期软件项目进度的有效输出，因为它们是按需调度的服务水平协议。

6.9　习　题

请参考课文内容以及其他资料，完成下列选择题。

1. 除了(　　)，以下知识领域对时间管理领域的输入都有影响。

　A. 整合管理　　B. 范围管理　　C. 人力资源管理　　D. 沟通管理

2. 确定项目的开始和完成日期，这项活动处于时间管理过程中的(　　)过程。

　A. 排列活动顺序　　B. 制订进度计划　　C. 定义范围　　D. 制定项目章程

3. 影响控制进度过程的输入有(　　)。

　A. 活动清单　　B. 进度基准

　C. 活动资源需求　　D. 活动持续时间估算

4. 以下选项中，受定义活动过程影响的知识领域是(　　)。

　A. 整合管理　　B. 范围管理　　C. 时间管理　　D. 采购管理

5. 以下选项中，(　　)不是影响定义活动过程的输入。

　A. 项目章程　　B. 范围基准　　C. 事业环境因素　　D. 组织过程资产

6. (　　)是一种渐进明细的规划方式，即对近期要完成的工作进行详细规划，而对远期工作则暂时只在 WBS 的较高层次上进行粗略规划。

　A. 进度网络分析　　B. 滚动式规划　　C. 项目管理计划　　D. 项目进度计划

7. 以下选项中，属于排列活动顺序过程输出的是(　　)。

　A. 工作绩效信息　　B. 项目范围说明书

　C. 资源日历　　D. 项目进度网络图

8. 紧前关系绘图法(PDM)不同于箭线绘图法(ADM),是因为 PDM(　　)。

A. 可以使用 PERT　　B. 活动间有四种依赖关系

C. 只有一种依赖关系：开始到开始　　D. 可以使用虚拟路径

9. 紧前关系绘图法(PDM)又称为节点法(AON),是大多数项目管理软件所使用的方法。以下关于 PDM 的说法中,正确的是(　　)。

A. 活动之间只有完成到开始一种逻辑关系

B. 不能用于关键路径法

C. 可以使用虚拟活动

D. 活动之间的关系中要加入时间提前量和滞后量

10. 软件项目的测试活动取决于外部硬件的到货。这种依赖关系是(　　)。

A. 硬逻辑关系　　B. 选择性依赖关系

C. 外部依赖关系　　D. 软逻辑关系

11. 项目进度网络图展示的是项目各进度活动及其相互之间(　　)的图形。

A. 依赖关系　　B. 统计关系　　C. 紧前关系　　D. 紧后关系

12. (　　)是按资源类别和类型而划分的资源层级结构。

A. 估算活动资源　　B. 活动资源需求

C. 资源日历　　D. 资源分解结构

13. 已知一个活动的最乐观时间估算为 12 天,最悲观时间估算为 18 天,则此活动的最可能时间估算为(　　)。

A. 13 天　　B. 15 天　　C. 17 天　　D. 信息不足

14. 阅读表 6-6。

表 6-6　任务资料

	乐观时间估计	悲观时间估计	最可能时间估计
任务 A	6	9	7
任务 B	8	14	10
任务 C	4	8	5

如果这三项任务(任务 A、任务 B、任务 C)都不在项目关键路径上,对该项目工期的 PERT 评估是(　　)。

A. 225　　B. 1033　　C. 23　　D. 无法确定

15. 蒙特卡洛分析可以用来(　　)。

A. 估算一个活动的时间　　B. 模拟活动的发生顺序

C. 表示项目中存在的风险　　D. 向管理层证明需要添加人员

16. 对图 6-21 所示的项目而言,如果活动 I 的工期增加到 9 周,对项目的影响是(　　)。

A. 没有影响,因为 I 不在关键路径上　　B. 项目风险增加

C. 整个项目工期增加 1 周　　D. 项目将延误 1 天

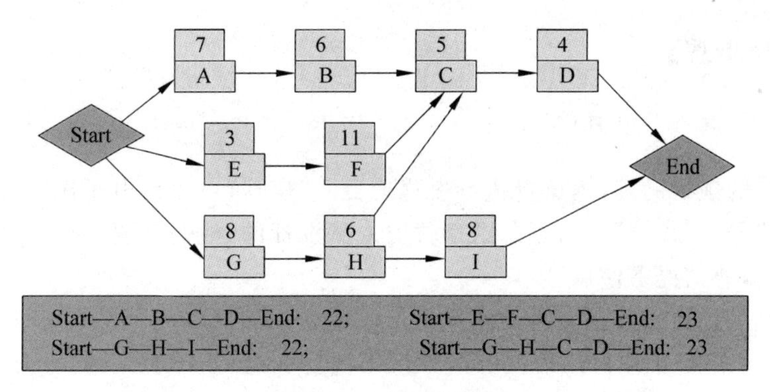

图 6-21 项目活动图

17. 为了使关键路径上的时间减少10%,项目经理可以采取以下行动,除了(　　)。

A. 增加资源　　B. 消除自由浮动时间

C. 缩减进度时间表　　D. 平行开展活动

18. 下列选项中,不属于进度计划控制考虑范围的是(　　)。

A. 确定进度计划已经发生变化

B. 管理实际发生的变更

C. 根据客户要求变更进度计划

D. 对造成进度计划变更的因素施加影响,保证变更是有利的

19. 当进度计划变更时,以下工具中不能控制其对项目的影响的是(　　)。

A. 绩效审查　　B. 进度网络分析

C. 偏差分析　　D. 假设情景分析

20. 以下选项中,不是控制进度过程中对进度基准提出变更请求的依据是(　　)。

A. 项目进展报告　　B. 绩效测量结果

C. 项目管理计划　　D. 进度调整情况

6.10 实验与思考:“夜莺”项目的进度计划

【实验目的】

本节“实验与思考”的目的如下。

(1) 理解和熟悉项目时间管理的基本概念。

(2) 熟悉案例“夜莺”(手持电子医疗参考指南仪)项目的工作内容,尝试初步完成该项目的项目进度计划的编制。

【工具/准备工作】

(1) 在开始本实验之前,请回顾教科书的相关内容。

(2) 需要准备一台能够访问因特网的计算机。

【实验内容与步骤】

1. 案例："夜莺"项目(A)

你是米兰的项目助理，她负责执行夜莺项目。"夜莺"是手持电子医疗参考指南仪的开发项目的代号。"夜莺"是为紧急医疗救护人员设计的，他们需要一个快速的医疗参考指南，以便在紧急情况下使用。

米兰及她的项目团队正在进行的项目目标是在 MedCON 举行之时提供 30 个可工作模型，MedCON 是每年举行的最大的医疗设备展。满足 MedCON 的 10 月 25 日最终期限要求是项目能否获得成功的关键。所有的主要医疗设备厂商都会在 MedCON 上展示和订购新产品。米兰还听说，某个竞争者在考虑开发一种类似的产品。而她知道，成为市场上的第一个会带来显著的销售优势。此外，最高管理层同意为能满足 MedCON 最终期限的可行计划提供资金支持。

项目团队花了一个上午来为"夜莺"制订进度计划。他们从 WBS 开始，寻找建立网络所需要的信息，需要时就增加活动。而后团队在其中增加了他们为每个活动所收集的时间估计。

表 6-7 是关于那些活动的初步信息，包括时间长度和前置活动。

表 6-7　活动初步信息

活动	描　述	时间长度	前 置 活 动
1	结构决策	10	无
2	内部规格	20	1
3	外部规格	18	1
4	特征规格	15	1
5	语音识别	15	2、3
6	外壳	4	2、3
7	屏幕	2	2、3
8	扬声器输出插孔	2	2、3
9	磁带机械	2	2、3
10	数据库	40	4
11	麦克风/声卡	5	4
12	寻呼机	4	4
13	条码读取器	3	4
14	闹钟	4	4
15	计算机输入输出	5	4

续表

活动	描　　述	时间长度	前 置 活 动
16	检查设计	10	5、6、7、8、9、10、11、12、13、14、15
17	价格构成	5	5、6、7、8、9、10、11、12、13、14、15
18	集成	15	16、17
19	文档设计	35	16
20	采购原型组件	20	18
21	组装原型	10	20
22	实验室检测原型	20	21
23	现场检测原型	20	19、22
24	调整设计	20	23
25	定制标准元件	2	24
26	定制非标准元件	2	24
27	组装第一个样品	10	25,FS-8 个时间单位
			26,FS-13 个时间单位
28	测试样品	10	27
29	生产 30 套产品	15	28
30	培训销售代表	10	29

2. 技术细节

基于以下信息建立你的项目进度计划并评估你的选择。

(1) 项目会在 1 月的第一个工作日开始。

(2) 要注意以下节假日：元旦(1 月 1 日起，3 天)，春节(除夕起，7 天)，清明节(一般在 4 月 5 日前后，3 天，劳动节(5 月 1 日起，3 天)，端午节(农历五月初五，3 天)，中秋节(农历八月十五，2 天)，国庆节(10 月 1 日起，7 天)。

(3) 如果一个假日正好是星期六，则星期五会作为假日；如果它正好是星期日，则星期一会作为假日。

(4) 项目团队从星期一工作到星期五。

(5) 如果你选择缩短上述任何一种活动的时间，则不能影响相应活动所需的成本。

(6) 你只能花费最多 10 万美元来缩短项目活动；滞后不包含任何额外成本。

3. 作业

请分析并记录：

(1) 依据表 6-7，建立这些活动的进度管理计划(注意最迟和最早时间、关键路径以及项目的估计完成时间)。

(2) 项目是否按计划要求满足 10 月 25 日的最终期限？

答：

(3) 在关键路径上有哪些活动？

答：

(4) 这一网络的敏感性如何？

答：

请用 WinRAR 等压缩软件对上述作业完成的相关文件压缩打包，并将压缩文件命名为

＜班级＞_＜姓名＞_项目时间管理.rar

请将该压缩文件在要求的日期内，以电子邮件、QQ 文件传送或者实验指导教师指定的其他方式交付。

请记录：该项实践作业能够顺利完成吗？

【实验总结】

【实验评价(教师)】

项目成本管理

成本通常被定义为达到一个特定的目标而牺牲或放弃的资源。由于项目花费金钱、消耗资源，因此，理解项目成本管理对于项目经理非常重要，良好的成本估算是项目经理需要具备的一项重要的技能。

很多项目一般只是以非常模糊的项目需求为基础进行估算，所以原始成本估算能力很低，容易发生成本超支。成本超支的另一个原因是许多项目涉及新的技术或商业过程，存在着一定的内在风险。因此，解决成本问题需要更好的成本管理。

项目成本管理包含为使项目在批准的预算内完成而对成本进行规划、估算、预算、融资、筹资、管理和控制的各个过程，从而确保项目在批准的预算内完工。图 7-1 概括了软

项目成本管理

7.2 规划成本管理

1. 输入
   ① 项目管理计划
   ② 项目章程
   ③ 事业环境因素
   ④ 组织过程资产
2. 工具与技术
   ① 专家判断
   ② 分析技术
   ③ 会议
3. 输出
   ① 成本管理计划
   ② 估算的准确性
   ③ 计量单位
   ④ 成本绩效测量方法

7.3 估算成本

1. 输入
   ① 成本管理计划
   ② 人力资源管理计划
   ③ 范围基准
   ④ 项目进度计划
   ⑤ 风险登记册
   ⑥ 事业环境因素
   ⑦ 组织过程资产
   ⑧ 软件规模和复杂性
   ⑨ 工作速率
2. 工具与技术
   ① 专家判断
   ② 类比估算、参数估算、自下而上估算、三点估算
   ③ 储备分析
   ④ 质量成本
   ⑤ 项目管理软件
   ⑥ 卖方投标分析
   ⑦ 群体决策技术
   ⑧ 时间盒估算、功能点和代码行估算、故事点和用例点估算
   ⑨ 估算可重用代码工作量
   ⑩ 价格策略
3. 输出
   ① 活动成本估算
   ② 估算依据
   ③ 项目文件（更新）

7.4 制定预算

1. 输入
   ① 成本管理计划
   ② 范围基准
   ③ 活动成本估算
   ④ 估算依据
   ⑤ 项目进度计划
   ⑥ 资源日历
   ⑦ 风险登记册
   ⑧ 合同/协议
   ⑨ 组织过程资产
2. 工具与技术
   ① 成本汇总
   ② 储备分析
   ③ 专家判断
   ④ 历史关系
   ⑤ 资金限制平衡
3. 输出
   ① 成本基准
   ② 项目资金需求
   ③ 项目文件（更新）

7.5 控制成本

1. 输入
   ① 项目管理计划
   ② 项目资金需求
   ③ 工作绩效数据
   ④ 组织过程资产
2. 工具与技术
   ① 挣值管理
   ② 预测
   ③ 完工尚需绩效指数
   ④ 绩效审查
   ⑤ 项目管理软件
   ⑥ 储备分析
   ⑦ 管理测量指标
3. 输出
   ① 工作绩效信息
   ② 成本预测
   ③ 变更请求
   ④ 项目管理计划（更新）
   ⑤ 项目文件（更新）
   ⑥ 组织过程资产（更新）

图 7-1　项目成本管理概述

件项目的项目成本管理的各个过程，这些过程不仅彼此相互作用，而且还与其他知识领域中的过程相互作用。

项目成本管理各过程之间的关系数据流对理解各个过程很有帮助，如图 7-2 所示。

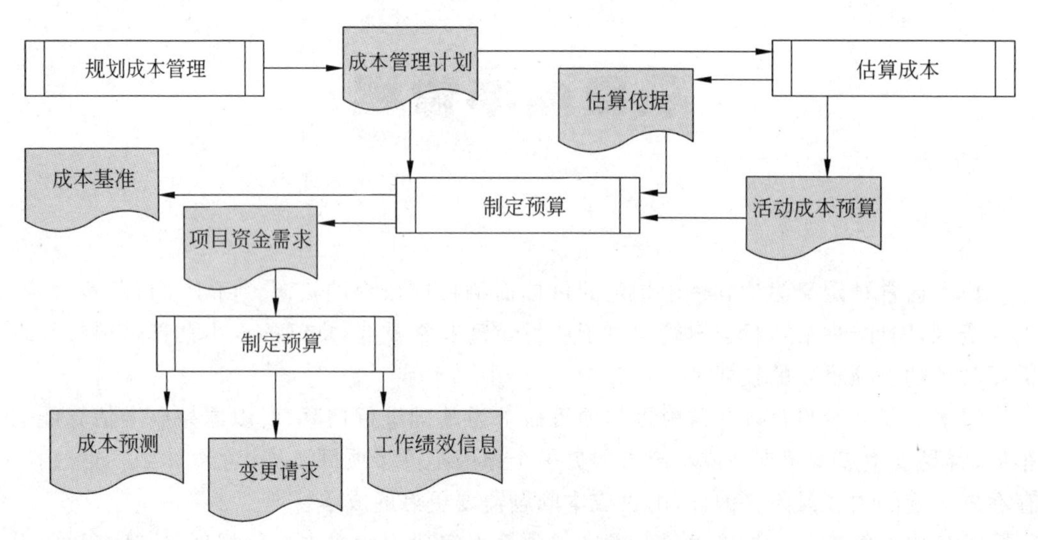

图 7-2　项目成本管理各过程的数据关系

项目成本管理应考虑干系人对掌握成本情况的要求。不同的干系人会在不同的时间、用不同的方法测算项目成本。例如，对于某采购品，可在做出采购决策、下达订单、实际交货、实际成本发生或进行会计记账时测算其成本。

项目成本管理重点关注完成项目活动所需资源的成本，但同时也应考虑项目决策对项目产品、服务或成果的使用成本、维护成本和支持成本的影响。例如，限制设计审查的次数可降低项目成本，但可能增加由此带来的产品运营成本。

在很多组织中，预测和分析项目产品的财务效益是在项目之外进行的。但对于有些项目，如固定资产投资项目，可在项目成本管理中进行这项预测和分析工作。在这种情况下，项目成本管理还需要使用其他过程和许多通用财务管理技术，如投资回报率分析、现金流贴现分析和投资回收期分析等。

7.1　软件项目的项目成本管理

大型企业和政府机构每年都要开发许多新的软件产品以及修改许多现有的软件产品，小公司开发或修改的软件产品也许会较少，但这些产品却可能对公司的业务至关重要。因此，对每个需要开发软件的组织而言，项目成本管理都是一个主流活动，它已成为许多企业成功和生存的关键过程。

工作量和进度与软件项目密切相关，因为工作量是人与时间的乘积，而人·时是软件开发的主要成本因素，因此工作量估算是软件项目成本估算的基础。额外的成本可包括按照工作量成本的一定比例计算的管理费用。当没有提供人·时的资源费率时，软件项目经理可以按照人·时来管理项目成本，而不是使用货币单位。

开发或修改软件所需的工作量几乎完全依赖于技能、能力和各个团队成员的积极性、团队成员之间的互动、技术领导力、项目管理以及文化和软件开发环境中的组织级过程。软件项目成本管理包括建立初始估算并定期更新，并且可能包括识别和预测一定年限的软件产品维护和升级成本，以及商业采购组件的许可或升级费用。即使软件项目经理具有足够的经验，根据这些可变性来管理软件项目的成本也是很困难的。

项目成本管理的工作量估算及管理软件项目成本的其他方面，可以帮助软件项目经理了解软件成本驱动因素的变化对软件项目成本的影响。当使用适应性生命周期模型时，虽然保持了尽可能晚地进入开发过程的灵活性，软件项目经理仍然需要估算他们项目的工作量（成本）和进度。然而，项目属性的变化，如迅速发展的技术、不断变化和新兴的架构和需求以及软件开发人员生产率的变化，都会对成本估算和成本管理产生显著的影响。

对成本的影响在项目早期最大，因此，做出早期范围定义对估算和管理成本至关重要。稳定的软件架构和使能技术（如配置管理、质量保证和测试工具）对软件的成本有很大的影响，尤其对后期变更的成本。灵活的或可扩展的架构、持续的测试和使能技术还可以减少使用、维护和支持软件产品的长期成本。

实施软件项目的经济效益可以在产品的演进过程中不断进行评估。对于产品范围和实施细节的每个调整，都可以基于对产品潜在价值的预测。在软件开发过程中，将计划的产品增量交付到操作环境中，可以提供财务回报和其他收益。

7.2 规划成本管理

应该在项目规划阶段的早期就对成本管理工作进行规划，建立各成本管理过程的基本框架，以确保各过程的有效性及各过程之间的协调性。规划成本管理是规划、管理、花费和控制项目成本而制定政策、程序和文档的过程。本过程的主要作用是在整个项目中为如何管理项目成本提供指南和方向。

图 7-3 所示为本过程的数据流向图。

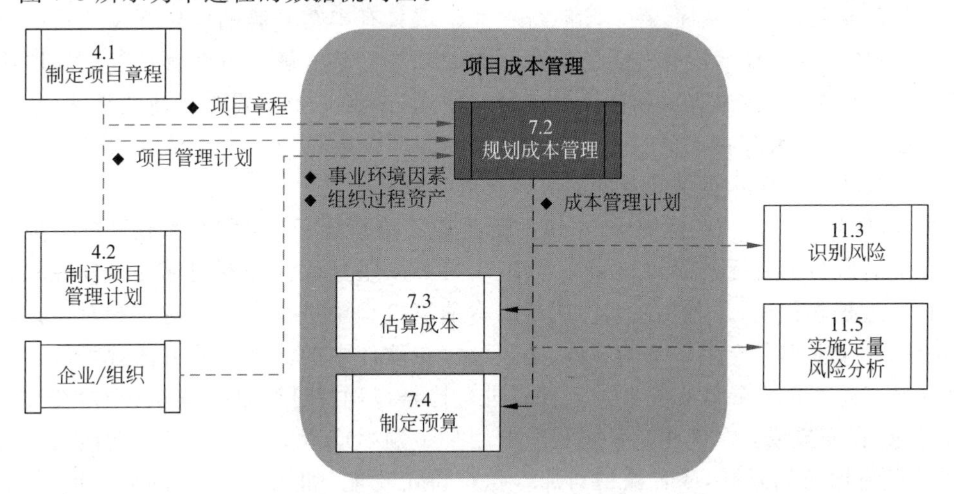

图 7-3 规划成本管理的数据流向图

7.2.1 过程输入

本过程的输入主要有以下内容。

(1) 项目管理计划。

① 范围基准。可用于成本估算和管理。

② 进度基准。定义了项目成本将在何时发生。

其他信息如与成本相关的进度、风险和沟通决策等。

(2) 项目章程。规定了项目总体预算,可据此确定详细的项目成本。项目章程所规定的项目审批要求,也对项目成本管理有影响。

(3) 事业环境因素。包括能影响成本管理的组织文化和组织结构、市场条件、货币汇率、发布的商业信息以及项目管理信息系统(PMIS)。

(4) 组织过程资产。包括:财务控制程序(如定期报告、费用与支付审查、会计编码及标准合同条款等);历史信息和经验教训知识库;财务数据库;现有的、正式的和非正式的、与成本估算和预算有关的政策、程序和指南。

此外,软件项目成本管理的组织过程资产还可能包括直接成本动因、治理政策及产品项目组合。

① 成本动因。软件的规模和复杂性与软件项目的工作量高度关联,进而影响软件成本;大型和/或复杂的产品需要更多的工作量。其他成本动因包括软件开发人员的技能和能力、维护与客户和其他干系人的关系、基础设施技术、开发工具和环境以及其他组织实体的成本,如配置管理和独立测试。这些成本动因的历史值及其对工作量(成本)的影响,通常作为组织开发各领域软件的组织资产进行维护。软件规模的测量将在本章的后续部分呈现,此处仅讨论复杂性。软件项目有两种形式的复杂性,即问题领域的复杂性和解决方案领域的复杂性。二者都影响工作量,因此也影响软件项目的成本。问题领域复杂性一部分由问题领域本身决定,另一部分由软件开发人员对该领域的熟悉程度决定。比起星际航行软件或用于核物理实验的工具软件,针对小型组织的数据处理软件可以认为是一个不太复杂的领域。然而,在星际航行软件领域具有丰富经验的软件开发人员可能会发现,这一领域要比他们没有经验的商业数据处理更简单。解决方案领域复杂性取决于是否有已知的算法、数据表示和计算方法可被使用,或者是否需要开发新的算法、数据表示和/或计算方法来解决这个问题。一个复杂的问题领域和/或一个复杂的解决方案领域会大大增加为一个问题提供满意的解决方案的工作量。

② 治理政策。在一些组织中,组织的治理政策会确定可能对 IT 和软件项目成本管理产生显著影响的目标、流程和程序。治理政策可以通过软件开发的标准过程或软件测试和评审过程来体现,并需要在软件项目成本估算过程中进行考虑。对于会对用户的安全、保密、健康或财务产生影响的软件,必须包含在软件中的治理政策或法规可能对成本产生影响。这可能会导致在复杂的软件中进行检查以确保计算被正确执行(检查和平衡中间结果,在完成或安全终止软件进程时的用户干预),或者对于执行某些功能的人所在的授权组施加访问限制,或者保留对那些执行特定功能(如调整薪水)的人的审计记录。运营政策和程序以及由此产生的软件功能和控制,可根据 IT 治理的标准和指南来确定,

如信息及相关技术的控制目标，信息技术基础架构库，IT 服务管理或系统和软件安全工程。规划软件项目成本的其他输入包括信用需求或政府法规，这会要求将财务和安全控制内置到软件系统中。

③ 项目组合。组织的项目组合和项目集（包括软件项目和软件项目集）的优先级及制约因素，可以为软件项目规划成本管理提供输入。可重用性、商用软件或开源软件的可用性会影响所需软件中原始开发、修改和集成现有软件的比例。

有可用软件组件的其他来源，一个组织也可能会决定建立新的软件，从而开发全资拥有的知识产权，以备将来重用或转售。

7.2.2　过程工具与技术

除了专家判断，本过程的工具与技术主要有以下几项。

(1) 分析技术。在制订成本管理计划时，可能需要选择项目筹资的战略方法，如自筹资金、股权投资、借贷投资等。成本管理计划中可能也需详细说明筹集项目资源的方法，如自制、采购或租赁。如同会影响项目的其他财务决策，这些决策可能对项目进度和风险产生影响。

组织政策和程序可能影响采用哪种财务技术进行决策。可用的技术包括回收期、投资回报率、内部报酬率、现金流贴现和净现值。

有些组织使用分析技术来建立决策阈值和财务控制限，用作软件项目规划成本管理的输入。来自预测性生命周期软件项目的历史数据，通常使用统计技术进行分析。来自适应性生命周期的软件项目的性能数据，则在软件开发的每个周期进行收集和分析。

(2) 会议。可以举行规划会议来制订成本管理计划。参会人员可能包括项目经理、项目发起人、选定的项目团队成员、选定的干系人、项目成本负责人以及其他必要人员。

在初步的成本管理计划草拟完成，并且确定了建议的控制限之后，通常会与项目的发起人一起召开一个会议，以达成对成本管理计划的认可。

7.2.3　输出：成本管理计划

项目所需的成本管理过程及其相关工具与技术，通常在定义项目生命周期时即已选定，并记录于成本管理计划（如表 7-1 所列）中。成本管理计划是项目管理计划的组成部分，描述将如何规划、安排和控制项目成本。成本管理过程及其工具与技术应记录在成本管理计划中。

表 7-1　成本管理计划

项目名称：________________　　准备日期：________________

准确度：	计量单位：	控制临界值：
描述项目估算所需达到的准确程度。随着项目信息越来越详细，估算的准确程度也会逐步提高（渐进明细）。如果有滚动式计划以及用于成本估算的细化分级指南，伴随时间的推移，这些指南会提高成本估算的准确度	说明成本估算是使用百、千或是其他计量单位。如果是国际项目，它还会指明当前的货币	说明确定是否把活动、工作包或者项目作为整体，是否需要预防措施，或者超过预算后是否需要纠正措施。通常以偏离基准的百分比来表示

续表

绩效测量规则	
明确 WBS 中的进度及支出评定水平。对于使用挣值管理的项目，描述要使用的测量方法，如权重里程碑法、固定公式法以及完成百分比法等。记录用当前的绩效趋势来推测未来成本所用的方程	
成本报告信息和格式	
记录项目状态和进度报告所需的成本信息。如果使用特定的报告格式，则附上样本或特定的表格模板	
过程管理	
成本估算	说明用于成本估算的估算方法，如类比估算、参数估算、三点估算等
制定预算	记录如何制定成本基准，包括应急储备和管理储备如何处理的信息
更新、管理和控制	记录更新预算的过程，包括更新频率、权限和版本。说明如果有必要，进行成本基准维护和重设基准的指南

例如，在成本管理计划中规定以下各项内容。

① 计量单位。需要规定各种资源的计量单位。例如，用于测量时间的人·时数、人·天数或周数，用于计量数量的 m、L、t、km 或 m^3，或者用货币表示的总价。

② 精确度。根据活动范围和项目规模，设定活动成本估算向上或向下取整的程度(如 100.49 元取整为 100 元、995.59 元取整为 1 000 元)。

③ 准确度。为活动成本估算规定一个可接受的区间(如±10%)，其中可能包括一定数量的应急储备。

④ 组织程序链接。工作分解结构(WBS)为成本管理计划提供了框架，以便据此规范地开展成本估算、预算和控制。在项目成本核算中使用的 WBS 组件，称为控制账户(CA)。每个控制账户都有唯一的编码或账号，直接与执行组织的会计制度相联系。

⑤ 控制临界值。可能需要规定偏差临界值，用于监督成本绩效。它是在需要采取某种措施前，允许出现的最大偏差。通常用偏离基准计划的百分数表示。

⑥ 绩效测量规则。需要规定用于绩效测量所用的挣值管理(EVM)规则。例如，成本管理计划应该：定义 WBS 中用于绩效测量的控制账户；确定拟用的挣值测量技术(如加权里程碑法、固定公式法、完成百分比法等)；规定跟踪方法以及用于计算项目完工估算(EAC)的挣值管理公式，该公式计算出的结果可用于验证通过自下而上方法得出的完工估算。

⑦ 报告格式。需要规定各种成本报告的格式与编制频率。

⑧ 过程描述。对其他3个成本管理过程进行书面描述。

还有其他细节，如对战略筹资方案的说明、处理汇率波动的程序、记录项目成本的程序。

上述信息以正文或附录的形式包含在成本管理计划中。取决于项目的需要，成本管理计划可以是正式或非正式的、非常详细或高度概括的。

7.2.4 过程的其他输出

本过程的其他输出包括以下内容。

(1) 成本管理计划。软件项目的成本管理计划通常包括成本估算的准确性、测量单位以及使用的成本绩效测量方法。

(2) 估算的准确性。软件估算容易出错，预测估算的准确性是很困难的，因为很多因素都会对估算结果产生影响，而且其中许多因素的值在最初的规划阶段是未知的。在软件项目的启动阶段，通常形成粗略的量级概要估算，此时需求还不成熟，软件开发的实际参数正在制定，开发团队也可能正在组建中。此时估算的准确性可以偏离达±150%或更高。软件开发人员之间的生产率、技能和积极性都差别很大，因此以往项目的工作量数据可能无法直接用作估算的基础。当需求或功能集及高层次设计已经稳定，并且项目团队和进度已经确定，就可以建立概算了。此时，根据设计复杂度、需求的稳定性及软件开发团队的已知特性，估算可能有±50%的偏差。对于2～4周的开发周期，最终估算可能会达到与实际成本相比偏差在±10%以内的准确性。然而，这取决于多种因素，如设计的稳定性和特性转换为产品需求的准确性。软件估算中不断提升的准确性有时称为“不确定性圆锥”。为估算提供一个置信水平可以用来确定估算风险。

在早期阶段，基于详细细节的不准确的估算可能并不值得花费时间和工作量去做。早期阶段，量级估算可能是更有益的，前提是它们随着项目的进展和不确定性得到解决而被逐步精化。

(3) 计量单位。软件项目的成本管理计划通常包括项目测量指标的计量单位的定义，如用于工作量测量的人·时或人·天、用于替代工作量测量的功能点或对象。用户故事、用例、特性和测试用例也可以基于历史数据中每个功能点、对象、用户故事、用例等的工作量，用来计算工作量。注意，编写的软件代码行不一定能代表软件的商业价值或作为完成所需的软件功能的测量。计量单位，如功能点、对象、用户故事、用例等，都需要一个测量量表(如功能点或对象的计算规则)。

(4) 成本绩效测量方法。绩效测量方法在软件成本管理计划中被规定为输出。在预测性生命周期的构建阶段和适应性生命周期的各个迭代中，基于开发一个可工作、可交付的软件增量所需的估算工作量与实际执行工作量的对比，使用绩效趋势测量。这可以体现为诸如每人·天的功能点生产率或每人·周交付特性的周转率；并以视觉化的形式呈现，如燃尽图和连续流图。

7.3 估算成本

成本估算是在某特定时点，根据已知信息所做出的成本预测。在估算成本时，需要识别和分析可用于启动与完成项目的备选成本方案；需要权衡备选成本方案并考虑风险，如比较自制成本与外购成本、购买成本与租赁成本以及多种资源共享方案，以优化项目成本。

通常用某种货币单位进行成本估算，但有时也可采用其他计量单位，如人·时数或人·天数，以消除通货膨胀的影响，便于成本比较。

为在预算限制内完成项目，必须进行严格的成本估算。在建立资源需求清单之后，项目经理和项目组成员必须针对这些资源进行估算。估算成本是对完成项目活动所需资金进行近似估算的过程。本过程的主要作用是确定完成项目工作所需的成本数据。

由于估算软件项目的成本是一个容易出错的过程，软件项目经理倾向于使用多种估算方法，然后调和不同估算结果之间的差异。软件项目成本估算可能需要包括一些超出开发和部署成本的额外因素，如包含在软件产品中的供应商软件许可费和内部系统的基础设施升级费用。这些成本中的一部分可能作为企业的管理费用，如基础设施资源和软件开发工具。

① 项目直接成本因素。个人绩效、团队技能、规模及软件产品的复杂性以及与其他系统集成的变动是软件项目主要的直接成本因素。其他直接成本可能包括由客户要求的特定软件工具、异地分布式软件开发团队或远程客户的差旅，以及由客户指定的硬件和/或操作系统。可能需要硬件仿真器用于支持软件开发和测试。

② 信用要求和政府法规。符合法规或监管限制可能需要包含在软件项目成本估算中。

③ 符合标准。有些软件项目可能包含符合组织治理框架的部分标准的成本。然而，符合过程标准通常被认为能够降低项目风险和返工的成本，从而降低整个项目生命周期的成本。

④ 组织变革。可能影响软件项目实际成本的组织变革的成本通常包含在成本估算中。

⑤ 成本和价值风险。对于一些软件项目而言，产品不能收回预期价值的可能性会影响项目的成本计划或在重新评估项目投资时导致在里程碑的增量估算。

⑥ 融资成本。额外的成本估算因素可能包括总拥有成本（TOC）、投资回收期、盈亏平衡点和投资回报。对软件项目而言，有可能会在开发生命周期中交付最终产品的一个或多个子版本。这可以给投资方提供早期的回报。货币的时间价值的影响可以体现在商业企划中。

图 7-4 所示为本过程的数据流向图。

7.3.1 成本估算的类型

通常项目经理会为项目准备几种类型的成本估算，包括量级估算、预算估算和最终估

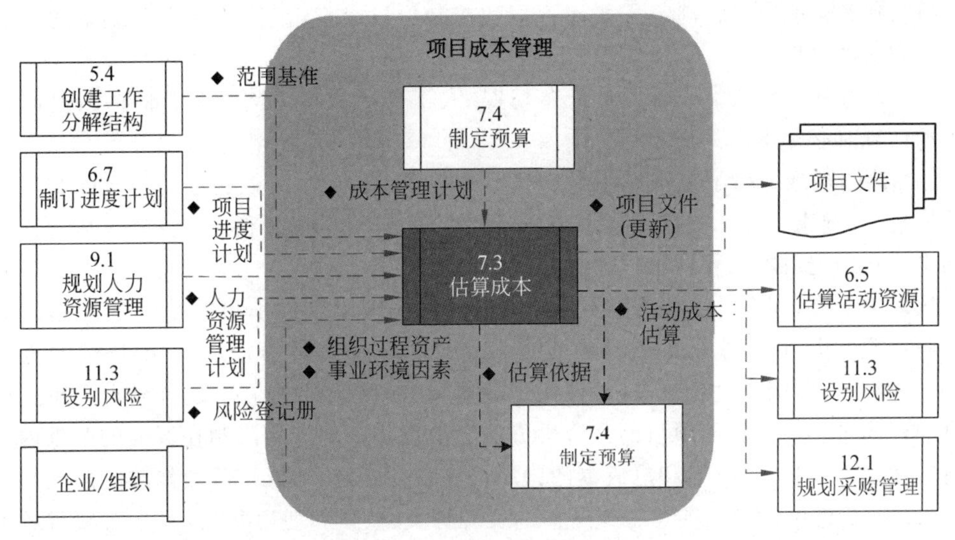

图 7-4 估算成本的数据流向图

算。这些估算方法的不同主要体现在它们什么时间进行、如何应用以及精确度如何。

① 量级估算。这是项目成本的一个粗略概念，主要用在项目早期甚至是项目正式开始之前。项目经理和高层管理人员使用该估算法帮助项目选择决策。量级估算的精确度一般为－25%～＋75%，即项目的实际成本可能低于量级估算25%，或高于量级估算75%。例如，IT项目常有成本超支的历史，因此，许多IT项目经理会为软件开发项目成本估算自动增加一倍。

② 预算估算。用来将资金划入一个组织的预算，其精确度一般为－10%～＋25%，即实际成本可以比预算估算低10%或高25%。

③ 最终估算。提供一个精确的项目成本估算，常用于采购决策的制定，因为这些决策需要精确的预算，也常用于估算最终项目成本。最终估算是3种估算类型中最精确的，通常其精确度为－5%～＋10%，即实际成本可能比最终估算值低5%或高10%。

在项目过程中，应该根据新近得到的更详细的信息对成本估算进行优化。在项目生命周期中，项目估算的准确性将随着项目的进展而逐步提高。因此，成本估算需要在各阶段反复进行。例如，在启动阶段可得出项目的粗略量级估算，其区间为±50%；之后，随着信息越来越详细，估算的区间可缩小至±10%。某些组织已经制定出相应的指南，规定何时进行优化，以及每次优化所要达到的准确程度。

进行成本估算，应该考虑将向项目收费的全部资源，包括人工、材料、设备、服务、设施以及一些特殊的成本种类，如通货膨胀补贴或应急成本。成本估算是对完成活动所需资源的可能成本进行量化评估。

7.3.2 过程输入

本过程的输入信息来自其他知识领域中相关过程的输出。这些信息也可作为全部3个成本管理过程的输入。

(1) 成本管理计划。规定了如何管理和控制项目成本,包括估算活动成本的方法和需要达到的准确度。

(2) 人力资源计划。项目人员配备情况、人工费率和相关奖励/认可方案,是制定项目成本估算时必须考虑的因素。

(3) 范围基准。除了范围说明书、WBS 和 WBS 词典等,可能还包括与合同和法律有关的信息,如健康、安全、安保、绩效、环境、保险、知识产权、执照和许可证等。所有这些信息都应该在制定成本估算时加以考虑。

从理论上讲,固定的范围和稳定的需求,可以实现对软件项目的精确的初始成本估算。而在现实中,许多成功的软件项目使用特性驱动的交付(FDD),其中概要的范围和一组候选特性、用例或史诗故事(总体用户故事)在项目早期进行定义,并随着不确定性的解决进行演进。使用软件项目的适应性方法会故意将前期规划限制在概要的范围内。对于适应性软件项目,总时间和总成本的限制可在最初指定,并保留后续修改的可能性。

(4) 项目进度计划。项目工作所需的资源种类、数量和使用时间,都会对项目成本产生很大影响。进度活动所需的资源及其使用时间是本过程的重要输入。在估算活动资源过程中,已经确定了开展进度活动所需的人员和材料的种类与数量。活动资源估算与成本估算密切相关。如果项目预算中包括财务费用(如利息),或者如果资源的消耗取决于活动持续时间的长短,那么活动持续时间估算就会对项目成本估算产生影响。如果成本估算中包含时间敏感型成本,如通过工会集体签订定期劳资协议的员工或价格随季节波动的材料,那么活动持续时间估算也会影响成本估算。

预测性软件项目往往制定详细的时间表,包括主要里程碑和其他评审和评估时间。适应性软件项目则基于最小的初始计划,包括详细的项目进度计划;进度计划的细节与待实现特性的优先级随着项目的演进而细化。预测性和适应性软件项目都可以使用统计方法来解释进度计划的不确定性。

(5) 风险登记册。通过审查风险登记册,考虑降低风险所需的成本。一般而言,在项目遇到负面风险事件后,项目的近期成本将会增加,有时还会造成项目进度延误。同样,项目团队应该对可能给业务带来好处(如直接降低活动成本或加快项目进度)的潜在机会保持敏感。

所有的软件项目(预测性或适应性)都可以受益于初始及持续的风险管理。通过记录识别的风险因素和要采取的缓解策略,风险登记册可以作为成本估算的一个输入。对成本估算的信心依赖于识别的风险因素的发生概率和潜在影响,如功能专家和学科专家在需要他们的时候的可用性。机会管理也追求识别成本节约和额外的成本效益回报的机会。对估算的成本和价格进行风险分析,对于竞争性采购的软件项目的投标尤其重要。

有大量的可变因素可以影响估计,需要在风险登记册中记录和跟踪这些可变因素的假设。

(6) 事业环境因素。

① 市场条件。可以从市场上获得什么产品、服务和成果,可以从谁那里、以什么条件获得。地区和/或全球性的供求情况会显著影响资源成本。

② 发布的商业数据库。经常可以从中获取资源成本费率及相关信息。这些数据库

动态跟踪具有相应技能的人力资源的成本数据，也提供材料与设备的标准成本数据，还可以从卖方公布的价格清单中获取相关信息。

企业级软件产品的架构水平和成熟度对软件开发的工作量和进度有显著的影响。与现有企业架构的一致性往往会降低软件开发所需的时间和工作量，同时它也增加了对解决方案的限制，特别在使用其他非开发软件项时。一旦确定了架构，一些开发任务就可以并行执行，从而可以通过更快的完成速度缩短进度。

(7) 组织过程资产。其包括成本估算政策、成本估算模板、历史信息和经验教训。

(8) 软件规模和复杂性。这是影响软件成本的两个最重要的因素，所以它们是大多数软件成本和进度估算模型的主要输入。得出恰当的规模和复杂性的估算既不直接也不简单，因为量化软件的属性本身就很困难。即使在软件开发的后期，对于软件规模和复杂性的估算，以及由此导出的工作量、进度和成本估算也经常是不准确的。

通常，软件估算从小的单元开始并逐步向上汇总(自下而上的估算)。当自下而上的估算只针对开发每个软件组件的工作而进行时，软件组件集成和测试的成本需要增加进来。

(9) 工作速率。已定的软件开发团队拥有所有需要的技能(跨职能团队)，他们长时间在一起工作，能够为生产可工作、可交付的软件建立一个可预测的速率。生产速率也称为周转率，它可以为开发软件增量提供准确的估算。

7.3.3 过程工具与技术

软件项目经理需在不同情况下使用不同的估算工具与技术。

在确定了项目范围和产品范围，并规划了软件项目成本管理之后，软件项目经理和项目团队估算开发和交付软件产品的成本。第一级估算通常基于要实现的需求、故事、用例或特性的概要的高层级估算。初始估算的目的是快速地形成一个量级估算。这样的初始估算用于建立初始规划。类比法、历史数据和专家判断通常在此时使用。

专家可能会被要求单独或作为一个群体来制定初始估算。由于各个专家可能会使用个人的经验和不同的估算方法，因此可以提供对个人估算准确性的一些透视。这种方法可能很耗时，并且实际上等同于专家判断。当一个软件项目涉及新的技术时，这种方法会是特别有用的。

① 估算单位。项目团队或软件组织所采用的用于估算项目工作的计量单位可以是工作量单位(如人·天)或固定数量软件开发人员的理想时间(如开发天数)。

② 工作单元。工作单元是与类似的工作产品所需工作进行比较的一种相对计量。例如，使用功能点，可以用于确定相对于开发其他类似特性所实现的功能点而言，实现一个软件特性所需工作的相对量。一个团队一起工作了几个迭代周期并达到了稳定的周转率之后，他们的工作单元与实际的时间和工作量可以达到更精确的一致性。

③ 故事点。一些适应性方法利用故事点或用例点作为估算的基础。故事点是要实现的软件功能的复杂性的一个近似值，通过叙述用户与系统的交互(用户故事)来表达。故事点是对一个新的故事和已被团队成员普遍理解的良好定义的基础故事之间复杂性的比较结果。与基础故事进行比较，然后在一定的范围内判定故事点。

④ 理想时间。理想时间是指“理想”的软件开发者或开发团队交付一个特性或完成一项任务的期望时间,不考虑由于外界干扰、日常管理活动占用的时间和由于休假或灾难(如丢失了计划要重用的代码)恢复而损失的时间。理想时间有时使用全时工作当量(FTE)天或周来表示。许多组织按照60%～80%FTE的开发人员可用性来估算项目进度。

7.3.4 工具与技术:类比估算

过去一起合作开发软件的软件项目团队可以利用他们的经验来估算在给定的时间内他们能够交付的工作单元的数量。一些计算方法使用生产率的历史值来估算未来的项目(如每人·天开发的功能点数)。早期的估算往往基于名义测量,如简单、一般、困难和复杂。

软件开发团队使用适应性方法时,能够基于他们的经验建立起估算自己的周转率的能力。一个团队的周转率(在一个给定的时间周期内开发的软件数量)可以被用来估算未来的工作量。团队一起完成了几个迭代后,周转率变成一个更准确的预测因子;在当前项目的一些绩效数据得到收集之前,它可能并不适用于还没有一起工作的团队。

7.3.5 工具与技术:参数估算

软件项目的参数估算工具通常包括估算算法及特定成本动因的调整因子。大多数软件项目估算工具使用产品规模的某种测量作为主要的输入变量,如功能点或用例数的估算数量。参数估算工具可以针对特定的软件开发组织、基础设施工具、待开发软件的复杂性以及团队的经验或能力进行校准,或使用已有的最接近待估算项目特点的校准。

使用本地历史数据对参数估算工具进行校准优先于使用已有的校准,因为本地数据会包括本组织及组织生产的软件的独特因素;同时,也因为在项目中使用的方法和工具会因为新的技术而频繁更新。

7.3.6 工具与技术:自下而上估算

通常被用来估算软件项目的工作量和成本,对各个软件组件进行估算并逐步向上汇总。当此估算只针对开发软件组件所需的工作而进行时,软件组件集成和测试的成本需要被增加进来。项目管理、质量保证、配置管理以及其他项目成本因素的额外成本也应被包括进来。

7.3.7 工具与技术:三点估算

估算软件规模或工作量可以基于专家判断和三点PERT算法。使用这种方法,专家们估算单个软件组件的规模或工作量的小(如20%的可能性)、中(如50%的可能性)或大(如80%的可能性)3个值——小和大的比例依赖于PERT算法中的参数。PERT算法用于为每个软件组件的规模或工作量估算平均值和标准差,以及为一组组件估算平均值和标准差,规模或工作量的概率分布可以通过平均值和标准差来计算。此外,规模估算的平均值和标准差可以用作参数估算算法的输入来计算工作量的概率分布。

7.3.8 工具与技术：储备分析

可以进行估算以建立列入项目估算和项目预算的成本和进度的储备。可以对过去的项目进行分析，通过确定以往项目开始时的已知的工作量（成本）与完成该项目最终需要的工作量（成本）之间的差额，来确定应包含在新项目中的储备。

7.3.9 工具与技术：质量成本

在估算活动成本时，可能要用到关于质量成本（COQ）的各种假设。估算质量成本可以作为一种技术来改进软件成本估算，因为质量成本能够对软件的项目成本形成显著的影响。例如，对于高质量（如安全攸关或承担关键使命的软件）的要求可以成倍影响工作量，进而影响软件开发的成本。在项目早期识别质量关键的特性和功能可以降低整体成本，而不是试图在项目结束时通过测试提升软件的质量。失效模式及影响和危害性分析（FMECA）和针对安全攸关的航空电子设备软件的 RTCA DO-178B/C 流程，是支持识别质量关键成本因素的系统工程工具。此外，结果链和业务流程分析可以识别高成本、但可能是低价值的质量要求。实施这些质量要求可能是昂贵的，并且在某些情况下，在操作环境中的用户是无法察觉的。

与此同时，未能估算和包含那些用于满足合理的性能、安全、保密和其他非功能性需求的资源成本，会阻碍市场或客户的认可，并在项目结束时造成巨大的额外返工成本，此时返工是最昂贵的。

质量成本还包括修复项目开发过程中发现的功能或技术缺陷的成本。这些成本包括与重建开发或测试环境来验证事后修正、更新与缺陷代码相关的项目工件，以及与中断增值工作流相关的成本。这些返工成本可能会相当大，而且非常难以在项目的开始进行预计。

对于具有稳定的团队和交付历史的适应性生命周期软件项目，历史周转率（类比估算）将包括很多类似项目开发软件的质量成本，因为个人绩效、团队技能、积极性等因素的动态包括在历史周转率中。对于其他项目，专家判断、估算模型和来自以往项目的储备分析，可以用来建立管理储备，以处理与质量成本相关的不确定性。

对于适应性生命周期的项目，减少这些成本的关键之一是在过程的早期收集反馈。

7.3.10 其他工具与技术

除了群体决策技术，本过程的其他工具与技术还有以下几项内容。

（1）专家判断。可以对项目环境及以往类似项目的信息提供有价值的见解，还可以对是否联合使用多种估算方法，以及如何协调这些方法之间的差异做出决定。

（2）项目管理软件。包括电子表单、模拟和统计工具等，可用来辅助成本估算。这些工具能简化某些成本估算技术的使用，使人们能快速地考虑多种成本估算方案。

（3）卖方投标分析。在成本估算过程中，可能需要根据合格卖方的投标情况，分析项目成本。在用竞争性招标选择卖方的项目中，项目团队需要开展额外的成本估算工作，以便审查各项可交付成果的价格，并计算出作为项目最终总成本的各分项成本。

(4) 时间盒估算。适应性项目有时间盒限制和不断演进的产品范围,应该确保它们的成本估算不只是支持型活动(Level Of Effort, LOE)的合计。当前的生产速率和将要使用的资源决定了成本。例如,如果软件特性的未完项需要在12个月内交付,有5个人可用,则可用的工作量是60人·月。尽管这种方法有时会产生准确的估计,但也应小心,因为它也许会提供不切实际的估计,除非要包含的需求和特性被压缩到由那5个人在12个月内可完成的内容。

(5) 功能点和代码行估算。以往代码行或功能点的估算数值被用作工作量估算的主要输入变量。功能点估算被认为更准确,而且更容易在不同的项目之间应用,因为对于同一个功能,代码行会基于编程语言和程序员的不同而变化显著。较新的输入度量项包括故事、故事点、用例、特性和架构对象。

(6) 故事点和用例点估算。这些有时被用作成本估计算法的输入。历史的生产率数据可用于准备估算。例如,可以用每历史故事点的人·天数乘以估算的故事点,得到估算的人·天数。

(7) 估算可重用代码工作量。软件项目估算人员考虑软件代码是否要开发或现有的代码是否会被原样重用,从一个以前的项目改编、获取开源代码,或者是它们的某种组合。使用无须修改的重用代码所需的工作量可能比较小,所需要的可能就是集成测试的工作量,用来检查重用代码是否被正确地集成了。可能需要额外的工作量来修改现有的代码库,以适应重用代码。改编的代码需要一定量的重新设计、重新编码和测试新开发的代码,所需的工作量取决于需要的修改量。改编的代码可能具有正确的设计,但需要转换,因为新的软件使用不同的编程语言;或者改编的代码可能需要一定量的重新设计,以改变或增加性能。一些估算模型包含用于估算重用代码工作量的参数。

(8) 价格策略。估算软件项目的执行成本是估算价格的基础,也就是什么样的价格客户愿意支付。尤其对于竞争性采购,价格的计算方法为成本加利润或费用。理想的价格策略是给出客户愿意支付的价格,期望投标低于竞争对手,但不至于低到不合理或显示出供应商未理解项目而被客户的评估人员拒绝。价格策略应在建造成本和制定现实的投标之间达成平衡。对按价格策略进行的投标进行风险分析,以便按照投标价格执行项目的风险对供应商的组织而言是可以接受的。

7.3.11 过程输出

本过程的输出包括以下内容。

(1) 活动成本估算(如表7-2所示)。这是对完成项目工作可能需要的成本的量化估算。成本估算可以是汇总的或详细分列的,且应该覆盖活动所使用的全部资源,包括直接人工、材料、设备、服务、设施、信息技术以及一些特殊的成本种类,如融资成本(包括利息)、通货膨胀补贴、汇率或成本应急储备。如果间接成本也包含在项目估算中,则可列入活动层次或更高层次。

表 7-2 活动成本估算

项目名称：______________________ 准备日期：______________________

WBS 编号	资　源	直接成本	间接成本	储备金	估算额	估算方法	建设条件/制约因素	估算依据	区间	置信水平
唯一编号	WBS 要素中需要的资源（人、设备、用品）	与资源直接相关的成本	所有间接发生的成本，如管理费用	记录可能有的应急储备金的额度	总成本估值	估算成本使用的方法，如类比估算法、参数估算法等	记录一切估算成本所需的假设，如需要占用资源的时间长度	记录估算中的计算依据，如时薪	提供估算的范围	记录估算的置信度

(2) 估算依据。成本估算所需的支持信息的数量和种类,因应用领域而异。不论其详细程度如何,支持性文件都应该清晰、完整地说明成本估算是如何得出的。成本估算的支持信息可包括以下内容。

① 关于估算依据的文件(如估算是如何编制的)。

② 关于全部假设条件的文件。

③ 关于各种已知制约因素的文件。

④ 对估算区间的说明(如“10 000 元±10%”说明了预期成本的所在区间)。

⑤ 对最终估算的置信水平[①]的说明。

(3) 项目文件(更新)。其包括风险登记册。

7.3.12 项目成本估算的典型问题

尽管有很多辅助进行项目成本估算的工具和技术,但是项目成本估算仍然非常不精确,特别是那些涉及新技术和软件开发的项目。造成这些不精确性的原因包括以下几点。

(1) 为大型项目(如软件开发)做估算是一项复杂的任务,需要巨大的努力。很多估算必须迅速进行,并且在明确系统要求之前做出;需要在项目的不同阶段进行估算,而项目经理要解释每个估算的合理性。

(2) 进行成本估算的人常常相关经验不足,也没有足够精确、可靠的数据作为依据。如果公司有良好的记录项目信息(包括估算信息)的历史,将有助于改进估算。

(3) 人们有低估的倾向。例如,项目经理可能以其自身的能力为基础做估算,而忘记了他的许多成员也将进行项目工作。估算者还可能忘记考虑大型项目综合和测试所需的额外成本。对项目经理和高层管理者而言,审查估算和询问重要问题以确保估算不产生偏差是十分重要的。

(4) 管理者可能真正想要的估算就是一个数字,以帮助他们制作标书以赢得一个主要合同和获得内部资金。项目经理需要帮助建立好的成本和进度估算,并运用领导能力以及谈判技巧去支持那些估算。

7.4 制定预算

制定预算是汇总所有单个活动或工作包的估算成本,建立一个经批准的成本基准的过程。项目预算包括经批准用于项目的全部资金。成本基准是经过批准且按时间段分配的项目预算,但不包括管理储备。本过程的主要作用是确定成本基准,可据此监督和控制项目绩效。

图 7-5 所示为本过程的数据流向图。

7.4.1 过程输入

除了范围基准之外,本过程的输入还包括以下内容。

---

① 置信水平:也叫可靠度,或置信度、置信系数,它是指特定个体对待特定命题真实性相信的程度。

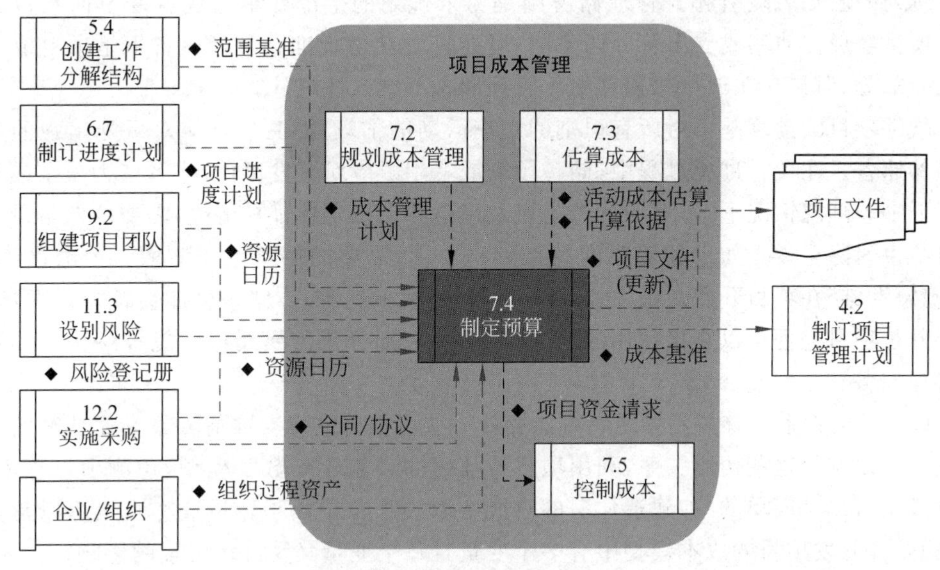

图 7-5 制定预算的数据流向图

(1) 成本管理计划。描述将如何管理和控制项目成本。

(2) 活动成本估算。各工作包内每个活动的成本估算汇总后,即得到各工作包的成本估算。

(3) 估算依据。在估算依据中包括基本的假设条件,如项目预算中是否应该包含间接成本或其他成本。

(4) 项目进度计划。包含项目活动、里程碑、工作包和控制账户的计划开始和完成日期。可根据这些信息,把计划成本和实际成本汇总到相应的日历时段中。

(5) 资源日历。从中了解项目资源的种类和使用时间。可根据这些信息,确定项目周期各阶段的资源成本。

(6) 风险登记册。通过审查,从而确定如何汇总风险应对成本。对风险登记册的更新包含在项目文件(更新)中。

(7) 协议。在制定预算时,需考虑已采购产品、服务或成果的成本及相关合同信息。此外,服务品质协议(如适用)应作为确定软件项目预算的输入。

(8) 组织过程资产。其包括现有的、正式和非正式的、与成本预算有关的政策、程序和指南;成本预算工具;报告方法。

7.4.2 过程工具与技术

除了专家判断,本过程的工具与技术还包括以下内容。

(1) 成本汇总。先把成本估算汇总到 WBS 中的工作包,再由工作包汇总至 WBS 更高层次(如控制账户),最终得出整个项目的总成本。

(2) 储备分析。通过预算储备分析,可以计算出所需的应急储备与管理储备。在项目成本管理中,应急储备是为未规划但可能发生的变更提供的补贴,这些变更由风险登记册中所列的已知风险引起。管理储备则是为未规划的范围变更与成本变更而预留的预算。项目经理在使用或支出管理储备前，可能需要获得批准。管理储备不是项目成本基准的一部分，但包含在项目总预算中。管理储备不纳入挣值计算。

软件项目的预算基于对所有识别的工作活动的估算总和，加上应对可能出现的工作的额外储备。在项目进展过程中，储备预算或者用于应对突发事件，或者作为盈余或利润保留下来。理想情况下，随着项目的进展及风险和不确定性都被解决，需要的储备量将在项目结束时降至零。如果随着时间的推移来绘图，需要的储备量应该像一个圆锥体(该"不确定性锥"在项目开始时最大，在项目结束时缩小到零)。储备可能会被分成两部分：一部分是项目经理可以直接使用的应急储备；另一部分是需要授权才能被应用到项目中的管理储备。

(3) 历史关系。有关变量之间可能存在一些可据以进行参数估算或类比估算的历史关系。可以基于这些历史关系，利用项目特征(参数)来建立数学模型，预测项目总成本。数学模型可以是简单的(如建造住房的总成本取决于单位面积建造成本)，也可以是复杂的(如软件开发项目的成本模型中有多个变量且每个变量又受许多因素的影响)。

(4) 资金限制平衡。应该根据对项目资金的任何限制来平衡资金支出。如果发现资金限制与计划支出之间的差异，则可能需要调整工作的进度计划，以平衡资金支出水平。

7.4.3 输出：成本基准

成本基准是经过批准的、按时间段分配的项目预算，是不同进度活动预算的总和，不包括管理储备，只有通过正式的变更控制程序才能变更，用作与实际结果进行比较的依据。

项目预算和成本基准的各个组成部分如图 7-6 所示。先汇总各项目活动的成本估算及其应急储备，得到相关工作包的成本。然后汇总各工作包的成本估算及其应急储备，得到控制账户的成本。再汇总各控制账户的成本，得到成本基准。由于成本基准中的成本估算与进度活动直接关联，因此就可按时间段分配成本基准，得到一条 S 曲线表示，如图 7-7 所示。最后，在成本基准之上增加管理储备，得到项目预算。当出现有必要动用管理储备的变更时，则应该在获得变更控制过程的批准之后，把适量的管理储备移入成本基

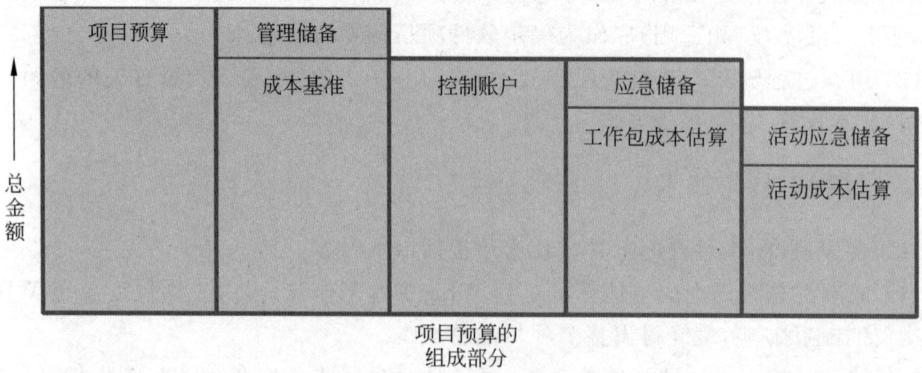

图 7-6 项目预算的组成

准中。

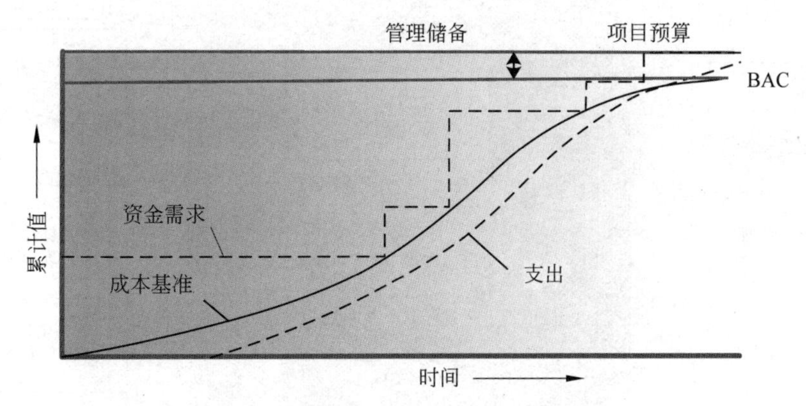

图 7-7　成本基准、支出与资金需求曲线

此外，本过程的输出还包括以下内容。

(1) 项目资金需求。根据成本基准，确定总资金需求和阶段性(如季度或年度)资金需求。成本基准中既包括预计的支出，也包括预计的债务。项目资金通常以增量而非连续的方式投入，并且可能是非均衡的。如果有管理储备，则总资金需求等于成本基准加上管理储备。在资金需求文件中也可说明资金来源。

(2) 项目文件(更新)。其包括风险登记册、活动成本估算、项目进度计划。

7.5 控制成本

控制成本是监督项目状态，以更新项目成本、管理成本基准变更的过程。本过程的主要作用是，发现实际与计划的差异，以便采取纠正措施，降低风险。

软件项目经理通过持续地监测干系人需求和其他条件的变化，来分析对项目成本的潜在影响。有些变化会在范围内，无须改变工作量分配(包括成本)，而有些变化可能会超出范围，就需要改变工作量(成本)和进度。这对于适应性生命周期的软件项目尤其重要，因为干系人的需求通常以动态的方式演变，并且变化会随着项目的发展迅速发生。另外，不同的组织和他们的客户使用不同的成本收益计算方法，用于测量软件项目的成功。例如，项目可交付成果在成功集成和验证测试后可能被认为是价值增值，而其他人可能认为只有在成功的用户验收测试和产品交付到运行环境之后才是价值增值。

图 7-8 所示为本过程的数据流向图。

要更新预算，就需要了解截至目前的实际成本。只有经过实施整体变更控制过程的批准，才可以增加预算。在成本控制中，应重点分析项目资金支出与相应完成的实体工作之间的关系。有效成本控制的关键在于，对经批准的成本基准及其变更进行管理。

项目成本控制包括以下几点。

① 对造成成本基准变更的因素施加影响。

② 确保所有的变更请求都得到及时处理。

③ 当变更实际发生时，管理这些变更。

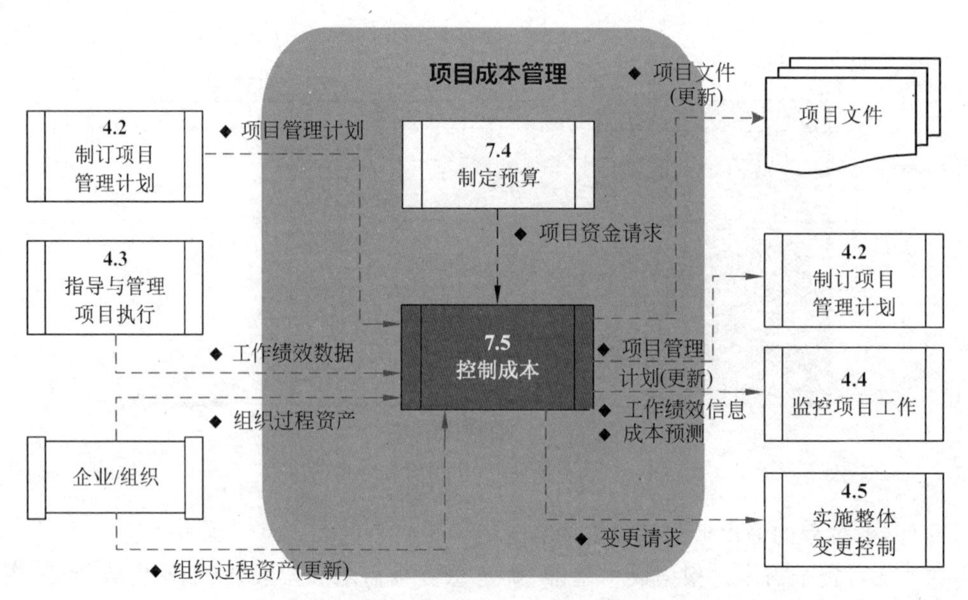

图 7-8　控制成本的数据流向图

④ 确保成本支出不超过批准的资金限额，既不超出按时段、按 WBS 组件、按活动分配的限额，也不超出项目总限额。

⑤ 监督成本绩效，找出并分析与成本基准间的偏差。

⑥ 对照资金支出，监督工作绩效。

⑦ 防止在成本或资源使用报告中出现未经批准的变更。

⑧ 向有关干系人报告所有经批准的变更及其相关成本。

⑨ 设法把预期的成本超支控制在可接受的范围内。

项目成本控制是实施整体变更控制过程的一部分，要弄清引起正面和负面偏差的原因。

7.5.1　过程输入

本过程的输入包括以下内容。

(1) 项目管理计划。其中包含以下可用于控制成本的信息。

① 成本基准。将其与实际结果相比，以判断是否需要进行变更或采取纠正或预防措施。

② 成本管理计划。规定了如何管理与控制项目成本。

(2) 项目资金需求。包括预计支出加上预计债务。

(3) 工作绩效信息。这是关于项目进展情况的信息，如哪些活动已开工、进展如何以及哪些可交付成果已完成，还包括已批准和已发生的成本。

(4) 组织过程资产。包括现有的、正式和非正式的、与成本控制相关的政策、程序和指南；成本控制工具；可用的监督和报告方法。

7.5.2 工具与技术：挣值管理

项目管理中的一个非常有效的成本控制工具就是挣值管理（Earned Value Management，EVM），又称挣值分析，它是综合考虑范围、进度和资源绩效，以评估项目绩效和进展的一种常用的绩效测量方法。它把范围基准、成本基准和进度基准整合起来，形成绩效基准，以便项目管理团队评估和测量项目绩效和进展。EVM 的原理适用于所有行业的所有项目。它针对每个工作包和控制账户，计算并监测以下 3 个关键指标。

① 计划价值（PV）。这是为计划工作分配的经批准的预算。它是为完成某活动或 WBS 组件而准备的一份经批准的预算，不包括管理储备。应该把该预算分配至项目生命周期的各个阶段。在某个给定的时间点，计划价值代表着应该已经完成的工作。PV 的总和有时称为绩效测量基准（PMB）。项目的总计划价值又称为完工预算（BAC）。

② 挣值（EV）。这是对已完成工作的测量值，用分配给该工作的预算来表示。它是已完成工作的经批准的预算。EV 的计算必须与 PMB 相对应，且所得的 EV 值不得大于相应组件的 PV 总预算。EV 常用于计算项目的完成百分比。应该为每个 WBS 组件规定进展测量准则，用于考核正在实施的工作。项目经理既要监测 EV 的增量，以判断当前的状态，又要监测 EV 的累计值，以判断长期的绩效趋势。

③ 实际成本（AC）。这是在给定时段内，执行某工作而实际发生的成本，是为完成与 EV 相对应的工作而发生的总成本。AC 的计算口径必须与 PV 和 EV 的计算口径保持一致（如都只计算直接成本或都计算包含间接成本在内的全部成本）。AC 没有上限，为实现 EV 所花费的任何成本都要计算进去。

也应该监测实际绩效与基准之间的偏差。

① 进度偏差（SV）。这是项目进度绩效的一种指标，表示为挣值与计划价值之差。它是指在某个给定的时点，项目提前或落后的进度，等于挣值（EV）减去计划价值（PV）。进度偏差是一种有用的指标，可表明项目进度是落后还是提前于进度基准。由于当项目完工时，全部的计划价值都将实现（即成为挣值），所以进度偏差最终将等于零。最好把进度偏差与关键路径法（CPM）和风险管理一起使用。公式为 SV＝EV－PV。

② 成本偏差（CV）。这是在某个给定时点的预算亏空或盈余量，表示为挣值与实际成本之差。它是测量项目成本绩效的一种指标，等于挣值（EV）减去实际成本（AC）。项目结束时的成本偏差，就是完工预算（BAC）与实际成本之间的差值。由于成本偏差指明了实际绩效与成本支出之间的关系，所以非常重要。负的 CV 一般都是不可挽回的。公式为 CV＝EV－AC。

还可以把 SV 和 CV 转化为效率指标，以便把项目的成本和进度绩效与任何其他项目作比较，或在同一项目组合内的各项目之间作比较。可以通过偏差来确定项目状态。

③ 进度绩效指数（SPI）。这是测量进度效率的一种指标，表示为挣值与计划价值之比。它反映了项目团队利用时间的效率。有时与成本绩效指数（CPI）一起使用，以预测最终的完工估算。当 SPI＜小于 1.0 时，说明已完成工作量未达到计划要求；当 SPI＞1.0 时，则说明已完成工作量超过计划。由于 SPI 测量的是项目总工作量，所以还需对关键路径上的绩效进行单独分析，以确认项目是否将比计划完成日期提早或推迟完工。SPI 等

于 EV 与 PV 的比值。公式为 SPI＝EV/PV。

④ 成本绩效指数(CPI)。这是测量预算资源成本效率的一种指标，表示为挣值与实际成本之比。它是最关键的 EVM 指标，用来测量已完成工作的成本效率。当 CPI＜1.0 时，说明已完成工作的成本超支；当 CPI＞1.0 时，则说明到目前为止成本有结余。CPI＝EV/AC，该指标对于判断项目状态很有帮助，并可为预测项目成本和进度的最终结果提供依据。

对计划价值、挣值和实际成本这 3 个参数，既可以分阶段(以周或月为单位)进行检测和报告，也可以针对累计值进行监测和报告。图 7-9 所示为以 S 曲线展示某个项目的 EV 数据，该项目目前预算超支且进度落后。

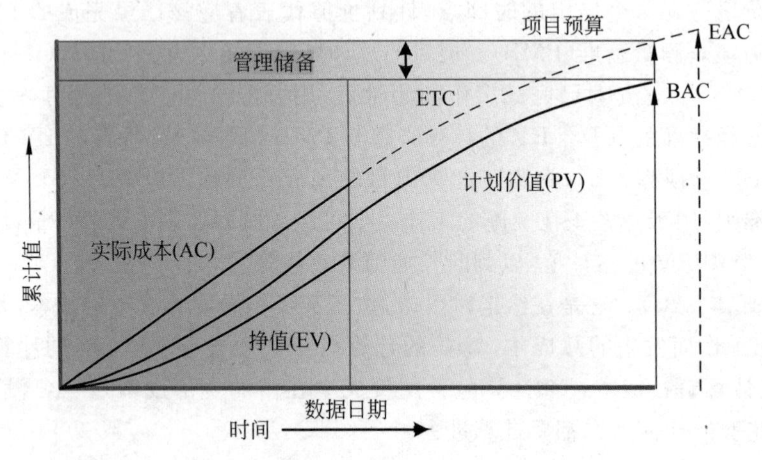

图 7-9　挣值、计划价值和实际成本曲线

当应用于生产物理工件的项目时，挣值管理关注按照成本、进度和工作产品生产速度的总体计划来测量成本和进度的进展。在预测性生命周期软件项目的构建阶段和适应性生命周期软件项目的生产过程中，频繁的测试和演示工作软件增量支持挣值分析技术的使用，因为可工作的、可演示的软件在两种情况下都可以作为进展的测量。然而，其他软件工作产品(如需求、设计文档和测试计划)的无形性使得很难在周期性的生成准确的挣值报告所要求的粒度水平上测量和报告工作的进展。

7.5.3　工具与技术：预测

随着项目进展，项目团队可根据项目绩效，对完工估算(EAC)进行预测，预测的结果可能与完工预算(BAC)存在差异。如果 BAC 已明显不再可行，则项目经理应考虑对 EAC 进行预测。预测 EAC 是根据当前掌握的绩效信息和其他知识，预计项目未来的情况和事件。预测要根据项目执行过程中所提供的工作绩效来产生、更新和重新发布。工作绩效信息包含项目过去的绩效，以及可能在未来对项目产生影响的任何信息。

在计算 EAC 时，通常用已完成工作的实际成本，加上剩余工作的完工尚需估算(ETC)。项目团队要根据已有的经验，考虑实施 ETC 工作可能遇到的各种情况。把

EVM方法与手工预测EAC方法联合起来使用，效果更佳。由项目经理和项目团队手工进行的自下而上汇总方法，就是一种最普通的EAC预测方法。即以已完成工作的实际成本为基础，并根据已积累的经验来为剩余项目工作编制一个新估算。公式为：EAC＝AC＋自下而上的ETC。

可以很方便地把项目经理手工估算的EAC与计算得出的一系列EAC作比较，这些计算得出的EAC代表了不同的风险情景。在计算EAC值时，尽管会使用累计CPI和累计SPI值，但可以用许多方法来计算基于EVM数据的EAC值，下面介绍其中最常用的3种方法。

① 假设将按预算单价完成ETC工作。这种方法承认以实际成本表示的累计实际项目绩效(不论好坏)，并预计未来的全部ETC工作都将按预算单价完成。如果目前的实际绩效不好，则只有在进行项目风险分析并取得有力证据后，才能做“未来绩效将会改进”的假设。公式为：EAC＝AC＋(BAC－EV)。

② 假设以当前CPI完成ETC工作。这种方法假设项目将按截至目前的情况继续进行，即ETC工作将按项目截至目前的累计成本绩效指数(CPI)实施。公式为：EAC＝BAC/CPI。

③ 假设SPI与CPI将同时影响ETC工作。在这种预测中，需要计算一个由成本绩效指数与进度绩效指数综合决定的效率指标，并假设ETC工作将按该效率指标完成。如果项目进度对ETC有重要影响，这种方法最有效。使用这种方法时，还可以根据项目经理的判断，分别给CPI和SPI赋予不同的权重，如80/20、50/50或其他比率。公式为：AC＋[(BAC－EV)/(CPI×SPI)]。

上述3种方法可适用于任何项目。如果预测的EAC值不在可接受范围内，就是对项目管理团队发出了预警信号。

软件开发预测方法期望的属性包括在短时间内提供可靠的估算，快速传达决策或行动的需要，以及使项目发起人能够选择如何使用软件开发资金。挣值跟踪、燃尽图和累积流量图提供了项目最新花费成本的指标，并能提供项目完成时成本的预测。这些机制通常以工作量(人·时)为单位，或者以考虑劳动力成本加额外费用的货币为单位报告成本。

这些信息以计算量展示，但图表的可视性对项目经理、软件团队及其他干系人才是最有价值的。这些图表显示累积的进展、有多少工作量或金钱被花费在该项目中，以及还有多少要完成。它描绘了保持项目在正轨上运行需要的工作量或金钱，而不考虑分配的工作量。

对于所需资源的简单计算、分配的百分比以及所有的相关成本，都可以放在挣值曲线图、燃尽图或累积流量图上。对一个大项目进行重新估算和重建基准往往需要大量的工作量，并且可能会发生关于范围和优先级调整或产品特性延期的重大客户讨论。对较小的项目，可能简单地使用外推法来确定交付需要的软件功能所需的成本和进度。然后项目经理和关键干系人调整要开发的功能，以便这些功能可以在指定的预算和时间内完成，或者调整预算和时间，或者它们的某种组合。

7.5.4 工具与技术：完工尚需绩效指数

完工尚需绩效指数(TCPI)是一种为了实现特定的管理目标，剩余资源的使用必须达到的成本绩效指标，是完成剩余工作所需的成本与剩余预算之比。TCPI 是指为了实现具体的管理目标(如 BAC 或 EAC)，剩余工作的实施必须达到的成本绩效指标。如果 BAC 已明显不再可行，则项目经理应考虑使用 EAC 进行 TCPI 计算。经过批准后，就用 EAC 取代 BAC。基于 BAC 的 TCPI 公式为：TCPI =(BAC−EV)/(BAC−AC)。

TCPI 的概念可用图 7-10 表示。其计算公式在图的左下角，用剩余工作(BAC 减去 EV)除以剩余资金(可以是 BAC 减去 AC，或 EAC 减去 AC)。

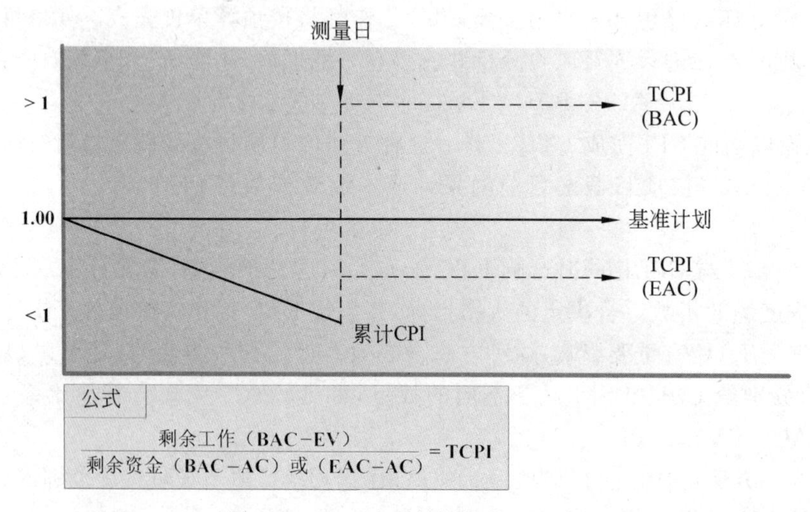

图 7-10 完工尚需绩效指数(TCPI)

如果累计 CPI 低于基准(如图 7-10 所示)，那么项目的全部剩余工作都应立即按 TCPI(BAC)(图 7-9 中最高的那条虚线)执行，才能确保实际总成本不超过批准的 BAC。至于所要求的这种绩效水平是否可行，还需要综合考虑多种因素(包括风险、进度和技术绩效)后才能判断。如果不可行，就需要把项目未来所需的绩效水平调整为如 TCPI(EAC)线所示。基于 EAC 的 TCPI 公式为：TCPI =(BAC−EV)/(EAC−AC)。

7.5.5 工具与技术：绩效审查

绩效审查的对象包括成本绩效随时间的变化、进度活动或工作包超出和低于预算的情况以及完成工作所需的资金估算。如果采用了 EVM，则需进行以下分析。

① 偏差分析。在 EVM 中，偏差分析用以解释成本偏差(CV=EV−AC)、进度偏差(SV=EV−PV)和完工偏差(VAC=BAC−EAC)的原因、影响和纠正措施。成本和进度偏差是最需要分析的两种偏差。对于不使用挣值管理的项目，可开展类似的偏差分析，通过比较计划活动成本和实际活动成本，来识别成本基准与实际项目绩效之间的差异。可以实施进一步的分析，以判定偏离进度基准的原因和程度，并决定是否需要采取纠正或预防措施。可通过成本绩效测量来评价偏离原始成本基准的程度。项目成本控制的重要工

作包括：判定偏离成本基准的原因和程度，并决定是否需要采取纠正或预防措施。随着项目工作的逐步完成，偏差的可接受范围（常用百分比表示）将逐步缩小。

② 趋势分析。旨在审查项目绩效随时间的变化情况，以判断绩效是正在改善还是正在恶化。图形分析技术有助于了解截至目前的绩效情况，并把发展趋势与未来的绩效目标进行比较，如 EAC 与 BAC、预测完工日期与计划完工日期的比较。

③ 挣值绩效。将实际的进度及成本绩效与绩效测量基准进行比较。如果不采用 EVM，则需要对比分析已完成工作的实际成本与成本基准，以考察成本绩效。

7.5.6 工具与技术：管理测量指标

挣值曲线图、燃尽图和累积流量图，为项目控制提供可视化的软件成本测量指标。它们基于计划的和实际的成本、时间和产品的特性。

① 挣值曲线图。项目的挣值曲线图在纵轴上显示预算和实际成本及估算的和实际的进度，在横轴上显示时间。基于定期挣值报告的累积趋势线显示计划的与实际的成本和计划的与实际的进度进展之间的偏差，以及估算的实际成本和预计的完工日期的预测。

② 燃耗图和燃尽图。燃尽图是剩余的工作与时间的关系的图形化展示。剩余的工作（未完项）通常显示在纵轴上，时间显示在横轴上。燃尽图可以用于显示项目的完成进度。一组前期的燃尽图可以提供项目的趋势。

③ 累积流量图。它为适应性生命周期的软件项目提供了跟踪项目进展的方法。累积流量图在指示完成程度的同时沟通进展，因为它们显示总范围、工作进展和完成的工作。累积流量图可以与资源消耗相关联，以支持成本控制。

此外，本过程使用的工具与技术还有以下两项。

(1) 项目管理软件。常用于监测 PV、EV 和 AC 这 3 个 EVM 指标，画出趋势图，并预测最终项目结果的可能区间。

(2) 储备分析。在控制成本过程中，可以采用储备分析来监督项目中应急储备和管理储备的使用情况，从而判断是否还需要这些储备，或者是否需要增加额外的储备。随着项目工作的进展，这些储备可能已按计划用于支付风险或其他应急情形的成本。或者，如果风险事件没有如预计的那样发生，就可能要从项目预算中扣除未使用的应急储备，为其他项目或运营腾出资源。在项目中开展进一步风险分析，可能会发现需要为项目预算申请额外的储备。

7.5.7 过程输出

本过程的输出包括以下内容。

(1) 工作绩效信息。WBS 各组件（尤其是工作包与控制账户）的 CV、SV、CPI、SPI、TCPI 和 VAC 值都需要记录下来，并传达给相关干系人。

挣值状态报告（如表 7-3 所示）显示详细的数学指标，通过整合范围、进度和成本信息来反映项目的健康状态。信息可以是当期报告阶段和累计的情况。挣值状态报告也可用于预测项目完成的总成本或完成项目需要的基准预报。

表 7-3 挣值状态报告

项目名称：____________________ 准备日期：____________________

完工预算(BAC)：____________________ 全部状态：____________________

	当前报告阶段	当前阶段累计	过去阶段累计
计划价值	计划要完成的工作值		
挣值	已完成的工作价值		
实际成本	完成工作的成本		
进度偏差(SV)	挣值减去计划价值：SV＝EV－PV		
成本偏差(CV)	挣值减去实际成本：CV＝EV－AC		
进度绩效指数(SPI)	挣值除以计划价值：SPI＝EV/PV		
成本绩效指数(CPI)	挣值除以实际成本：CPI＝EV/AC		

产生进度偏差的根本原因：

进度影响：描述对可交付成果、里程碑或关键路径的影响

产生成本偏差的根本原因：

预算影响：描述对项目预算、应急资金和储备、打算的解决偏差的影响

	当前报告阶段	当前阶段累计	过去阶段累计
计划的百分比		显示计划完成工作的百分比：PV/BAC	
已挣得的百分比		显示已经完成工作的百分比：EV/BAC	
已花费的百分比		显示已花费预算的百分比：AC/BAC	
完工估算(EAC)	确定用合适的方法预测完成项目的总支出。计算预测和证明选择特定EAC的原因。例如，如果期望CPI在余下的项目中保持不变：EAC＝BAC/CPI 如果CPI和SPI影响余下的工作：EAC＝AC＋[(BAC－EV)/(CPI×SPI)]		

续表

EAC w/CPI [BAC/CPI]			
EAC w/CPI×SPI [AC+(BAC-EV)/(CPI×SPI)]			
EAC 选择、调整和说明			
完工尚需绩效指数(TCPI)		计算余下的工作除以余下的资金： TCPI =(BAC-EV)/(BAC/AC)完成计划，或者 TCPI =(BAC - EV)/(EAC - AC)完成目前的 EAC	
备注：			

(2) 成本预测。无论是计算得出的 EAC 值，还是自下而上估算的 EAC 值，都需要记录下来，并传达给相关干系人。

(3) 变更请求。分析项目绩效后，可能会就成本绩效基准或项目管理计划的其他组成部分提出变更请求。变更请求可以包括预防或纠正措施。

(4) 项目管理计划(更新)。

① 成本基准。在批准对范围、活动资源或成本估算的变更后，需要相应地对成本基准做变更。有时成本偏差太严重，以至于需要修订成本基准，以便为绩效测量提供现实可行的依据。

② 成本管理计划。包括用于管理项目成本的控制临界值或所要求的准确度。要根据干系人的反馈意见对它们进行更新。

(5) 项目文件(更新)。其包括成本估算和估算依据。

(6) 组织过程资产(更新)。其包括偏差的原因、采取的纠正措施及其理由、财务数据库、从项目成本控制中得到的其他经验教训。

7.6 习 题

请参考课文内容以及其他资料，完成下列选择题：

1. 请问，项目成本管理同下列(　　)过程组无关。

A. 启动过程组　　B. 监控过程组　　C. 规划过程组　　D. 以上都不是

2. 下列(　　)知识领域同成本管理各项过程的输入没有联系。

A. 整合管理　　B. 范围管理　　C. 风险管理　　D. 质量管理

3. 小李是某项大型基建工程的项目经理,前不久他刚接到一项任务,要求在两周后提交一份项目的成本基准给上层管理组,这意味着接下来小李将要完成以下(　　)工作。

A. 小李应该和专职人员一起对完成项目活动所需资金进行近似估算,建立成本基准

B. 小李应该和专职人员一起在对项目进行估算的基础上进行项目预算,建立成本基准

C. 小李应该和专职人员一起根据项目进展情况,将项目估算稍做变更,建立成本基准

D. 小李应该和专职人员一起监督项目状态,根据更新后的制订预算建立一份成本基准

4. 在项目成本管理过程中,需要设法弄清项目资金需求和工作绩效信息等,以进行(　　)。

A. 项目估算成本　　B. 项目制订预算　　C. 项目成本控制　　D. 以上都是

5. 估算成本过程同下列(　　)过程没有联系。

A. 识别风险　　B. 制订人力资源计划

C. 制订进度计划　　D. 制订质量管理计划

6. 下列(　　)可作为项目估算成本的依据。

A. 项目资金需求　　B. 成本绩效基准

C. 资源日历　　D. WBS

7. 为了得到有效的项目估算成本,其中一种方法是向完成过类似项目的其他项目经理咨询意见。请问,这应用了项目估算成本的(　　)技术。

A. 活动历时估算　　B. 类比估算

C. 自下而上估算　　D. 建立参数

8. 自下而上估算是估算成本中经常用到的一种方法,首先对单个工作包或活动的成本进行最具体、细致的估算,然后将这些费用汇总到更高层级,以便用于报告和跟踪。自下而上估算方法的准确性主要取决于(　　)。

A. 个别计划活动或工作包的规模和复杂程度

B. 估算人员的知识和对工作包的熟悉程度

C. 估算成本时团队成员之间有效的讨论

D. 模型的复杂性及其涉及的资源数量和费用数据

9. 在拟订项目初步估算成本时,项目经理最初需要(　　)资料。

A. 项目进度计划　　B. 成本管理计划

C. 现有的历史数据　　D. 自下而上的估算

10. 项目估算总成本为100 000美元,允许的范围是90 000~125 000美元,这属于(　　)估算成本。

A. 非正式　　B. 数量级的　　C. 确定的　　D. 预算

11. 下列对类比估算方法的描述，不正确的是(　　)。

A. 在估算成本时，该方法以过去类似项目的实际成本为依据，来估算当前项目的成本

B. 类比估算通常成本较低、耗时较少，但准确性也较低

C. 该方法综合利用历史信息和专家判断，在项目早期阶段，经常被用于估算成本参数

D. 该方法本质上是一种自下而上的方法

12. 以下关于估算成本的说法中，正确的是(　　)。

A. 只需要考虑项目的成本，生命期成本应当由行政经理来考虑

B. 为了在项目内或跨项目比较，估算成本必须以货币为单位

C. 估算成本信息来自整体、范围、时间、人力资源、沟通、风险、采购过程的成果

D. 为了有效控制成本，在项目一开始就应该精确地估算计划活动所需要的费用

13. 组建项目团队过程同制订预算中的(　　)输入有关。

A. 资源日历　　B. 项目进度计划　　C. 范围基准　　D. 成本绩效基准

14. 成本管理某项输入中包含项目活动的计划开始与完成日期、里程碑的计划实现期，以及工作包和控制账户的计划开始与完成日期，可根据这些信息，把项目成本汇总到其计划发生的日历时段中，则该项输入是(　　)。

A. 资源日历　　B. 项目进度计划

C. 活动估算成本　　D. 估算依据

15. 制订预算组成中不包括(　　)。

A. 分配的预算　　B. 管理储备

C. 未分配的预算　　D. 已经发生的项目开支

16. 下列(　　)不是制订预算的工具。

A. 专家判断　　B. 自下而上估算

C. 历史关系　　D. 储备分析

17. 下列(　　)过程和控制成本过程的输入都有关。

A. 识别风险和制订项目管理计划

B. 制订项目管理计划和实施整体变更控制

C. 识别风险和实施整体变更控制

D. 制订项目管理计划和指导与管理项目执行

18. 以下(　　)不是控制成本的输入。

A. 工作绩效测量信息　　B. 工作绩效信息

C. 项目资金需求　　D. 成本绩效基准和成本管理计划

19. 完工尚需绩效指数的目的是(　　)。

A. 确定在管理层的财政目标内完成项目剩余工作需要的进度和成本绩效

B. 确定在管理层的财政目标内完成项目剩余工作需要的成本绩效

C. 预测最后项目成本

D. 预则最后项目进度和成本

20. EAC 是挣值管理中的一个常见概念，它是对(　　)方面的定期总体评价。
　　A. 预测的项目完工时资源耗费　　　　B. 未完成工程的成本
　　C. 预测的项目成本　　　　　　　　　D. 迄今业已完成的工程价值

7.7 实验与思考：扫描仪项目的状态报告

【实验目的】

本节"实验与思考"的目的如下。

(1) 理解和熟悉项目成本管理的基本概念。

(2) 阅读案例"扫描仪项目"，熟悉"控制成本"过程的输出，尝试完成建立扫描仪项目"挣值状态报告"实践。

【工具/准备工作】

(1) 在开始本实验之前，请回顾教科书的相关内容。

(2) 需要准备一台能够访问因特网的计算机。

【实验内容与步骤】

1. 案例

现在你是一个电子扫描仪项目的项目经理，目前项目正在顺利进行中。请依据表 7-4 所列的状态数据，为公司董事会提供一个书面状态报告，讨论项目到目前以及完成时的状态。利用提供的数字和计算出的结果，给出尽可能具体的描述。记住，你的听众并不熟悉那些项目经理和计算机专业人士使用的行话，所以一些解释可能是必要的。对你的报告的评价取决于你对数据的详尽使用、你对项目当前与今后状态的整体判断，以及你所建议的项目变动。

表 7-4　扫描仪项目

伊莱克斯康公司 艾考路 555 号，5 号写字楼 波士顿，马萨诸塞州			29 扫描仪项目(千美元) 1月1日实际进展				
名　　称	BCWS	BCWP	ACWP	SV	CV	BAC	FAC
扫描仪项目	420	395	476	−25	−81	915	1103
H 1.0　硬件	92	88	72	−4	16	260	213
H 1.1　硬件指标	20	20	15	0	5	20	15
H 1.2　硬件设计	30	30	25	0	5	30	25
H 1.3　硬件文档	10	6	5	−4	1	10	8

续表

名　　称	BCWS	BCWP	ACWP	SV	CV	BAC	FAC
H 1.4　原型	2	2	2	0	0	40	40
H 1.5　测试原型	0	0	0	0	0	30	30
H 1.6　电路板	30	30	25	0	5	30	25
H 1.7　生产模型	0	0	0	0	0	100	100
OP 1.0　操作系统	195	150	196	−45	−46	330	431
OP 1.1　核心参数	20	20	15	0	5	20	15
OP 1.2　驱动器	45	55	76	10	−21	70	97
OP 1.2.1　磁盘驱动	25	30	45	5	−15	40	60
OP 1.2.2　驱动	20	25	31	5	−6	30	37
OP 1.3　代码软件	130	75	105	−55	−30	240	336
OP 1.3.1　代码软件	30	20	40	−10	−20	100	200
OP 1.3.2　文档软件	45	30	25	−15	5	50	42
OP 1.3.3　代码界面	55	25	40	−30	−15	60	96
OP 1.3.4　β测试软件	0	0	0	0	0	30	30
U 1.0　工具	87	198	148	21	−40	200	274
U 1.1　工具参数	20	20	15	0	5	20	15
U 1.2　常规工具	20	20	35	0	−15	20	35
U 1.3　综合工具	30	60	90	30	−30	100	150
U 1.4　工具文档	17	8	8	−9	0	20	20
U 1.5　β测试工具	0	0	0	0	0	40	40
S 1.0　系统整合	46	49	60	3	−11	125	153
S 1.1　系统架构	9	9	7	0	2	10	8
S 1.2　硬/软件组合	25	30	45	5	−15	50	75
S 1.3　系统硬/软件测试	0	0	0	0	0	20	20
S 1.4　项目文档	12	10	8	−2	2	15	12
S 1.5　整合兼容测试	0	0	0	0	0	30	30

2. 作业

（1）小组讨论研究和熟悉这个项目的具体工作内容。

（2）请为本项目建立类似于表 7-3 所列的“挣值状态报告”。

（3）请将上述内容整理形成正式的项目成本管理文件并适当命名。

如果是书面作业，请适当注意文档装饰并用A4纸打印。

如果是电子文档，请用压缩软件对本作业压缩打包，并将压缩文件命名为

<班级>_<姓名>_项目成本管理.rar

请将该压缩文件在要求的日期内，以电子邮件、QQ文件传送或者实验指导教师指定的其他方式交付。

请记录：该项实践作业能够顺利完成吗？

____

____

【实验总结】

____

____

____

____

【实验评价(教师)】

____

____

项目质量管理

一些技术项目的失败是因为项目团队集中于满足主要产品的书面需求，而忽略了干系人对项目的其他需求和期望。因此，项目团队必须理解关键的项目干系人，特别是项目的主要客户的明确和隐含的质量需求。项目管理必须满足或超越项目干系人的需求和期望。

项目质量管理在项目环境内执行组织确定的质量政策、程序、目标与职责的各个过程和活动，实施组织的质量管理体系，从而使项目满足其预定的需求，并适当支持持续的过程改进活动，确保项目需求(包括产品需求)得到满足和确认。

项目质量管理包括执行组织确定质量政策、目标与职责的各过程和活动，从而使项目满足其预定的需求。项目质量管理过程包括以下几项。

① 规划质量管理。识别项目及其可交付成果的质量要求和/或标准，并书面描述项目将如何证明符合质量要求的过程。

② 实施质量保证。审计质量要求和质量控制测量结果，确保采用合理的质量标准和操作性定义的过程。

③ 控制质量。监督并记录质量活动执行结果，以便评估绩效，并推荐必要的变更过程。

图 8-1 概述了项目质量管理的各个过程。

项目质量管理各过程之间的关系数据流对理解各个过程很有帮助，如图 8-2 所示。

项目质量管理需要兼顾项目管理与项目可交付成果两个方面。质量的测量方法和技术则需专门针对项目所生产的可交付成果类型而定。无论什么项目，如果未达到质量要求，都会给项目干系人带来严重的负面后果，举例如下。

① 为满足客户要求而让项目团队超负荷工作，就可能导致利润下降、项目风险增加以及员工疲劳、出错或返工。

② 为满足项目进度目标而仓促完成预定的质量检查，就可能造成检验疏漏、利润下降以及后续风险增加。

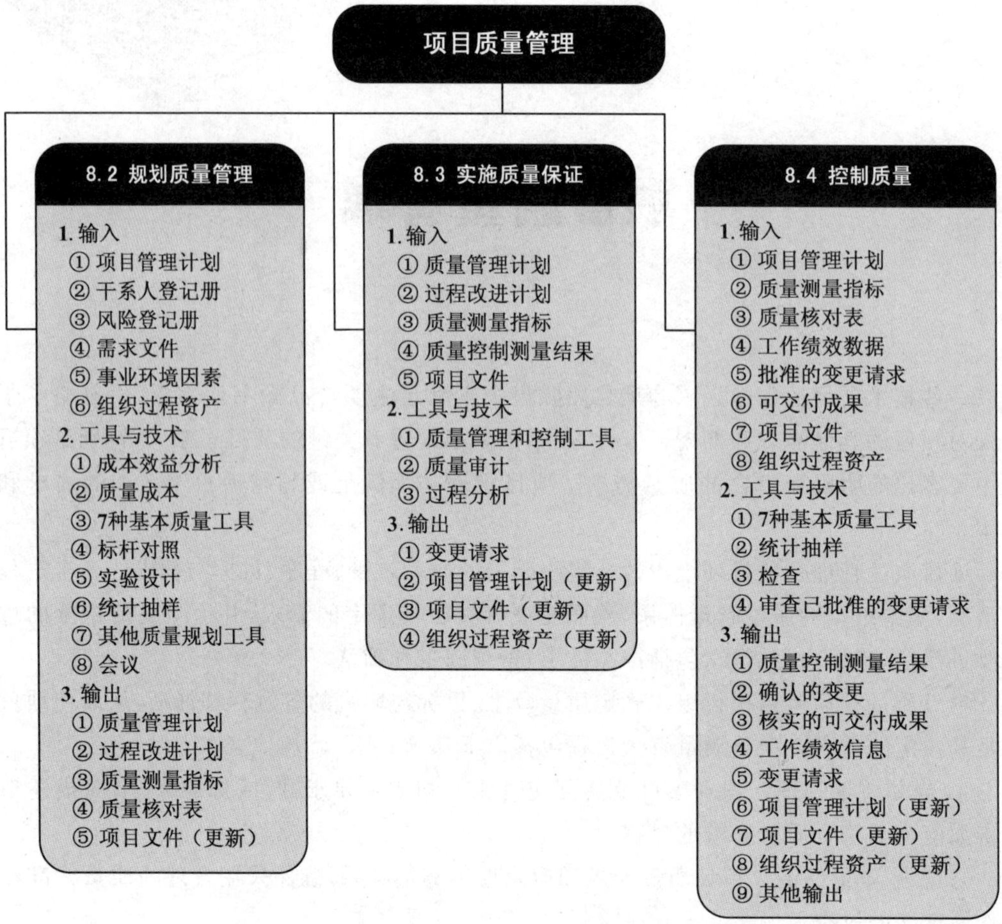

项目质量管理
8.2 规划质量管理
1. 输入
① 项目管理计划
② 干系人登记册
③ 风险登记册
④ 需求文件
⑤ 事业环境因素
⑥ 组织过程资产
2. 工具与技术
① 成本效益分析
② 质量成本
③ 7种基本质量工具
④ 标杆对照
⑤ 实验设计
⑥ 统计抽样
⑦ 其他质量规划工具
⑧ 会议
3. 输出
① 质量管理计划
② 过程改进计划
③ 质量测量指标
④ 质量核对表
⑤ 项目文件（更新）
8.3 实施质量保证
1. 输入
① 质量管理计划
② 过程改进计划
③ 质量测量指标
④ 质量控制测量结果
⑤ 项目文件
2. 工具与技术
① 质量管理和控制工具
② 质量审计
③ 过程分析
3. 输出
① 变更请求
② 项目管理计划（更新）
③ 项目文件（更新）
④ 组织过程资产（更新）
8.4 控制质量
1. 输入
① 项目管理计划
② 质量测量指标
③ 质量核对表
④ 工作绩效数据
⑤ 批准的变更请求
⑥ 可交付成果
⑦ 项目文件
⑧ 组织过程资产
2. 工具与技术
① 7种基本质量工具
② 统计抽样
③ 检查
④ 审查已批准的变更请求
3. 输出
① 质量控制测量结果
② 确认的变更
③ 核实的可交付成果
④ 工作绩效信息
⑤ 变更请求
⑥ 项目管理计划（更新）
⑦ 项目文件（更新）
⑧ 组织过程资产（更新）
⑨ 其他输出

图 8-1　项目质量管理概述

质量管理计划
规划质量管理
实施质量保证
变更请求
过程改进计划
质量控制
测量成果
质量测量指标
控制质量
质量核对单
工作绩效信息
核实的
可交付成果
确认的变更

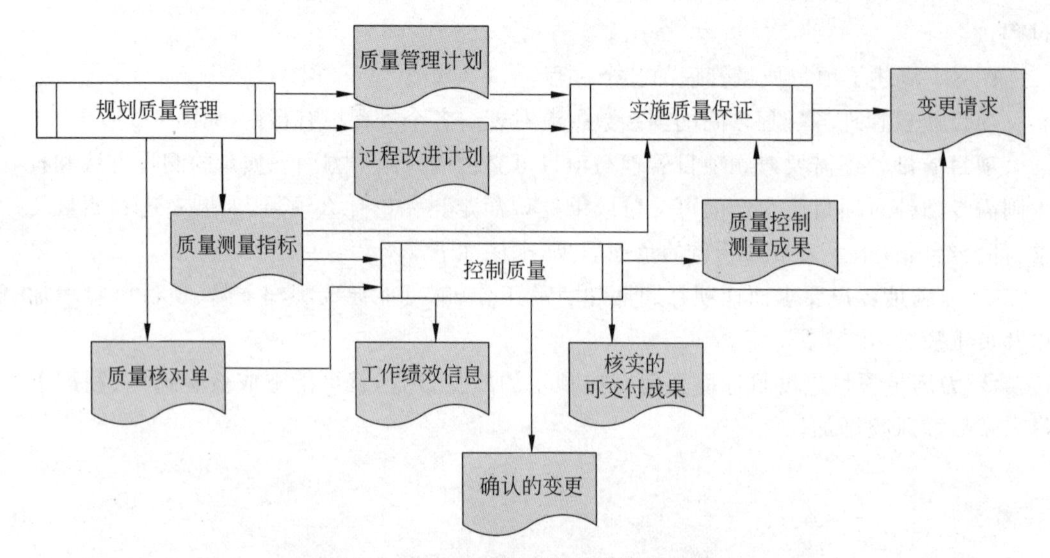

图 8-2　项目质量管理各过程的数据关系

8.1 软件项目的项目质量管理

质量与等级是两个不同的概念。质量作为实现的性能或成果，是“一系列内在特性满足要求的程度”（ISO 9000），而等级作为设计意图，是对用途相同但技术特性不同的可交付成果的级别分类。项目经理及项目管理团队负责权衡，以便同时达到所要求的质量与等级水平。质量水平未达到质量要求肯定是个问题，而低等级不一定是个问题。举例如下。

① 一个低等级（功能有限）、高质量（无明显缺陷、用户手册易读）的软件产品，也许不是问题，该产品适合一般使用。

② 一个高等级（功能繁多）、低质量（有许多缺陷、用户手册杂乱无章）的软件产品，也许是个问题。该产品的功能会因质量低劣而无效或低效。

每个项目都应该有一个质量管理计划。项目团队应该遵循质量管理计划并以数据证明自己遵守了计划。

现代质量管理方法承认以下几方面的重要性。

（1）客户满意。了解、评估、定义和管理要求，以便满足客户的期望。这就需要把“符合要求”（确保项目产出预定的结果）和“适合使用”（产品或服务必须满足实际需求）结合起来。

（2）预防胜于检查。质量应该被规划和设计，并且在项目的管理过程或可交付成果生产过程中被建造出来（而不是被检查出来）。预防错误的成本通常远低于在检查或使用中发现并纠正错误的成本。

（3）持续改进。由休哈特提出并经戴明完善的“计划—实施—检查—行动（Plan-Do-Check-Act，PDCA）循环”（又叫戴明环）是质量改进的基础。另外，诸如全面质量管理（TQM）、六西格玛和精益六西格玛等质量管理举措，也可以改进项目的管理质量及项目的产品质量。

（4）管理层的责任。项目的成功需要项目团队全体成员的参与，然而，管理层在其质量职责内，肩负着为项目提供具有足够能力的资源的相应责任。

（5）质量成本（COQ）。它是指一致性工作和非一致性工作的总成本。一致性工作是为预防工作出错而做的附加努力，非一致性工作是为纠正已经出现的错误而做的附加努力。质量工作的成本在可交付成果的整个生命周期中都可能发生。例如，项目团队的决策会影响到已完工的可交付成果的运营成本。项目结束后，也可能因产品退货、保修索赔、产品召回而发生“后项目质量成本”。由于项目的临时性及降低后项目质量成本所带来的潜在利益，发起组织可能选择对产品质量改进进行投资。这些投资通常用在一致性工作方面，以预防缺陷或检查出不合格单元来降低缺陷成本。

PDCA、质量成本模型和项目管理过程组在质量保证和质量控制方面的基本关系如图8-3所示。

此外，与后项目质量成本有关的问题，也应该成为项目集管理和项目组合管理的关注点，以便项目、项目集和项目组合办公室专门开展审查、提供模板和分配资金。

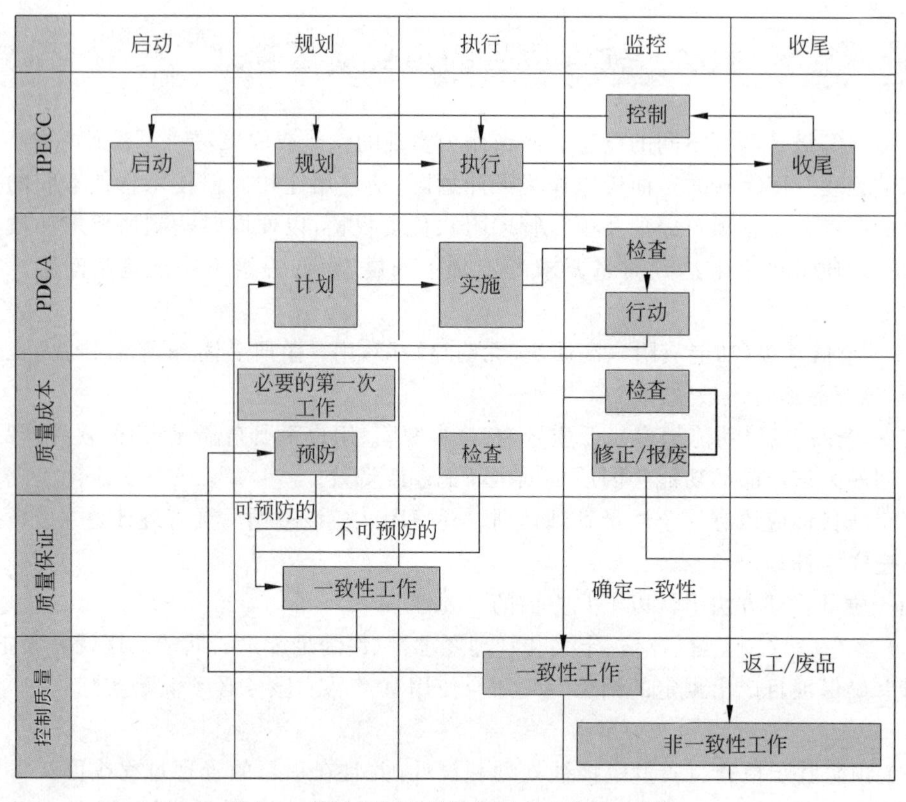

图 8-3　质量保证和质量控制方面的基本关系

因为安全、保证和公共福利越来越依赖于软件，软件质量管理也越来越重要。每个可交付工作产品都应该具有可接受的质量，如用户和其他干系人所确定的需求。质量保证、质量控制、验证和确认管理是软件项目管理的重要元素。

对于对用户和其他干系人来说，软件质量属性非常重要，包括安全性、保密性、可靠性、弹性、可信性、可扩展性、绩效、容易学习、容易使用(易用性)、错误提示的解释、可用性、可达性、有效性、灵活性、互操作性和鲁棒性等。

软件质量属性对软件开发也很重要，包括可测试性、可维护性、可移植性、可扩展性和可重用性。这些质量属性对软件项目经理理解软件工作产品的需求和期望质量属性之间的优先级，以及理解软件项目管理和实施的方法、工具、技术上的质量属性的影响是重要的。

软件质量保证(SQA)是一个持续的过程，它审计其他软件过程，以确保这些过程被遵守。SQA 也判定从软件质量控制获得的期望结果的程度。SQA 的章程一般包括检查用于开发和修改软件的所有过程被遵守的程度，并可能会推荐改善这些过程的方法。

软件质量控制(SQC)关注应用方法、工具与技术，来确保软件工作产品(包括软件代码)满足正在开发或修改的软件产品的质量要求。

在大多数软件开发组织中，有两个级别的 SQA 和 SQC，即存在于软件开发团队内或团队间的内部 SQA 和 SQC 以及存在于软件项目所在的组织单元级别的外部 SQA 和

SQC。通常由组织内的独立的功能单元(可能有两个不同的SQA和SQC部门)执行外部SQA和SQC活动。有时,在安全攸关的软件中会应用第三级的独立的质量控制(独立的验证和确认)。

在软件团队内部,内部SQA采用反思、回顾会和经验教训评审的形式,来确定特定的过程是否正在被遵守,并找到改善这些过程的方法。内部SQA也会评审过程性能测量结果并与规范和期望进行比较。

组织级SQA在组织内检查内部和外部的SQC方法、工具、技术和软件项目的结果。外部SQA的其他活动对于预测性和适应性软件项目生命周期可能会有所不同。对于预测性生命周期,外部SQA确定各个过程被遵守的程度和正在获得的结果,如启动和规划软件项目、导出和文档化需求、编制设计文件、进行里程碑评审以及变更控制、测试规划、软件构建和测试的过程和程序。

在适应性生命周期软件项目中,外部SQA通常要判定所采用的特定的适应性生命周期中过程和程序被遵守的程度和正在取得的结果。检查的过程包括:初始的项目和产品范围的开发;关键干系人的识别和参与;具备相关知识的客户或关键干系人的持续参与;适当的团队规模和团队人员技能;其他敏捷元素。SQA还要检查团队速度、迭代周期的节奏和燃耗/燃尽率的测量结果。将测量结果与团队的历史值进行比较,并与组织内的其他软件项目的历史值和当前值相比较。

SQC的常用方法包括评审、检查和测试,这些方法既在团队内实施,也由独立的代理机构在外部实施。对于预测性生命周期软件项目,外部SQC在每个增量开发阶段结束(当软件增量被开发)时通常可以发挥重要的作用,特别在组织内的软件项目进行软件交付/部署之前。当SQC被应用在预测性软件项目邻近结束的阶段时,经常会发生大量返工、成本增加和进度延迟。这可能会导致主要干系人向项目经理和软件开发团队成员施加压力。其结果可能导致不充分的软件测试和隐瞒软件质量调查的结果。开发已测试的、可演示的软件增量可以减少这些问题。在适应性生命周期软件项目中,外部SQC可以应用到部分或全部的可工作、可演示的软件增量和最终的可交付的软件产品中。

进行独立的质量审计,可以通过为外部SQA和SQC建立不同的报告途径来获得SQA和SQC的独立性。内部SQA通过个人反思和团队成员回顾会来完成。对于内部SQC,应由软件组件生产者之外的其他软件团队成员来执行同行评审和测试。

成熟的组织和团队培育外部SQA、SQC和软件开发团队之间的合作,以避免时而出现的敌对关系。对于小型项目和组织,SQA和SQC人员可能是软件开发团队的成员,这需要提供和保持一定程度的独立性(某人被指定负责SQA,并且没有人执行自己代码的最终测试)。而较大型的组织可以授权外部SQA和SQC人员在组织级与开发活动分离(允许SQA和SQC人员根据出现的问题或新识别的改进机会进行审计、调查和建议变更),质量问题的合作探查在跨职能产品团队内比较容易实现。另外,当外部SQA和SQC人员从独立的职能团队指派而来,并且不包含在跨职能团队中时,质量问题的合作探查可能会无法实现,SQA和SQC人员也可能成为软件开发人员的对手。

决定软件是否具有可接受的质量的用户角色可以由不同的人来扮演,这取决于项目的背景。在一个生产商业软件产品的公司里,用户可能由产品经理来代表或被记录在一个或多个虚构人物中，由他们来提供典型用户的知识、需要和任务。在一个 IT 企业项目中，用户可能是一个在软件所服务的业务流程中经授权的主题事务专家。在按合同执行的软件项目中，采购方的接收部门可以代表用户。为了满足用户需求，确保项目团队了解用户是定义什么是“质量”和“适合使用”的人，对软件项目经理是非常重要的。然而，项目经理需要认识到，用户在使用该软件之前，可能无法表明他们真正的想法和需要。出于这个原因，项目经理应该依靠业务分析师、需求工程师及能够引出质量期望其他人员的专业知识。

软件质量的复杂性导致了若干质量模型，软件质量模型包括过程质量、内部和外部产品质量、使用质量、数据质量和软件代码质量；后者通过检查或“静态”测试，以及通过运行软件进行“动态”测试来进行评估。

从项目质量的视角看，项目经理考虑：工作组织方式是否有利于生产高质量的软件。各个过程在实现项目和产品的目标，以及为正在进行的工作建立一个强大的、有凝聚力的各团队时是高效的和有效的吗？使用了什么方法和工具，它们在被有效地使用吗？

内部质量模型将软件看作一个开放的“白盒”，软件评估人员可以直接检查代码和对应的资料，如设计文档，即使它们正在开发中。自动化的软件工具可用于执行很多方面的白盒检查。它们包括静态和动态测试工具，这些工具检查测试用例代码覆盖率、编码标准的遵守状况、未初始化的变量和许多其他类型的编码错误。

外部质量模型将软件作为一个“黑盒”，软件评估人员通过观察输入输出行为来确定该软件的行为，测量软件的性能，检查它如何执行其功能和实现其质量需求，并观察它失效的条件。外部质量评估通常通过功能的黑盒测试来完成，这通常由外部 SQC 进行，并可能由预期用户群体的代表进行观察。黑盒测试基于需求而不是基于软件代码的内部面貌。

从使用的角度看，质量着眼于产品在特定环境和背景下用于特定的目的时对用户和其他干系人的影响。可用性是指一个产品或系统在特定的使用环境下，可以被特定的用户使用，来高效、有效和满意地达成特定目标的程度。使用质量的特性包括有效性（能够完成任务）、满意度（有用、信任、乐于使用、舒适）、避免风险（减轻经济风险、减轻健康和安全风险、减轻环境风险）。

数据质量模型涉及如何获取、处理并在计算系统中使用结构化的数据，以满足用户的需求；包括可在同一计算系统内或在不同的计算系统中共享的数据。数据质量特性的一些例子是数据的一致性、及时性、完备性、精度、准确度和完整性。

8.2 规划质量管理

规划质量管理是识别项目及其可交付成果的质量要求和/或标准，并书面描述项目将如何证明符合质量要求的过程。本过程的主要作用是，为项目中管理和确认质量提供指南和方向。

质量规划应与其他项目规划过程并行开展。例如，为满足既定的质量标准而对可交付成果提出变更建议，可能导致成本或进度计划调整，需要就该变更对相关计划的影响进行风险分析。

图 8-4 所示为本过程的数据流向图。

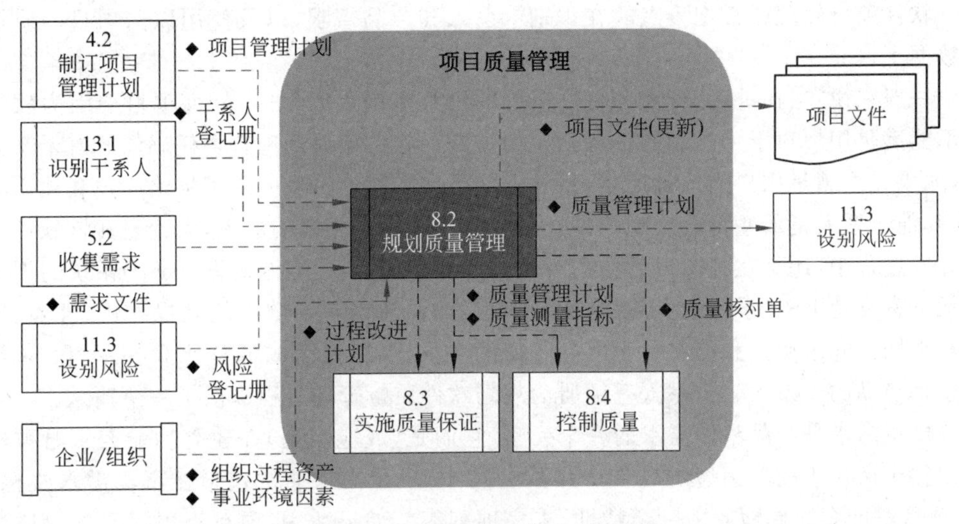

图 8-4 规划质量管理的数据流向图

为项目和产品规划质量管理是项目总体规划中不可分割的元素。确定项目的范围和目标、建立要使用的生命周期过程，决定了将质量保证和质量控制集成到整个软件开发过程中的方法。软件的特性、质量属性、进度、成本以及软件的重要性之间的权衡，决定了在项目过程中要将多少重点放在软件质量上。界定什么是满足用户需求的可接受的质量，决定了产品何时可以发布和项目何时可以关闭。明确地重视过程改进可以导致项目中途变更，以及对组织内的未来项目产生效益。

规划软件项目质量管理活动的一个重要部分，是确定对于特定项目而言哪些软件质量属性是优先的，以及这些属性如何在软件需求中进行说明。界定哪些质量属性将被内置到产品中，以及 SQA 和 SQC 活动如何测量这些属性，如审计、评审和测试，显著地影响成功的规划和执行软件项目所需的范围和资源。

测试为解释质量管理活动如何跨越软件质量管理的 3 个关键流程(规划、执行、控制)提供了一个很好的例子。测试规划是规划质量管理的一个组成部分，分析缺陷数据是执行质量保证的一个组成部分，测试执行是控制质量的一部分。但 SQA 和 SQC 的规划可不仅是指定一小群审计和测试人员，按照开发团队的一定比例给定预算，并制订进度在项目结束时挑出缺陷。因为“构建一点，测试一点”要比花几个月的时间开发和集成一个复杂的无法通过验证和确认测试的系统要便宜，所以 SQA 和 SQC 需要由团队中的每个成员通过持续的同行评审、走查、检查、自动回归测试和分析来进行。SQA 和 SQC 最好被规划为需求规格说明、架构和数据设计及软件构建活动的一部分，并通过配置管理和正式测试来执行。

适应性软件项目生命周期依靠频繁的迭代来生产可工作、已测试和可交付的软件，非常适合为 SQA 和 SQC 规划一个集成的实施方法。对于由不同开发阶段组成的预测性软件项目生命周期，SQA 和 SQC 被规划为不同的过程。

8.2.1 过程输入

软件项目经理通常把重点放在识别干系人和产品需求，以及使用以前项目的质量统计数据上。

一般来说，当在进度、预算和可用资源的约束范围内开发时，软件项目会因为软件产品不能满足用户对于功能和质量的期望而失败。软件项目经理有责任确保所有干系人了解，如果无法满足用户的质量期望，将导致项目和产品的失败。除了最终用户和他们的经理，其他干系人是那些将会影响软件产品或受到软件产品影响的人，无论是在该软件产品的开发过程中，还是在其交付后的运行过程中。例如，企业资源规划(ERP)系统的干系人包括负责支持 ERP 系统的 IT 操作人员；他们的关注点包括软件的互操作性、性能、鲁棒性和文档。除了用户和那些负责产品支持的人员，项目团队成员及外部 SQA 和 SQC 人员也是产品的干系人。干系人登记册为规划软件质量管理过程提供了一个输入。

质量需求是产品整体需求的一个元素，它们是(或应当是)在建立功能需求时被建立的。在生产用于商业销售的软件产品的公司中，质量需求通常包括在市场需求文档中。IT 项目可能会简单地使用一个特性/未完项列表。如果适用，项目经理需要确保质量需求也包括在内。合同软件(定制软件)的质量需求通常作为工作陈述中的一个元素。

客户和用户可能无法精确地陈述性能需求及其他非功能性的质量需求。软件项目经理可能需要促使产品经理、业务分析师、需求工程师以及其他适当的干系人参与非功能性需求的导出活动，以确定哪些质量属性对客户和用户是最重要的。对于软件产品的质量需求也可能包括监管要求(如对于生命攸关的系统)。在签订合同时，质量需求可能会强加给定制或自定义软件组件的组件提供者和供应商。

规划软件过程质量管理的输入通常包括来自过去项目的或来自当前产品的历史增量的质量分析。规划软件质量管理的输入可以与对故事、特性、迭代或发布级别所做的质量分析相关(如为确定代码评审、测试和其他类型的评估是否按照预期执行以及是否成功提供了基础)；可以检查缺陷发现/修复率(以确定数字是否上升或下降)；可以检查修复缺陷花费的时间(以确定它们对计划的特性开发是否有不利影响，以及评审和测试是否都产生了预期的结果)；并可以对已知问题和延期缺陷的历史清单按严重程度和按特性或模块进行调查(以确定软件中是否有容易出错的模块)。

本过程的输入包括以下内容。

(1) 项目管理计划。用于制订质量管理计划的信息包括以下几项。

① 范围基准。其包括范围说明书、WBS 和 WBS 词典。范围说明书包括项目描述、主要项目可交付成果及验收标准。其中的产品范围通常包含技术问题细节以及会影响质量规划的其他事项，这些事项应该已经在项目的规划范围管理过程中得到定义。验收标准的界定可能导致项目成本并进而导致项目成本的明显增加或降低。满足所有的验收标准意味着发起人和客户的需求得以满足。WBS 识别可交付成果和工作包用于考核项目绩效。

② 进度基准。记录了经认可的进度绩效指标，包括开始和完成日期。

③ 成本基准。记录了用于考核成本绩效的、经过认可的时间间隔。

④ 其他管理计划。这些计划有利于整个项目质量，突出与项目质量有关的行动计划。

(2) 干系人登记册。有助于识别对质量有特别兴趣或影响的那些干系人。

(3) 风险登记册。包含可能影响质量要求的各种威胁和机会的信息。

(4) 需求文件。记录了项目应该满足的、与干系人期望有关的需求。需求文件中包括项目(包括产品)需求和质量需求，这些需求有助于项目团队规划将如何开展项目质量控制。

(5) 事业环境因素。包括政府法规；特定应用领域的相关规则、标准和指南；可能影响项目质量的项目或可交付成果的工作条件或运行条件；可能影响质量期望的文化观念。

(6) 组织过程资产。包括组织的质量政策、程序及指南。执行组织的质量政策是高级管理层所推崇的，规定了组织在质量管理方面的工作方向、历史数据库、以往阶段或项目的经验教训。

8.2.2 7种基本质量工具

质量控制有许多通用的工具和技术，同时，项目中广泛使用质量检测来确保质量。7种基本质量工具，即因果图、控制图、流程图、直方图、帕累托图、核查表和散点图，也称7QC工具，可用于在PDCA循环的框架内解决与质量相关的问题。特别是控制图、运行图、帕累托图和直方图。这些图表帮助软件经理将数据可视化，以及识别其模式和原因。特别地，它们可以被应用到软件缺陷模式的分析中，从而为识别预防性改进的区域提供了基础。

运行图和控制图是用于软件项目和产品质量控制的两个最常用的工具。运行图是没有上下控制限的控制图，它经常被用于随着时间来跟踪缺陷，沿着时间轴绘制每周(或每天)发现的缺陷数量。运行图显示趋势，如发现缺陷的数量随着产品的稳定而逐步下降。控制图是有上下控制限的运行图，可以使用统计技术或经验法来建立。例如，5可能被指定为在软件检查过程中发现的严重缺陷数量的控制上限。连续两次检查超出控制限就可能引发调查，以确定纠正措施来改善质量控制流程。2可能被指定为控制下限。连续两次检查都发现少于两个严重缺陷就会引发调查，以确定检查过程是否需要改善或是否该软件具有卓越的品质。在后一种情况下，导致了优异质量的方法或技术可能在整个项目和组织中进行传播。

1. 因果图

因果图又称为鱼骨图或石川[①]图，用以直观地显示各种因素如何与潜在问题或结果

① 石川馨(1915—1989年)是20世纪著名的日本品质管理学者，被誉为现代管理学先驱。石川馨1939年于日本东京大学工程系毕业，1949年获聘为东京大学的助理教授，1960年晋升为教授。石川馨活跃于戴明及朱兰访日后，协助翻译两位学者的著作。石川馨对于品质管理强调良好的数据收集及报告，因此发展出石川图(鱼骨图)，用于表达产品流程。

相联系。应用时，问题陈述放在鱼骨的头部，作为起点，用来追溯问题来源，回推到可行动的根本原因。在问题陈述中，通常把问题描述为一个要被弥补的差距或要达到的目标。通过看问题陈述和问"为什么"来发现原因，直到发现可行动的根本原因，或者列尽每根鱼骨上的合理可能性。要在被视为特殊偏差的不良结果与非随机原因之间建立联系，鱼骨图往往是行之有效的。基于这种联系，项目团队应采取纠正措施，消除在控制图中呈现的特殊偏差。

图 8-5 和图 8-6 所示为因果图的示例。

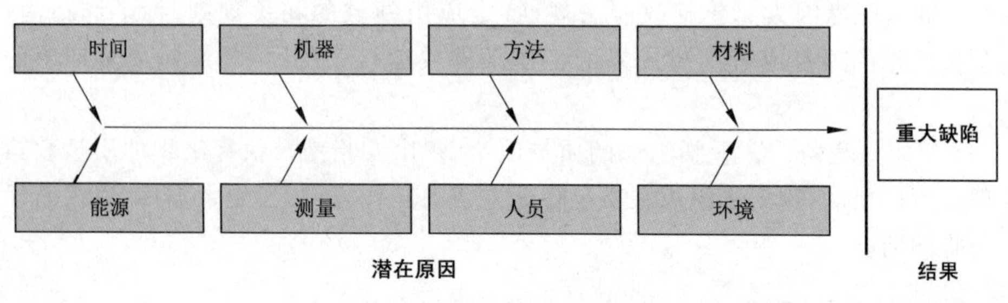

图 8-5　考虑问题的典型来源

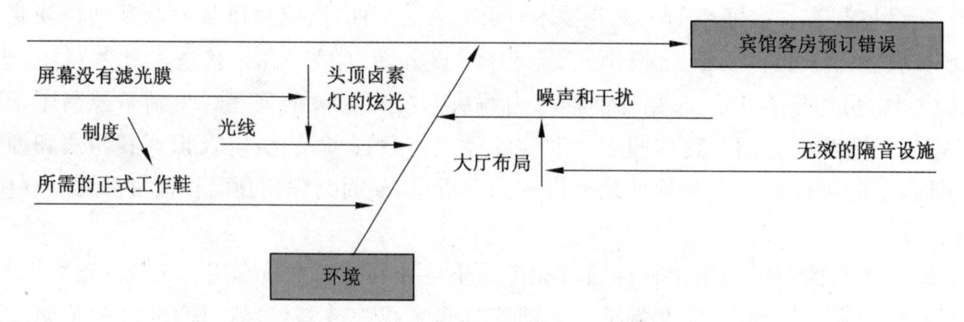

图 8-6　头脑风暴展开的环境鱼骨图

2. 流程图

流程图也称为过程图，是对一个过程的图形化表示，用来显示在一个或多个输入转化成一个或多个流程图的过程中，所需要的步骤顺序和可能分支。它通过映射 SIPOC 模型（如图 8-7 所示）中的水平价值链的过程细节，来显示活动、决策点、分支循环、并行路径及整体处理顺序。流程图可能有助于了解和估算一个过程的质量成本。通过工作流的逻辑分支及其相对频率，来估算质量成本。这些逻辑分支，是为完成复核要求的成果而开展的一致性工作和非一致性工作的细分。

在规划质量管理过程中，流程图有助于项目团队预测可能发生的质量问题。认识到潜在问题，就可以建立测试程序或处理方法。图 8-8 所示为设计审查流程图的示例。

3. 核查表

核查表又称计数表，是用于收集数据的查对清单。它合理排列各种事项，以便有效地

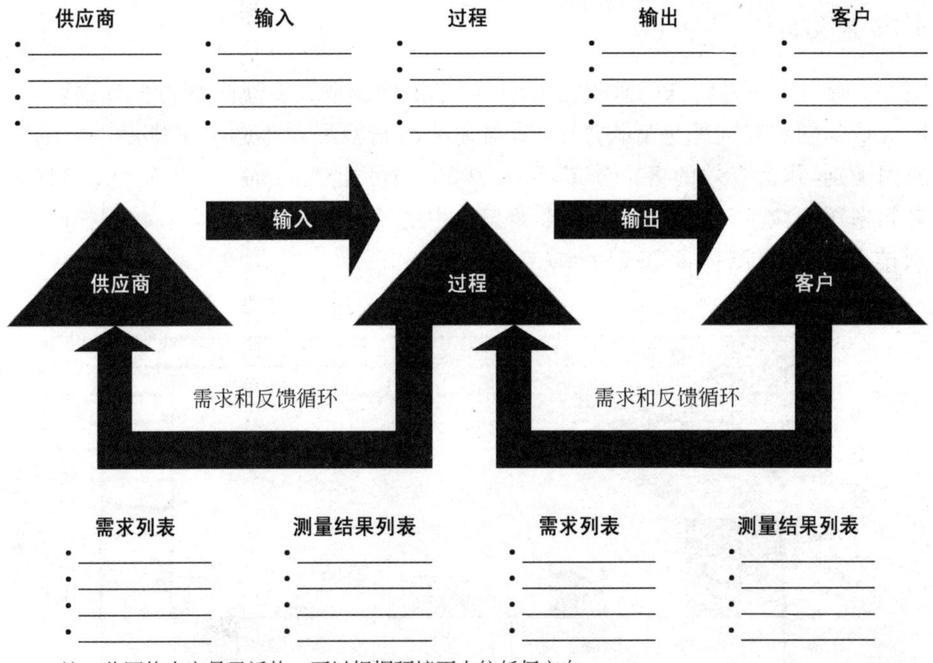

注：此图的内容是灵活的，可以根据环境而去往任何方向

图 8-7 SIPOC 模型

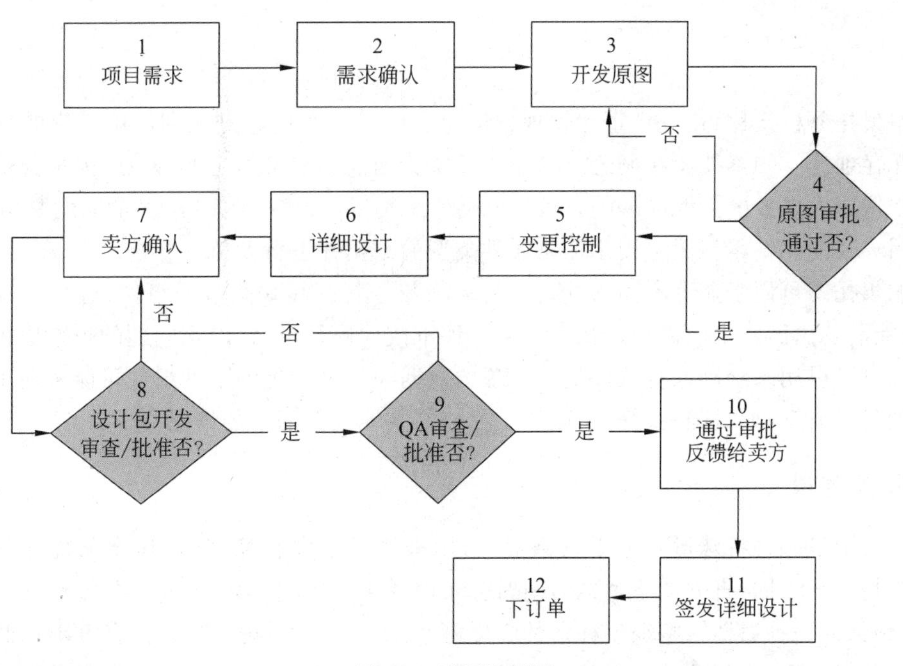

图 8-8 过程流程图

收集关于现在质量问题的有用数据。在开展检查以识别缺陷时，用核查表收集属性数据就特别方便。用核查表收集的关于缺陷数量或后果的数据，又经常使用帕累托图来显示。

4. 帕累托图

图 8-9 所示为一种特殊的垂直条形图，用于识别造成大多数问题的少数重要原因，用于帮助确认问题和对问题进行排序，它所描述的变量根据发生频率来排序。横轴上所显示的原因类别，作为有效的概率分布，涵盖 100%的可能观察结果。横轴上每个特定原因的相对频率逐渐减少，直至以“其他”来涵盖未指明的全部其他原因。在帕累托图中，通常按类别排列条形，以测量频率或后果。

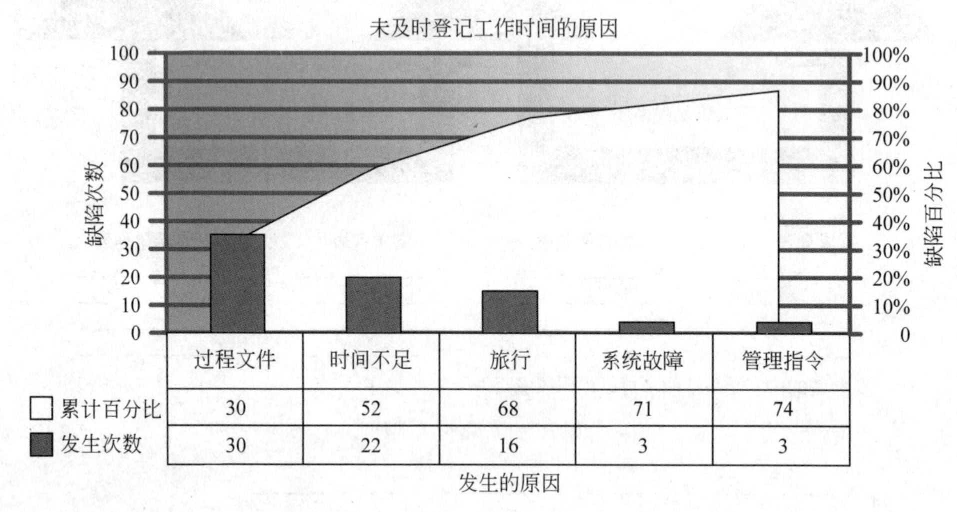

图 8-9　帕累托图

帕累托分析又称为 ABC 重点管理方法，其原型是 19 世纪意大利经济学家帕累托所创的库存理论。帕累托图在概念上与帕累托法则有关。帕累托法则认为，相对少量的原因通常造成大多数的问题或缺陷。该法则通常称为 80/20 法则，即 80%的问题是由 20%的原因导致的。帕累托图也用于汇总各种类型的数据并进行 80/20 分析。

帕累托图可用于显示不同软件组件的缺陷数。具有高缺陷数的组件（容易出错的组件）可能需要由团队中的高级成员实施设计评审或代码评审，以确定问题的根本原因。帕累托图也可以用来绘制来自软件配置管理的数据。频繁变更的软件组件可能表明了一种危险的代码波动，如缺陷的“修复”破坏了代码的其他某个部分的情况。

5. 直方图

直方图是一种特殊形式的垂直条形图，用来描述集中趋势、分散程度和统计分布形状。与控制图不同，直方图不考虑时间对分布内变化的影响。通常，每个柱形都代表某个问题/情景的一种属性或特征。柱形的高度则表示该特征的发生次数。直方图用数字和柱形的相对高度，直观地表示引发问题最普遍的原因。图 8-10 所示为一个未排序的直方图示例，显示项目团队未及时登记工作时间的各种原因。

直方图在识别过程失效时十分有用。例如，软件构建随着时间的推移频繁失败时，可能有必要进行调查。通过持续跟踪构建失败的原因，需要做出的变更就可以被识别出来。

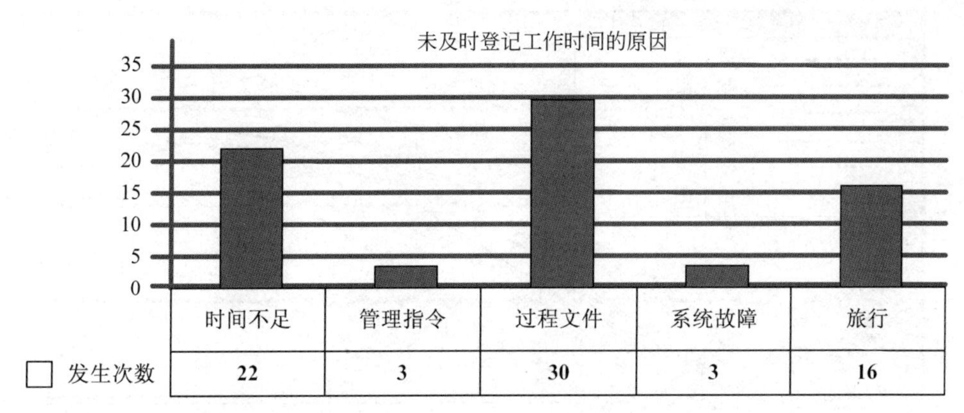

图 8-10　直方图示例

在软件构建失败的情况下，可能会判定构建过程未正确地自动化或用于手动构建的核对单不完整或不正确。同样，当回归测试反复失败时，原因可能是一个“修复”破坏了别的东西、早期的修复有缺陷，或者可能包含了错误的代码。

6. 控制图

控制图用来确定一个过程是否稳定，或者是否具有可预测的绩效。根据协议要求而制定的规格上限和下限，反映了可允许的最大值和最小值。超出规格界限就可能受处罚。上下控制界限不同于规格界限。控制界限根据标准的统计原则，通过标准的统计计算确定，代表一个稳定过程的自然波动范围。项目经理和干系人可基于计算出的控制界限，发现须采取纠正措施的检查点，以便预防非自然的绩效。纠正措施旨在维持一个有效过程的稳定性。对于重复性过程，控制界限通常设在离过程均值(0 西格玛)±3 西格玛的位置。如果①某个数据点超出控制界限，或②连续 7 个点落在均值上方，或③连续 7 个点落在均值下方时，就认为过程已经失控。

控制图可用于监测各种类型的输出变量。虽然控制图最常用来追踪批量生产中的重复性活动，但也可用来监测成本与进度偏差、产量、范围变更频率或其他管理工作成果，以便帮助确定项目管理过程是否受控。

图 8-11 所示为一个追踪项目工时记录的控制图，图 8-12 则显示了相对于固定界限的、被检测出的产品缺陷数量。

在实施质量控制过程中，需要收集和分析控制图中的相关数据，来指明项目过程与产品的质量状态。控制图直观地反映某个过程随时间推移的运行情况以及何时发生了特殊原因引起的变化，导致该过程失控。控制图以图形方式回答这个问题：“该过程的偏差是在可接受的界限内吗?”控制图中的数据点可以显示过程的随机波动、突然跳跃或偏差逐渐扩大的趋势。通过持续监测一个过程的输出，控制图有助于评价过程变更是否达到了预期的改进效果。

7. 散点图

散点图又称为相关图，标有许多坐标点(X,Y)，解释因变量 Y 相对于自变量 X 的变

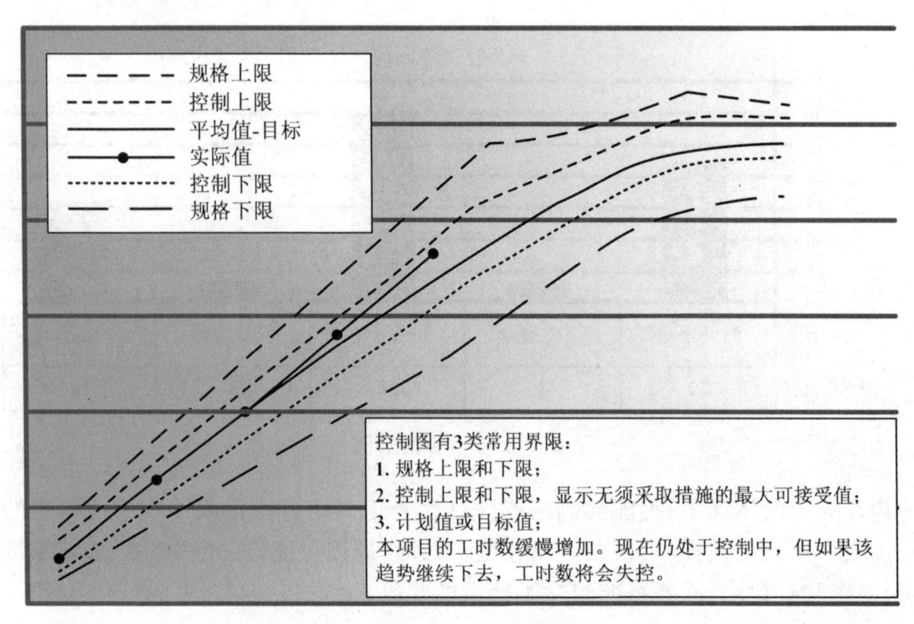

图 8-11　控制图示例

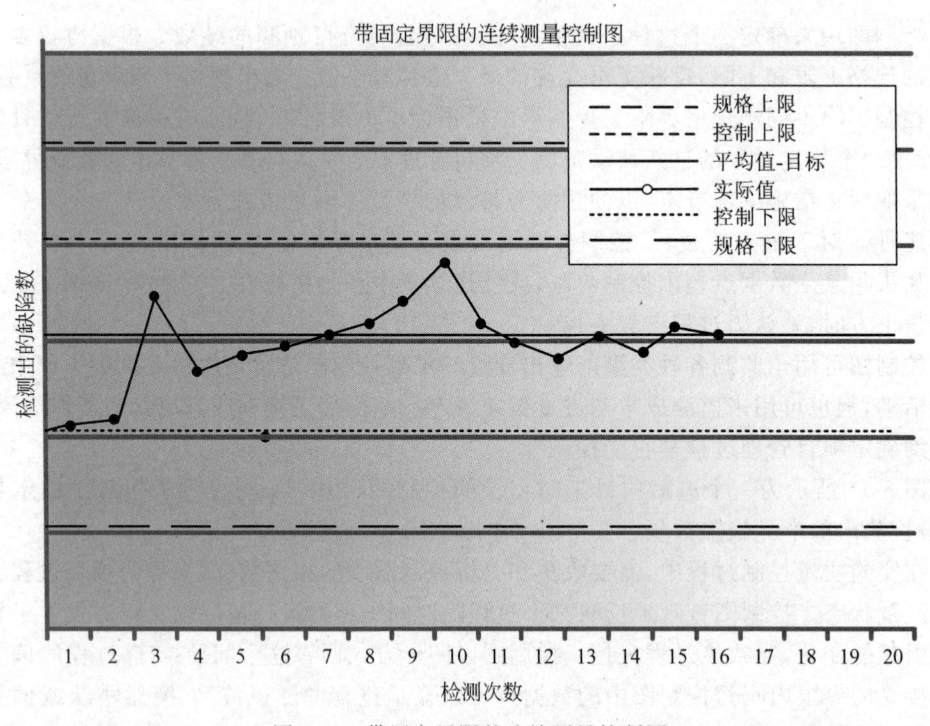

图 8-12　带固定界限的连续测量控制图

化。相关性可能成正比例(正相关)、负比例(负相关)或不存在(零相关)间的关系。

如果存在相关性,就可以画出一条回归线,来估算自变量的变化将如何影响因变量的值。

图 8-13 显示了时间卡提交日期与每月旅行天数间的关联性。

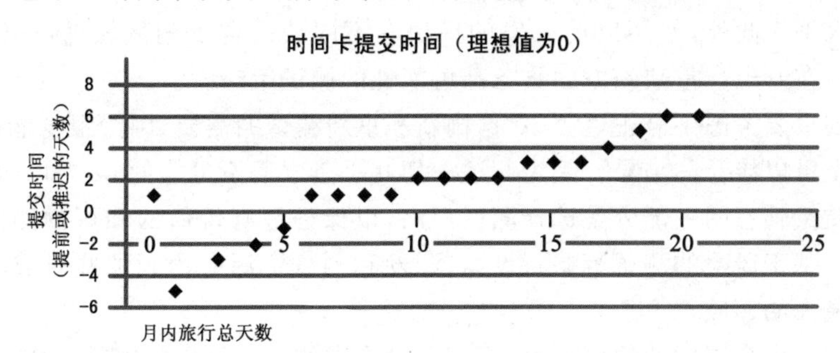

图 8-13 散点图

8.2.3 过程工具与技术

规划软件质量管理包括确定用户需求和质量需求，进行成本效益和质量成本分析、制定测试策略以及选择缺陷管理和质量控制方法。一些说明如下。

① 规划软件质量。客户和用户可能没有将他们的质量期望定义成可测试的需求的经验，因此，项目团队需要善于引出所需的信息。这通常需要来自用户（软件要满足其需求）的不断验证，使用诸如原型、实物模型和其他模拟技术。

② 成本效益分析(CBA)。对于大多数软件项目而言，在产品质量的等级、交付功能的数量以及交付高质量的产品所需的时间和工作量之间存在权衡。CBA 的一个例子是针对不同级别的缺陷移除率，比较测试和返工的成本。确定发布后缺陷的可接受水平可能涉及与主要竞争对手的产品之间进行相关质量属性的可比较的基准评估。

项目团队想要修正检测到的所有问题是很自然的，但是软件项目经理通常不打算修正明显高于客户期望的缺陷数量。例如，根据用户和用户环境的背景，有可能没有必要修正一个很难修正且很少会遇到的，而且有用户应急措施的缺陷。

③ 质量成本(COQ)。软件质量成本包括以下 SQC 活动的成本。

- 评估成本。发现软件缺陷的成本。
- 内部失效成本。修正在软件开发或修改过程中发现的缺陷的成本。
- 外部失效成本。修正用户报告的软件缺陷的成本。
- 预防成本。减少或消除软件缺陷根本原因的成本。

软件评价技术包括测试和演示可工作的软件，以及评审和检查软件工作产品（需求、设计、代码、测试计划和文档）。

对于软件而言，质量成本不只是修改代码的成本，还有更大的关联成本，包括验证变更并证实其有效性，与所有受影响的各方沟通变更，以及更改软件产品所使用或影响的工作产品或过程的工作量。一旦该软件处在使用中且补丁已被应用或新版本发布，这一成本将大大增加。

软件质量计划包括制定测试方针和测试策略。在软件中，“实验设计”方法被应用于测试策略中，并反映在测试计划和脚本及要达到的测试覆盖率水平中。即使相对简单的软件也可能在代码中存在成千上万的潜在分支，可能需要几乎无限范围和程度的有效和无效的输入来覆盖。这将需要无法接受的大量时间来彻底地测试软件,所以应指定一个测试覆盖率水平。此外,使用以前开发的模块在不同的组合下测试软件可能是必要的。应该策划一个在发现严重缺陷方面具备高可能性的测试策略。

测试规划也要考虑到修正返工、数据刷新和重新测试的需要,因为很少能通过一轮测试就产生完全可以接受的结果。因为测试一切几乎是永远不可能的,太费时也不划算;所以规划软件质量管理的一部分是选择测试策略,以保证最有价值的和可预测的那部分测试被策划了。基于风险的测试策略将设计、开发和测试资源应用到那些对成功交付和使用软件影响最大的领域。

对于预测性生命周期的软件项目,规划质量管理的一个目标是安排工作活动的顺序,通过一系列可测试的软件增量来开发最终的软件产品,以便尽可能早地获得测试和评审的反馈。软件架构师和软件设计师可以帮助识别机会,通过评估可工作的软件增量,以不断地提供反馈的方式来构建软件。

当使用适应性软件项目生命周期时,不同级别的测试发生在不同的节点。故事级的测试包括对业务规则的验证和在团队开发软件时对小的软件增量的代码质量的验证。特性级测试提供了有关质量属性更详细的反馈。在整个开发周期内使用给定的输入输出验证软件增量,有助于快速发现缺陷并在项目后期降低测试成本。

功能测试(包括特性级测试)包括跨软件组件的集成测试和使用质量(quality-in-use)测试。好的做法是,尽可能早、尽可能频繁地使用真实的或模拟的客户数据库和客户环境来验证产品。好的做法包括协调整个项目的工作,以便功能和特性测试可以贯穿于项目中进行,而不是在项目后期。当功能和特性测试贯穿于项目中执行时,重大缺陷在项目后期识别的风险就被降低了。

软件项目经理还需规划过程和程序,以识别、分类、测量和处理缺陷。缺陷的测量需要在规划软件质量管理中进行定义。软件缺陷通常按严重程度分类(有多少用户会受到影响、有多严重)。通常情况下,缺陷的可接受水平是由计划的发布种类(公测版、通用版、定制版)确定的。通常不允许任何最高级别的缺陷进入发布,但第二级和第三级缺陷的百分比往往取决于发布的类型和用户的期望。发布标准因具体项目而异,而且具有一定的不确定性。

可以基于风险的考虑对缺陷进行平衡。安全攸关领域的软件通常具有非常高的发布标准。对于非安全攸关的软件,用户可能更喜欢尽早使用功能,尽管其中包括一些错误。其他软件产品,如静态网页,安全风险很小,但如果做得不好,可能会影响开发人员的声誉。风险管理技术在制定测试策略和评估那些直到软件发布后才被发现的缺陷的影响时很重要。

除了7种基本质量工具以及标杆对照之外,本过程的其他工具与技术包括以下几项。

(1) 成本效益分析。达到质量要求的主要效益包括减少返工、提高生产率、降低成本、提升干系人满意度及提升盈利能力。对每个质量活动进行分析,就是要比较其可能成本与预期效益。

(2) 质量成本(COQ)。其包括在产品生命周期中为预防不符合要求、为评价产品或服务是否符合要求,以及因未达到要求(返工)而发生的所有成本。失败成本常分为内部

(项目内部发现的)和外部(客户发现的)两类。失败成本也称为劣质成本。举例如图 8-14 所示。

一致性成本	非一致性成本
预防产品 (生产合格产品) • 培训 • 流程文档化 • 设备 • 选择正确的做事时间 评价成本 (评定质量) • 测试 • 破坏性测试导致的损失 • 检查	内部失败成本 (项目内部发现的) • 返工 • 废品 外部失败成本 (客户发现的) • 责任 • 保修 • 业务流失
在项目期间，用于防止失败的费用	在项目期间和项目完成后，用于处理失败的费用

图 8-14 质量成本

(3) 实验设计。实验设计(Design Of Experiment，DOE)是一种统计方法,用来识别哪些因素会对正在生产的产品或开发的流程的特定变量产生影响。DOE 可以在规划质量过程中使用,来确定测试的数量和类别,以及这些测试对质量成本的影响。

DOE 有助于产品或过程的优化,用来降低产品性能对各种环境变化或制造过程变化的敏感度。该技术的一个重要特征是,它为系统地改变所有重要因素(而不是每次只改变一个因素)提供了一种统计框架。通过对实验数据的分析,可以了解产品或流程的最优状态,找到显著影响产品或流程状态的各种因素,并揭示这些因素之间存在的相互影响和协同作用。例如,汽车设计师可使用该技术来确定悬架与轮胎如何搭配,才能以合理成本取得最理想的行驶性能。

(4) 统计抽样。这是指从目标总体中选取部分样本用于检查(如从 75 张工程图纸中随机抽取 10 张)。抽样的频率和规模应在规划质量管理过程中确定,以便在质量成本中考虑测试数量和预期废料等。统计抽样拥有丰富的知识体系。在某些应用领域,项目管理团队可能有必要熟悉各种抽样技术,以确保抽取的样本确实能代表目标总体。

(5) 其他质量规划工具。为定义质量要求并规划有效的质量管理活动,还可以使用其他质量规划工具,如头脑风暴、名义小组技术、质量管理和控制工具等,以及以下两项。

① 力场分析。显示变更的推动力和阻碍力的图形。

② 会议。项目团队可以召开规划会议来制订质量管理计划。参会人员可以包括项目经理、项目发起人、选定的项目团队成员、选定的干系人、负责项目质量管理活动(规划质量管理、实施质量保证和控制质量)的人员以及需要参加的其他人员。

8.2.4 过程输出

本过程的输出包括以下内容。

(1) 质量管理计划。表 8-1 所示为项目管理计划的组成部分,描述将如何实施执行组织的质量政策,以及项目管理团队准备如何达到项目的质量要求。

表 8-1　质量管理计划

项目名称：________________　　准备日期：________________

<table>
<tr><td colspan="2">质量角色和职责</td></tr>
<tr><td>角　　色</td><td>职　　责</td></tr>
<tr><td>1. 描述所需角色

2.

3.

4.</td><td>1. 为每个角色定义相关职责

2.

3.

4.</td></tr>
<tr><td colspan="2">质量规划方法</td></tr>
<tr><td colspan="2">记录将用于规划项目及产品质量的方法，其中包括将要用到的工具及技术</td></tr>
<tr><td colspan="2">质量保证方法</td></tr>
<tr><td colspan="2">记录将用于管理质量过程的方法，包括质量审计的时机及内容</td></tr>
<tr><td colspan="2">质量控制方法</td></tr>
<tr><td colspan="2">记录将用于评价产品和项目绩效以保证产品符合规划中指定的质量特性的方法</td></tr>
<tr><td colspan="2">质量改进方法</td></tr>
<tr><td colspan="2">记录将用于持续改进产品、过程以及项目质量的方法</td></tr>
</table>

质量管理计划可以是正式的或非正式的、非常详细或高度概括的，其风格与详细程度取决于项目的具体需要。应该在项目早期就对质量管理计划进行评审，以确保决策是基于准确信息的。这样做的好处是，更加关注项目的价值定位，降低因返工而造成的成本超支和进度延误次数。

此外，软件质量管理计划应包含配置管理的主题，包括源代码、目标代码和其他工作产品的版本控制；对存放已批准的电子文件版本和已批准的产品基准的最终媒体库的控制。诸如持续集成、闭环的变更流程和迭代回顾这些实践，通常在软件项目质量管理计划中规定。

(2) 过程改进计划。表 8-2 所示为项目管理计划的子计划或组成部分。它详细说明对项目管理过程和产品开发过程进行分析的各个步骤，以识别增值活动。需要考虑的方面包括以下几项。

表 8-2 过程改进计划

项目名称：______________ 准备日期：______________

<table>
<tr><td colspan="2">过程描述</td></tr>
<tr><td colspan="2">描述过程，包括目标和与过程有关的步骤。所有能帮助加深过程理解的相关信息都应该包括在内
虚拟案例：甲公司得到了某项目的授权并启动了项目。当前过程包括以下步骤：
(1) 组织中的所有小组都需要向项目管理办公室提交项目启动需求
(2) 项目管理办公室与发起人一起工作来制订高层级的项目描述和提交给财务部门的权益报表
(3) 财务部门编纂一系列财务信息，如成本-效益分析、投资回报、投资回收以及内部收益率。这些财务信息反馈至项目管理办公室
(4) 项目管理办公室将高层级项目描述、权益报表和财务信息提交至项目组合指导委员会
(5) 项目组合指导委员会召开月例会，审查所有的新项目需求，根据当前项目组合的情况、财务性和非财务性的收益情况以及可调配的资源来决策启动哪些项目。项目组合指导委员会的决定传达至项目管理办公室
(6) 如果项目通过，项目管理办公室编写相应的章程，并发回项目管理指导委员会审核和批准。项目管理指导委员会将修订稿发回
(7) 项目管理办公室指派项目经理，项目正式得到授权并启动</td></tr>
<tr><td colspan="2">过程边界</td></tr>
<tr><td>过程起点：
在虚拟案例中，起始点是项目的启动申请</td><td>过程终点：
在虚拟案例中，终点是为项目指派项目经理</td></tr>
<tr><td>输入：
列举使过程发挥作用所需要的要素。
在虚拟案例中，输入包括：
• 项目启动需求
• 财务信息
• 市场调研(如果适用)
• 章程模板
• 在项目管理办公室以及项目组合指导委员会看来与启动项目有关的政策和程序</td><td>输出：
列举过程的结果
在虚拟案例中，输出包括：
• 决策项目启动/延期决定/收集更多信息/否决项目
• 通过批准的项目章程(如果审核通过)
• 指派的项目经理(如果审核通过)</td></tr>
<tr><td colspan="2">干系人</td></tr>
<tr><td colspan="2">过程责任方：指出维护过程和促进过程成功的责任方。在虚拟案例中，过程负责人是项目管理办公室</td></tr>
<tr><td colspan="2">其他干系人：
描述列举过程的干系人。干系人包括用户、维护和运营团队等
在虚拟案例中，干系人包括：
• 项目发起人/雇主
• 项目管理办公室
• 项目组合指导委员会
• 财务部门
• 项目经理</td></tr>
</table>

续表

<table>
<tr><td colspan="2">过程测量指标</td></tr>
<tr><td>测量指标</td><td>控制界限</td></tr>
<tr><td colspan="2">1.
记录与过程有关的测量指标和控制线，包括时间、步骤或交付的数量、目前存在的问题等。这一部分的测量指标代表了目前情况下的过程，有时也称为组织当前过程，而非改进后的过程
在虚拟案例中，测量标准和控制线有：
• 打回项目管理办公室要求准备更多信息的提案数量。控制线：每 20 份提案中不超过 1 份被打回
• 提交财务分析的时间。控制线：少于 10 个工作日
• 项目组合指导委员会最终决定是否授权项目的时间。控制线：少于 30 天或下一次项目组合指导委员会例会之前
• 项目管理办公室起草项目章程的时间。控制线：10 个工作日
• 项目管理办公室指派项目经理的时间。控制线：5 个工作日</td></tr>
<tr><td>2.</td><td>2.</td></tr>
<tr><td>3.</td><td>3.</td></tr>
<tr><td>4.</td><td>4.</td></tr>
<tr><td>5.</td><td>5.</td></tr>
<tr><td colspan="2">改进目标</td></tr>
<tr><td colspan="2">明确说明各个过程改进的目标和预期的测量指标，有时也称为未来的过程
在虚拟案例中，提升的目标是：
• 将步骤由 7 个精简至 5 个
• 缩短由项目启动请求提交到项目经理委派的总平均时间，由 65 天缩短至 40 天</td></tr>
<tr><td colspan="2">改进方法</td></tr>
<tr><td colspan="2">描述将用于改进过程的技能、过程、方法、工具和技术
在虚拟案例中，方法是：
所有干系人集中进行头脑风暴，通过组合、快速跟踪、精简步骤的方式加快过程推进。在会议前识别是否有可用于改进项目组合委员会例会之间沟通和准备的技术方案（如内部网），提出任何可能的问题和障碍</td></tr>
</table>

注：请附上当前过程以及预期的未来过程的流程图。

① 过程边界。描述过程的目的、开始与结束、输入输出、责任人和干系人。

② 过程配置。含有确定界面的过程的图形，以便于分析。

③ 过程测量指标。与控制界限一起，用于分析过程的效率。

④ 绩效改进目标。用于指导过程改进活动。

(3) 质量测量指标。专用于描述项目或产品属性，以及如何对属性进行测量。通过测量得到实际数值。测量指标的可允许变动范围称为公差。例如，对于将成本控制在预算的±10%之内的质量目标，就可依据这个具体指标测量每个可交付成果的成本并计算其偏离预算的百分比。

此外，软件质量管理计划也可能包含质量测量计划，包括诸如软件规模测量、软件质量测量及验收阈值等元素。软件测量可以基于代码行，但这些测量因不同的编程语言而不同，并且更多取决于编码风格而不是软件质量。有很好的注释并且被分解为功能模块的冗长的代码，可能会比高度压缩的代码更容易维护，进而导致较低的整体质量成本。另外，冗长的代码也可能表明在软件开发过程中缺乏对功能和质量的缜密思考。

软件功能通过软件中实现的需求、功能点、特性、用户故事和/或用例的数量来测量，而不是计算代码行数。软件质量测量可以包括需求基准的变动、新增需求的百分比、已发现缺陷和已修复缺陷的比率、软件代码变更的数量以及这些测量的趋势。可以增加额外的质量测量以包含特定的质量属性，如性能、吞吐量、抗安全侵入的能力，或该软件的可用性和相关文件的可用性。

测量计划、质量管理计划或项目管理计划可能也会定义项目的效率和效果，以及项目质量的测量方法。适用于软件项目的最基本的测量，是每个功能、特性、故事或用例的开发时间和花费的工作量（如天和人·天）。生产率和生产速率的测量结果帮助规划软件的生产速度，包括用于修正已知缺陷的时间和工作量。这些指标为项目时间管理和项目风险管理提供了输入。

质量测量指标用于实施质量保证和控制质量过程。质量测量指标的例子包括准时性、成本控制、缺陷频率、故障率、可用性、可靠性和测试覆盖度等。

(4) 质量核对单。这是一种结构化工具，通常具体列出各项内容，用来核实所要求的一系列步骤是否已得到执行。基于项目需求和实践，核对单可简可繁。许多组织都有标准化的核对单，用来规范地执行经常性任务。在某些应用领域，核对单也可从专业协会或商业性服务机构获取。质量核对单应该涵盖在范围基准中定义的验收标准。

核对单是对流程（如进行软件测试）中需完成的所有步骤的提示，可用于向开发人员培训引进的新工具和新技术，或者提醒有经验的开发人员不会在无意中跳过某些步骤。在软件项目中，核对单包括完成检查评审必要的步骤，以便成功地完成集成构建或检查代码在存储库中的签入和签出。在执行重复任务时，核对单是确保一致性和准确性的最简单、最有效的方法之一，并确保任何人都能以同样的方式执行这些任务。

(5) 项目文件（更新）。其包括干系人登记册、责任分配矩阵、WBS 和 WBS 词典。

8.3 实施质量保证

实施质量保证是审计质量要求和质量控制测量结果，确保采用合理的质量标准和操作性定义的过程。本过程的主要作用是促进质量过程改进。在软件项目管理领域中，软件质量保证（SQA）建立整个项目的整体视图，以保证各个过程正在按照规定被执行，并正在产生可接受的结果。在本软件分册中，SQA 被定义为一组定义和评估用于开发和修改软件产品的软件过程的适当性的活动。SQA 提供用于声明这些软件过程将会（或不会）产生符合其需求并满足用户需要的软件产品的置信证据。

因此，SQA 不只覆盖对于需求和软件质量测量结果的审计。SQA 包含一整套有计划的和系统的活动,可以提供证明产品或服务将满足其质量要求的信心。SQA 使用内部和外部 SQC 活动用于审计和评审的传统工具,包括演示、检查、分析和测试(通常分为验证测试和确认测试)。SQA 和 SQC 人员都可能参与到对缺陷和其他问题进行分析并提出改善建议的活动中。

图 8-15 所示为本过程的数据流向图。

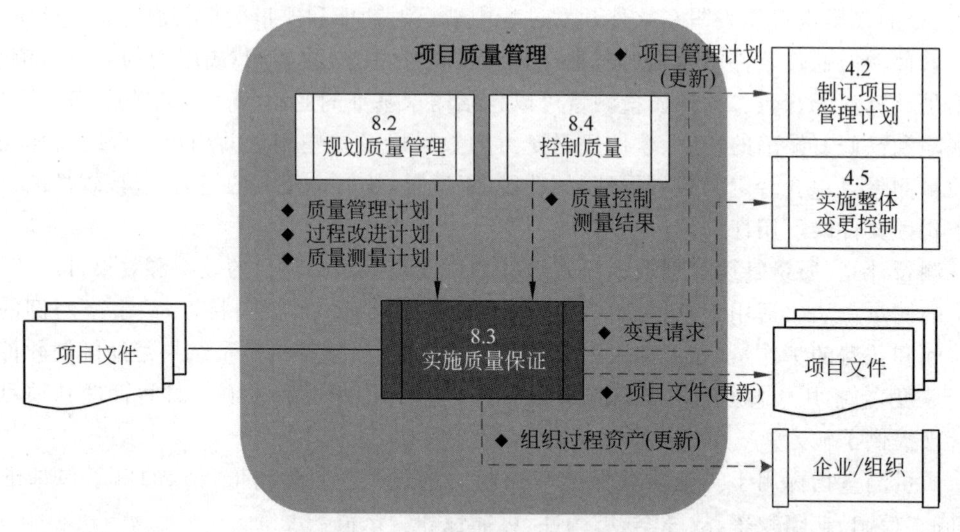

图 8-15　实施质量保证的数据流向图

实施质量保证过程执行在项目质量管理计划中定义的一系列有计划、有系统的行动和过程。质量保证旨在建立对未来输出或未完输出(也称正在进行的工作)将在完工时满足特定的需求和期望的信心。质量保证通过用规划过程预防缺陷,或者在执行阶段对正在进行的工作检查出缺陷,来保证质量的确定性。

在项目管理中,质量保证所开展的预防和检查,应该对项目有明显的影响。质量保证工作属于质量成本框架中的一致性工作。

质量保证部门或类似部门经常要对质量保证活动进行监督。无论其名称是什么,该部门都可能要向项目团队、执行组织管理层、客户或发起人以及其他未主动参与项目工作的干系人提供质量保证支持。

实施质量保证过程也为持续过程改进创造条件。通过持续过程改进,可以减少浪费,消除非增值活动,使各过程在更高的效率与效果水平上运行。

8.3.1　过程输入

本过程的输入包括以下内容。

(1) 质量管理计划。描述了项目质量保证和持续过程改进的方法。

(2) 过程改进计划。项目的质量保证活动应该支持并符合执行组织的过程改进计划。

(3) 质量测量指标。提供了应该被测量的属性和允许的偏差。

(4) 质量控制测量结果。这是质量控制活动的结果,用于分析和评估项目过程的质量是否符合执行组织的标准或特定要求。质量控制测量结果也有助于分析这些测量结果的产生过程,以确定实际测量结果的正确程度。

(5) 项目文件。该文件为执行软件项目和产品质量保证提供了输入,可能影响质量保证工作,应该放在配置管理系统内监控。

此外,还应该注意以下内容:发布计划和测试计划,项目或组织的程序,项目记录和测试结果记录,以及设计和代码的评审、检查和审计报告。用于需求管理、软件配置管理、发布管理和问题管理的自动化工具是SQA评审和审计记录的共同来源。对于一些软件项目而言,可能有文档化的记录证明计划的工作发生了。在其他情况下,负责质量保证的人员可能亲自见证各种程序来确认被审核的过程正在按计划进行。对于小项目,可能是项目经理在内部执行该任务,而产品经理在外部执行。

对于预测性软件项目,SQA人员(包括内部和外部)在软件开发开始之前参与整个需求分析过程,来定义验收准则和测试计划的细节。该测试计划本身成为传达给软件开发团队的需求的一部分。SQA的其他输入是各种分析模拟,根据以前的测试结果、软件的复杂度以及软件开发团队的经验,预测代码中预期的最可能的缺陷数量。预测结果作为执行SQA的输入,并用于检查测试结果的有效性。

对于使用适应性生命周期的软件项目,测试计划的细节,包括具体的验收标准随着需求渐进明细。特性级的验收标准被作为特性分析和设计的一部分来开发。详细的故事级验收标准则作为为开发团队准备的需求未完项的一部分来定义。这意味着从分析到验收可交付的软件增量,SQA团队持续地参与到开发团队中。

执行软件质量保证的其他输入还可能包括工作绩效数据,如到目前为止的工作量、花费的时间和成本,因为这些输入可以与项目的计划进行比较,以测量计划与实际结果之间的差异。通过这种频繁的比较,SQA人员和项目经理都能够确定流程、进度计划和/或资源中哪些地方有必要进行调整。因此,规划的质量在整个项目过程中得以改善。

8.3.2 过程工具与技术

对于预测性软件项目生命周期,通常由独立于开发过程的外部SQA人员实施SQA活动。换句话说,开发人员不对自己的工作进行验收测试,并且那些负责执行验收测试及其他SQA活动的人员不直接向开发项目经理汇报。对于预测性软件项目,SQA的预算通常不由开发项目经理控制。

对于安全攸关的项目,有时由外部团队实施SQA,以确保项目和产品在整个软件项目生命周期内满足组织和客户的方针和标准。这些活动验证质量控制方法及活动达到的成效和质量目标得以实现的程度。

质量审核员通过观察和检查记录来比较实际的过程和过程文件。QA人员审计质量控制测量的结果,以评估质量要求是否得到满足。质量审核员可能会发现缺少的文件或存在错误需要更新的文件。在这种情况下,软件项目经理应确保采取行动以纠正偏差。尽管适应性生命周期的团队强调可工作、可交付的软件胜过文档,但一定程度的文档对于满足内部和外部的质量要求是必要的。质量审核员确保项目团队满足必要水平的可工作、可交付的软件和支持文档。

SQA还检查软件产品需求的波动性。频繁的需求变更可能警示项目中存在严重问题。这可能表明该系统的边界定义不明确，或者需要通过调节产品特性的范围来解决负担能力的限制。但请注意，新涌现的需求或衍生需求不应归类为需求的波动。这些是对需求的精练。软件开发项目团队可以基于一组已被充分理解的需求或特性开始工作，即使其他需求或特性仍然未知或还在变更；或者项目团队可以开发一个原型，让用户来决定这种方法是否能满足他们对功能和质量的期望。

外部SQA经常参与识别过程改进的区域。过程分析识别瓶颈、过程延迟和错误的来源，是过程改进的基本元素。流程图和过程流图及状态图等工具，可以作为过程改进的工具来记录流程和过程的状态转换，如缺陷从最初被报告直到被解决的不同状态可以描绘在一个流程图或一个状态迁移图中。

培训也可以看作一个质量保证的技术，特别是个人软件和团队软件过程需要的培训。

本过程使用规划质量管理和控制质量过程的工具与技术，使用亲和图。此外，其他可用的工具包括以下内容。

(1) 过程决策程序图(PDPC)。用于理解一个目标与达成此目标的步骤之间的关系。PDPC有助于制订应急计划，它能帮助团队预测那些可能破坏目标实现的中间环节。

(2) 关联图。关系图的变种，有助于在包含相互交叉逻辑关系(可有多达50个相关项)的中等复杂情形中创新性地解决问题。可以使用其他工具(如亲和图、树形图或鱼骨图)产生的数据来绘制关联图。

(3) 树形图。也称为系统图，可用于表现诸如WBS、RBS(风险分解结构)和OBS(组织分解结构)的层次分解结构。在项目管理中，树形图依据定义嵌套关系的一套系统规则，用层次分解形式直观地展示父子关系。树形图可以是横向(如风险分解结构)或纵向(如团队层级图或OBS)的。因为树形图中的各嵌套分支都终止于单一的决策点，就可以像决策树一样为已经系统图解的、数量有限的依赖关系确立预期值。

(4) 优先矩阵。用来识别关键事项和合适的备选方案，并通过一系列决策，排列出备选方案的优先顺序。先对标准排序和加权，再应用于所有备选方案，计算出数学得分，对备选方案排序。

(5) 活动网络图。其又称为箭头图，包括两种格式的网络图，即AOA(活动箭线图)和最常用的AON(活动节点图)。活动网络图连同项目进度计划编制方法一起使用，如计划评审技术(PERT)、关键路径法(CPM)和紧前关系绘图法(PDM)。

(6) 矩阵图。使用矩阵结构分析数据，在行列交叉位置展示因素、原因和目标之间的关系强弱。

(7) 质量审计。这是用来确定项目活动是否遵循了组织和项目的政策、过程与程序的一种结构化的、独立的过程。质量设计的目标如下。

① 识别全部正在实施的良好/最佳实践。

② 识别全部违规做法、差距及不足。

③ 分享所在组织和/或行业中类似项目的良好实践。

④ 积极、主动地提供协助，以改进过程的执行，从而帮助团队提高生产效率。

⑤ 强调每次审计都应对组织经验教训的积累做出贡献。

采取后续措施纠正问题，可以带来质量成本的降低，并提高发起人或客户对项目产品的接受度。质量审计可事先安排，也可随机进行；可由内部或外部审计师进行。质量审计还可确认已批准的变更请求（包括更新、纠正措施、缺陷补救和预防措施）的实施情况。

（8）过程分析。这是指按照过程改进计划中概括的步骤来识别所需的改进。它也要检查在过程运行期间遇到的问题、制约因素以及发现的非增值活动。过程分析包括根本原因分析——用于识别问题、探究根本原因并制订预防措施的一种具体技术。

8.3.3 过程输出

质量保证过程的输出是审计报告和变更请求，它们为实施整体变更控制过程提供了输入。审计报告和变更请求也可能会出现变更软件项目规划的需求。这些变更将体现在软件项目团队的过程和产品的工作活动中。

本过程的输出包括以下内容。

（1）变更请求。可以提出变更请求，并提交给实施整体变更控制过程，以全面考虑改进建议。可以为采取纠正措施、预防措施，或缺陷补救而提出变更请求。

（2）项目管理计划（更新）。其包括质量管理、范围管理、进度管理和成本管理等计划。

（3）项目文件（更新）。其包括质量审计报告、培训计划和过程文档。

（4）组织过程资产（更新）。其包括质量标准和质量管理系统。

软件修正返工的成本往往在开发一个软件产品的总成本中占据显著的比例，了解修正返工的来源和成本能导致对组织过程资产的更新，以减少软件项目的修正返工。

为防止（或减少）技术债务而对质量改进的投资与质量成本密切相关。未能在软件项目生命周期的早期发现和修复缺陷，以及延迟修改已知的缺陷，造成了技术债务，需要通过后续发生的修正返工成本来偿还。技术债务积累有时称为“抵押未来”，因为当缺陷未能在注入点附近被发现和修正时，抵押利率对于预测性软件项目可能过高。这些缺陷存在的时间越长，其修正花费也会呈指数地变得更加昂贵。这在这类项目中并不罕见，一个需求缺陷直到系统测试时才被发现，可能会花费比在需求评审期间发现和修正它的成本多100倍以上的时间和工作量来修正。如原型、检查、评审和增量开发等技术能控制技术债务。这些技术的推广和使用，可能会导致组织过程资产的更新。

适应性软件项目使用原型、检查、评审和增量开发的技术来使技术债务减到最少。此外，适应性软件项目对不断变化的产品进行频繁的内部演示，以便在整个开发过程中识别和快速修正缺陷，避免产生显著的成本。

8.4 控制质量

控制质量是监督并记录质量活动执行结果，以便评估绩效并推荐必要的变更的过程。软件质量控制（SQC）是用于测量和控制开发过程的质量和正在开发的产品的质量的技术活动体系，并在整个软件项目的生命周期内报告质量测量的结果。本过程的主要作用包括识别过程低效或产品质量低劣的原因，建议并/或采取相应措施消除这些原因；确认项目的可交付成果及工作满足主要干系人的既定需求，足以进行最终验收。

在软件项目管理中，“测量、控制和报告”包含对工作产品和需求（包括协议、方针、标准、计划、需求和期望）的比较。SQC 经常依靠统计方法，如控制图和帕累托图来分析软件缺陷和用于修正缺陷的相关返工。这种分析可能会形成对过程改进的反馈。

控制和提高软件质量的最有效方法是专注于持续使用验证和确认技术（如评审、检查、测试和产品增量演示），尽早检测和清除软件缺陷，并专注于改善软件开发过程，以减少或预防缺陷。对于软件产品的质量控制有很大一部分依靠后期开发技术进行预测，包括分阶段的软件测试和分析检测到的缺陷。适应性软件项目生命周期在整个软件开发过程中，重复地进行集成测试和演示可工作、可交付的软件。

通过在各个迭代周期中包含测试、演示及回顾评审活动，质量控制被集成到适应性软件项目生命周期中。回顾评审被用来评估已完成迭代的结果和策划对于后续迭代的改进。内部 SQC 活动由项目团队来进行，使用诸如结对编程、同行评审、功能测试和在开发团队内演示可工作的软件等技术。外部 SQC 人员有时进行特性级和发布级的测试。

当开发人员由于没有足够的时间来完成特性未完项集合中的特性而感到匆忙时，回顾有时会导致指责或间断。克服挫折的重要途径是确保软件开发人员都参与了特性集的选择和验收标准的确定，以便让他们了解这些目标，并确保在下一个迭代的规划中包含所需的过程变更。这种方法有助于团队学习，并将持续改进固化到项目各迭代中。

图 8-16 所示为本过程的数据流向图。

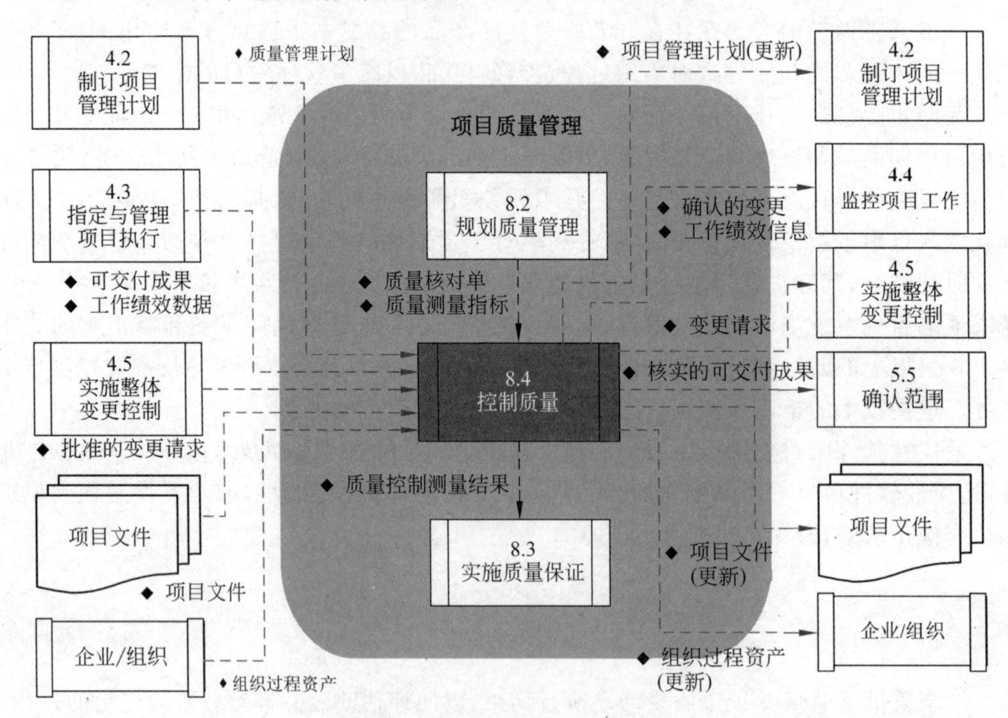

图 8-16　控制质量的数据流向图

本过程使用一系列操作技术和活动，来核实已交付成果的输出是否满足需求。在项目规划和执行阶段开展质量保证,来建立满足干系人需求的信心;在项目执行和收尾阶段开展质量控制,用可靠的数据来证明项目已经达到发起人和/或客户的验收标准。

项目管理团队可能需要具备质量控制方面的实用知识,以便评估控制质量的输出中所包含的数据。

8.4.1 过程输入

软件质量控制的输入包括管理计划和核对单。另一个重要的输入是对于质量属性的测量计划,这些质量属性在发布标准中定义并已排定优先级。项目的记录,尤其测试和配置管理记录,是必不可少的输入,并且通常在受控库中维护。

本过程的输入包括以下内容。

(1) 项目管理计划。其中的质量管理计划用于控制质量,描述将如何在项目中开展质量控制。

(2) 质量测量指标。描述了项目或产品属性及其测量方式,如功能点、平均故障间隔时间(MTBF)和平均修复时间(MTTR)。

(3) 质量核对单。这是结构化清单,有助于核实项目工作及其可交付成果是否满足一系列要求。

(4) 工作绩效数据。其包括实际技术性能、实际进度绩效和实际成本绩效。

(5) 批准的变更请求。在实施整体变更控制过程中,通过更新变更日志,显示哪些变更已经得到批准,哪些变更没有得到批准。批准的变更请求可包括各种修正,如缺陷补救、修订的工作方法和修订的进度计划。需要核实批准的变更是否已得到及时实施。

(6) 可交付成果。这是任何独特并可核实的产品、成果或能力,最终将成为项目所需的、确认的可交付成果。

(7) 项目文件。其包括协议、质量审计报告和变更日志(附有纠正行动计划)、培训计划和效果评估、过程文档(如使用7种基本质量工具或质量管理和控制工具所生成的文档)。

(8) 组织过程资产。其包括组织的质量标准和政策、标准化的工作指南、问题与缺陷报告程序以及沟通政策。

8.4.2 过程工具与技术

用于软件质量控制(SQC)的工具与技术包括评审、测试和配置管理的版本控制单元。评审可采取多种形式,包括需求、设计和代码的走查和检查,以及对其他工作产品的评审,如用户手册和安装说明;也会使用静态分析和动态测试工具。评审可能包括使用工具检查常见的编程错误,如未初始化的变量。缺陷一经发现即被修正,从而控制工作产品的质量。

走查和检查应用在开发过程的早期(应用于需求和设计文档)对于控制软件质量是最有效的。对于产品增量的频繁测试是另一个支撑软件质量控制的技术。在预测性生命周期软件项目的构建阶段或在适应性生命周期软件项目的内部迭代周期内,对于内部软件构建的测试和演示可能会在每日甚至每小时的基础上进行。在 QC 工具与技术中,检查是识别软件及文档中缺陷和疏漏的最有效方法之一。

以演示和走查的形式进行可用性评估,对于发现可能引起软件返工的缺陷和差异是经济有效的技术。在软件发布给最终用户之前,采用"有声思维"(think-aloud)的方法,与用户代表一起进行录制视频的可用性测试,对于发现缺陷和差异也是很有用的。

测试驱动的开发早已被证明在控制软件质量方面是非常有用的。在这种方法中,在编写任何软件代码之前先写测试用例,并运行测试用例来证明该测试将失败。接着增加新的代码,并再次运行测试用例来证明它们不会再失败。通常使用工具来自动化执行此类测试。此外,可以使用走查代码的桌面演练。

软件测试包含代码模块的单元测试、集成和验证测试、确认和验收测试以及回归测试。通常,开发团队建立的脚手架(临时模块)通过模拟来自尚未构建的软件部分的输入输出,来支持早期的测试。这样就可以在软件开发的早期阶段进行集成或回归测试。测试也可以专注于特定的质量属性,如性能、负载、安全性或可用性。用户观察(形式化为可用性测试)和用户调查测量使用质量特性,如用户的满意度或用户执行工作任务时的效率。

测试工具和自动化脚本可以在很少或没有人工干预的情况下,以一致的方式重复执行测试,自动收集和储存测试结果,将测试结果和以前的结果或预期进行比较,并更新用于另一轮测试的测试数据。测试工具可以为测试团队提供时间,用于关注问题(如测试设计)和对结果的分析。

对于某些领域和种类的软件,可以使用模型驱动开发(MDD),通过从使用适当符号表达的规范自动生成代码框架,来改善软件质量。这将减少容易出错的编码数量。模型驱动开发包括从"模型"生成软件的实质性部分,这些模型使用诸如统一建模语言(UML)和/或特定领域语言编写。

软件开发过程中,配置管理(CM)也在控制质量中扮演重要的角色。CM 往往通过执行事先准备的脚本,提供日常的和一致的检查,以确保每个软件构建的完整性、正确性和完备性。强力执行配置控制避免了多个开发人员同时在同一模块的代码上工作时出现的问题。通常几个工具一起工作,自动执行配置管理。对于每个源文件、脚本和"配置项"(这些条目的一组集合)的不同版本的控制都使用配置管理工具来完成。在一个软件产品线或软件产品家族中,这些工具也可以管理将各个组件组合起来创建不同终端产品的方式。

CM 工具也可以用来跟踪与软件相关的缺陷和其他问题以及这些问题的解决方案。有些 CM 工具是免费的开源产品,有些是商业化产品。IEEE 标准 828——系统和软件工程配置管理为系统和软件配置控制提供了各个方面的指导。

SQC 也可以用来识别记录、分析和处理软件缺陷。软件缺陷可能按照严重程度(对用户的影响)、紧急程度(对用户的重要性,通常被指定为"优先级")、缺陷的根本原因,或者缺陷在软件代码中的位置来分类。另外,缺陷的发现/修正数据为评估软件系统在某个时间点的稳定性或不稳定性水平提供了统计的基础。

除了7种基本质量工具和统计抽样之外，本过程的工具与技术还有以下两项。

(1) 检查。这是指检验工作产品，以确定是否符合书面标准。检查的结果通常包括相关的测量数据。检查可在任何层面上进行，如可以检查单个活动的成果或者项目的最终产品。检查也可称为审查、同行审查、审计或巡检等。在某些应用领域，这些术语的含义比较狭窄和具体。检查也可用于确认缺陷补救。

(2) 审查已批准的变更请求。核实它们是否已按批准的方式得到实施。

8.4.3 过程输出

本过程的输出包括以下内容。

(1) 质量控制测量结果。这是按照质量规划中规定的格式，对质量控制活动结果的书面记录。

(2) 确认的变更。对变更或补救过的对象进行检查，做出接受或拒绝的决定，并把决定通知相关人员。被拒绝的对象可能需要返工。

(3) 核实的可交付成果。质量控制的一个目的就是确定可交付成果的正确性。实施质量控制过程的最终结果就是确认的可交付成果。确认的可交付成果是核实范围过程的一项输入，以便接受正式验收。

(4) 工作绩效信息。从各控制过程收集，并结合相关背景和跨领域关系进行整合分析而得到的绩效数据。例如，关于项目需求实现情况的信息：拒绝的原因、要求返工，或所需的过程调整。

(5) 变更请求。如果推荐的纠正措施、预防措施或缺陷补救导致需要对项目管理计划进行变更，则应按既定的实施整体变更控制过程提出变更请求。

(6) 项目管理计划(更新)。其包括质量管理计划和过程改进计划。

(7) 项目文件(更新)。其包括质量标准。

(8) 组织过程资产(更新)。

① 完成的核对单。如果使用了核对单，它就会成为项目文件和组织过程资产的一部分。

② 经验教训文档。偏差的原因、采取纠正措施的理由，以及从控制质量中得到的其他经验教训，都应记录下来，成为项目和执行组织历史数据库的一部分。

其他控制软件项目和产品质量的输出包括以下几项。

① 在质量管理计划和发布标准中规定的质量属性的测量结果。

② 通过测试或检查确认的软件或其他资料的变更。

③ 符合在项目或迭代开始时识别的范围，并已通过测试或检查确认的可交付成果。

④ 计划和实际绩效之间的差距的识别及差距的原因。

⑤ 更新的核对单、测试程序以及其他过程资产。

⑥ 通过项目经验教训或迭代回顾总结的经验教训，连同团队对于过程或产品变更的建议和由此产生的变更请求。

⑦ 项目管理计划的更新(如进度计划、资源、配置管理、测试计划)。

8.5 成熟度模型

改进项目管理质量的手段之一是使用成熟度模型——用于帮助组织改进他们的过程和系统的框架模型。3个流行的成熟度模型包括软件质量功能实施(SQFD)模型、能力成熟度模型(CMM)和项目管理成熟度模型。

(1) 软件质量功能实施模型。这是1986年作为全面质量管理的实施措施而提出来的质量功能实施模型的改进。SQFD集中于定义用户需求和计划软件项目,其最后结果是一套可衡量的技术产品规范以及他们的优先权。越是清晰化的需求越能够有效地降低设计变更,有效提高生产率,最终的软件产品更可能满足项目干系人的需求。

(2) 能力成熟度模型。能力成熟度模型在卡内基·梅隆大学的软件工程协会得到不断发展,是一个改进组织中软件开发一般过程的5层模型。CMM模型的5个层次如下。

① 原始的。在这一成熟水平的组织,其软件开发过程是临时的,有时甚至是混乱的。没几个过程被定义,常常靠个人的努力而取得成功。

② 可重复的。在这一成熟水平的组织建立了基本的项目管理过程来跟踪软件项目的成本、进度和功能。有过程方法可供重复过去成功的经验,用于类似的项目。

③ 被定义的。在这个水平,管理活动和软件工程活动的软件过程被文档化、标准化,并被集成到组织的标准软件过程之中。在该组织中,所有项目都使用一个经批准的、特制的标准过程版本。

④ 被管理的。在这一水平,组织收集软件过程和产品质量的详细措施。软件过程和产品都被定量地掌握和控制着。

⑤ 优化的。处于这一成熟度模型的最高水平,组织能够运用从过程、创意和技术中得到的定量反馈,来对软件开发过程进行持续改进。

(3) 项目管理成熟度模型。20世纪90年代后期,一些组织开始在能力成熟度模型基础上开发项目管理成熟度模型。在组织意识到软件开发过程和开发系统需要改进时,他们同时也意识到了强化项目管理过程和项目管理系统的必要性。

1998年"PMI标准开发计划"在组织的项目管理成熟度模型标准上取得了重大进展。PMI与几家公司一起为整个项目管理行业制定成熟度模型的指导方针。例如,在1997年开发的一个项目管理成熟度模型有以下几个基本层次。

① 自发的。项目管理过程是无组织的,甚至在某些时候是混乱的。该组织还没有定义系统和过程,项目成功依靠个人努力。存在长期的费用和进度问题。

② 简单的。有一些项目管理过程和管理体系来跟踪成本、进度和范围。项目成功很大程度上不可预测,成本和进度问题普遍存在。

③ 有组织的。存在标准化、制度化的项目管理过程和体系,并集成到组织的其他部分。项目成功更可预见,成本和进度的执行获得改进。

④ 被管理的。管理部门收集和使用有效项目管理的详细措施,项目成功更始终如一,成本和进度按计划执行。

⑤ 适应的。从项目管理过程中、从创造性观念和技术的试验中获得反馈,从而能够

持续改进。项目成功是一般标准，成本和进度持续改进。

许多组织正在评估他们处于项目管理成熟度的哪个阶段，就像评估自己的软件开发成熟度一样。很多组织正认识到为了改进项目质量，他们必须采用项目管理的规范。

8.6 戴明及其 PDCA 循环

威廉·爱德华兹·戴明(W. Edwards. Deming，如图 8-17 所示)博士是世界著名的质量管理专家，他因对世界质量管理发展做出的卓越贡献而享誉全球。作为质量管理的先驱者，戴明学说对国际质量管理理论和方法始终产生着异常重要的影响。他认为，“质量是一种以最经济的手段，制造出市场上最有用的产品。一旦改进了产品质量，生产率就会自动提高。”

图 8-17 戴明

1950 年，戴明对日本工业振兴提出了“以较低的价格和较好的质量占领市场”的战略思想。20 世纪 80 年代初，他受命于福特汽车公司首席执行官唐纳德·彼得森，来到底特律。那时的福特汽车公司由于日本竞争对手的冲击而“内出血”，正步履维艰地挣扎出 Pinto 质量事故的厄运。Pinto 事件是福特汽车公司最大的质量事故之一。戴明提出长期的生产程序改进方案、严格的生产纪律以及体制改革。他将一系列统计学方法引入美国产业界，以检测和改进多种生产模式，从而为后来杰克·韦尔奇等人的六西格马管理法奠定了基础。

同当今许多质量管理法不同的是，戴明不仅仅是在科学的层面来改进生产程序。戴明用他特有的夸张语言强调：“质量管理 98%的挑战在于发掘公司上下的知识诀窍。”他推崇团队精神、跨部门合作、严格的培训以及同供应商的紧密合作。这些观念远远超前于 20 世纪 80 年代所奉为经典的“能动性培养”。

著名企业改造专家约翰·惠特尼说：“美国需要戴明这种振荡疗法。多亏了戴明，现在美国的首席执行官才真正理解程序的重要性。”许多质量管理专家认为，戴明的理论帮助日本从一个衰退的工业国转变成了世界经济强国。

戴明学说简洁易明，其主要观点“十四要点”成为全面质量管理(TQM)的重要理论基础。

(1) 创造产品与服务改善的恒久目的。最高管理层必须从短期目标的迷途中归返，转回到长远建设的正确方向。也就是把改进产品和服务作为恒久的目的，坚持经营，这需要在所有领域加以改革和创新。

(2) 采纳新的哲学。必须绝对不容忍粗劣的原料、不良的操作、有瑕疵的产品和松散的服务。

(3) 停止依靠大批量的检验来达到质量标准。检验其实是等于准备有次品，检验出来已经是太迟，且成本高而效益低。正确的做法是改良生产过程。

(4) 废除“价低者得”的做法。价格本身并无意义，只是相对于质量才有意义。因此，只有管理当局重新界定原则，采购工作才会改变。公司一定要与供应商建立长远的关系，并减少供应商的数目。采购部门必须采用统计工具来判断供应商及其产品的质量。

(5) 不断地及永不间断地改进生产及服务系统。在每一活动中,必须降低浪费和提高质量,无论是采购、运输、工程、方法、维修、销售、分销、会计、人事、顾客服务还是生产制造。

(6) 建立现代的岗位培训方法。培训必须是有计划的,且必须是建立于可接受的工作标准上。必须使用统计方法来衡量培训工作是否奏效。

(7) 建立现代的督导方法。督导人员必须要让高层管理者知道需要改善的地方。当知道之后,管理当局必须采取行动。

(8) 驱走恐惧心理。所有同事必须有胆量去发问、提出问题、表达意见。

(9) 打破部门之间的围墙。每一部门都不应只顾独善其身,而需要发挥团队精神。跨部门的质量圈活动有助于改善设计、服务、质量及成本。

(10) 取消对员工发出计量化的目标。激发员工提高生产率的指标、口号、图像、海报都必须废除。很多配合的改变往往是在一般员工控制范围之外,因此这些宣传品只会导致反感。虽然无须为员工订下可计量的目标,但公司本身却要有这样的一个目标:永不间歇地改进。

(11) 取消工作标准及数量化的定额。定额把焦点放在数量,而非质量上。计件工作制更不好,因为它鼓励制造次品。

(12) 消除妨碍基层员工工作畅顺的因素。任何导致员工失去工作尊严的因素必须消除。

(13) 建立严谨的教育及培训计划。由于质量和生产力的改善会导致部分工作岗位数目的改变,因此所有员工都要不断接受训练及再培训。一切训练都应包括基本统计技巧的运用。

(14) 创造一个每天都推动以上 13 项的高层管理结构。

戴明博士最早提出了 PDCA 循环的概念,所以又称其为“戴明环”。PDCA 循环是能使任何一项活动有效进行的一种合乎逻辑的工作程序,特别是在质量管理中得到了广泛的应用。P、D、C、A 这 4 个英文字母所代表的意义如下。

① P(Plan)——计划。包括方针和目标的确定以及活动计划的制订。

② D(Do)——执行。执行就是具体运作,实现计划中的内容。

③ C(Check)——检查。就是要总结执行计划的结果,分清哪些对了、哪些错了,明确效果,找出问题。

④ A(Action)——行动(或处理)。对总结检查的结果进行处理,成功的经验加以肯定,并予以标准化,或制订作业指导书,便于以后工作时遵循;对于失败的教训也要总结,以免重现。对于没有解决的问题,应提给下一个 PDCA 循环中去解决。

PDCA 循环有以下 4 个明显特点。

(1) 周而复始。PDCA 循环的 4 个过程不是运行一次就完结,而是周而复始地进行。一个循环结束了,解决了一部分问题,可能还有问题没有解决,或者又出现了新的问题,再进行下一个 PDCA 循环,依此类推。

(2) 大环带小环。类似行星轮系,一个公司或组织的整体运行体系与其内部各子体系的关系是大环带动小环的有机逻辑组合体。

(3) 阶梯式上升。PDCA 循环不是停留在一个水平上的循环,不断解决问题的过程就是水平逐步上升的过程。

(4) 统计的工具。PDCA 循环应用了科学的统计观念和处理方法。

作为推动工作、发现问题和解决问题的有效工具,典型的模式被称为"4 个阶段"(即 P、D、C、A)、"8 个步骤"和"7 种工具"。

8 个步骤如下。

① 分析现状,发现问题。

② 分析质量问题中各种影响因素。

③ 分析影响质量问题的主要原因。

④ 针对主要原因,采取解决的措施:为什么要制订这个措施?达到什么目标?在何处执行?由谁负责完成?什么时间完成?怎样执行?

⑤ 执行,按措施计划的要求去做。

⑥ 检查,把执行结果与要求达到的目标进行对比。

⑦ 标准化,把成功的经验总结出来,制定相应的标准。

⑧ 把没有解决或新出现的问题转入下一个 PDCA 循环中去解决。

在质量管理中广泛应用的 7 种工具是直方图、控制图、因果图、排列图、相关图、分层法和统计分析表等。

戴明学说反映了全面质量管理的全面性,说明了质量管理与改善并不是个别部门的事,而是需要由最高管理层领导和推动才可奏效。

戴明学说的核心可以概括如下。

① 高层管理的决心及参与。

② 群策群力的团队精神。

③ 通过教育来提高质量意识。

④ 质量改良的技术训练。

⑤ 制定衡量质量的尺度标准。

⑥ 对质量成本的分析及认识。

⑦ 不断改进活动。

⑧ 各级员工的参与。

戴明博士有一句颇富哲理的名言:"质量无须惊人之举。"他平实的见解和骄人的成就之所以受到企业界的重视和尊重,是因为若能有系统地、持久地将这些观念付诸行动,几乎可以肯定在全面质量管理上就能够取得突破。

8.7 习　　题

请参考课文内容以及其他资料,完成下列选择题。

1. 下列全部分属于项目质量管理,除了(　　)。

A. 执行组织确定质量政策

B. 使项目满足其预定的需求

C. 收集需求,产生需求文件

D. 监督、控制和确保达到项目质量要求

2. 下列(　　)知识领域不会给质量管理知识领域提供输入。

A. 整合管理　　B. 沟通管理　　C. 成本管理　　D. 采购管理

3. 项目组正在使用鱼骨图来决定项目应该采用什么质量标准,它们处于(　　)质量管理过程。

A. 质量规划　　B. 实施质量保证　　C. 实施质量控制　　D. 质量审计

4. 项目质量管理的方法适用于(　　)。

A. 项目管理　　B. 项目产品

C. 项目管理与项目产品　　D. 两者都不适用

5. 下列对某软件的描述中,(　　)不属于质量问题。

A. 用户手册不规范,错别字很多　　B. 用户手册标明的功能无法实现

C. 程序运行经常出错　　D. 功能特征有限

6. 按照全面质量管理理念操作的项目经理通常重视(　　)。

A. 成本最低　　B. JIT　　C. 零缺陷　　D. 客户满意

7. PDCA 循环中的各个字母分别代表的含义,其中错误的是(　　)。

A. P=Plan　　B. D=Design　　C. C=Check　　D. A=Action

8. 制订进度计划过程为规划质量提供(　　)输入。

A. 项目进度计划　　B. 进度基准

C. 进度数据　　D. 项目管理计划

9. 规划质量为识别风险过程提供(　　)输入。

A. 质量管理计划　　B. 过程改进计划

C. 成本管理计划　　D. 进度管理计划

10. 规划质量中,输入的事业环境因素不包括(　　)。

A. 政府法规

B. 特定应用领域的相关规则、标准和指南

C. 组织的质量政策、程序及指南

D. 可能影响项目质量的项目工作条件产品运行条件

11. 质量成本包括(　　)。

A. 内部失败成本、外部失败成本和采购成本

B. 预防成本、采购成本及评估成本

C. 劣质成本、预防成本和评估成本

D. 预防成本、人员成本和评估成本

12. 用来显示该过程中各步骤之间的相互关系的工具是(　　)。

A. 控制图　　B. 流程图　　C. 趋势图　　D. 散点图

13. 下列成本中,(　　)不是保证项目符合要求产生的成本。

A. 培训成本　　B. 评价成本　　C. 废品　　D. 担保成本

14. 关于项目管理团队应当如何贯彻执行组织质量政策的描述是(　　)。

A. 项目过程改进计划　　B. 项目质量管理计划

C. 质量测量指标　　D. 质量核对表

15. 下列(　　)是制订项目管理计划为实施质量保证提供的输入。

A. 风险管理计划　　B. 质量管理计划

C. 成本管理计划　　D. 进度管理计划

16. 按照过程改进计划中概括的步骤来识别所需的改进的工具是(　　)。

A. 质量审计　　B. 过程分析

C. 检查　　D. 审查已批准的变更请求

17. 实施质量保证的输出的项目管理计划(更新)不包括(　　)。

A. 质量管理计划　　B. 过程改进计划

C. 进度管理计划　　D. 成本管理计划

18. 下列(　　)过程为实施质量控制提供工作绩效测量结果的输入。

A. 排列活动顺序　　B. 估算活动资源

C. 制订进度计划　　D. 控制进度

19. 实施质量控制为(　　)过程提供确认的可交付成果的输入。

A. 定义范围　　B. 创建 WBS　　C. 核实范围　　D. 控制范围

20. 在项目过程中,你发现实际工时比计划工时多花费了9%。在你的质量管理计划中,工时临界点为±10%。那么,你应该(　　)。

A. 维持现状,不做调整

B. 调查根本原因并采取纠正措施

C. 想办法缩小实际工时,使得实际工时接近计划工时

D. 修改计划方案,加快实际工作进度

8.8　实验与思考:“夜莺”项目的进度管理

【实验目的】

本节“实验与思考”的目的如下。

(1) 理解和熟悉项目质量管理的基本概念。

(2) 熟悉案例“夜莺”(手持电子医疗参考指南仪)项目的工作内容,尝试进一步开展该项目的项目进度管理实践。

【工具/准备工作】

(1) 在开始本实验之前,请回顾教科书的相关内容。

(2) 需要准备一台能够访问因特网的计算机。

【实验内容与步骤】

1. 案例："夜莺"项目(B)

回顾本书 6.10 节中的案例："夜莺"项目(A)中的相关背景资料。

米兰和项目团队关注你的分析结果，他们花了一个下午来进行头脑风暴，以寻找缩短项目时间的方法。他们排除了外包一些活动的主意，原因是这一工作中绝大部分是研发，只能在内部进行。他们考虑过通过取消一些计划中的产品功能来改变项目的范围。经过多次争论后，他们觉得不能在任何核心功能和市场成功之间进行妥协。而后他们将注意力转向通过加班和增加额外的技术人员来加快活动的完成。米兰在她的项目建议中包含了一个自由处理的 20 万美元资金，她愿意投入这一资金中的一半来加快项目，但指望至少有 10 万美元来应付意外问题。经过漫长的讨论，她的团队得出的结论是，以下活动可以在特定成本下得到缩短。

① 语音识别系统可以在 15 000 美元的成本下从 15 天缩短到 10 天。

② 数据库的生成可以在 35 000 美元的成本下从 40 天缩短到 35 天。

③ 文档设计可以在 25 000 美元的成本下从 35 天缩短到 30 天。

④ 外部规格可以在 20 000 美元的成本下从 18 天缩短到 12 天。

⑤ 采购原型组件可以在 30 000 美元的成本下从 20 天缩短到 15 天。

⑥ 定制标准元件可以在 20 000 美元的成本下从 15 天缩短到 10 天。

开发工程师帕尔哈提指出，网络仅包含了完成-开始关系，有可能通过产生开始-开始延迟来缩短项目时间。例如，他说他的人不需要等待所有现场检测完成后才开始进行设计上的最后调整，他们可以在检测开始 15 天后就开始进行调整。项目团队用了那一天的剩余时间来分析他们如何通过在网络中引入滞后来缩短项目时间。他们得到的结论是，以下结束-开始关系可以转化为滞后。

① 文档设计可以在检查设计开始 5 天后开始。

② 调整设计可以在现场检测开始 15 天后开始。

③ 定制标准元件可以在调整设计开始 5 天后开始。

④ 定制非标准元件可以在调整设计开始 5 天后开始。

⑤ 培训销售代表可以在测试样品开始 5 天后开始，并在生产 30 个样品后的 5 天之后结束。

2. 作业

会议结束后，米兰找到你，让你评估所提出的各种选择，尝试建立一个进度计划来满足 10 月 25 日的最终期限。你需要准备一个报告提交给项目团队并回答以下问题。

(1) 是否有可能满足最终期限？

答：____

____

(2) 如果能，那么你建议如何改变原始进度计划(A 部分)？为什么？评估压缩活动和引入滞后对缩短项目时间长度的相对影响。

答：____

(3) 新的进度计划看上去如何？

答：____

(4) 在完成进度计划之前还应考虑哪些其他因素？

答：____

请记录：该项实践作业能够顺利完成吗？

【实验总结】

【实验评价(教师)】

项目人力资源管理

在项目管理中，“人”的因素极为重要，因为项目中所有的活动都是由人来完成的。如何充分发挥“人”的作用，对于项目的成败起着至关重要的作用。项目团队由为完成项目而承担不同角色与职责的人员组成，项目团队成员可能具备不同的技能，可能是全职或兼职的，可能随项目进展而增加或减少。让他们在规划阶段就参与进来，参与规划和决策，既可使他们对项目规划工作贡献专业技能，又可以增强他们对项目的责任感。

项目人力资源管理包括组织、管理与领导项目团队的各个过程。图 9-1 概述了项目人力资源管理的各个过程。这些过程彼此相互作用，而且还与其他知识领域中的过程相互作用。

项目人力资源管理各过程之间的关系数据流对理解各个过程很有帮助，如图 9-2 所示。

项目管理团队是项目团队的一部分，负责项目管理和领导活动，如各项目阶段的启动、规划、执行、监督、控制和收尾。对于小型项目，项目管理职责可由整个项目团队分担，或者由项目经理独自承担。为了项目利益，项目发起人应该与项目管理团队一起工作，特别是协助为项目筹集资金、明确项目范围、监督项目进程及影响买方和执行组织中的干系人。

管理与领导项目团队具有以下职能。

① 影响项目团队。项目经理需要识别并影响针对项目的人力资源因素。这些因素包括团队环境、团队成员的地理位置、干系人之间的沟通、内外部政治氛围、文化问题、组织的独特性以及其他可能影响项目绩效的因素。

② 职业与道德行为。项目管理团队应该了解、支持并确保所有成员遵守职业与道德规范。

项目人力资源管理

9.1 规划人力资源管理

1. 输入
   ① 项目管理计划
   ② 活动资源需求
   ③ 事业环境因素
   ④ 组织过程资产
2. 工具与技术
   ① 组织图与职位描述
   ② 人际交往
   ③ 组织理论
   ④ 专家判断
   ⑤ 会议
3. 输出
   人力资源管理计划

9.2 组建项目团队

1. 输入
   ① 人力资源管理计划
   ② 事业环境因素
   ③ 组织过程资产
2. 工具与技术
   ① 预分派
   ② 谈判
   ③ 招募
   ④ 虚拟团队
   ⑤ 多标准决策分析
3. 输出
   ① 项目人员分派
   ② 资源日历
   ③ 项目管理计划（更新）

9.3 建设项目团队

1. 输入
   ① 人力资源管理计划
   ② 项目人员分派
   ③ 资源日历
2. 工具与技术
   ① 人际关系技能
   ② 培训
   ③ 团队建设活动
   ④ 基本规则
   ⑤ 集中办公
   ⑥ 认可与奖励
   ⑦ 人事测评工具
   ⑧ 其他工具和技术
3. 输出
   ① 团队绩效评价
   ② 事业环境因素（更新）

9.4 管理项目团队

1. 输入
   ① 人力资源管理计划
   ② 项目人员分派
   ③ 团队绩效评价
   ④ 问题日志
   ⑤ 工作绩效报告
   ⑥ 组织过程资产
2. 工具与技术
   ① 观察和交谈
   ② 项目绩效评估
   ③ 冲突管理
   ④ 人际关系技能
   ⑤ 其他注意事项
3. 输出
   ① 变更请求
   ② 项目管理计划（更新）
   ③ 项目文件（更新）
   ④ 事业环境因素（更新）
   ⑤ 组织过程资产（更新）

图 9-1 项目人力资源管理概述

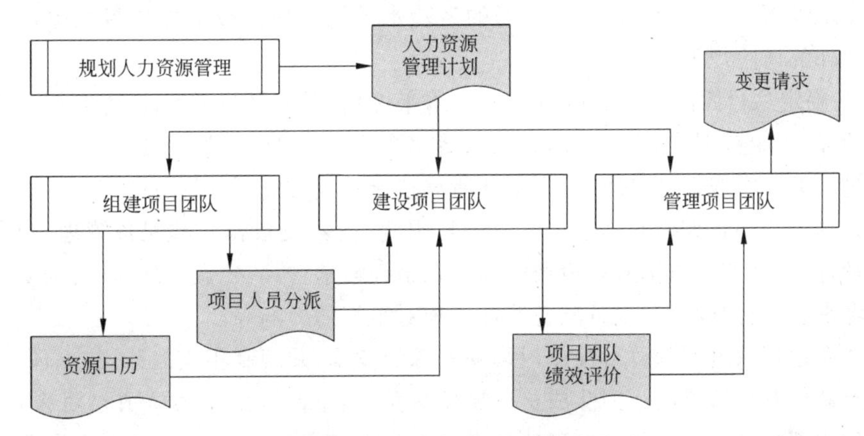

图 9-2 项目人力资源管理各过程的数据关系

9.1 规划人力资源管理

规划人力资源管理是识别和记录项目角色、职责、所需技能、报告关系,并编制人员配备管理计划的过程。本过程的主要作用是建立项目角色与职责、项目组织图以及包含人员招募和遣散时间表的人员配备管理计划。

图 9-3 所示为本过程的数据流向图。

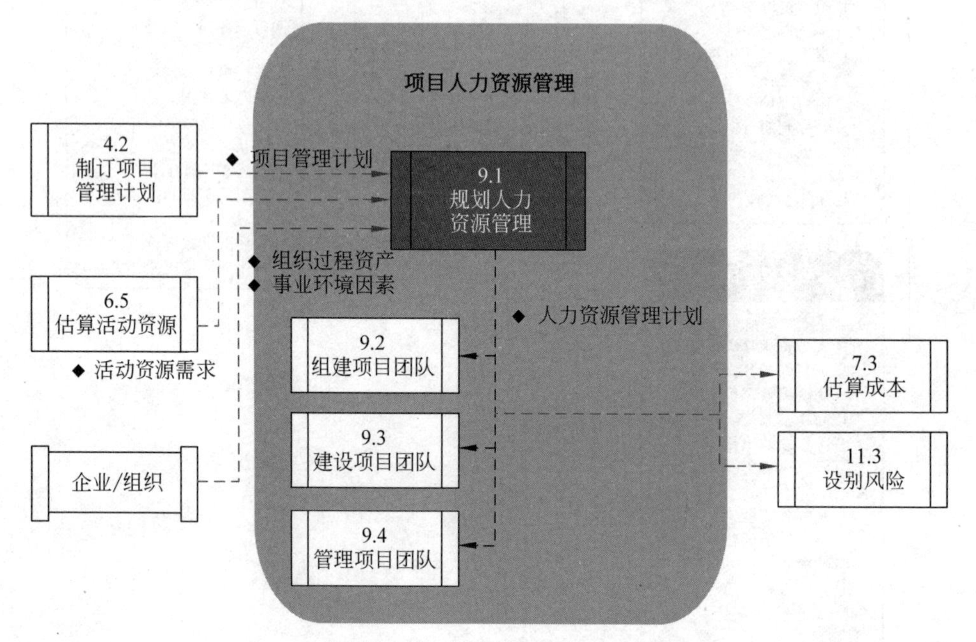

图 9-3 规划人力资源管理的数据流向图

过程间的相互作用可能导致在整个项目过程中需要重新开展规划工作,举例如下。

① 初始团队成员创建工作分解结构(WBS)后,更多的团队成员可能需要加入到团队中。

② 新团队成员加入到团队中,他们的经验水平将会减少或增加项目风险,从而有必要进行额外的风险规划。

③ 在确定项目团队全部成员及其能力水平之前,就对活动持续时间进行估算,并对其编制预算,界定范围或者制订计划,那么活动持续时间可能会发生变更。

通过人力资源规划,明确和识别具备所需技能的人力资源,以保证项目成功。人力资源管理计划中描述将如何安排项目的角色与职责、报告关系和人员配备管理。它还包括人员管理计划(列有人员招募和遣散时间表)、培训需求、团队建设策略、认可与奖励计划、合规性考虑、安全问题以及人员配备管理计划对组织的影响等。

需要考虑稀缺资源的可得性或对稀缺资源的竞争,并编制相应的计划,保证人力资源规划的有效性。可按团队或团队成员分派项目角色,这些团队或团队成员可来自项目执行组织的内部或外部。其他项目可能也在争夺具有相同能力或技能的人力资源,这些因素可能对项目成本、进度、风险、质量及其他领域有显著影响。

9.1.1 过程输入

本过程的输入包括以下内容。

(1) 项目管理计划。其中用于制订人力资源管理计划的信息包括以下几个。

① 项目生命周期和拟用于每个阶段的过程。

② 为完成项目目标,如何执行各项工作。

③ 变更管理计划,规定如何监控变更。

④ 配置管理计划,规定如何开展配置管理。

⑤ 如何维持项目基准的完整性。

⑥ 干系人之间的沟通需求和方法。

(2) 活动资源需求。进行人力资源规划时,需要根据活动资源需求来确定项目所需的人力资源,明确对项目团队成员及其能力的初步需求,并不断渐进明细。

(3) 事业环境因素。其包括组织文化和结构、现有人力资源情况、团队成员的地理位置分布、人事管理政策和市场条件。

(4) 组织过程资产。其包括:组织的标准流程、政策和角色描述;组织图和职位描述模板;以往项目中与组织结构有关的经验教训;团队和执行组织内用于解决问题的升级程序。

9.1.2 工具与技术:组织图与职位描述

可采用多种格式来记录团队成员的角色与职责。大多数格式都属于以下3类(如图9-4所示),即层级型、矩阵型和文本型。此外,有些项目人员安排可在子计划(如风险、质量或沟通管理计划)中列出。无论使用什么方法,目的都是要确保每个工作包都有明确的责任人,确保全体团队成员都清楚地理解其角色和职责。例如,层级型可用于规定高层级角色,而文本型更适合用于记录详细职责。

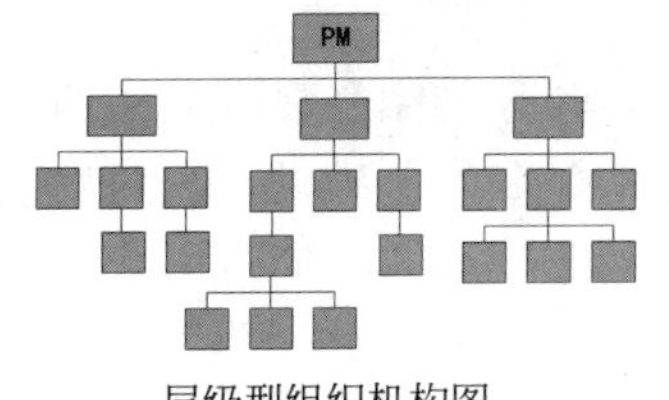

层级型组织机构图

RAM

矩阵型职责图

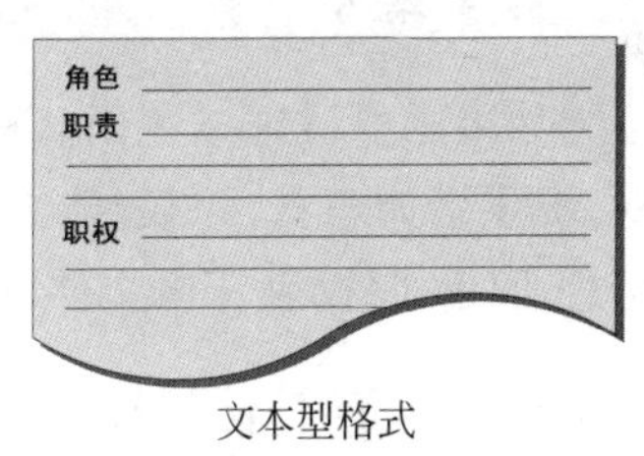

文本型格式

图9-4 角色与职责定义格式

1. 层级型

可以采用传统组织机构图(如图9-4中的左图所示),自上而下地显示各种职位及其相互关系。WBS用来显示如何把项目可交付成果分解为工作包,有助于明确高层次的职责。组织分解结构(OBS)则按照组织现有的部门、单元或团队排列,并在每个部门下列出项目活动或工作包。运营部门(如信息技术部或采购部)只需找到其所在的OBS位置,就能看到自己的全部项目职责。资源分解结构(RBS)是按照资源类别和类型,对资源的层级列表,有利于规划和控制项目工作。每向下一个层次都代表对资源的更详细描述,直到可以与 WBS 相结合,用来规划和监控项目工作。资源分解结构对追踪项目成本很有用,并可与组织的会计系统对接,它可包含人力资源以外的其他各类资源。

2. 矩阵型

责任分配矩阵(RAM)是用来显示分配给每个工作包的项目资源的表格。它显示工作包或活动与项目团队成员之间的关系。在大型项目中,可以制定多个层次的 RAM。例如,高层次 RAM 可定义项目团队中的各小组分别负责 WBS 中的哪部分工作,而低层次 RAM 则可在各小组内为具体活动分配角色、职责和职权。矩阵图能反映与每个人相关的所有活动,以及与每项活动相关的所有人员。它也可确保任何一项任务都只有一个人负责,从而避免职责不清。RAM 的一个例子是 RACI(执行、负责、咨询和知情)矩阵(如图 9-5 所示)。图中最左边的一列表示有待完成的工作(活动)。分配给每项工作的资源可以是个人或小组。项目经理也可根据项目需要,选择"领导""资源"或其他适用词汇来分配项目责任。如果团队是由内部和外部人员组成,RACI 矩阵对明确划分角色和期望特别有用。

RACI 图	人员				
活动	小明	妞妞	小刚	莎莎	静静
制定章程	A	R	I	I	I
收集需求	I	A	R	C	C
提交变更请求	I	A	R	R	C
制订测试计划	A	C	I	I	R

R=执行　A=负责　C=咨询　I=知情

图 9-5　RACI 矩阵

3. 文本型

如果需要详细描述团队成员的职责,可以采用文本型。文本型文件通常以概述的形式,提供诸如职责、职权、能力和资格等方面的信息。这种文件有多种名称,如职位描述、角色-职责-职权表。该文件可作为未来项目的模板。

9.1.3　其他工具与技术

在规划人力资源管理时,项目管理团队将会举行规划会议。此外,本过程的其他工具与技术还包括以下各项。

(1) 人际交往。它是指在组织、行业或职业环境中与他人的正式或非正式互动。人员配备管理的有效性会受各种人际因素的影响,人际交往是了解这些因素的有益途径。通过成功的人际交往,增加获取人力资源的途径,从而改进人力资源管理。人际交往活动的例子包括主动写信、午餐会、非正式对话(如会议和活动)、贸易洽谈会和座谈会等。人际交往在项目初始时特别有用,并可在项目期间以及项目结束后有效促进项目管理职业的发展。

(2) 组织理论。阐述个人、团队和组织部门的行为方式。有效利用组织理论中的通用知识,可以节约编制人力资源管理计划的时间、成本及人力投入,提高规划工作的效率。在不同的组织结构中,人们可能有不同表现、不同的业绩,可能展现出不同的交际特点。此外,可以根据组织理论灵活使用领导风格,以适应项目生命周期中团队成熟度的变化。

(3) 专家判断。可用于以下场合。

① 列出对人力资源的初步要求。

② 根据组织的标准化角色描述,分析项目所需的角色。

③ 确定项目所需的初步投入水平和资源数量。

④ 根据组织文化确定所需的报告关系。

⑤ 根据经验教训和市场条件,指导提前配备人员。

⑥ 识别与人员招募、留用和遣散有关的风险。

⑦ 为遵守适用的政府法规和工会合同,制定并推荐工作程序。

9.1.4 输出:人力资源管理计划

作为项目管理计划的一部分,人力资源管理计划(如表9-1所示)提供了关于如何定义、配备、管理及最终遣散项目人力资源的指南。

表9-1 人力资源管理计划

项目名称:________________ 准备日期:________________

角色、职责和职权

角　　色	职　　责	职　　权
1. 2. 3. 4. 5. 6.	1. 2. 对角色的简单藐视、定义其职权、职责、资格和能力	1. 2. 3. 4. 5. 6.

项目组织结构

项目组织图可以用图形化的层级形结构或者大纲结构表示,是通用性表格,具有对项目和组织的唯一性。

这种图应该展现项目的组织结构、在组织中项目如何配合以及各节点如何向组织的其他人汇报

续表

工作人员管理计划	
人员招募	人员遣散
描述人员如何被带入项目。描述内部招募的团队成员和外包的团队成员的所有区别，入职过程也需考虑在内	描述如何从团队中遣散团队成员，包括知识转移、对内部或外包的团队成员的鉴定
资源日历	
展示所有不寻常的资源日历，如团队成员被压缩的工作周、假期和导致不能全力投入的时间约束 资源日历可以用资源柱状图的方式展示每天、每周或每月所需工作人员或工时数量	
培训需求	
描述所有为了掌握设备、技术或公司流程所需要的培训	
认可与奖励	
描述所有认可与奖励流程或限制	
标准、规则和政策	
描述所有必须遵守的规则、标准和政策，并说明应如何遵守	
安全	
描述所有的安全规则、设备、培训或流程	

人力资源管理计划应该包括以下内容。

(1) 角色和职责。需要考虑下述各项内容。

① 角色。在项目中某人承担的职务，如系统分析师、高级程序员和测试工程师。还应该明确和记录各角色的职权、职责和能力。

② 职权。使用项目资源、做出决策、签字批准、验收可交付成果并影响他人开展项目工作的权力。例如，需要由具有明确职权的人来做决定：选择活动的实施方法、质量验收以及如何应对项目偏差等。当个人的职权水平与职责相匹配时，团队成员就能最好地开

展工作。

③ 职责。为完成项目活动，项目团队成员必须履行的职责和工作。

④ 能力。为完成项目活动，项目团队成员需具备的技能和才干。如果项目团队成员不具备所需的能力，就不能有效地履行职责。一旦发现成员的能力与职责不匹配，就应主动采取措施，如安排培训、招募新成员、调整进度计划或工作范围。

(2) 项目组织图。以图形方式展示项目团队成员及其报告关系。基于项目的需要，项目组织图可以是正式或非正式的、非常详细或高度概括的。

(3) 人员配备管理计划。这是人力资源管理计划的组成部分，说明将在何时、以何种方式获得项目团队成员，以及他们需要在项目中工作多久。它描述了如何满足项目对人力资源的需求。基于项目的需要，人员配备管理计划可以是正式或非正式的、非常详细或高度概括的。应该在项目期间不断更新人员配备管理计划，以指导持续进行的团队成员招募和发展活动。

人员配备管理计划的内容因应用领域和项目规模而异，但都应包括以下各项内容。

① 人员招募。需要考虑一系列问题。例如，从组织内部还是从组织外部的签约供应商招募；团队成员必须集中还是可以远距离分散办公；项目所需各级技术人员的成本；组织的人力资源部门和职能经理们能为项目管理团队提供的协助。

② 资源日历。表明每种具体资源的可用工作日和工作班次的日历。在人员配备管理计划中，需要规定项目团队成员个人或小组的工作时间框架，并说明招募活动何时开始。项目管理团队可以用资源直方图(如图 9-6 所示)向所有干系人直观地展示人力资源分配情况。资源直方图显示在整个项目期间每周(或每月)需要某人、某部门或整个项目团队的工作小时数。可在资源直方图中画一条水平线，代表某特定资源最多可用的小时数。如果柱形超过该水平线，就表明需要采用资源优化策略，如增加资源或修改进度计划。

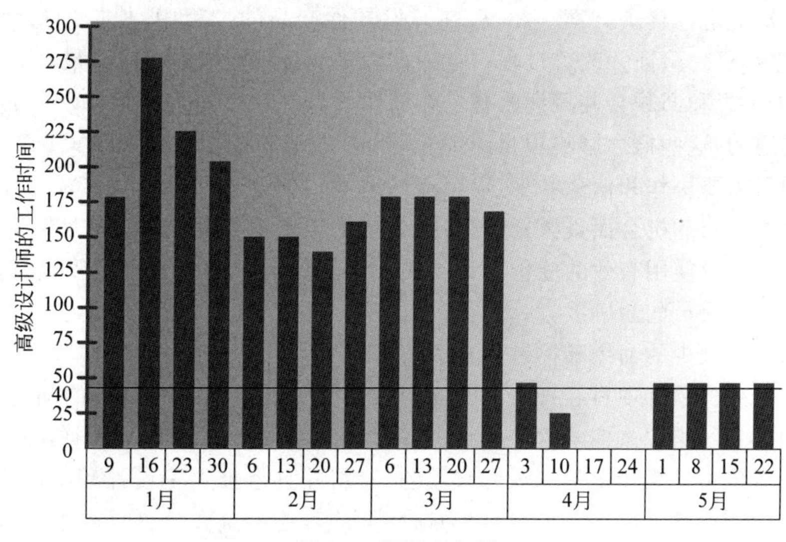

图 9-6 资源直方图

③ 人员遣散计划。事先确定遣散团队成员的方法与时间对项目和团队成员都有好处。一旦把团队成员从项目中遣散出去,项目就不再负担与这些成员相关的成本,从而节约项目成本。如果已经为员工安排好向新项目的平滑过渡,则可以提高士气。人员遣散计划也有助于减轻项目过程中或项目结束时可能发生的人力资源风险。

④ 培训需要。如果预计配给的团队成员不具备所要求的能力,则要制订一个培训计划,将培训作为项目的组成部分。在培训计划中说明应该如何帮助团队成员获得相关证书,以提高他们的工作能力,从而使项目从中获益。

⑤ 认可与奖励。这是建设项目团队过程的一部分。需要用明确的奖励标准和确定的奖励制度来促进团队成员的优良行为。应该针对团队成员可以控制的活动和绩效进行认可与奖励。

⑥ 合规性。人员配备管理计划中可包含一些策略,以遵循适用的政府法规、工会合同和其他现行的人力资源政策。

⑦ 安全。应该在人员配备管理计划和风险登记册中规定一些政策和程序,来引导团队成员远离安全隐患。

9.1.5 软件项目的人力资源管理

软件项目团队成员拥有的与软件产品相关的技术知识和技能,通常优于他们的项目经理。因此,项目经理需要找到最有效的方法来利用软件项目团队成员的知识和技能。成功的软件项目经理通常较少去指挥团队的工作,而是更注重于促进项目团队的工作效率和有效性。这种微妙但重要的转变显著地改变了创建、发展和管理团队的方式。此外,由于软件团队要花费很大一部分时间用于协作、讨论想法及做出共同决定,因此每个团队成员在团队内的“配合”是非常重要的。

软件项目团队经常采用新技术构建新的解决方案,然而在项目的启动和规划阶段,他们可能并不知道这个解决方案。相反,在开发软件产品的过程中,他们创造性地解决问题,迭代地进行概念验证并改善过程。这种方法对于自我授权的团队是最有效的,他们自我诊断、参加反思和回顾会并持续改善。在成功的软件项目经理中灌输和宣传这些概念的过程是共通的,这些概念影响项目经理发展和管理软件项目团队的方式。

软件项目需要协作和信息共享,以创造性地解决问题和构建新的产品。团队成员通过在工作中获得新的机会而被激励,这些机会包括扩展他们的技能、解决有趣的问题、构建创新的软件以及使用有效的软件工具。在规划软件项目的人力资源管理时,如果不能认识到软件开发人员的激励因素,将会产生很多后续问题。

软件团队在较少的命令和控制体系和较多的协同化方法的项目管理环境下,会有更好的表现。有效的软件项目经理将工作规划为要解答的疑问或要解决的问题,并允许团队成员在内部自行组织来应对这些挑战;而不是给团队成员规划和分配详细的任务清单。这为软件团队成员提供了更加刺激和有益的环境,并且也推迟了设计和实施决策以保持解决方案面向创造性方法的开放性,因为这些方法可能无法在软件项目的启动和规划阶段预先想到。

项目经理承担一个服务型领导的角色,以使团队得到授权,是管理软件项目的一个常用的方法。鼓励团队成员身兼数职并做出贡献，而不考虑其正式头衔，这样就可以平衡工作负荷，以使项目成功地完成所需的任务。

麦格雷戈的X理论认为，员工天生懒惰，并且只要可能，他们就会逃避工作。持有X理论的管理者认为员工需要被密切监督，并且需要建立和强制实施综合控制体系。与此相反，Y理论假定员工是有雄心的，并且能够自我激励。他们享受创造性地解决问题的过程，但在大多数组织中，他们的天分未能得到充分的利用。持有Y理论的经理能够与团队成员坦诚交流，尽量减少上下级关系之间的区别，并创造一个舒适的环境，使下属能开发和利用自己的天赋和能力。这种氛围包括共同决策，以便让下属对那些影响他们自身和他们的工作产品的决策拥有发言权。为了表彰项目团队成员中普遍存在的职业精神，项目经理应当采取Y理论的观点看待团队成员。

在规划软件项目人力资源管理时，软件项目经理能够根据软件项目团队成员的特点调整他们的管理风格，尽量避免命令和控制体系，并促进驱动软件人才解决问题的激励因素。此外，软件项目经理规划跨职能的团队，即在团队成员中具有开发软件产品所需要的所有技能。

9.2 组建项目团队

组建项目团队是确认人力资源的可用情况，并为开展项目活动而组建项目团队的过程。本过程的主要作用是指导团队选择和职责分配，组建一个成功的团队。

图9-7所示为本过程的数据流向图。

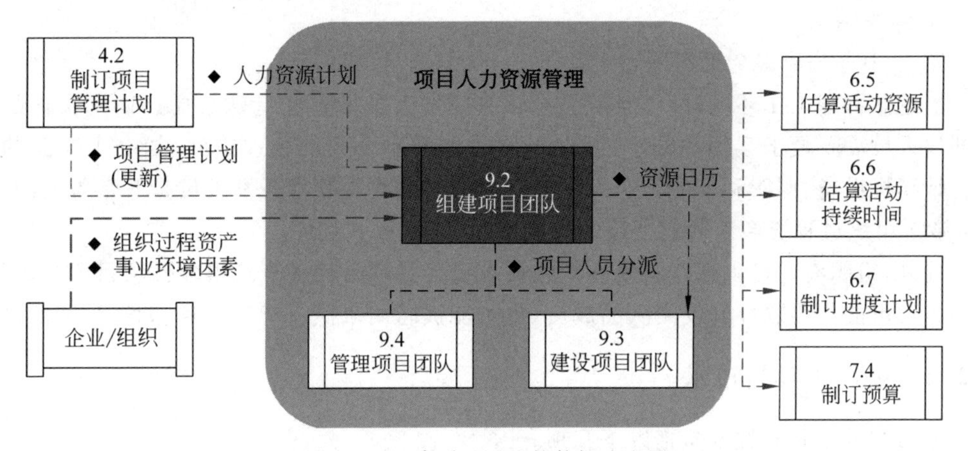

图9-7 组建项目团队的数据流向图

因为集体劳资协议、分包商人员使用、矩阵型项目环境、内外部报告关系及其他各种原因，项目管理团队对选择团队成员不一定拥有直接控制权。在组建项目团队过程中，应特别注意以下几点。

① 项目经理或团队应该进行有效谈判，并影响那些能为项目提供所需人力资源的人员。

② 若不能获得项目所需的人力资源，就可能影响项目进度、预算、客户满意度、质量

和风险。人力资源不足或人员能力不足会降低项目成功概率，甚至最终导致项目取消。

③ 如因制约因素(如经济因素或其他项目对资源的占用)而无法获得所需的人力资源，在不违反法律、规章、强制性规定或其他具体标准的前提下，项目经理或项目团队可能需要使用替代资源(也许能力较低)。

在项目规划阶段，应该对上述因素加以考虑并做出适当安排。项目经理或项目管理团队应该在项目进度计划、项目预算、项目风险计划、项目质量计划、培训计划及其他相关计划中，说明缺少所需人力资源的后果。

9.2.1 过程输入

本过程的输入包括以下内容。

(1) 人力资源管理计划。提供了如何定义、配备、管理和最终遣散人力资源的指南。包括以下因素。

① 角色与职责。定义项目所需的岗位、技能和能力。

② 项目组织图。说明项目所需的人员数量。

③ 人员配备管理计划。说明需要每个团队成员的时间段，以及有助于项目团队参与的其他重要信息。

(2) 事业环境因素。

① 现有人力资源情况，包括可用性、能力水平、以往经验、对本项目工作的兴趣和成本。

② 人事管理政策，如影响外包的政策。

③ 组织结构。

④ 集中办公或多个工作地点。

当建立物理工作环境时，可能需要为软件开发人员做一些特殊考虑。协同工作的软件开发人员需要便于互动和分享的设施，同时也需要个人的物理空间，如一个安静的环境。计算机设备、照明和其他符合人体工程学的问题对于软件开发人员是非常重要的。

(3) 组织过程资产。其包括组织的标准政策、流程和程序。

此外，组织有时可以通过聘用合同人员执行各种项目任务来获得软件项目团队成员。合同人员可能作为软件开发团队的成员，也可能被聘用来执行特定任务，如追溯或测试。

9.2.2 过程工具与技术

本过程的工具与技术包括以下几项。

(1) 预分派。如果项目团队成员是事先选定的，他们就是被预分派的。预分派可在下列情况下发生：在竞标过程中承诺分派特定人员进行项目工作；项目取决于特定人员的专有技能；或者项目章程中指定了某些人员的工作分派。

(2) 谈判。在许多项目中，通过谈判完成人员分派。例如，项目管理团队需要与下列各方谈判。

① 职能经理。确保项目能够在需要时获得具备适当能力的人员，确保项目团队成员能够、愿意并且有权在项目上工作，直到完成其职责。

② 执行组织中的其他项目管理团队，合理分配稀缺或特殊人力资源。

③ 外部组织、卖方、供应商、承包商等。获取合适的、稀缺的、特殊的、合格的、经认证的及其他诸如此类的特殊人力资源。特别要注意与外部谈判有关的政策、惯例、流程、指南、法律及其他标准。

(3) 招募。如果执行组织不能提供为完成项目所需的人员，就需要从外部获得所需的服务。这可能包括雇用独立咨询师，或把相关工作分包给其他组织。

(4) 虚拟团队。可定义为具有共同目标、在完成角色任务的过程中很少或没有时间面对面工作的一群人。虚拟团队的使用为招募项目团队成员提供了新的可能性。现代沟通技术(如电子邮件、电话会议、社交媒体、网络会议和视频会议等)使虚拟团队成为可行。

虚拟团队也存在一些缺点。例如，可能产生误解，有孤立感，团队成员之间难以分享知识和经验，采用通信技术的成本。在虚拟团队的环境中，沟通规划变得尤为重要。可能需要多花一些时间来设定明确的期望，促进沟通，制定冲突解决方法，召集人员参与决策，理解以及共享成功的喜悦。

(5) 多标准决策分析。在组建项目团队过程中，经常需要使用团队成员选择标准。通过多标准决策分析，制定出选择标准，并据此对候选团队成员进行定级或打分。根据各种因素对团队的不同重要性，赋予选择标准不同的权重。例如，可用下列标准对团队成员进行打分。

① 可用性。能否在需要的时段内为项目工作，在项目期间内是否存在影响可用性的因素。

② 成本。所需的聘用成本是否在规定的预算内。

③ 经验。是否具备项目所需的相关经验。

④ 能力。是否具备项目所需的能力。

⑤ 知识。是否掌握关于客户、类似项目和项目环境细节的相关知识。

⑥ 技能。是否具有相关的技能，来使用项目工具开展项目执行或培训。

⑦ 态度。能否与他人协同工作，以形成有凝聚力的团队。

⑧ 国际因素。所在的位置、时区和沟通能力。

9.2.3 过程输出

本过程的输出包括以下内容。

(1) 项目人员分派。通过把合适的人员分派到团队，来为项目配备人员。与项目人员相关的文件包括项目团队名录和致团队成员的备忘录，还需要把人员姓名插入项目管理计划的其他部分，如项目组织图和进度计划。

(2) 资源日历。记录每个团队成员在项目中工作的时间。必须很好地了解每个人的时间冲突和时间限制(包括时区、工作时间、休假时间、当地节假日和在其他项目的工作时间)，才能编制出可靠的进度计划。

(3) 项目管理计划(更新)。包括人力资源管理计划。例如，承担某个角色的人员未达到规定的全部要求，就需要更新项目管理计划，对团队结构、人员角色或职责进行变更。

9.3 建设项目团队

建设项目团队是提高工作能力、促进团队互动、改善团队整体氛围以提高项目绩效的过程，本过程的主要作用是改进团队协作、增强人际技能、激励团队成员、稳定团队以及提升整体项目绩效。

为软件项目建设项目团队要关注改善能力、团队互动和整体的团队环境，以提高项目绩效。对于软件项目而言，这是一个嵌套的、循环的模式，是连续不断地发生探索和反馈的循环，通常发生在每小时、每天、每周、每两周和每月的迭代周期上。

图 9-8 所示为本过程的数据流向图。

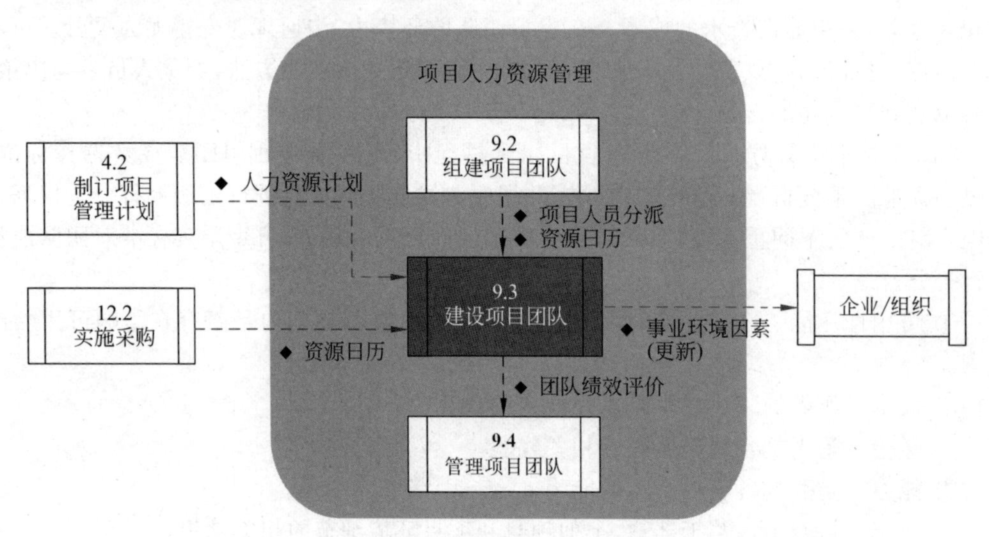

图 9-8 建设项目团队的数据流向图

项目经理应该能够定义、建立、维护、激励、领导和鼓舞项目团队，使团队高效运行并实现项目目标。团队协作是项目成功的关键因素，而建设高效的项目团队是项目经理的主要职责之一。项目经理应创建一个促进团队协作的环境。可通过给予挑战与机会、提供及时反馈与所需支持以及认可与奖励优秀绩效，不断激励团队。可通过开放和有效的沟通、创造团队建设机遇、建立团队成员间的信任、以建设性方式管理冲突，以及鼓励合作型的问题解决和决策制定方法，实现团队的高效运行。项目经理应该请求管理层提供支持，并/或对相关干系人施加影响，以便获得建设高效项目团队所需的资源。

项目管理团队应该利用文化差异，在整个项目生命周期中致力于发展并维护项目团队，并促进在相互信任的氛围中充分协作。通过建设项目团队，可以改进人际技能、技术能力、团队环境以及项目绩效。在整个项目生命周期中，团队成员之间都要保持明确、及时、有效(包括效果和效率两个方面)的沟通。

建设项目团队的目标包括以下内容。

① 提高团队成员的知识和技能，以提高他们完成项目可交付成果的能力，并降低成本、缩短工期和提高质量。

② 提高团队成员之间的信任和认同感，以提高士气、减少冲突和增进团队协作。

③ 创建富有生气、凝聚力和协作性的团队文化，以便提高个人和团队生产率，振奋团队精神促进合作；促进团队成员之间的交叉培训和辅导，以分享知识和经验。

9.3.1 过程输入

本过程的输入包括以下内容。

(1) 人力资源管理计划。提供了关于如何定义、配备、管理、控制及最终遣散人力资源的指南。它确定了培训策略和团队建设计划。通过持续的团队绩效评价和其他形式的团队管理活动，可以把奖励、反馈、附加培训及纪律惩罚等事项加入人力资源管理计划中。

(2) 项目人员分派。团队建设从获得项目团队成员的名单开始。

(3) 资源日历。定义了项目团队成员何时能参与团队建设活动。

9.3.2 工具与技术：团队建设活动

团队建设活动既可以是状态审查会上的几分钟议程，也可以是为改善人际关系而设计的、在非工作场所专门举办的体验活动。团队建设活动旨在帮助各团队成员更加有效地协同工作。如果团队成员的工作地点相隔甚远，无法进行面对面接触，要特别重视有效的团队建设策略。非正式的沟通和活动有助于建立信任和良好的工作关系。

团队建设是一个持续性过程，对项目成功至关重要。团队建设固然在项目前期必不可少，但它更是一个持续的过程。项目环境的变化不可避免，要有效应对这些变化，就需要持续不断地开展团队建设。项目经理应该持续地监督团队机能和绩效，确定是否需要采取措施来预防或纠正各种团队问题。

团队发展阶段模型：

布鲁斯·塔克曼的团队发展阶段模型是组织行为学的一种。组织行为学是研究在组织中以及组织与环境相互作用中，人们从事工作的心理活动和行为的反应规律性的科学。组织行为学综合运用了心理学、社会学、文化人类学、生理学、生物学以及经济学、政治学等学科有关人的行为的知识与理论，来研究一定组织中的人的行为规律。

布鲁斯·塔克曼的团队发展阶段模型可以被用来辨识团队构建与发展的关键性因素，并对团队的历史发展给予解释。团队发展的5个阶段是组建期(形成阶段)、激荡期(振荡阶段)、规范期(规范阶段)、执行期(成熟阶段)和休整期(解散阶段)。塔克曼指出，所有5个阶段都是必需的，团队在成长、迎接挑战、处理问题、发现方案、规划、处置结果等一系列经历过程中必然要经过上述5个阶段。该模型对后来的组织发展理论产生了深远的影响。

尽管这些阶段通常按顺序进行，然而，团队停滞在某个阶段或退回到较早阶段的情况也并非罕见。如果团队成员曾经共事过，项目团队建设也可跳过某个阶段。

(1) 组建期。项目小组启蒙阶段。团队酝酿，形成测试。测试的目的是为了辨识团队的人际边界以及任务边界。通过测试，建立起团队成员的相互关系、团队成员与团队领导之间的关系，以及各项团队标准等。团队成员行为具有相当大的独立性。尽管他们有可能被动，但普遍而言，这一时期他们缺乏团队目的、活动的相关信息。部分团队成员还有可能表现出不稳定、忧虑的特征。团队领导在带领团队的过程中，要确保团队成员之间建立起一种互信的工作关系。指挥或"告知"式领导，与团队成员分享团队发展阶段的概念，达成共识。

（2）激荡期。形成各种观念，激烈竞争、碰撞的局面。团队获取团队发展的信心，但是存在人际冲突、分化的问题。团队成员面对其他成员的观点、见解，更想要展现个人性格特征。对于团队目标、期望、角色以及责任的不满和挫折感被表露出来。项目领导指引项目团队度过激荡转型期。教练式领导，强调团队成员的差异，相互包容。

（3）规范期。规则、价值、行为、方法、工具均已建立。团队效能提高，团队开始形成自己的身份识别。团队成员调适自己的行为，以使得团队发展更加自然、流畅。有意识地解决问题，实现组织和谐。动机水平增加。团队领导允许团队有更大的自治性。参与式领导。

（4）执行期。人际结构成为执行任务活动的工具，团队角色更为灵活和功能化，团队能量积聚于一体。项目团队运作如一个整体。工作顺利、高效完成，没有任何冲突，不需要外部监督。团队成员对于任务层面的工作职责有清晰的理解。即便在没有监督的情况下自己也能做出决策。随处可见"我能做"的积极工作态度，互助协作。项目领导让团队自己执行必要的决策。

（5）休整期。任务完成，团队解散。有些学者将第五阶段描述为"哀痛期"，反映了团队成员的一种失落感。团队成员动机水平下降，关于团队未来的不确定性开始回升。

9.3.3 其他工具与技术

本过程的工具与技术包括以下几项。

（1）人际关系技能。这是因富有情商，并熟练掌握沟通技巧、冲突解决方法、谈判技巧、影响技能、团队建设技能和团队引导技能而具备的行为能力。这些软技能都是建设项目团队的宝贵资产。例如，项目管理团队能了解、评估及控制项目团队成员的情绪，预测团队成员的行为，确认团队成员的关注点及跟踪团队成员的问题，来达到减轻压力、加强合作的目的。

（2）培训。包括旨在提高项目团队成员能力的全部活动。培训可以是正式或非正式的。如果项目团队成员缺乏必要的管理或技术技能，可以把对这种技能的培养作为项目工作的一部分。应该按人力资源管理计划中的安排来实施预定的培训，也应该根据管理项目团队过程中的观察、交谈和项目绩效评估的结果，来开展必要的计划外培训，培训成本通常应该包括在项目预算中，或者如果增加的技能有利于未来的项目，也可以由执行组织承担。

需要平衡当前软件项目需要的培训和增强个人或团队能力的培训，而这可能会在未来的项目中非常有用。

（3）基本规则。对项目团队成员的可接受行为尽早制定并遵守明确的规则，有助于减少误解，提高生产力。对诸如行为规范、沟通方式、协同工作、会议礼仪等的基本规则进行讨论，有利于团队成员相互了解对方的价值观。规则一旦建立，全体成员都必须遵守。

（4）集中办公。也称为"紧密矩阵"，是指把许多或全部最活跃的项目团队成员安排在同一个物理地点工作，以增强团队工作能力。集中办公既可以是临时的（如仅在项目特别重要的时期），也可以贯穿整个项目。实施集中办公策略，可借助团队会议室（有时称为"作战室"）以及其他能增进沟通和集体感的设施。尽管集中办公是一种良好的团队建设策略，但虚拟团队的使用也能带来很多好处。例如，使用更多熟练资源，降低成本，减少出差，减少搬迁费用，拉近团队成员与供应商、客户或其他重要干系人的距离。

(5) 认可与奖励。在建设项目团队过程中，需要对成员的优良行为给予认可与奖励。最初的奖励计划是在制定人力资源管理过程中编制的。必须认识到，只有能满足被奖励者的某个重要需求的奖励才是有效的奖励。在管理项目团队的过程中，通过项目绩效评价，以正式或非正式的方式做出奖励决定。在决定认可与奖励时，应考虑文化差异。

如果人们感受到自己在组织中的价值，并且可以通过获得奖励来体现这种价值，他们就会受到激励。通常，金钱是奖励制度中的有形奖励，然而也存在各种同样有效甚至更加有效的无形奖励。大多数项目团队成员会因得到成长机会、获得成就感及用专业技能迎接新挑战，而受到激励。项目经理应该在整个项目生命周期中尽可能地给予表彰，而不是等到项目完成时。

(6) 人事测评工具。能让项目经理和项目团队洞察成员的优势和劣势。这些工具可帮助项目经理评估团队成员的偏好和愿望，如何处理和整理信息、团队成员如何制定决策以及团队成员喜欢如何与人打交道。

有各种可用的工具，如态度调查、细节评估、结构化面谈、能力测试及焦点小组讨论。这些工具有利于增进团队成员间的理解、信任、忠诚和沟通，在整个项目期间不断提高成效。

9.3.4 建设软件项目团队

下面是建设软件项目团队所用到的一些额外的工具与技术。

① 结对编程。这是两个软件开发人员共享一个编程任务的做法，对于改善技能和学习优秀实践可以有极大的帮助。通常将不同技能水平的团队成员进行配对，并且频繁地循环配对人员，以便最大限度地提供学习机会。这也有利于在整个团队内共享项目信息和技术知识，从而减少对关键人员的知识和技能的依赖。

② 测试驱动开发(TDD)。这有助于通过体验式学习的短反馈循环来提高团队能力。TDD或"红、绿、重构"指的是编写一个测试（未通过），然后写代码，直到测试通过，然后重构明晰的代码步骤，这个过程可能每天发生很多次。通过鼓励开发人员在编写代码之前去思考代码将如何被测试，商业目的和可用性就会被频繁地考虑到，这将提高软件的质量和用户的认可度。然而，主要的收益还在于团队成员，他们将会通过探索、测试和反馈的快速循环，提升自己的认知和技能，作为对适应性生命周期软件项目的补充，这些概念阐明如图9-9所示。

③ 集中办公。软件项目团队在保持稳定和集中办公时，会凝聚在一起并变得更有生产力。团队需要时间逐步度过塔克曼阶梯的组建、振荡和规范阶段，并最终达到团队输出最优化的执行阶段。在一个团队中调入或调出人员，将再次触发振荡和规范阶段，因为新的团队成员要找到自己在团队中的位置，而团队则需要做出调整来适应他们。对于软件

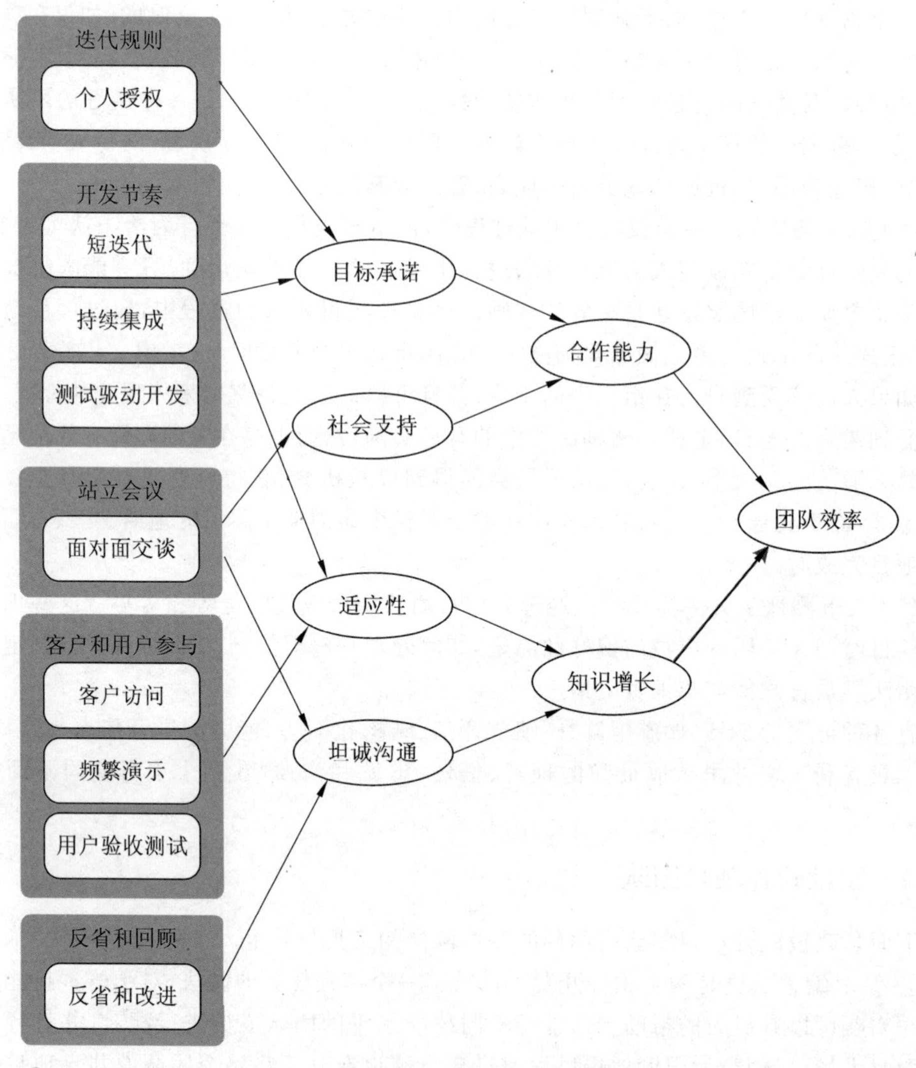

图 9-9　提高软件项目团队效率的因素

项目团队成员而言,振荡和规范过程的一部分就是学习如何处理团队冲突、谈判、获得对决策的承诺,并最终建立起为项目成果共同承担责任的意识。当专业人员需要通过合作来构建新的解决方案时,这些是影响所有项目的复杂问题;对于软件项目团队成员而言,它们是尤其重要的问题。让专业人员在一起工作,并利用建设性的分歧和严格的验证决定,是软件团队建设的首要目标,也是软件项目经理的一项关键技能。团队成员集中办公有助于这一过程,并允许直接的面对面沟通。

④ 建立信任。软件团队在协同工作和学习相互信任、研究解决问题、做出决定以及承诺共同承担责任的过程中所面临的挑战。

9.3.5　过程输出

本过程的输出包括以下内容。

(1) 团队绩效评价。随着项目团队建设工作(如培训、团队建设和集中办公等)的开展,项目管理团队应该对项目团队的有效性进行正式或非正式评价。有效的团队建设策略和活动可以提高团队绩效,从而提高实现项目目标的可能性。团队绩效评价标准应由全体相关各方联合确定,并被整合到建设项目团队过程的输入中。

根据项目的技术成功度(包括质量水平)、项目进度绩效(按时完成)和成本绩效(在财务约束条件内完成)来评价团队绩效。以任务和结果为导向是高效团队的重要特征。

评价团队有效性的指标可包括以下几个。

① 个人技能的改进,从而使成员更有效地完成工作任务。

② 团队能力的改进,从而使团队整体工作得更好。

③ 团队成员离职率的降低。

④ 团队凝聚力加强,从而使团队成员公开分享信息和经验,互相帮助,来提高项目绩效。

通过对团队整体绩效的评价,项目管理团队能够识别出所需的特殊培训、教练、辅导、协助或改变,以提高团队绩效。项目管理团队也应该识别出合适或所需的资源,以执行和实现在绩效评价过程中提出的改进建议。应该妥善记录团队改进建议和所需资源,并传达给相关方。

(2) 事业环境因素(更新)。其包括人事管理制度、员工培训记录和技能评估。

9.4 管理项目团队

管理项目团队是跟踪团队成员工作表现、提供反馈、解决问题并管理团队变更,以优化项目绩效的过程。本过程的主要作用是影响团队行为、管理冲突、解决问题并评估团队成员的绩效。

图 9-10 所示为本过程的数据流向图。

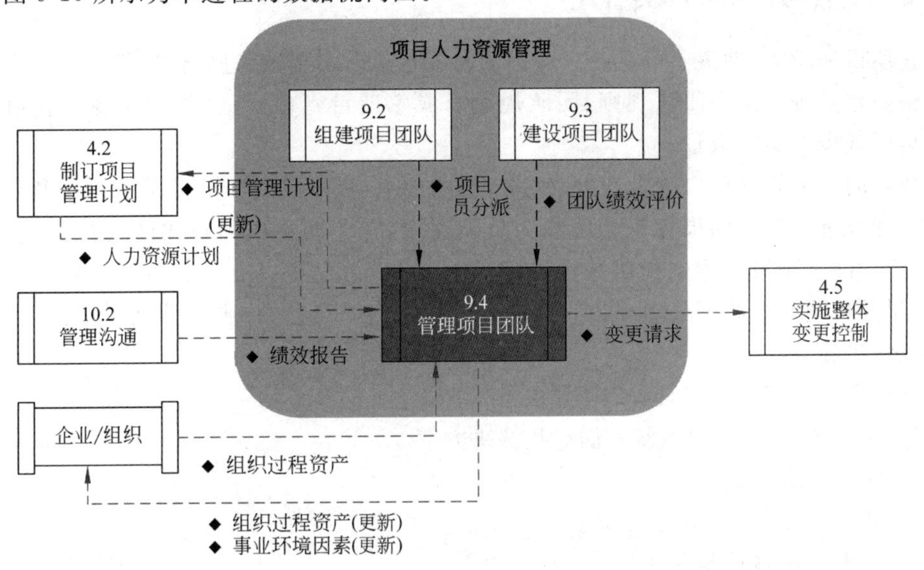

图 9-10 管理项目团队的数据流向图

提出变更请求、更新人力资源管理计划、解决问题、为绩效评估提供输入以及为组织数据库增加经验教训，这些都是管理项目团队所得到的成果。

管理项目团队需要借助多方面的管理技能，来促进团队协作，整合团队成员的工作，从而创建高效团队。进行团队管理，需要综合运用各种技能，特别是沟通、冲突管理、谈判和领导力技能。项目经理应该向团队成员分配富有挑战性的任务，并对优秀绩效进行表彰。

9.4.1 过程输入

本过程的输入包括以下内容。

(1) 人力资源管理计划。其中提供了如何定义、配备、管理、控制及最终遣散项目人力资源的指南。包括角色与职责、项目组织和人员配备管理计划。

(2) 项目人员分派。项目人员分派文件中列出了项目团队成员。

(3) 团队绩效评价。项目管理团队应该持续地对项目团队绩效进行正式或非正式评价。不断评价项目团队绩效，有助于采取措施解决问题，调整沟通方式，解决冲突和改进团队互动。

(4) 问题日志。记录由谁负责在目标周期内解决特定问题，并监督解决情况。

(5) 工作绩效报告。能够提供当前项目状态与预期项目状态的比较。从进度控制、成本控制、质量控制和范围确认中得到的结果，有助于项目团队管理。绩效报告和相关预测报告中的信息，有助于确定未来的人力资源需求、开展认可与奖励，以及更新人员配备管理计划。

(6) 组织过程资产。其包括嘉奖证书、新闻报道、网站、奖金结构、公司制服以及组织中其他的额外待遇。

9.4.2 工具与技术：冲突管理

在项目环境中，冲突不可避免。冲突的来源包括资源稀缺、进度优先级排序和个人工作风格的差异等。采用团队规则、团队规范及成熟项目管理实践（如沟通规划和角色定义），可以减少冲突的数量。

成功的冲突管理可提高生产力，改进工作关系。如果管理得当，意见分歧有利于提高创造力和改进决策。如果意见分歧成为负面因素，首先应该由项目团队成员负责解决。如果冲突升级，项目经理应提供协助，促成满意的解决方案。应该采用直接和合作的方式，尽早并且通常在私下处理冲突。如果破坏性冲突继续存在，则可使用正式程序，包括采取惩戒措施。

冲突和冲突管理过程具有以下特征。

① 冲突是正常的，它迫使人们寻找解决方案。

② 冲突因团队而存在。

③ 开诚布公有利于解决冲突。

④ 解决冲突应对事不对人。

⑤ 解决冲突应着眼于现在而非过去。

项目经理解决冲突的能力，往往在很大程度上决定其管理项目团队的成败。不同的项目经理可能采用不同的解决冲突的方法。影响冲突解决方法的因素包括以下几个。

① 冲突的相对重要性与激烈程度。

② 解决冲突的紧迫性。

③ 冲突各方的立场。

④ 永久或暂时解决冲突的动机。

常用的冲突解决方法有以下 5 种。

① 撤退/回避。从实际或潜在冲突中退出，将问题推迟到准备充分的时候，或者将问题推给其他人员解决。

② 缓解/包容。强调一致而非差异，为维持和谐与关系而退让一步，考虑其他方的需要。

③ 妥协/调解。为了造势或部分解决冲突，寻找能让各方都在一定程度上满意的方案。

④ 强迫/命令。以牺牲其他方为代价，推行某一方的观点：只提供赢输方案。通常利用权力来强行解决其紧急问题。

⑤ 合作/解决问题。综合考虑不同的观点和意见，采用合作的态度和开放式对话引导各方达成共识和承诺。

9.4.3 其他工具与技术

本过程的其他主要工具与技术包括以下几项。

(1) 观察和交谈。随时了解项目团队成员的工作和态度。项目管理团队应该监督项目可交付成果的进展，了解团队成员引以为荣的成就，了解各种人际关系问题。

(2) 项目绩效评估。其目的包括：澄清角色与职责；向团队成员提供建设性反馈；发现未知或未决问题；制订个人培训计划；确立未来目标。

对正式或非正式项目绩效评估的需求，取决于项目工期长短、项目复杂程度、组织政策、劳动合同要求以及定期沟通的数量和质量。

(3) 人际关系技能。项目经理应该综合运用技术、人际和概念技能来分析形势，并与团队成员有效互动。恰当地使用人际关系技能，可充分发挥全体团队成员的优势。

例如，项目经理最常用的人际关系技能包括以下几个。

① 领导力。成功的项目需要强有力的领导技能。领导力在项目生命周期中的所有阶段都很重要。有多种领导力理论，定义了适用于不同情形或团队的领导风格。领导力对沟通愿景及鼓舞项目团队高效工作十分重要。

② 影响力。在矩阵环境中，项目经理对团队成员通常没有或仅有很小的命令职权，所以他们适时影响干系人的能力，对保证项目成功非常关键。影响力主要体现在以下各方面。

- 说服别人，以及清晰表达观点和立场的能力。
- 积极且有效地倾听。
- 了解并综合考虑各种观点。

• 收集相关且关键的信息，以解决重要问题，维护相互信任，达成一致意见。

③ 有效决策。包括谈判能力，以及影响组织与项目管理团队的能力。进行有效决策需要具备以下几点。

• 着眼于所要达到的目标。
• 遵循决策流程。
• 研究环境因素。
• 分析可用信息。
• 提升团队成员个人素质。
• 激发团队创造力。
• 管理风险。

9.4.4 管理软件项目团队

在软件项目中，跟踪团队成员的个人绩效是一个微妙的问题。评估个人的绩效、与同事的互动及技能的发展是很重要的。与此同时，应注意不要公布个人的绩效测量结果，因为在软件项目中，很多因素会影响个人绩效。例如，当一个有才华的项目成员工作在产品最复杂的部分时，或因为项目成员的技能因素而被分配到了困难的部分，他可能表现出生产力下降。此外，公布个人绩效会导致以自我为中心的行为，并且对于合作和帮助其他团队成员的行为几乎没有鼓励作用。

由于这些原因，最好跟踪团队级的绩效；团队成员将受到鼓励去帮助同事，以提高团队的整体工作效率。因此，周转率（每次迭代的生产速率）的测量在团队级，而不是在个人层面。

项目经理与团队成员单独进行面对面的沟通可以了解每个成员的职业发展目标。发展团队成员的个人技能和角色，以及帮助他们发现在项目中使用这些技能的机会，极大地提高了个人承诺和满意度。当他们看到自己的个人目标如何与项目目标结合在一起时，团队成员变得更加一致，并致力于实现项目的目标。

由于许多软件项目采用短迭代周期进行工作，在接受或放弃一个新的角色之前，可以尝试一两个迭代周期。团队成员对尝试新角色的机会感到感激，因为这对他们的需求是前瞻性的，而且不会造成项目的混乱。

周期性地试验新的不同的团队角色也有利于项目经理迅速获得自组织团队内部调整的反馈。迭代方法为团队成员提供了短周期的实验和反馈，大多数人认为这是有益的。

通过演示工作软件增量获得反馈，之后召开团队回顾会。这两个事件（演示和回顾）为项目团队成员、项目经理和客户提供了有价值的反馈。演示提供了客户如何看待新的工作成果的反馈，信息通过项目如何满足（或不满足）其目标来获得；而回顾和反省有助于调整和改善开发过程。

解决团队成员之间的冲突也需要谨慎的平衡。大多数团队冲突是信任环境的指示器，在这个环境下，表达反对意见是可以接受的。对于技术问题的激烈辩论建立了对成果的承诺；只有当冲突超出了业务和技术问题本身并变成针对个人时它才是一个问题。

由于软件的无形性和可塑性，很少有解决问题的唯一办法，所以辩论和讨论解决方法是正常的、健康的，只要讨论不升级到超出团队能够解决的范围或转变为个人冲突即可。

9.4.5 过程输出

本过程的输出包括以下内容。

(1) 变更请求。人员配备的变化无论是自主选择还是由不可控事件造成，都会影响项目管理计划的其他部分。如果人员配备问题导致无法坚持项目管理计划(如造成进度拖延或预算超支)，就需要通过实施整体变更控制过程来处理变更请求。人员配备变更可能包括转派人员、外包部分工作以及替换离职人员。

预防措施是指在问题发生前所制定的、用来降低问题发生概率和/或影响的措施，这些措施可包括为减轻成员缺勤所带来的问题而开展的交叉培训，以及为确保所有职责都得到履行而进一步开展的角色澄清。

(2) 项目管理计划(更新)。其包括人员资源管理计划。

(3) 项目文件(更新)。其包括问题日志、角色描述和项目人员分派。

(4) 事业环境因素(更新)。其包括对组织绩效评价的输入、个人技能更新。

(5) 组织过程资产(更新)。其包括历史信息和经验教训文档、相关模板和组织的标准流程。

9.5 习 题

请参考课文内容以及其他资料，完成下列选择题。

1. 项目经理正在从外部引进为完成项目所需的人员。请问项目经理的活动涉及下列领域知识的是(　　)。

A. 质量管理　　B. 成本管理　　C. 人力资源管理　　D. 风险管理

2. 人力资源管理过程的输出会影响到下列各个知识领域，除了(　　)。

A. 时间管理　　B. 范围管理　　C. 整合管理　　D. 成本管理

3. 一名已经答应参加项目的员工被上级领导分派到另外一个项目中去，项目经理和管理团队积极和上级领导进行沟通，并反复说明该员工对项目的重要性。请判断上述情况属于(　　)过程。

A. 制订人力资源计划　　B. 组建项目团队

C. 建设项目团队　　D. 管理项目团队

4. 建设项目团队中的(　　)输出对管理项目团队的输入有影响。

A. 项目人员分派　　B. 团队绩效评价

C. 资源日历　　D. 人力资源计划

5. 在项目规划过程中，让团队成员尽早参与是出于(　　)考虑。

A. 确保项目能够按时完成

B. 避免团队成员被其他项目调用

C. 利用他们的专业技能和增强他们的责任感

D. 确保项目能够尽早启动

6. 制订人力资源计划通过(　　)影响估算成本。

A. 活动资源需求　　B. 人力资源计划

C. 项目人员分派　　D. 团队绩效评价

7. 项目经理提前制订好了遣散计划,对项目团队有很多帮助,除了(　　)。

A. 节约成本　　B. 提高士气　　C. 控制风险　　D. 明确职责

8. 下列(　　)不属于建设项目团队与本知识领域其他过程间的数据流动。

A. 项目人员分派　　B. 资源日历

C. 团队绩效评价　　D. 组织过程资产

9. 在项目竞标过程中,写明有特定人员参加。请判断下述情况中使用了(　　)工具。

A. 人力资源配备　　B. 预分派

C. 配置计划　　D. 人力资源计划

10. 下列不是虚拟团队使用工具的是(　　)。

A. 电子邮件　　B. 报纸杂志　　C. 电话会议　　D. 视频会议

11. 下列不属于组织项目团队过程输出的是(　　)。

A. 项目人员分派　　B. 团队绩效

C. 资源日历　　D. 项目管理计划

12. 下列不属于建设项目团队输入的是(　　)。

A. 组织过程资产　　B. 项目人员分派

C. 项目管理计划　　D. 资源日历

13. 项目团队选择集中办公,主要是考虑(　　)因素。

A. 将客户集中在一起　　B. 团队建设

C. 减少项目租金费用　　D. 缩短项目时间

14. 在项目进行过程中,项目经理对项目成员施加了同情心和影响力等影响,大大减少了团队成员之间的摩擦并促进了合作。该项目经理使用了(　　)工具。

A. 人际关系技能　　B. 团队建设活动

C. 认可与奖励　　D. 以上都不是

15. 关于团队培训,下列描述不正确的是(　　)。

A. 培训可以是正式或非正式的

B. 培训应该严格按照人力资源计划中的安排来实施,避免计划外培训

C. 培训方式包括课堂培训、在线培训、计算机辅助培训、在岗培训(由其他项目团队成员提供)、辅导及指导

D. 应该根据项目团队管理过程中的观察、会谈和项目绩效评估结果,来开展必要的计划外培训

16. 下列不属于建设项目团队工具的是(　　)。

A. 培训　　B. 团队建设活动　　C. 集中办公　　D. 虚拟团队

17. 在项目进行中,项目经理应该对项目团队绩效进行(　　)。

A. 正式评价　　B. 非正式评价

C. 不断地进行正式或非正式评价　　　　　D. 以上都不对

18. 下列不属于管理项目团队的输入的是(　　)。

A. 项目人员分派　　　　　　　　　　　B. 绩效报告

C. 事业环境因素　　　　　　　　　　　D. 团队绩效评价

19. 你作为项目经理,在项目规划的第一周时,你应当采用(　　)管理风格。

A. 教练　　　　B. 指导　　　　C. 参与　　　　D. 授权

20. 在马斯洛需求层次理论中,以下需求层次最高的是(　　)。

A. 生理需要　　B. 自我实现　　C. 社会需要　　D. 尊重需要

9.6 实验与思考:克兹内办公设备公司周年庆项目团队建设

【实验目的】

本节"实验与思考"的目的如下。

(1) 理解和熟悉项目人力资源管理的基本概念。

(2) 阅读案例"克兹内办公设备公司周年庆项目",熟悉规划人力资源管理过程,尝试为本项目编制人力资源管理计划。

(3) 分析本项目人力资源管理可能存在的问题,并提出应对措施。

【工具/准备工作】

(1) 在开始本实验之前,请回顾教科书的相关内容。

(2) 需要准备一台能够访问因特网的计算机。

【实验内容与步骤】

1. 案例:克兹内办公设备公司周年庆项目

周立坐在克兹内办公设备公司咖啡厅的一张大桌子前,紧张地看着手表,现在是3:10,14 个成员中只有 10 个来参加克兹内周年庆祝活动任务小组的第一次会议。就在这时,又有两个成员匆匆忙忙赶了进来,嘟囔着为迟到表示道歉。布里格斯清了清喉咙,会议开始了。

克兹内办公设备公司位于苏州工业园区,专门从事高端办公家具和设备的生产与销售。在成立的最初 5 年,克兹内经历了稳定的增长,雇用员工的效量也达到了 1 400 人的高水平。但经济衰退,迫使克兹内解雇了其 25%的职员,这是公司遭受创伤的岁月。王海鸥接任为新的 CEO,从此,事情开始慢慢好转。王海鸥注重员工参与,并围绕自我管理团队的概念对公司运营进行重新设计。公司很快引进了一套符合人体工程学的家具生产线,其设计目的是减少后背劳损和腕部扭伤。这一设备生产线被证明是一次巨大的成功,克兹内成了本行业的领导者。公司现在有 1 100 名员工,并被主流媒体报连续两次评为最好的 10 家当地企业之一。

周立今年 42 岁,是人力资源方面的专家,她已经为克兹内工作了 5 年。在此期间,她从事了大量的工作,包括招聘、培训、薪酬和团队建设。茅於华是公司人力资源部的副总裁,她安排周立负责组织克兹内10周年庆祝活动。周立非常高兴,因为她可以直接向高层经理汇报工作了。

CEO王海鸥简单地向她讲述了本次庆祝活动的目的和目标。王海鸥强调说,这是一次值得纪念的活动,庆祝克兹内自解雇员工以来的黑暗时期到现在所取得的成功是很重要的。另外,他透露道,他刚刚读了一本关于公司文化方面的书,他认为,这样的活动对传达克兹内的价值观很有用。他还说,他打算使这次活动成为全员庆祝——而不是高层领导所想象的庆祝。因此,公司安排他负责一个由14人组成的任务小组,小组成员来自各主要部门,由他们组织和计划本次活动。团队要在3个月内向高管层递交一份初步计划和预算书。在讨论预算问题时,王海鸥提出,他认为总成本应该控制在90万元以内。最后,在会议结束时他表示将不遗余力地向周立提供帮助,使活动取得成功。

很快,周立得到了任务小组的成员名单,她通过电话或电子邮件向他们传达了今天开会的消息。她还得努力寻找合适的会议地点,她所在的人力资源部的小格子太小了,容不下这么多人,而克兹内的会议室不是已经被预定就是正在装修。最后,她选择了咖啡厅,因为在下午迟些时候,这儿一般没有人打扰。在会议开始之前,她将议事日程写到桌子旁边的悬挂牌上。考虑到每个人都很忙,所以会议的时间限定在一个小时之内。

2. 第一次会议

周立发表了开场白,她说:“欢迎各位。先向不认识我的人自我介绍一下,我是周立,来自人力资源部,这次由我来组织克兹内的10周年庆祝活动。高管层希望这个活动特别一点——与此同时,他们希望这成为我们自己的活动。这也是我们聚到一起的原因。在座的各位代表着公司的各主要部门,我们的工作就是一起计划并组织这次庆祝活动。”然后,她介绍了会议的日程安排,并要求每位成员自我介绍一番。坐在周立右边的一个高个儿红发女士首先打破了暂时的沉默,说:“嗨,我是米兰,来自塑料部,我猜老板选我参加这个任务小组的原因可能是因为我有举办大型聚会的名声。”

接下来,各成员依次进行了自我介绍。以下是介绍中的例子。

“嗨,帕尔哈提,来自维修部,我不太清楚来这儿的原因。在我们部门,事情的进展有点缓慢,所以老板让我来参加这次会议。”

“我是柳俊,来自国内销售部。实际上,我是自愿报名参加这次活动的,我认为策划一个大型聚会会乐趣无穷。”

“我叫张泳,来自会计部。老板说必须要有一个人参加这个任务小组,我猜这次轮到我了。”

“嗨,我是王硕苹,我是采购部的唯一成员,从公司创建开始起就在这儿工作。我们经历了艰难的岁月,我认为花点时间庆祝我们所获得的成绩很重要。”

“嗨,我是王立天,来自国际销售部。我认为这是一个很好的想法,但是,我要告诉你们,我下个月的大部分时间都不在国内。”

“我是王金龙,来自工程部。很抱歉我来迟了,因为我的部门出了点麻烦。”

周立将缺席的两名成员的名字圈了起来,然后将花名册传下去,让大家看看电话号码和电子邮件地址是否正确。然后，她简要介绍了一下自己与王海鸥的谈话，并且告诉大家，王海鸥希望他们在10周内向高管层提交一份正式的陈述。她承认大家都很忙，而她的工作就是尽可能有效地管理此项目。与此同时，她重申了项目的重要性及此次活动的公共参与性："如果我们上紧发条，大家都会知道的。"周立又陈述了基本的规则，并强调说，从现在开始，会议的召开要按时.如果有人因故缺席，她希望能够提前得到通知。她将项目的第一部分集中在5个主要问题上，即时间、地点、内容、人物及花费。回答一个有关成本的问题时，她告诉大家，高管层打算向此次活动投入90万元，这一消息引起了一阵骚动。柳俊挖苦说："这是打算将聚会打入地狱。"

于是，周立将大家的注意力转到会议时间的确定上，经过15分钟，她终止了讨论，要求每位成员在下周五之前提交一份下个月的空闲时间表，这些信息和一套新的计划软件来确定最佳时间。在会议的最后，她对大家的到来表示感谢，并要求他们就这次庆祝活动的举办方式向周围的同事征求一下建议。她宣布，她将与每位成员单独会谈，以讨论他们在项目中所扮演的角色。会议在下午4:00结束。

3. 作业

(1) 请参考表9-1，为本项目编制提交一份初步的人力资源管理计划。

(2) 请评价一下周立对第一次会议的管理情况。在哪些事上她应该采取其他的方式？

答：________________________________

(3) 在完成项目时，她可能会遇到哪些障碍？

答：________________________________

(4) 她会采取哪些措施来克服这些障碍？

答：________________________________

(5) 在此次会议和下次会议之间，她应该做些什么？

答：________________________________

请用WinRAR等压缩软件对本作业完成的相关文件压缩打包，并将压缩文件命名为

＜班级＞_＜姓名＞_项目人力资源管理.rar

请将该压缩文件在要求的日期内，以电子邮件、QQ文件传送或者实验指导教师指定的其他方式交付。

请记录：上述实践作业能够顺利完成吗？

____

【实验总结】

____
____
____
____

【实验评价(教师)】

____
____

项目沟通管理

研究发现，与项目成功有关的 3 个主要因素是用户参与、主管层的支持和需求的清晰表述，所有这些因素都依赖于拥有良好的沟通技能，特别是与非技术人员之间的沟通。

项目沟通管理包括为确保项目信息及时且恰当地规划、收集、生成、发布、存储、检索、管理、控制、监督和最终处置所需的各个过程。项目经理的绝大多数时间都用在与团队成员和其他干系人的沟通上，无论这些成员或干系人是来自组织内部（位于组织的各个层级上）还是组织外部。有效的沟通在项目干系人之间架起桥梁，把具有不同文化和组织背景、不同技能水平、不同观点和利益的各类干系人联系起来，从而影响项目的执行或结果。

项目沟通的角色是软件项目考虑的首要问题，因为软件是由紧密协作的、使用智力解决问题的个人组成的团队开发的，有效的沟通对于保持团队成员高效参与和干系人知情是最重要的。软件团队通过综合的沟通方式来降低沟通的复杂度和增强沟通的效果，包括视觉显示、集中办公（如果可能）以及强调面对面的沟通。

图 10-1 概述了项目沟通管理的各个过程，这些过程不仅彼此相互作用，而且还与其他知识领域中的过程相互作用。

上述过程所涉及的沟通活动，可按多种维度进行分类。需要考虑的维度包括以下方面。

① 内部（在项目内）和外部（客户、供应商、其他项目、组织、公众）。

② 正式（报告、会议记录、简报）和非正式（电子邮件、备忘录、即兴讨论）。

③ 垂直（上下级之间）和水平（同级之间）。

④ 官方（新闻通信、年报）和非官方（私下的沟通）。

⑤ 书面和口头，以及口头语言（音调变化）和非口头语言（身体语言）。

项目沟通管理各过程之间的关系数据流对理解各个过程很有帮助，如图 10-2 所示。

大多数沟通技能对于通用管理和项目管理都是相同的，举例如下。

① 主动倾听和有效倾听。

② 通过提问、探询意见和了解情况，来确保更好地理解。

③ 开展教育，增加团队知识，以便更有效地沟通。

④ 寻求事实，以识别或确认信息。

⑤ 设定和管理期望。

⑥ 说服个人、团队或组织采取行动。

⑦ 通过激励来鼓舞士气或重塑信心。

项目沟通管理

10.1 规划沟通管理

1. 输入
   ① 项目管理计划
   ② 干系人登记册
   ③ 事业环境因素
   ④ 组织过程资产
2. 工具与技术
   ① 沟通需求分析
   ② 沟通技术
   ③ 沟通模型
   ④ 沟通方法
   ⑤ 会议
3. 输出
   ① 沟通管理计划
   ② 项目文件（更新）

10.2 管理沟通

1. 输入
   ① 沟通管理计划
   ② 工作绩效报告
   ③ 事业环境因素
   ④ 组织过程资产
   ⑤ 发布和迭代计划
2. 工具与技术
   ① 沟通技术
   ② 沟通模型
   ③ 沟通方法
   ④ 信息管理系统
   ⑤ 报告绩效
   ⑥ 信息发射源
   ⑦ 周转率
   ⑧ 历史周转率
   ⑨ 在线协作工具
3. 输出
   ① 项目沟通
   ② 项目管理文件（更新）
   ③ 项目文件（更新）
   ④ 组织过程资产（更新）
   ⑤ 专用沟通工具
   ⑥ 在线协作工具
   ⑦ 信息发射源（更新）

10.3 控制沟通

1. 输入
   ① 项目管理计划
   ② 项目沟通
   ③ 问题日志
   ④ 工作绩效数据
   ⑤ 组织过程资产
   ⑥ 已排定优先级的未完项
   ⑦ 周转率统计和预测
2. 工具与技术
   ① 信息管理系统
   ② 专家判断
   ③ 会议
   ④ 考虑周到的沟通
   ⑤ 自动化系统
3. 输出
   ① 工作绩效信息
   ② 变更请求
   ③ 项目管理计划（更新）
   ④ 项目文件（更新）
   ⑤ 组织过程资产（更新）
   ⑥ 迭代和发布计划（更新）
   ⑦ 重新排序的未完项

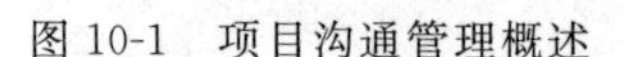

图 10-1　项目沟通管理概述

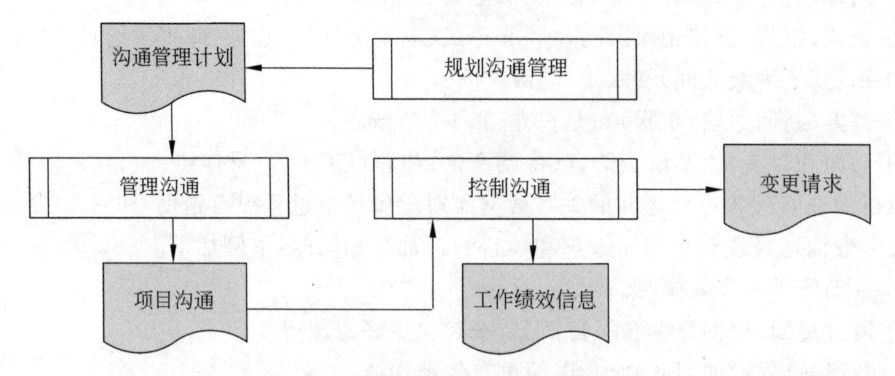

图 10-2　项目沟通管理各过程的数据关系

⑧ 通过训练来改进绩效和取得期望结果。

⑨ 通过协商，达成各方都能接受的协议。

⑩ 解决冲突，防止破坏性影响。

⑪ 概述、重述,并确定后续步骤。

10.1 规划沟通管理

规划沟通管理是根据干系人的信息需要及组织的可用资产情况,制定合适的项目沟通方法和计划的过程。本过程的主要作用是,识别和记录与干系人的最有效率且最有效果的沟通方式。

适应性生命周期的软件项目通常包括各个迭代的迭代计划和发布计划,这些迭代生产可演示的工作增量和可交付的软件。这些计划就下一个迭代周期的产品内容和下一个迭代发布的内容(发布的内容可能用于客户演示或项目组内部审查)进行沟通,为规划软件项目沟通提供了一个重要的输入。

软件项目常常表现出很高的变更比率,以适应不断出现的新需求和不断变化的需求优先级。可以通过规划会议、每日站会、频繁的进展演示,以及回顾会来实现团队成员之间的频繁和富有成效的沟通。这些方法通常应用在使用适应性项目生命周期的软件项目中,软件项目经理应计划额外的时间来解释项目的生命周期过程,召开会议以确保所有干系人理解项目运作模式、团队和其他干系人的沟通协议以及干系人需要参与的沟通过程。

面对面(FTF)沟通允许双向对话,问题和疑问可以立即得到解决,并且情绪很容易传递。由于有更高的信息吞吐量、更多的问答机会、更低的沟通成本,所以只要可能,面对面沟通是软件开发项目的首选沟通方法。当团队成员分布在不同地点时,可以使用音频和视频会议来模拟面对面的互动。

为了方便沟通,大型项目的首选解决方案是将一个大团队分拆成多个小团队,就在每个小团队内充分利用面对面沟通和隐性知识,并在各团队之间使用明确定义的沟通渠道。

下面的公式可用于计算在一个项目团队集当中沟通路径的数量 P,其中 n 是团队中的人员数,N 是团队数。其中有一个假设,即每个项目团队中的每个成员与其所在团队的所有其他成员沟通,每个项目组中的一个成员与其他各项目团队的一个成员沟通。

$$P = \mathrm{SUM}\left[\frac{n(n-1)}{2}\right] + \frac{N(N-1)}{2}$$

对于单独的一个团队($N=1$),沟通路径的数量是 $P=n(n-1)/2$;也就是说,在一个项目团队内部,沟通路径以团队成员数平方的数量级增长。例如,即使只有 10 名成员的一个单独的团队也有 45 条沟通路径,而各有 5 人的两个团队却只有 21 条沟通路径。

图 10-3 所示为本过程的数据流向图。

大多数项目都是很早就进行沟通规划工作,如在项目管理计划编制阶段。这样,就便于给沟通活动分配适当的资源,如时间和预算。有效果的沟通是指以正确的形式、在正确的时间把信息提供给正确的受众,并且使信息产生正确的影响。而有效率的沟通是指只提供所需要的信息。

虽然所有项目都需要进行信息沟通,但是各项目的信息需求和信息发布方式可能差别很大。此外,在本过程中,需要适当考虑并合理记录用来存储、检索和最终处置项目信息的方法。需要考虑的重要因素包括以下几个。

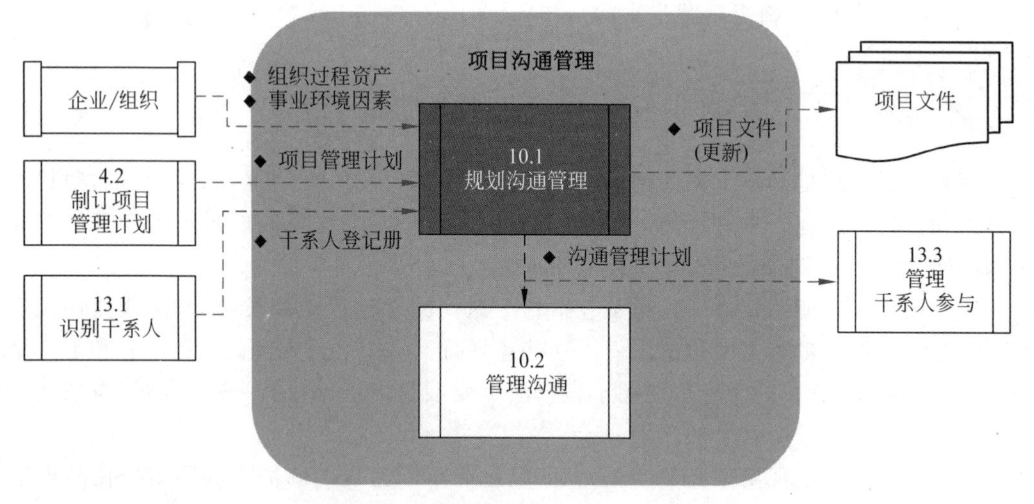

图 10-3 规划沟通管理的数据流向图

① 谁需要什么信息和谁有权接触这些信息。

② 他们什么时候需要信息。

③ 信息应存储在什么地方。

④ 信息应以什么形式存储。

⑤ 如何检索这些信息。

⑥ 是否需要考虑时差、语言障碍和跨文化因素等。

应该在整个项目期间，定期审查出自规划沟通管理过程的成果，以确保其持续适用。

10.1.1 过程输入

与项目沟通内容有关的基本信息可从 WBS 中获得，关键信息的报告是项目的可交付成果之一。如果报告基本信息是 WBS 定义的一项活动，那么清楚地了解报告什么、什么时候报告、如何报告、谁负责建立报告等就很重要。

本过程的输入主要包括以下内容。

(1) 项目管理计划。提供了将如何执行、监控和结束项目的信息。

(2) 干系人登记册。为规划与项目干系人的沟通提供信息。

(3) 事业环境因素。因为组织结构对项目的沟通需求有很大影响，沟通需要适应项目环境，所有事业环境因素都可作为本过程的输入。

(4) 组织过程资产。所有组织过程资产都可作为本过程的输入。其中经验教训和历史信息尤为重要，它们有助于人们深入了解以往类似项目中的沟通决策及其实施结果，有助于指导当前项目的沟通活动规划。

10.1.2 过程工具与技术

本过程的工具与技术包括以下几个。

(1) 沟通需求分析。通过分析确定项目干系人的信息需求，包括所需信息的类型和格式以及信息对干系人的价值。项目资源只能用来沟通有利于成功的信息，或者那些因缺乏沟通会造成失败的信息。项目经理还应该使用潜在沟通渠道或路径的数量，来反映项目沟通的复杂程度。

常用于识别和确定项目沟通需求的信息包括以下内容。

① 组织结构图。

② 项目组织与干系人之间的责任关系。

③ 项目所涉及的学科、部门和专业。

④ 有多少人在什么地点参与项目。

⑤ 内部信息需要(如何时在组织内部沟通)。

⑥ 外部信息需要(如何时与媒体、公众或承包商沟通)。

⑦ 来自干系人登记册的干系人信息和沟通需求。

(2) 沟通技术。可以采用各种技术在项目干系人之间传递信息。例如，从简短的谈话到冗长的会议，从简单的书面文件到可在线查询的广泛资料(如进度计划、数据库和网站)，都是项目团队可以使用的沟通技术。

可能影响沟通技术选择的因素包括以下几个。

① 信息需求的紧迫性。需要考虑信息传递的紧迫性、频率和形式，它们可能因项目而异，也可能因项目阶段而异。

② 技术的可用性。需要确保沟通技术在整个项目生命周期中，对所有干系人，都具有兼容性、有效性和开放性。

③ 易用性。需要确保沟通技术适合项目参与者，并制订合理的培训计划。

④ 项目环境。需要确认团队将面对面工作或在虚拟环境下工作，成员将处于一个或多个时区，他们是否使用多种语言，以及是否存在影响沟通的其他环境因素，如文化。

⑤ 信息的敏感性和保密性。需要确定相关信息是否属于敏感或机密信息，是否需要采取特别的安全措施，并在此基础上选择最合适的沟通技术。

(3) 沟通模型。用于促进沟通和信息交换的沟通模型，可能因不同项目而异，也可能因同一项目的不同阶段而异。图 10-4 所示为基本的沟通模型，其中包括沟通双方，即发送方和接收方。媒介包括沟通模式，而噪声则可能干扰或阻碍信息传递的任何因素。基本沟通模型中的步骤如下。

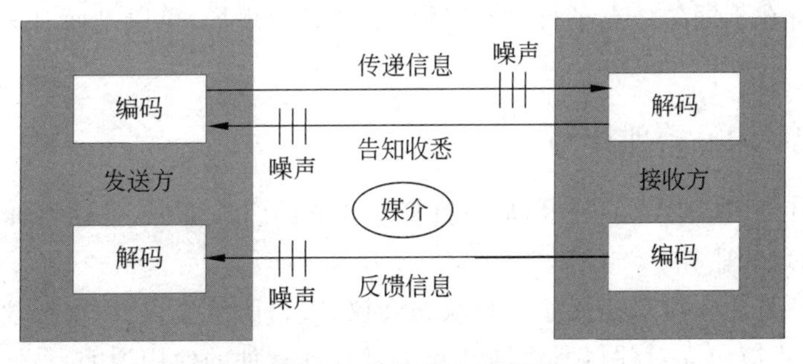

图 10-4　基本的沟通模型

① 编码。发送方把思想或观点转化(编码)为语言。

② 传递信息。发送方通过沟通渠道(媒介)发送信息。信息的传递可能受各种因素干扰(即噪声),如距离、不熟悉的技术、不合适的基础设施、文化差异和缺乏背景信息等。

③ 解码。接收方把信息还原成有意义的思想或观点。

④ 告知收悉。接收到信息后,接收方需告知对方已收到信息,但这并不一定意味着同意或理解信息的内容。

⑤ 反馈/反应。对收到的信息进行解码并理解之后,接收方把还原出来的思想或观点编码成信息,再传递给最初的发送方。

在讨论项目沟通时,需要考虑沟通模型中的各个要素。作为沟通过程的一部分,发送方负责信息的传递,需确保信息的清晰性和完整性,需要确认信息已被正确理解。接收方负责确保完整地接收信息、正确地理解信息,并需要告知收悉或做出适当的回应。

通过这些要素与项目干系人进行有效沟通,会面临许多挑战。例如,在某个高技术的跨国项目团队中,不同国家的团队成员要沟通某个技术概念。首先,需要使用恰当的语言进行信息编码,使用适当的技术发送信息,然后接收者把信息解码为自己的母语,再做出答复或给予反馈。在这个过程中出现的任何噪声都可能破坏信息的原义。这个例子中,多种因素可能导致对信息本义的错误理解或错误诠释。

(4) 沟通方法。可以使用多种沟通方法在项目干系人之间共享信息。这些方法可以大致分为以下几种。

① 交互式沟通。在两方或多方之间进行多向信息交换。这是确保全体参与者对特定话题达成共识的最有效的方法,包括会议、电话、即时通信、视频会议等。

② 推式沟通。把信息发送给需要接收这些信息的特定接收方。这种方法可以确保信息的发送,但不能确保信息送达受众或被目标受众理解。推式沟通包括信件、备忘录、报告、电子邮件、传真、语音邮件、日志、新闻稿等。

③ 拉式沟通。用于信息量很大或受众很多的情况。要求接收者自行访问信息内容。这种方法包括企业内网、电子在线课程、经验教训数据库、知识库等。

(5) 会议。需要与项目团队展开讨论和对话,以便确定最合适的方法,来更新和沟通项目信息,以及回应各干系人对项目信息的相关请求。这些讨论和对话通常以会议的形式进行。会议可在不同的地点举行,如项目现场或客户现场,可以是面对面的会议或在线会议。

10.1.3 输出:沟通管理计划

沟通管理计划(如表 10-1 所示)是项目管理计划的组成部分,描述将如何对项目沟通进行规划、结构化和监控。

沟通管理计划中还可包括关于项目状态会议、项目团队会议、网络会议和电子邮件等的指南和模板,也应包含对项目所用网站和项目管理软件的使用说明。

本过程的其他输出包括项目文件(更新),包括项目进度计划、干系人登记册。

表 10-1 沟通管理计划

项目名称：________________ 准备日期：________________

干系人	信息	方法	时间和频率	发送方
列出将要接收信息的人或组	描述需要沟通的信息，如状态报告、项目更新、会议纪要等	描述信息如何被发布，如通过 E-mail、会议、网络会议等	列举多久提供一次信息或在何种情形下提供信息	提供信息的人或组

假设条件	制约因素
列出制约因素和假设条件。制约因素可以包括对专利、敏感信息或保密信息以及相关发布限制的描述	

术语或缩略语表
列出项目所具有的或被特别使用的独特的术语或缩写

注：请附上相关的沟通图或流程图。

10.1.4 软件项目的规划沟通管理输出

当为软件项目规划沟通管理时，识别软件和知识工作的特点，并把它们包含进来是很重要的。这些特点包括以下几个。

① 对客户及其所属组织而言，软件项目通常是新事业，因此，可能需要沟通来解释一下管理项目时将要使用的工具与技术，尤其在软件开发项目的启动和规划过程中管理不确定性的工具与技术。

② 软件项目的生命周期通常都很复杂，因此可能需要有效的沟通来解释将要使用的开发过程和各个干系人将要扮演的角色。

③ 随着项目的进展和产品需求的涌现，软件项目经常会遇到很高的变更比率，因此，与干系人进行频繁的沟通以使他们了解最新状态是很重要的。沟通机制可能包括规划会议、演示不断演进的软件产品以及回顾会。

④ 地理上分散的团队也经常承接软件项目；在这些情况下，电子通信工具，如 VoIP（互联网语音协议）、即时消息、视频会议及项目网站经常会被使用。

⑤ 同时使用推（发布）和拉（订阅）的沟通机制来适应高周转率的信息交换，经常出现

在软件项目中。

适应性生命周期的软件项目通过频繁地演示不断演进的特性和功能，并定期交付功能到用户环境中，以及在需要的时候为关键干系人提供更高的项目可视性来应对项目沟通的这些特点。适应性生命周期的一个主要特性是消除长周期的内部项目活动，长周期的活动使外部干系人很难了解正在发生的事情。

适应性生命周期技术促进了软件项目沟通的规划，因为项目信息是开发过程的副产品（这是适应性软件项目生命周期的一大特性）。然而，对于面对面互动的依赖，需要适当的项目干系人（客户、用户、用户代表及其他干系人）的参与。干系人参加不断演进的产品的规划会议和迭代演示是至关重要的。当面对面的沟通不可行时，需要采用其他的沟通技术。

而且，在整个项目生命周期内，干系人的持续参与和沟通是非常重要的。因为随着软件项目的进展，需求、假设和约束会经常发生变化。在规划会议、产品演示和项目回顾期间，确保项目干系人接收到他们需要的信息也是很重要的。应鼓励干系人积极参与这些会议。应询问干系人需要什么信息，并尽可能方便地提供给他们。

10.2 管理沟通

管理沟通是根据沟通管理计划，生成、收集、分发、储存、检索及最终处置项目信息的过程。本过程的主要作用是，促进项目干系人之间实现有效率且有效果的沟通。

图 10-5 所示为本过程的数据流向图。

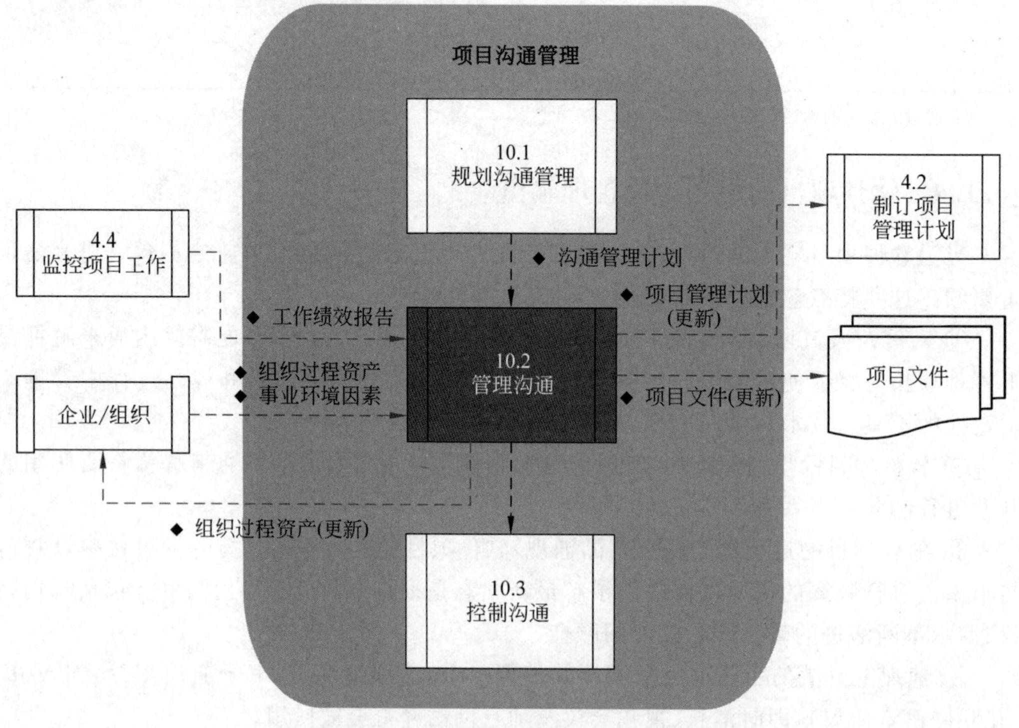

图 10-5 管理沟通的数据流向图

本过程并不仅限于发布相关信息，还要设法确保信息被正确地生成、接收和理解，并为干系人获取更多信息、展开澄清和讨论创造机会。

10.2.1 过程输入

本过程的输入包括以下内容。

(1) 沟通管理计划。描述将如何对项目沟通进行规划、结构化和监控。

(2) 工作绩效报告。汇集了项目绩效和状态信息，可用于促进讨论和建立沟通。报告的全面性、准确性和及时性，对有效开展本过程非常重要。

(3) 事业环境因素。其包括组织文化和结构、政府或行业标准及规定、项目管理信息系统。

(4) 组织过程资产。其包括有关沟通管理的政策、程序、过程和指南；相关模板；历史信息和经验教训。

(5) 发布和迭代计划。适应性生命周期的软件项目通常包含迭代和发布计划。这些计划为管理软件项目沟通提供了一个重要的输入。

10.2.2 过程工具与技术

由于潜在的高变更率和无形的、不断演进的产品，使用于软件项目管理沟通的工具与技术尤其重要。项目信息可以通过推和拉两种机制来提供。状态报告等信息应定期(可能是每周)推送给干系人。信息可以发布到一个存储库中，以便干系人可以根据需求和愿望在期望的粒度上获取(拉)想要的信息。

除了沟通技术、沟通模型和沟通方法，本过程的工具与技术还包括以下几个。

(1) 信息管理系统。用来管理和分发项目信息的工具有很多，主要包括以下几种。

① 纸质文件管理，如信件、备忘录、报告和新闻稿。

② 电子通信管理，如电子邮件、传真、语音信箱、电话、视频和网络会议、网站和网络出版。

③ 项目管理电子工具，如基于网页界面的进度管理工具和项目管理软件、会议和虚拟办公支持软件、门户网站和协同工作管理工具。

(2) 报告绩效。这是指收集和发布绩效信息，包括状况报告、进展测量结果及预测结果。应该定期收集基准数据与实际数据，进行对比分析，以便了解和沟通项目进展与绩效，并对项目结果做出预测。

需要向每位受众适度地提供信息，如简单或者详尽的状态报告、定期编制的或者异常情况报告。简单的状态报告可显示诸如“完成百分比”的绩效信息，或每个领域(即范围、进度、成本和质量)的状态指示图。较为详尽的报告可能包括以下内容。

① 对过去绩效的分析。

② 项目预测分析，包括时间与成本。

③ 风险和问题的当前状态。

④ 本报告期完成的工作。

⑤ 下个报告期需要完成的工作。

⑥ 本报告期被批准的变更的汇总。

⑦ 需要审查和讨论的其他相关信息。

(3) 信息发射源。这是显示软件项目状态的大型图表,用于沟通项目的信息。它们被频繁地更新,并放置在项目团队和其他人员可以轻易看到的地方。常用的信息发射源包括故事板、燃耗和燃尽图、缺陷报告、返工状态等。

故事板是一种用于软件项目的信息发射源:描述项目任务的便笺被贴在一个白板上。故事板的各列可以用来显示事项,如故事、进行中的任务、完成的任务以及故事错误(缺陷)列表。行显示各工作事项跨越各个列的进展,如图 10-6 所示。

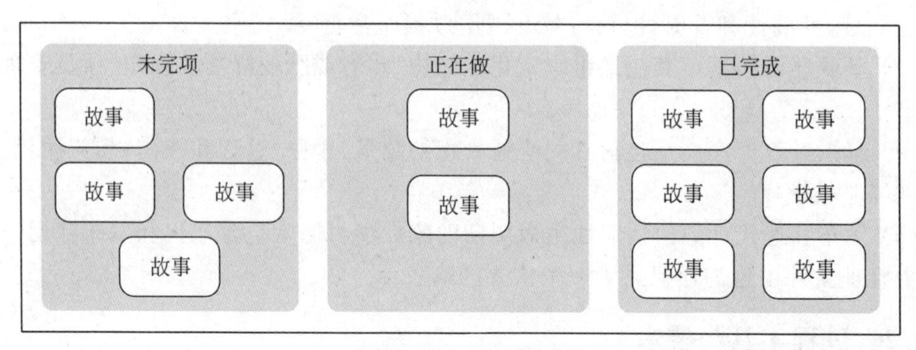

图 10-6 故事板

(4) 周转率。这是在一个迭代周期内对软件项目团队的产出的度量(开发的产品数量与消耗的工作量的比率)。周转率是团队能力的一个指标,也是生产率和进展的测量。周转率可以使用每人天开发的故事点或特性点与消耗的工作量之比进行测量。

(5) 历史周转率。(也称为"昨日天气")描述在最近结束的几个迭代内团队的周转率。它反映了团队资源的满载能力,包括缺陷发现和修复及其他工作需求的影响。使用"昨日天气"是估算团队当前迭代能力的一个可靠方法。

"昨日天气"使用近期绩效作为可能的未来绩效的指标。例如,如果一个团队上周完成了 30 个故事点,则预测 30 个故事点作为本周的估算进展可能比使用在项目开始时估算的每周 45 个故事点更有效。

(6) 在线协作工具。可以使用在线协作工具,以便处在远程的团队成员能够参加会议、共享文档和工作进展、访问项目网站以及查看项目信息,如信息发射源和"昨日天气"。

10.2.3 过程输出

本过程的输出包括以下内容。

(1) 项目沟通。可包括绩效报告、可交付成果状态、进度进展情况和已发生的成本。影响项目沟通的因素包括信息的紧急性和影响、传递方法以及机密程度。

(2) 项目管理计划(更新)。包括项目基准及与沟通管理、干系人管理有关的信息。可能需要基于项目当前绩效与绩效测量基准(PMB)的对比情况,更新这些内容。绩效测量基准是经过批准的项目工作计划,用来与项目执行情况相比较,以测量偏差,采取管理控制。绩效测量基准通常是项目的范围、进度和成本参数的综合,有时还会包含技术和质量参数。

(3) 项目文件(更新)。其包括问题日志、项目进度计划、项目资金需求。

（4）组织过程资产(更新)。

① 给干系人的通知。提供有关已解决的问题、已批准的变更和项目总体状态的信息。

② 项目报告。正式和非正式地报告项目状态。项目报告包括经验教训总结、问题日志、项目收尾报告和出自其他知识领域的相关报告。

③ 项目演示资料。项目团队正式或非正式地向任一或全部干系人提供信息。所提供的信息和演示方式应该符合受众的需要。

④ 项目记录。包括往来函件、备忘录、会议纪要及描述项目情况的其他文件。应该尽可能整理好项目记录。项目团队成员也会在项目笔记本或记录本(纸质或电子)中记录项目情况。

⑤ 干系人的反馈意见。分发干系人对项目工作的意见，用于调整或提高项目的未来绩效。

⑥ 经验教训文档。包括问题的起因、选择特定纠正措施的理由以及有关沟通管理的其他经验教训。应该记录和发布经验教训，并在本项目和执行组织的历史数据库中收录。

（5）专用沟通工具。采用适应性生命周期的软件项目经常使用专用的沟通工具来定义和测量范围、进度、预算、进展和风险。这些沟通工具可能包括产品未完项、发布地图、累积流量图和风险燃尽图。

（6）在线协作工具。软件项目常使用在线协作工具来共享和沟通项目状态，这些工具使分散在各地的成员都能够访问项目的信息。在线协作工具对于可能位于不同时区的项目组也一直都是可用的。在线协作工具可以提供丰富的环境，用于存储文档、图片、产品演示视频和在线论坛。

（7）信息发射源更新。软件项目的信息发射源可以包括燃尽图、停车场图和/或累积流量图，它们经常被更新，以反映最新的信息。图 10-7 和图 10-8 描绘了一个燃尽图和一个停车场图。

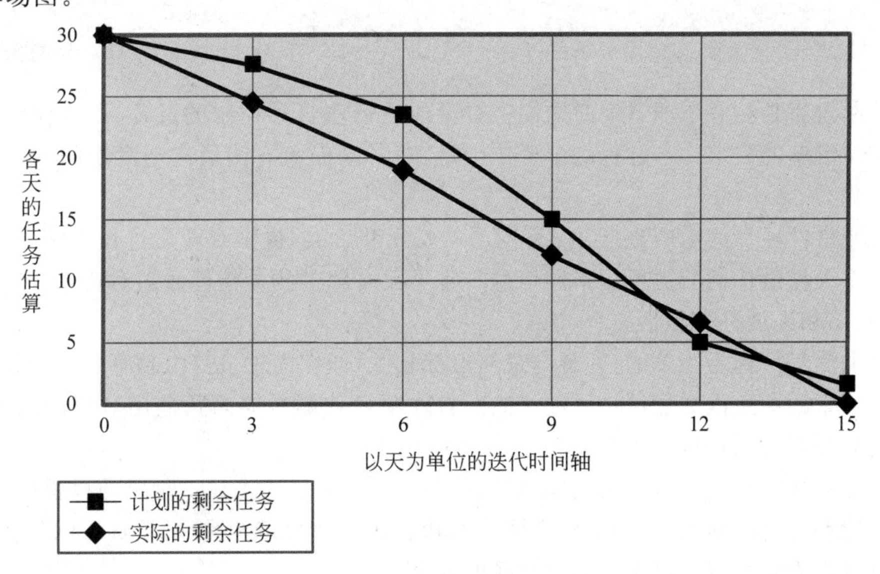

图 10-7 软件项目迭代燃尽图

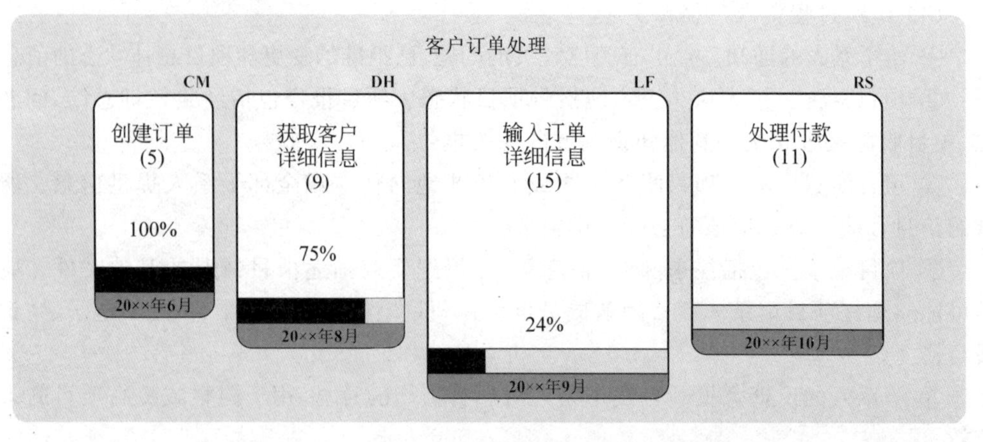

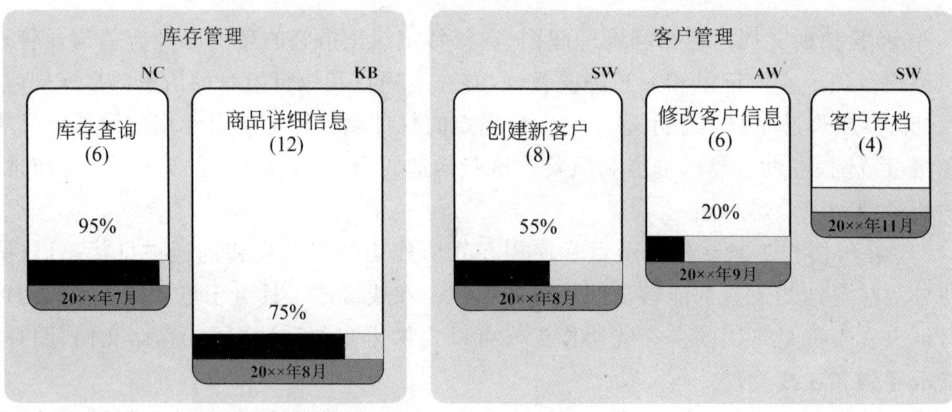

图 10-8 软件项目停车场图

10.3 控制沟通

控制沟通是在整个项目生命周期中对沟通进行监督和控制的过程,以确保满足项目干系人对信息的需求。本过程的主要作用是,随时确保所有沟通参与者之间的信息流动的最优化。

控制软件项目的沟通包括:随着问题的发现和解决,提供对开发过程的深入了解;为不同干系人提供他们所需要的不同信息。常见且有用的测量指标涵盖对成本、进度、产品规模、缺陷和进展进行测量。

好的测量指标是简单的,并且与最终目标相关,即在需求、进度、预算、资源、技术和其他相关因素的约束内交付可接受的产品。软件项目的测量应该是使用过程的副产品,不应该需要过多的工作量来生成它们。

对于预测性软件项目生命周期,可以使用以下测量:达成和未达成的里程碑、变更请求和风险登记册的状态、软件构建和测试的状态、计划的和开发的增量状态以及软件质量保证和软件质量控制人员识别的和解决的问题。

对于适应性软件项目生命周期,不断演进的软件产品的内容是对进展的首要测量。

生命周期中的各个迭代将增量添加到不断演进的产品中。新添加的内容与现有的内容组合,在各迭代结束时进行测试和演示。这些演示结合在产品未完项中排定了优先级的特性(按商业价值排定优先级),提供了一种对有待完成的增值工作的测量。对于适应性生命周期,诸如已开发(和已测试)的故事与剩余的故事之比这样的测量指标,符合生成简单和与最终目标相关这两个标准。适应性的报告工具,如累积流量图、燃耗/燃尽图和停车场图也提供了有价值的项目信息。

图 10-9 所示为本过程的数据流向图。

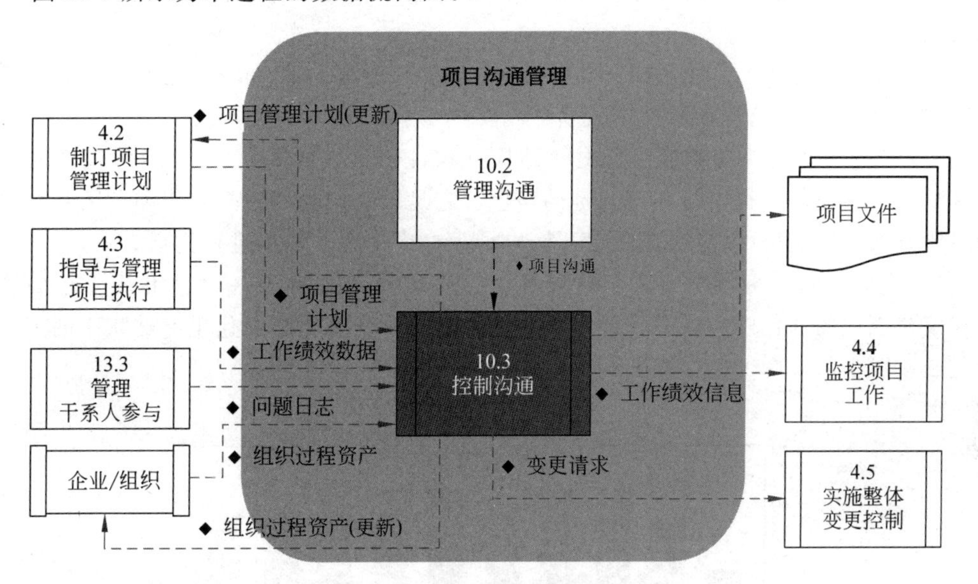

图 10-9 控制沟通的数据流向图

控制沟通过程可能引发重新开展规划沟通管理和/或管理沟通过程,这种重复体现了项目沟通管理各过程的持续性质。对某些特定信息的沟通,如问题或关键绩效指标(如实际进度、成本和质量绩效与计划要求的比较结果),可能立即引发修正措施,而对其他信息的沟通则不会。应该仔细评估和控制项目沟通的影响和对影响的反应,以确保在正确的时间把正确的信息传递给正确的受众。

10.3.1 过程输入

本过程的输入包括以下内容。

(1) 项目管理计划。描述了项目将如何被执行、监督、控制和收尾,为控制沟通过程提供的有价值的信息包括以下几个。

① 干系人的沟通需求。

② 发布信息的原因。

③ 发布所需信息的时限和频率。

④ 负责发布信息的个人或小组。

⑤ 将接收信息的个人或小组。

(2) 项目沟通。开展活动来监督沟通情况,采取相应行动,并向干系人通知相关情况。项目沟通可有多种来源,可能在形式、详细程度、正式程度和保密等级上有很大的不同。项目沟通可能包括可交付成果状态、进度进展情况、已发生的成本。

(3) 问题日志。用于记录和监督问题的解决。它可用来促进沟通,确保对问题的共同理解。书面日志记录了由谁负责在目标日期前解决某特定问题,这有助于对该问题的监督。应该解决那些妨碍团队实现目标的障碍。问题日志中的信息对控制沟通过程十分重要,因为它记录了已经发生的问题,并为后续沟通提供了平台。

(4) 工作绩效数据。这是对收集到的信息的组织和总结,并展示与绩效测量基准的比较结果。

(5) 组织过程资产。其包括: 报告模板,定义沟通的政策、标准和程序,可用的特定沟通技术,允许的沟通媒介,记录保存政策,安全要求。

(6) 已排定优先级的未完项。对于适应性软件项目生命周期,已排定优先级的产品未完项在控制沟通过程中扮演着关键的角色。它是用来沟通商定的工作和后续开发顺序的主要方法。未完项可以使用在线工具、电子表格或一叠任务卡进行沟通。

(7) 周转率统计和预测。对于适应性生命周期,当前的周转率信息和历史趋势被用来确定在以往的迭代中完成工作的速度。此信息对于估算后续迭代中能够完成的工作数量是必不可少的。图 10-10 显示了一个典型的软件项目周转率图。

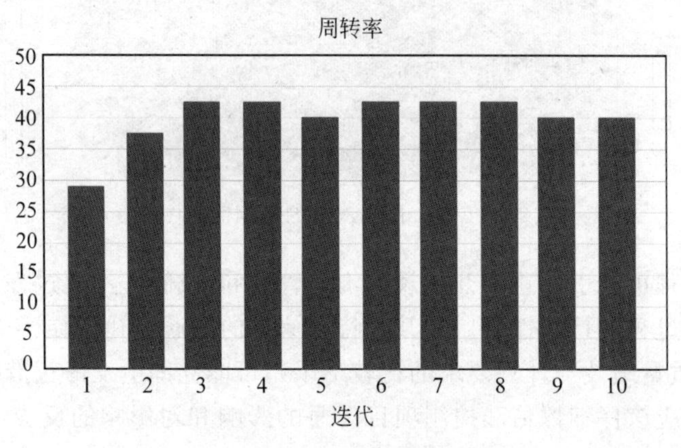

图 10-10 软件项目周转率图

10.3.2 过程工具与技术

除了会议之外,本过程的工具与技术还包括以下几个。

(1) 信息管理系统。为项目经理获取、储存和向干系人发布有关项目成本、进度进展和绩效等方面的信息提供了标准工具。项目经理可借助软件包来整合来自多个系统的报告,并向项目干系人分发报告。例如,可以用报表、电子表格和演示资料的形式分发报告。可以借助图表把项目绩效信息可视化。

(2) 专家判断。评估项目沟通的影响、采取行动或进行干预的必要性、应该采取的行动、对这些行动的责任分配以及行动时间安排。可能需要针对各种技术和/或管理细节使用专家判断。之后,项目经理在项目团队的协作下,决定所需要采取的行动,以便确保在正确的时间把正确的信息传递给正确的受众。

(3) 考虑周到的沟通。软件开发需要在一个安静的环境中集中思想进行，这给软件开发人员提出了一个两难的困境：一方面，他们需要进入流畅的工作状态；另一方面，他们又需要具备高带宽和能面对面沟通的集中办公团队环境，以便解决问题并获得快速反馈。

如果可能，一种方法是安排一个有安静的房间的工作区域用于工作，再安排一个共同的工作区域用于团队成员之间讨论问题；另一种方法是使用安静时间，提供一个图书馆似的安静氛围，在指定的安静时间内，手机被禁用，并且不安排任何访客或会议。

使用电子信息也可以最大限度地减少信息对于专注工作的影响，同时仍然允许沟通。无论使用哪种方法，对于沟通的控制应支持创造性工作所需的集中精力。

(4) 自动化系统。可以自动收集项目状态的系统可被用于改善沟通效率。这些系统通常用于控制软件项目的沟通，包括维基网站、项目网站和基于协作的互联网或内部网站点。

10.3.3 过程输出

本过程的输出包括以下内容。

(1) 工作绩效信息。这是对收集到的绩效数据的组织和总结。这些绩效数据通常根据干系人所要求的详细程度展示项目状况和进展信息。之后，需要向相关的干系人传达工作绩效信息。

(2) 变更请求。控制沟通过程经常导致需要进行调整、采取行动和开展干预，因此，就会生成变更请求。变更请求需通过实施整体变更控制过程来处理，并可能带来以下工作。

① 新的或修订的成本估算、活动排序、进度日期、资源需求和风险应对方案分析。

② 对项目管理计划和文件的调整。

③ 提出纠正措施，以使项目预期的未来绩效重新与项目管理计划保持一致。

④ 提出预防措施，降低未来出现不良项目绩效的可能性。

(3) 项目管理计划(更新)。本过程可能引起对沟通管理计划及项目管理计划(如干系人管理计划和人力资源管理计划)其他组成部分的更新。

(4) 项目文件(更新)。其包括预测、绩效报告、问题日志。

(5) 组织过程资产(更新)。其包括报告格式和经验教训文档。这些文档可成为项目和执行组织历史数据库的一部分，包括问题成因、采取特定纠正措施的理由和项目期间的其他经验教训。

(6) 迭代和发布计划更新。迭代计划确定项目团队对于在下个迭代结束时要完成的工作和要交付的软件的承诺。发布计划描述何时能完成可演示的工作软件(用于演示或发布到用户的环境)、哪些特性和功能将被包括在内。对于适应性生命周期的软件项目，分发和解释迭代和发布计划的更新是很重要的，因为它们可能会经常改变。

(7) 重新排序的未完项。当软件项目使用适应性生命周期时，在整个项目生命周期内，客户有机会重新确定待开发特性未完项的优先次序。待开发特性的未完项意味着剩余要完成的工作和当前的优先级。未完项也显示了计划的开发顺序和进度预测，可以按照近期的迭代开发周期的平均周转率进行开发。产品特性和剩余工作的未完项，以及对预定交付特性的估计，是项目沟通的重要元素，有助于控制客户/用户/产品拥有者的期望，并消除令人不快的意外。

10.4 习　　题

请参考课文内容以及其他资料，完成下列选择题。

1. 项目沟通管理不涉及(　　)。

A. 监控过程组　　B. 规划过程组　　C. 执行过程组　　D. 收尾过程组

2. 某项目将近结束时，由于没有考虑到一些干系人的信息需求，干系人了解到该项目可能损害他们的利益，进而采取了一系列措施，阻碍了项目的顺利进行。这种情况的出现是管理的(　　)过程出现了问题。

A. 规划沟通管理　　B. 沟通管理
C. 控制沟通　　D. 报告绩效

3. 下列有关项目沟通管理的陈述，不正确的是(　　)。

A. 项目沟通管理包括为确保项目信息及时且恰当地生成、收集、发布、存储、调用并最终处置所需的各个过程
B. 项目经理几乎所有的时间都用在与组织外部干系人的沟通上
C. 有效的沟通在各种各样的项目干系人之间架起了一座桥梁
D. 有效的沟通对于项目的成功有着重要的作用

4. 项目经理应该具备的最重要的技能是(　　)技能。

A. 谈判　　B. 影响　　C. 沟通　　D. 解决问题

5. 作为规划沟通管理过程输入的(　　)组织过程资产最为重要。

A. 经验教训和历史信息　　B. 关于信息发布的政策、程序和指南
C. 组织对沟通的规定　　D. 问题管理程序

6. 下列有关有效果的沟通，说法不正确的是(　　)。

A. 用正确的形式、在正确的时间把提供信息提供给正确的受众
B. 沟通使信息产生正确的影响
C. 只提供所需要的信息
D. 沟通管理计划中有记录、有效果地进行沟通的方法

7. 以下(　　)不是影响项目沟通技术的因素。

A. 对信息需求的紧迫性　　B. 项目组织结构图
C. 项目环境　　D. 信息的敏感性

8. 确保所有参与者对某一话题达成共识的最有效的方法是(　　)。

A. 交互式沟通　　B. 推式沟通　　C. 拉式沟通　　D. 正式沟通

9. 当发送或接收信息时，沟通障碍可能会影响沟通效果。下面(　　)不属于沟通障碍。

A. 偏见
B. 态度和情绪
C. 人身攻击与兴趣
D. 反馈

10. 项目进行的过程中，项目团队成员从 10 人减少到 5 人。潜在沟通渠道会减少(　　)。

A. 15　　B. 35　　C. 45　　D. 55

11. 项目经理口头向团队成员 A 描述了一个特殊测试的说明，但没有经过他的确认。后来，项目经理发现这个测试并没有按照他的要求执行。出现这样的错误的原因最可能是(　　)。

A. 编码不正确
B. 解码错误
C. 信息的形式不恰当
D. 缺乏反馈

12. 下述(　　)沟通方法，能确保信息发布，但不能确保信息到达目标受众。

A. 交互式沟通　　B. 推式沟通　　C. 拉式沟通　　D. 面对面沟通

13. 面对面会议是与干系人讨论、解决问题的有效方法。面对面会议属于(　　)方法。

A. 推式沟通　　B. 拉式沟通　　C. 交互式沟通　　D. 水平沟通

14. 沟通管理计划是(　　)输出。

A. 规划沟通管理
B. 识别干系人
C. 管理沟通
D. 管理干系人

15. 项目 A 的团队成员主要来自 3 个国家，假设你刚被任命为这个项目的项目经理，尽快找到有效果和有效率的沟通方法是(　　)。

A. 尽快识别出所有项目干系人
B. 查看沟通管理计划
C. 查看绩效报告
D. 对干系人期望进行管理

16. 用来发布项目绩效和状态信息的是(　　)。

A. 沟通管理计划
B. 工作绩效报告
C. 项目绩效信息
D. 工作绩效

17. (　　)是管理沟通的工具与技术。

A. 偏差分析
B. 预测方法
C. 信息发布工具
D. 沟通需求分析

18. 项目经理在项目的执行过程中，最好使用(　　)工具技术向干系人发布项目的信息。

A. 偏差分析　　B. 报告绩效　　C. 干系人分析　　D. 沟通需求分析

19. 项目经理通常使用(　　)沟通技术来发布绩效报告。

A. 交互式沟通
B. 推式沟通
C. 拉式沟通
D. 非正式口头沟通

20. 管理沟通过程输出的内容不包括(　　)。

A. 函件、备忘录、描述该项目的文档
B. 正式或非正式地提供给任何或所有项目干系人的信息
C. 由卖方准备的、描述卖方能够并愿意提供所要求产品的文档

D. 项目的最终产品

10.5 实验与思考：Ajax项目的沟通管理计划

【实验目的】

本节“实验与思考”的目的如下。

(1) 理解和熟悉项目沟通管理的基本概念。

(2) 阅读并熟悉案例“Ajax项目”，尝试为本项目编制沟通管理计划。

(3) 分析本项目中人力资源管理和沟通管理可能存在的问题，并提出应对措施。

【工具/准备工作】

(1) 在开始本实验之前，请回顾教科书的相关内容。

(2) 需要准备一台能够访问因特网的计算机。

【实验内容与步骤】

1. 案例：Ajax项目

夕阳落向海平面时，特朗正带着他的爱犬宅宅散步。他很享受这样一段平和与宁静的过程。可是，他还要回顾Ajax项目的进展，并琢磨下一步要怎么走。

Ajax是CEBEX起的代号，指代一个美国国防部发起的高科技安保系统项目。特朗是这个项目的项目经理，他的核心团队由30个全职的软硬件工程师组成。

特朗18岁加入美国空军，用奖学金进入华盛顿州立大学深造。在获得机械与电气工程双学位后，他进入了CEBEX公司。10年来，特朗参与了许多项目，此后他决心进入管理层。他去华盛顿大学上夜校，获得了MBA学位。

特朗成了项目经理，他也觉得自己能够胜任。他喜欢和别人一起工作，一起做正确的事。这是他的第5个项目，到目前为止，他的成绩还不错：他负责的项目中有一半是提前完成的。特朗很自豪，因为他现在已经有能力送他最大的孩子去斯坦福大学上学。

Ajax是CEBEX与国防部合作的众多项目中的一个。CEBEX是一个年收入超过300亿美元、在全球范围内拥有超过12万职员的大型国防事业单位。CEBEX的主要商业领域有5个，即航空、电子系统、信息技术服务、集成系统与解决方案以及空间系统。Ajax是由集成系统与解决方案部门发起的新项目中的一个，定位于国土安全事业。CEBEX相信，通过综合其技术专长与政治联系，一定可以在这个不断发展的市场占据重要位置。Ajax就是定位于在重要的政府部门设计、开发和建设一个安全系统的多个项目中的一个。

接手Ajax项目时，特朗就有两点特别担心。第一点是项目内在的技术风险。从理论上说，设计原则上是可行的，且项目使用的是已被证明的技术。但是这个技术还没有应用在这个领域的先例。从过去的经验来看，特朗明白实验室得到的结论与现实世界存在着巨大差异。他也清楚，综合听觉、视觉、触觉和激光子系统将考验其团队的耐性与创造力。

第二个担心来源于他的团队。团队内硬件工程师与电气工程师严重分裂。这些工程师不仅有着不同的工作技巧和看问题的不同角度，而且存在着明显的代沟。硬件工程师们以前大多是忠于家庭的军人，他们穿着保守、信念坚定。电气工程师们则混杂得多。他们大多年轻、单身，有时特别自信。当硬件工程师们谈论教育孩子或者去棕榈沙漠打高尔夫时，软件工程师们却在谈论耐克 Vapor 运动鞋、峡谷圆形剧场的最新音乐会。

更糟糕的是，CEBEX 内部的这两个小团体间的紧张气氛随着薪水问题的出现进一步恶化。电气工程师的薪水较高，硬件工程师觉得很难接受这样的工资待遇，因为电气工程师的工资与他们的工资差不多，而他们已经为 CEBEX 工作了 20 年。同时为激励团队，工资还要与项目的绩效挂钩。这些都取决于实现项目里程碑和最终完成日期的目标。

在正式开展项目工作之前，特朗在半岛旅馆安排了两天的团队建设活动，邀请整个团队成员和政府建设部门的重要官员参加。他利用这个机会宣布了项目的主要目标，介绍了项目的基本计划安排，并通过一次内部咨询确定了多项有助于缓解代沟的团队建设活动。特朗逐渐感受到团队内部的友谊。

团队建设活动产生的好感被带入项目工作。整个团队接受项目任务并面临的技术挑战。硬件工程师和电气工程师们一起工作，解决难题并建立了子系统。

项目计划的建立主要基于 5 个测试，每次测试都需要对整个系统表现进行严格审查。每通过一次测试表示项目进展中的一个重要里程碑。比计划提前一个星期进行第一个 Alpha 测试使得团队非常兴奋，不过仍然存在一些小的技术故障，用两个星期才能解决，这一点让团队稍微失望。接下来团队更加努力工作以弥补进度损失。看到团队成员一起努力工作，特朗非常自豪。

第二次 Alpha 测试按计划进行，但这次系统表现依然达不到要求。这次的故障排查用了 3 个星期才得到继续到下一阶段的许可。这次，团队的意志面临考验，情绪容易波动。由于项目进度落后计划进度太多，获得奖金的希望消失，失望的阴影笼罩着整个团队。这种情绪被尖刻的人进一步放大，他们认为计划表本身就是不公平的，设定的截止日期根本无法达到。

作为回应，特朗开始每天举行一次项目状态报告会议，会上让团队成员回顾上一天完成的任务，并设定当天新的目标。他相信这些会议能帮助团队建立积极的动力并强化团队身份。他也改变工作风格，花更多时间和团队在一起，帮助他们解决问题，不断激励，并在适当的时候真诚地拍拍后背。

进行第三次 Alpha 测试时他保持审慎乐观。当合上开关而什么问题也没发生时，已经到了这一天的晚上。几分钟后整个团队都收到了消息。走廊尽头都能听到尖叫声。也许最能说明问题的瞬间是，当特朗俯视公司的停车场时，看到团队的大多数成员正走向他们自己的车。

当宅宅去追逐野兔时，特朗开始思考下一步的计划。

2. 作业

(1) 请参考表 10-1 为本项目编制提交一份初步的沟通管理计划。

(2) 你认为作为项目经理，特朗是否能有效带领团队？为什么？

答：

(3) 特朗遇到了哪些问题？

答：

(4) 如果是你，你会如何做？为什么？

答：

请用 WinRAR 等压缩软件对本作业完成的相关文件压缩打包，并将压缩文件命名为
<班级>_<姓名>_项目沟通管理.rar

请将该压缩文件在要求的日期内，以电子邮件、QQ 文件传送或者实验指导教师指定的其他方式交付。

请记录：上述实践作业能够顺利完成吗？

【实验总结】

【实验评价(教师)】

第11章 项目风险管理

风险是项目的一个固有的不确定的事件或者条件，一旦发生，就会对一个或多个项目目标（如范围、进度、成本和质量）造成积极或消极的影响。一些潜在的风险事件可以在项目开始之前识别出来，如设备故障或技术需求上的改变。风险可能是可预期的结果，如进度延迟或者成本超支，但风险也可能超出想象。风险管理就是尽可能地识别和管理项目实施过程中潜在的和未曾预料的问题，将风险事件的影响降到最低（在项目开始之前可以针对该事件做什么），或者管理当那些事件出现时的反应（应变计划），提供应急基金来应付实际出现的风险事件。

项目风险管理包括规划风险管理、识别风险、实施风险分析、规划风险应对和控制风险等各个过程，目标在于提高项目中积极事件的概率和影响，降低项目中消极事件的概率和影响。

图 11-1 概述了项目风险管理的各个过程。这些过程不仅彼此相互作用，而且还与其他知识领域中的过程相互作用。

项目风险管理各过程之间的关系数据流对理解各个过程很有帮助，如图 11-2 所示。

11.1 项目风险与风险管理

风险可能有一种或多种起因，风险的起因可以是已知或潜在的需求、假设条件、制约因素或某种状况。例如，某工程项目需要先申请环境许可证，风险是颁证机构可能延误许可证的颁发；或者，与之对应的机会是，可能获得更多的开发人员参与项目设计。这两个不确定性事件中，无论发生哪一个，都可能对项目的范围、成本、进度、质量或绩效产生影响。风险条件则是可能引发项目风险的各种项目或组织环境因素，如不成熟的项目管理实践、多项目并行实施或依赖不可控的外部参与者等。

项目风险源于任何项目中都存在不确定性。已知风险是指已经识别并分析过的风险，可对这些风险规划应对措施。对于那些已知但又无法主动管理的风险，要分配一定的应急储备。未知风险无法进行主动管理，因此需要分配一定的管理储备。

单个项目风险不同于整体项目风险。整体项目风险代表不确定性对作为一个整体项目的影响，它大于项目中单个风险之和，因为它包含了项目不确定性的所有来源，代表了项目成果的变化可能给干系人造成的潜在影响，包括积极的和消极的影响。

项目风险管理

11.2 规划风险管理

1. 输入
① 项目管理计划
② 项目章程
③ 干系人登记册
④ 事业环境因素
⑤ 组织过程资产
2. 工具与技术
① 分析技术
② 专家判断
③ 会议
④ 补充注意事项
3. 输出
风险管理计划

11.3 识别风险

1. 输入
① 风险管理计划
② 成本管理计划
③ 进度管理计划
④ 质量管理计划
⑤ 人力资源管理计划
⑥ 范围基准
⑦ 活动成本估算
⑧活动持续时间估算
⑨ 干系人登记册
⑩ 项目文件
⑪ 采购文件
⑫ 事业环境因素
⑬ 组织过程资产
⑭ 风险分类法
2. 工具与技术
① 文档审查
② 信息收集技术
③ 核对单分析
④ 假设分析
⑤ 图解技术
⑥ SWOT分析
⑦ 专家判断
⑧ 回顾会
3. 输出
风险登记册

11.4 实施定性风险分析

1.输入
① 风险管理计划
② 范围基准
③ 风险登记册
④ 事业环境因素
⑤ 组织过程资产
2.工具与技术
① 风险概率和影响评估
② 概率和影响矩阵
③ 风险数据质量评估
④ 风险分类
⑤ 风险紧迫性评估
⑥ 专家判断
⑦ 补充注意事项
3.输出
项目文件（更新）

11.5 实施定量风险分析

1. 输入
① 风险管理计划
② 成本管理计划
③ 进度管理计划
④ 风险登记册
⑤ 事业环境因素
⑥ 组织过程资产
2. 工具与技术
① 数据收集和展示技术
② 定量风险分析和建模技术
③ 专家判断
3. 输出
项目文件（更新）

11.6 规划风险应对

1. 输入
① 风险管理计划
② 风险登记册
2. 工具与技术
① 消极风险或威胁的应对策略
② 积极风险或机会的应对策略
③ 应急应对策略
④ 专家判断
⑤ 补充注意事项
3. 输出
① 项目管理计划（更新）
② 项目文件（更新）
③ 补充注意事项

11.7 控制风险

1. 输入
① 项目管理计划
② 风险登记册
③ 工作绩效数据
④ 工作绩效报告
2. 工具与技术
① 风险再评估
② 风险审计
③ 偏差和趋势分析
④ 技术绩效测量
⑤ 储备分析
⑥ 会议
3. 输出
① 工作绩效信息
② 变更请求
③ 项目管理计划（更新）
④ 项目文件（更新）
⑤ 组织过程资产（更新）

图 11-1　项目风险管理概述

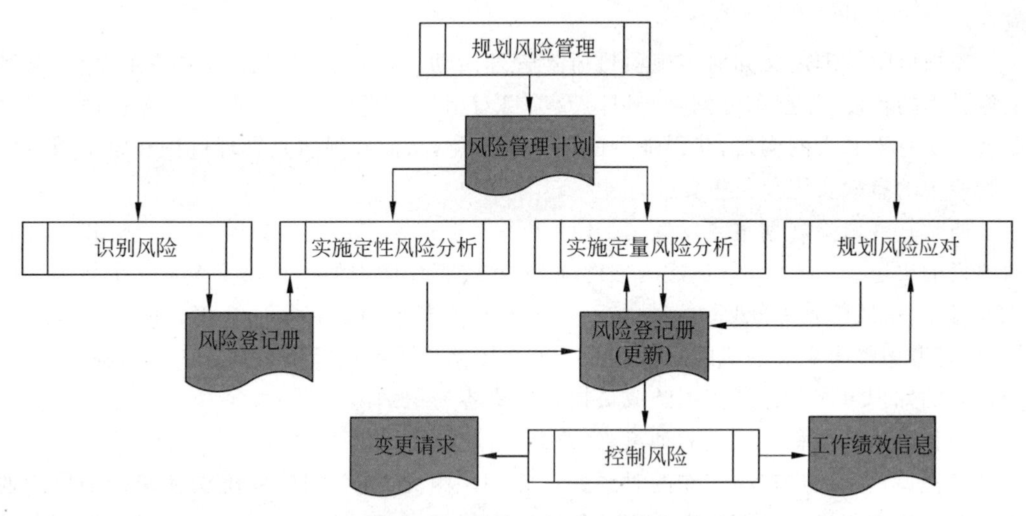

图 11-2 项目风险管理各过程的数据关系

基于不同的风险态度，组织和干系人愿意接受不同程度的风险，而组织和干系人的风险态度受多种因素影响，大体可分为以下 3 类：

① 风险偏好。为了预期的回报，一个实体愿意承受不确定性的程度。

② 风险承受力。组织或个人能承受的风险程度、数量或容量。

③ 风险临界值。干系人特别关注的特定的不确定性程度或影响程度。低于风险临界值，组织会接受风险；高于风险临界值，组织将不能承受风险。

个人和团体的风险态度影响其应对风险的方式。应该为每个项目制定统一的风险管理方法，并开诚布公地就风险及其应对措施进行沟通。风险应对措施可以反映出组织在冒险与避险之间的权衡。

积极和消极风险通常被称为机会和威胁。如果风险在可承受范围之内，并且与冒这些风险可能得到的回报相平衡，那么项目就是可接受的。为了增加价值，可以在风险承受力允许的范围内，追求那些能带来机会的积极风险。

每个软件开发项目都是一个由需求、设计和构建而组成的独特组合，因此有不同的不确定性、风险和机会，也产生了不同的软件产品。项目管理中几乎每个过程都关注风险管理。软件风险管理的目标是提高达到项目目标的概率；软件机会管理的目标是超越项目目标，尤其应用在需要快速响应客户需求改变，采用新技术或接受额外资源的适应性项目中。交付软件服务的主要风险是服务连续性的中断，即无法持续地按照商定水平提供应该交付的服务。

11.2 规划风险管理

风险管理规划是项目规划的一部分，反映在软件项目计划的许多层面，包括风险管理活动、数据收集、监控、决策和评估以及工作计划变更。根据风险的性质不同，生命周期模型和过程也可能需要调整。制订项目计划时用到的每个假设和限制都应该接受风险检查。

规划风险管理定义如何实施项目风险管理活动的过程。本过程的主要作用是,确保风险管理的程度、类型和可见度与风险及项目对组织的重要性相匹配。风险管理计划对促进与所有干系人的沟通,获得他们的统一与支持,从而确保风险管理过程在整个项目生命周期中的有效实施至关重要。

通常软件风险规划重复发生,它开始于一个正式或非正式的风险收益分析和是否启动项目的决定。对于大型、正式的软件项目,在监管环境中的项目以及涉及安全攸关软件的项目,一份风险管理规划文档是必不可少的。大多数项目有不那么正式的风险管理程序,或者遵循整个企业的风险管理规划。所有团队成员都应负责识别并沟通风险,具备特定领域的知识可能会让某些团队成员比他人更容易识别出风险。

项目可以采用积极风险驱动策略,将高风险项优先排序,并在项目早期,即还有时间尝试其他策略和改进初始工作的时候处理它们。因此,关系到软件需求和架构的风险通常在项目生命周期的早期处理。通过积极地在早期承担高风险工作,软件项目组可以减少风险对项目的整体影响。

图 11-3 所示为本过程的数据流向图。

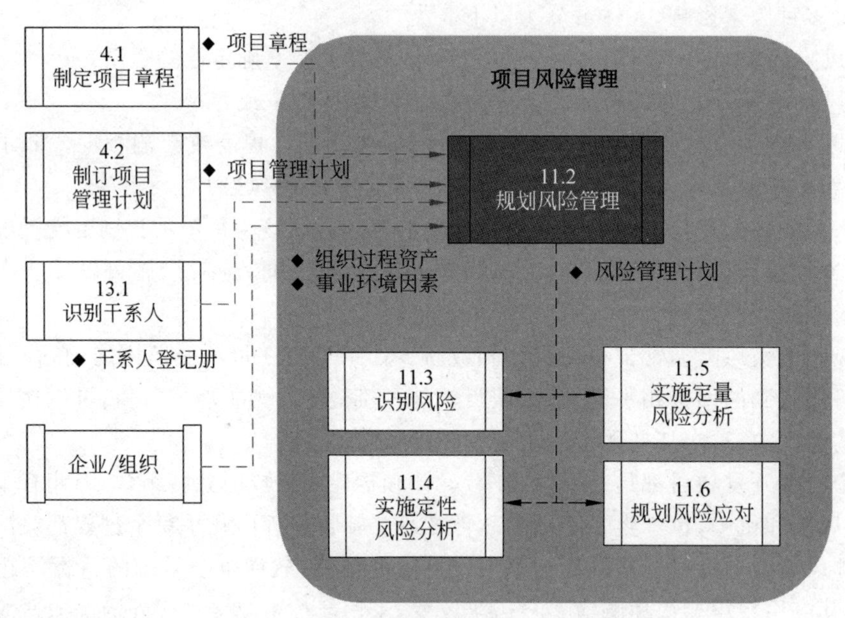

图 11-3 规划风险管理的数据流向图

11.2.1 过程输入

本过程的输入包括以下内容。

(1) 项目管理计划。在规划风险管理时,应该考虑所有已批准的子管理计划和基准,使风险管理计划与之相协调。风险管理计划也是项目管理计划的组成部分。项目管理计划提供了会受风险影响的范围、进度和成本的基准或当前状态。

(2) 项目章程。可提供各种输入,如高层级风险、项目描述和需求。

(3) 干系人登记册。其包含了项目干系人的详细信息及角色概述。

(4) 事业环境因素。其包括组织的风险态度、临界值和承受力,它们描述了组织愿意并能够承受的风险程度。

(5) 组织过程资产。其包括风险类别、概念和术语的通用定义、风险描述的格式、标准模板、角色和职责、决策所需的职权级别、经验教训。

11.2.2 过程工具与技术

除了专家判断之外,本过程的工具与技术还包括以下几项。

(1) 分析技术。用来理解和定义项目的总体风险管理环境,它是基于项目总体情况的干系人风险态度和项目战略风险敞口的组合。敞口又称风险暴露,是指未加保护的风险,即实际所承担的风险,一般与特定风险相连,如因债务人违约行为导致的可能承受风险的信贷余额。例如,可以通过对干系人资料分析,确定干系人的风险偏好和承受力的等级与性质。基于这些评估,项目团队可以调配合适资源并关注风险管理活动。

(2) 会议。通过举行规划会议来制定风险管理计划。会议确定实施风险管理活动的总体计划;确定用于风险管理的成本种类和进度活动,并将其分别纳入项目的预算和进度计划中;建立或评审风险应急储备的使用方法;分配风险管理职责;根据具体项目的需要,裁剪组织中有关风险类别和术语定义等的通用模板,如风险级别、不同风险的概率、对不同目标的影响以及概率和影响矩阵。

适应性生命周期软件项目从一个优先级经常变化的未完项中获取需求和用户故事。这使得风险管理活动能发生在项目生命周期中尽可能早的阶段,最小化延迟和恶化的影响。同时,因为每个迭代周期都有集成和回归测试,高风险产品组件到项目最后未测试的概率被极大降低。不论采用哪种生命周期,项目经理和团队都可以选择先进行高风险的活动。然而,适应性项目有风险管理的额外灵活性,因为软件项目组可以从未完项中提前拿出高风险的故事和特性。

适应性生命周期项目可以频繁地在每个迭代结束的时候重新评估风险和优先级,这使得项目能得益于新识别的机会来增加特性,或者采取行动降低新识别的风险。项目组可以把风险规避和风险减轻活动添加到未完项里,并在风险对项目产生影响之前有选择地积极阻断风险。项目组应该把风险规避和风险减轻看成适应性项目计划周期中价值主张的一部分。

11.2.3 输出:风险管理计划

风险管理计划(如表 11-1 所示)是项目管理计划的组成部分,描述将如何安排与实施风险管理活动。包括以下内容。

① 方法论。确定项目风险管理将使用的方法、工具及数据来源。

② 角色与职责。确定风险管理计划中每项活动的领导者、支持者和参与者,并明确他们的职责。

③ 预算。根据分配的资源估算风险管理所需资金,将其纳入成本基准,制定应急储备和管理储备的使用方案。

表 11-1　风险管理计划

项目名称：＿＿＿＿＿＿＿＿＿＿＿＿＿＿　准备日期：＿＿＿＿＿＿＿＿＿＿＿＿

方法

描述风险管理的方法。提供每个风险管理过程如何实施的信息，包括是否进行风险定量分析，以及在什么环境下进行
指出用于每个过程的工具（如风险分解结构）和技术（如访谈法、德尔菲法等）
指出所有在项目中执行风险管理的必要数据资源

角色和职责

记录不同风险管理活动的角色和职责

风险的分类

识别用于归类和组织风险的分类方法。它可以将风险分类，用于风险登记册或风险分解结构

风险管理资金

记录实施各种风险管理活动所需的资金，如使用专家建议，或把风险转移给第三方

应急储备议定书

描述建立、测量和配备预算应急储备及进度应急储备的指南

频率和时间

确定实施常规风险管理活动的频度和其他特别活动的时间

干系人的风险承受力

识别项目组织或关键干系人对风险的承受水平，应该考虑到每个目标，至少涵盖范围、质量、进度和成本目标

风险跟踪与审计

确定风险管理活动，如风险定量分析和应急管理如何被记录和跟踪
描述每隔多久审计风险管理活动、审计哪些方面以及如何表述偏差

概率的定义

<table>
<tr><td>非常高</td><td rowspan="3">记录如何测量和定义概率，包括引入几个级别以及定义每个级别的概率范围。
例如：非常高——事件发生概率在80%或以上
高——事件发生概率在60%～80%内
中——事件发生概率在40%～60%内
低——事件发生概率在20%～40%内
非常低——事件发生概率在1%～20%内</td></tr>
<tr><td>高</td></tr>
<tr><td>中</td></tr>
</table>

续表

低				
非常低				
对目标影响的定义				
	范　围	质　量	时　间	成　本
非常高	记录如何测量影响，并为项目确定整体或逐目标定义，包括引入几个级别以及定义每个级别的影响跨度。例如，对于成本影响： 非常高——预算在控制账户上超支20% 高——预算在控制账户上超支15%～20% 中——预算在控制账户上超支10%～15% 低——预算在控制账户上超支5%～10% 非常低——预算在控制账户上超支少于5%			
高				
中				
低				
非常低				
概率和影响矩阵				
非常高	描述表示高风险、中风险以及低风险的概率和影响的组合			
高				
中				
低				
非常低				
非常高	高	中	低	非常低

④ 时间安排。确定在项目生命周期中实施风险管理过程的时间和频率，建立进度应急储备的使用方案，确定风险管理活动并纳入项目进度计划中。

⑤ 风险类别。规定对潜在风险成因的分类方法。例如，基于项目目标的分类方法。风险分解结构(Risk Breakdown Structure，RBS)是按风险类别排列的一种层级结构(如图11-4所示)，它有助于项目团队在识别风险的过程中发现有可能引起风险的多种原因。不同的RBS适用于不同类型的项目，可以是简易的分类清单或结构化的风险分解结构。

⑥ 风险概率和影响的定义。为了确保风险分析的质量和可信度，需要对项目环境中特定的风险概率和影响的不同层次进行定义。在规划风险管理过程中，应根据具体项目的需要，裁剪通用的风险概率和影响定义，供后续过程使用。

⑦ 概率和影响矩阵。把每个风险发生的概率和一旦发生对项目目标的影响映射起来。根据风险可能对项目目标产生的影响，对风险进行优先排序。通常由组织来设定概率和影响的各种组合，并据此设定高、中、低风险级别。

⑧ 修订的干系人承受力。以适应具体项目的情况。

⑨ 报告格式。规定将如何记录、分析和沟通风险管理过程的结果，规定风险登记册及其他风险报告的内容和格式。

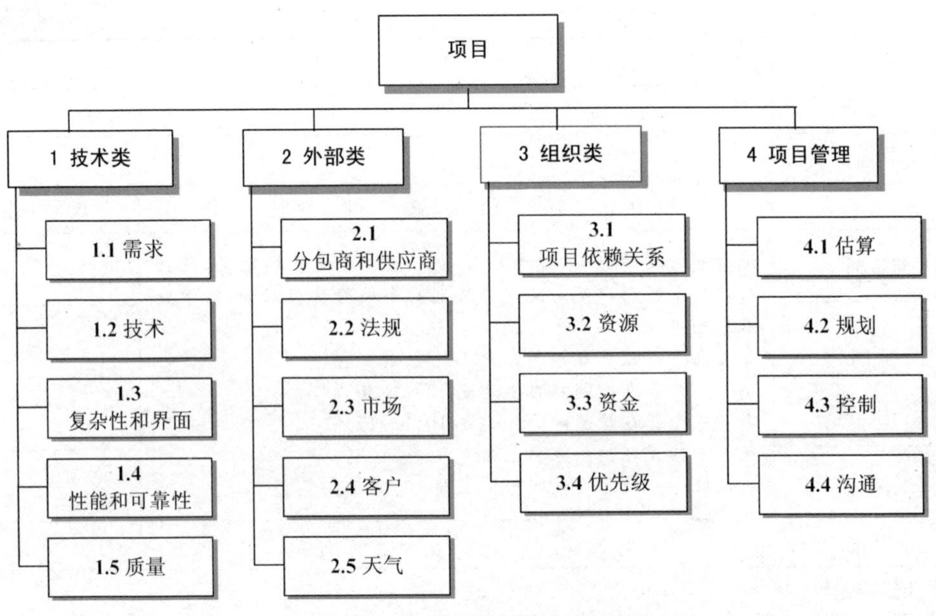

图 11-4　风险分解结构(RBS)示例

⑩ 跟踪。规定将如何记录风险活动,促进当前项目的开展,以及如何审计风险管理过程。

此外,在计划适应性生命周期的下一个迭代时,项目组通常会找到交付商业价值和减少风险的平衡点。有时,团队可能会选择实现投入产出比最佳的下一个特性。有时,他们会采取行动来规避或减轻风险,因为风险发生带来的不利影响可能会高于产品特性集中下一个特性的投入产出比(如图 11-5 所示)。软件项目经理需要确保风险管理程序、报告周期频率及风险登记册在项目一开始就确定下来。

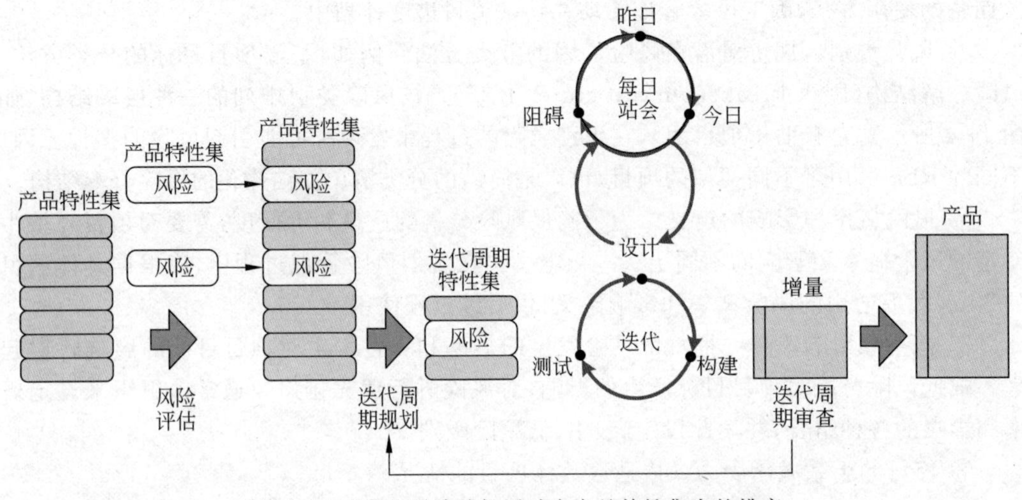

图 11-5　业务和风险减轻活动在产品特性集中的排序

11.3 识别风险

识别风险是判断哪些风险可能影响项目并记录其特征的过程。本过程的主要作用是，对已有风险进行文档化，并为项目团队预测未来时间积累知识和技能。识别风险是一个反复进行的过程，因为随着项目的进展，新的风险可能产生或为人所知。反复的频率及每轮的参与者因具体情况不同而异。应该采用统一的格式对风险进行描述，确保对每个风险都有明确和清晰的理解，以便有效支持风险分析和应对。图11-6所示为本过程的数据流向图。

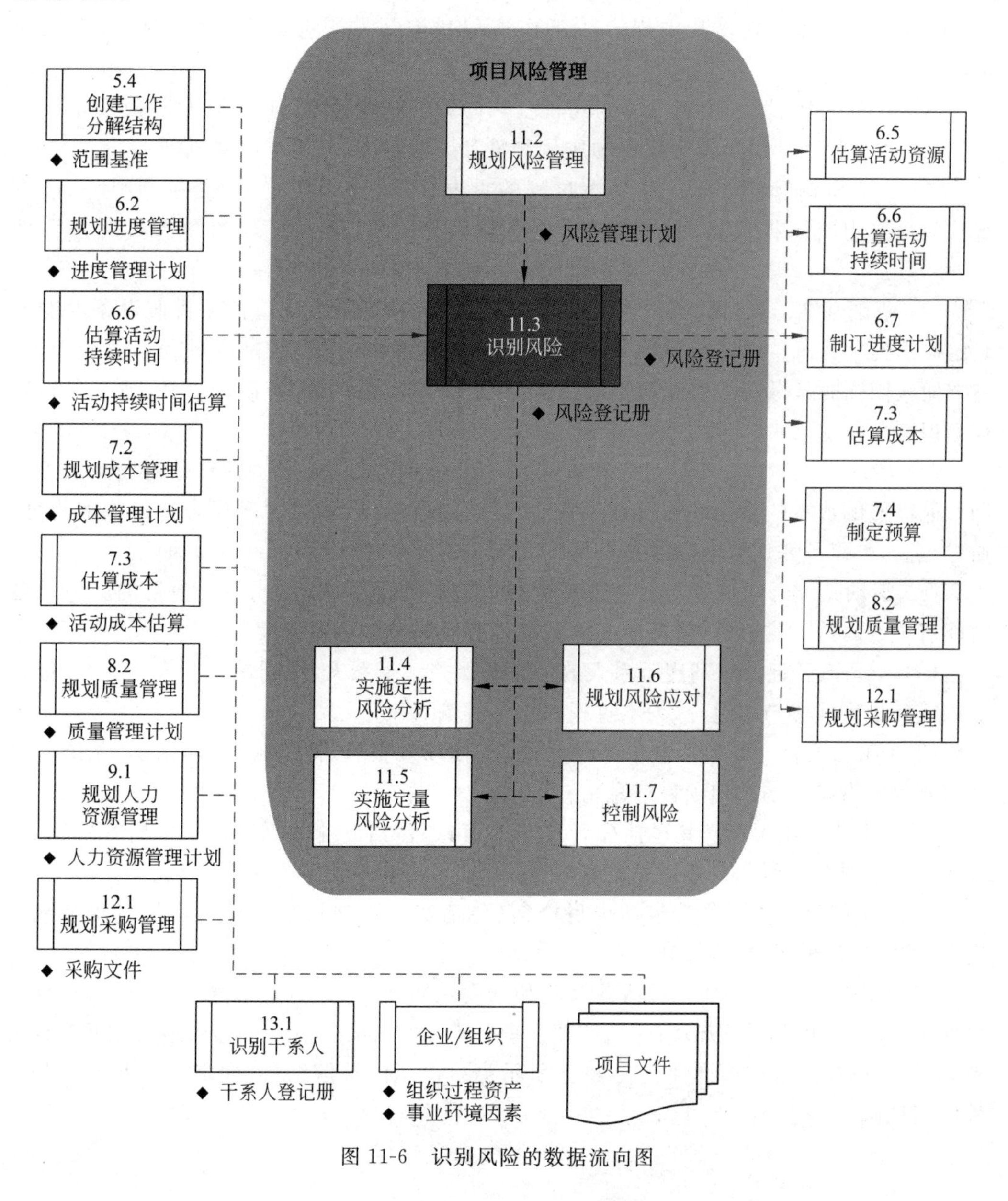

图11-6 识别风险的数据流向图

风险识别活动的参与者可包括项目经理、项目团队成员、风险管理团队、客户、项目团队之外的主题专家、最终用户、其他项目经理、干系人和风险管理专家。虽然上述人员往往是风险识别过程的关键参与者，但还应鼓励全体项目人员参与风险识别工作。

11.3.1 过程输入

除了采购文件，本过程的输入还包括以下内容。

(1) 风险管理计划。为识别风险过程提供一些关键要素，包括角色和职责分配、已列入预算和进度计划的风险管理活动，以及可能以风险分解结构的形式呈现的风险类别。

(2) 成本管理计划。其中规定的工作流程和控制方法有助于在整个项目内识别风险。

(3) 进度管理计划。有助于了解可能受风险影响的项目时间(进度)目标及预期。

(4) 质量管理计划。其中规定的质量测量和度量基准，可用于识别风险。

(5) 人力资源管理计划。这是本过程的重要输入，为如何定义、配备、管理和最终遣散项目人力资源提供指南。其中也包括角色与职责、项目组织图和人员配备管理计划。

(6) 范围基准。项目范围说明书中包括项目的假设条件，应该把项目假设条件的不确定性作为项目风险的潜在原因加以评估。范围基准中的 WBS 是本过程的关键输入，它方便人们同时从微观和宏观两个层面认识潜在风险，在总体、控制账户和/或工作包层级上识别并跟踪风险。

(7) 活动成本估算。对其进行审查有利于识别风险。活动成本估算是对完成进度活动可能需要的成本的量化评估，最好用一个区间来表示，区间的宽度代表着风险的程度。通过审查，可以预知估算的成本是否足以完成某项活动(是否给项目带来风险)。

(8) 活动持续时间估算。对其进行审查，有利于识别与活动或整个项目的应急储备时间有关的风险。类似地，估算区间的宽度代表着风险的相对程度。

(9) 干系人登记册。利用干系人的信息确保关键干系人，特别是发起人和客户，能以访谈或其他方式参与本过程，为本过程提供各种输入。

(10) 项目文件。其包括假设条件日志、工作绩效报告、挣值报告、网络图、基准以及对识别风险有价值的其他项目信息。

(11) 事业环境因素。其包括公开发布的信息(包括商业数据库)、学术研究资料、公开发布的核对表、标杆、行业研究资料、风险态度。

(12) 组织过程资产。其包括项目档案(包括实际数据)、组织和项目的流程控制规定、风险描述的模板、经验教训。

(13) 风险分类法。如针对运营风险和开发项目风险，把风险按照类型分类，如项目集约束、产品工程及开发环境；然后按照元素分类，如产品工程中的需求；最后按照属性分类，如需求的稳定性或严谨性。表 11-2 所示为一层风险分解结构，列举了一些常见的软件项目风险。

表 11-2 一层风险分类

项目风险	描述
技术	软件不按照期望来工作：过多缺陷；软件不能达到所需功能或性能；未定义或理解错误的需求；软件模块的迟集成导致测试晚期才发现错误；软件不能满足客户需求和期望；软件对终端客户而言不易使用；不稳定的需求、需求扩张或需求场景改变导致的大量返工或重构；在有限的员工资源下，选择新的开发平台、开发语言或开发工具，会因为对基准版本、开发工作和测试版本的配置管理不足而导致软件崩溃；项目中的技术改变和升级；对其他项目交付及时、可用的输入的外部依赖
人身安全	开发的系统有导致受伤、死亡或环境破坏的缺陷
系统安全	开发的系统的完整性和所要求的软件关键性(故障带来严重后果的可能性)不一致；开发人员不熟悉软件可受的安全威胁；对访问控制、个人或专有数据在休眠或传输中的保护，以及系统对恶意软件和黑客防御的系统设计不足；重用来路不明的代码；灾难或安全漏洞影响开发或生产的基础设施
团队	对工具、组织过程、开发方法或客户业务需求缺乏经验；人手不足(人员还没到位或被拉去做其他项目)；员工疲劳综合征；人员流动；分散的或虚拟的团队，或者文化不同导致的团队内部或和干系人之间的沟通协作问题；新员工分散老员工注意力；多个开发人员在相同代码分支工作
计划	基准计划和实际速度不一致；项目不能按时完成计划发布中的重要或必需的特性；范围蔓延影响了最初目标的完成；开发的延迟导致缩减测试的压力；项目完结的度量不能反映有效状态(依赖于 SLOC 或完工估算百分比)；计划未包括最初的架构和数据设计或文档工作或集成测试；测试计划实际只够完成一轮测试，而忽略了重测的可能性
成本	对于人工费率和生产率/周转率的不精准的估算，实际成本超出可用经费，以及超出承受力的挑战
客户和干系人	业务过程数据不可用，被替换的或接口的系统的技术数据不可用，验收标准(或市场需求分析)不可用，客户或用户代表在需求/特性排优先级、用户测试及系统验收的时候不参与

11.3.2 过程工具与技术

除了专家判断，本过程的工具与技术还包括以下几项。

(1) 文档审查。对项目文档(包括各种计划、假设条件、以往的项目文档、协议和其他信息)进行结构化审查。项目计划的质量，以及这些计划与项目需求和假设之间的匹配程度，都可能是项目的风险指示器。

(2) 信息收集技术。除了德尔菲技术之外，还有以下几种方法。

① 头脑风暴。目的是获得一份综合的项目风险清单。可以采用风险类别(如风险分解结构中的)作为基础框架，然后依风险类别进行识别和分类，并进一步阐明风险的定义。

② 访谈。访谈有经验的项目参与者、干系人或相关主题专家，有助于识别风险。

③ 根本原因分析。这是发现问题，找到其深层原因并制定预防措施的一种特定技术。

(3) 核对单分析。可以根据以往类似项目和其他来源的历史信息与知识编制风险核对单，也可用风险分解结构的底层作为风险核对单。核对单简单易用但无法穷尽，所以不能取代必要的风险识别努力。同时，团队也应该注意考察未在核对单中列出的事项。

对核对单要随时调整，以增减相关条目。在项目收尾过程中，应对核对单进行审查，根据新的经验教训改进核对单，供未来项目使用。

(4) 假设分析。每个项目及其计划都是基于一套设想而构建的。假设分析就是检验假设条件在项目中的有效性，并识别因其中的不准确、不稳定、不一致或不完整而导致的项目风险。

(5) 图解技术。

① 因果图。用于识别风险的起因。

② 系统或过程流程图。显示系统各要素之间的相互联系以及因果传导机制。

③ 影响图。用图形方法表示变量与结果之间的因果关系、事件时间顺序以及其他关系。

(6) SWOT 分析。从项目的优势(Strength)、劣势(Weakness)、机会(Opportunity)和威胁(Threat)出发，对项目进行考察，把产生于内部的风险都包括在内，从而更全面地考虑风险。首先，从项目组织或更大业务范围的角度识别组织的优势和劣势，然后通过 SWOT 分别识别出由组织优势带来的各种项目机会，以及由组织劣势引发的各种威胁。这一分析也可用于考察组织优势能够抵消威胁的程度，以及机会可以克服劣势的程度。

(7) 回顾会。在回顾会中，项目组评估演进系统，审查落后的地方，并讨论与剩余工作相关的和有问题的地方。

11.3.3 输出：风险登记册

本过程的主要输出是风险登记册(如表 11-3 所示)中的最初内容，在其中记录风险分析和风险应对规划的结果。随着其他风险管理过程的实施，风险登记册还将包括这些过程的输出，其中的信息种类和数量也就逐渐增加。

最初的风险登记册包括以下信息。

(1) 已识别风险清单。进行尽可能详细的描述。可采用结构化的风险描述语句对风险进行描述。例如，某事件可能发生，从而造成什么影响；或者，如果出现某个原因，某事件就可能发生，从而导致什么影响。在罗列出已识别风险之后，这些风险的根本原因可能更加明显，就是造成一个或多个已识别风险的基本条件或事件，应记录在案，用于支持本项目和其他项目的风险识别工作。

(2) 潜在应对措施清单。在识别风险的过程中，有时可以识别出风险的潜在应对措施。这些应对措施(如果已经识别出)可作为规划风险应对过程的输入。

表 11-3 风险登记册

项目名称：________________ 准备日期：________________

风险编号	风险描述	概　　率	影　　响		等　　级	应　　对
			范　　围	质　　量	进　　度	成　　本
确定唯一编号	描述风险事件或条件。风险情形通常用如下两种短语之一表达：“事件可能会发生，引发影响”或“如果条件成立，事件可能会发生，导致影响”	确定事件或条件出现的可能性	描述对一个或多个项目目标的影响		如果采用打分评价，用概率乘以影响确定风险等级。如果使用相对等级，则比较两个等级（如高—低或中—高）	描述规划好的风险或条件应对策略

修订后的概率	修订后的影响		修订后的等级	责任方	措　　施	状　　态	说　　明
	范　　围		质　　量	进　　度	成　　本		
确定实施应对策略后风险事件或条件出现的可能性	描述应对措施实施之后的影响		确定应对措施实施后的风险等级	识别管理相关风险的责任人		确定状态是开环还是闭环	提供所有对于风险事件或条件有帮助的说明或附加信息

11.4 实施定性风险分析

实施定性风险分析是评估并综合分析风险的发生概率和影响，对风险进行优先排序，从而为后续分析或行动提供基础的过程。本过程的主要作用是，使项目经理能够降低项目的不确定性级别，并重点关注高优先级的风险。

专注于更加紧迫的风险是必需的，但风险管理也要识别和控制长期风险。从财务、团队延续性、软件设计框架及能满足未来变更的代码质量等各种角度来看，软件产品开发必须是可持续的，风险分析也要关注紧迫的和持续的机会。

本过程根据风险发生的相对概率或可能性、风险发生后对项目目标的影响以及其他因素(如与项目成本、进度、范围和质量等制约因素相关的组织风险承受力)，来评估已识别风险的优先级。为了实现有效评估，需要清晰地识别和管理本过程关键参与者的风险处理方式。

图 11-7 所示为本过程的数据流向图。

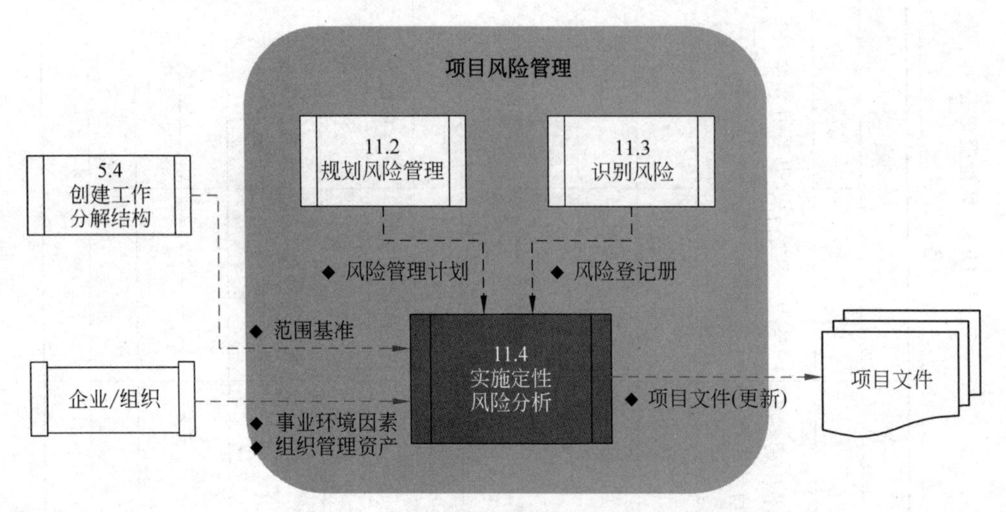

图 11-7 实施定性风险分析的数据流向图

建立概率和影响层级的定义，有助于减少偏见的影响。风险行动的时间紧迫性可能会放大危险的重要性。对项目风险相关信息的质量进行评估，有助于澄清关于风险重要性的评估结果。

实施定性风险分析通常可以快速且经济有效地为规划风险应对建立优先级，可以为实施定量风险分析奠定基础。需要根据项目风险管理计划的规定，在整个项目生命周期中定期开展定性风险分析过程。本过程完成后，可实施定量风险分析或直接进入规划风险应对过程。

11.4.1 过程输入

本过程的输入包括以下内容。

(1) 风险管理计划。其包括风险管理的角色和职责、风险管理的预算和进度活动、风险类别、概率和影响的定义、概率和影响矩阵及修订的干系人风险承受力。在规划风险管理过程中通常已经把这些内容裁剪成适合某具体项目。

(2) 范围基准。常规或反复性项目的风险往往比较容易理解;而采用创新或最新技术且极其复杂的项目中,不确定性往往要大得多。可通过查阅范围基准来评估项目情况。

(3) 风险登记册。其中包含了评估风险和划分风险优先级所需的信息。

(4) 事业环境因素。从中了解与风险评估有关的背景信息,如风险专家对类似项目的行业研究、可以从行业或专有渠道获得的风险数据库。

(5) 组织过程资产。其包括以往已完成的类似项目的信息。

对于软件项目来说,实施定性风险分析的输入还包括软件产品的重要性(它对用户和运营环境的影响)、风险对于成功完成软件产品的交付产生的影响和对于生产组织的整体影响。

11.4.2 过程工具与技术

除了专家判断,本过程的工具与技术还包括以下几项。

(1) 风险概率和影响评估:(如表11-4所示)风险概率评估旨在调查每个具体风险发生的可能性,风险影响评估旨在调查风险对项目目标(如进度、成本、质量或性能)的潜在影响。

表11-4 风险概率和影响评估

项目名称:________________ 准备日期:________________

等级	描述	
	威胁	机会
范围影响		
非常高	产品没有达到目标,没用	范围需求遇到工作量和/或成本的显著下降
高	产品在多个重要需求上存在缺陷	范围需求遇到工作量和/或成本的明显改进
中	产品在一个重要需求或几个次要需求上存在缺陷	范围需求遇到工作量和/或成本的最小改进
低	产品在少量次要需求上存在缺陷	无显著影响
非常低	与需求基本无偏差	无显著影响
质量影响		
非常高	产品性能严重低于目标,没用	一次成品率或返工成品率显著提高
高	性能的主要方面不能满足需求	一次成品率或返工成品率明显提高
中	至少一项主要性能需求存在显著缺陷	返工率出现降低
低	存在少量性能偏差	无显著影响
非常低	性能基本无偏差	无显著影响

续表

进度影响		
非常高	总工期增加超过 20%	总工期减少超过 20%
高	总工期增加 10%～20%	总工期减少 10%～20%
中	总工期增加 5%～10%	总工期减少 5%～10%
低	非关键路径用完了时间余量,或者总工期增加 1%～5%	非关键路径用完时间余量,或者总工期减少 1%～5%
非常低	非关键路径出现了延误但是仍有剩余时间余量	对关键路径进度无影响
成本影响		
非常高	成本增加超过 20%	成本降低超过 20%
高	成本增加 10%～20%	成本降低 10%～20%
中	成本增加 5%～10%	成本降低 5%～10%
低	成本增加,用完了所有应急储备金	成本降低不超过 5%
非常低	成本增加,使用了部分应急储备金,仍有部分应急储备金剩余	无显著影响
概率		
非常高	事件很可能会发生,概率为 80%或更高	
高	事件可能会发生,概率为 61%～80%	
中	事件有可能会发生,概率为 41%～60%	
低	事件也许可能会发生,概率为 21%～40%	
非常低	事件不太可能会发生,概率为 1%～20%	
风险等级		
高	当一个中度或以上发生概率的事件能对任一目标造成非常高的影响时 当一个高度或以上发生概率的事件对任一目标造成高度影响时 当一个非常高度概率发生的事件对任一目标造成中度影响时 当一个事件同时对两个以上的目标造成中度影响时	
中	当一个非常低发生概率的事件能对任一目标造成高度或者以上的影响时 当一个低发生概率的事件对任一目标造成中度或以上影响时 当一个中度概率发生的事件能对任一目标造成低至高的影响时 当一个高度概率发生的事件对任一目标造成非常低至中度影响时 当一个非常高度概率发生的事件对任一目标造成非常低至低度影响时 当一个事件同时以非常低度的概率对两个以上的目标造成中度影响时	
低	当一个中度发生概率事件对任一目标造成非常低的影响时 当一个低发生概率事件对任一目标造成低或非常低的影响时 当一个非常低发生概率的事件对任一目标造成中度或以下的影响时	

对已识别的每个风险都要进行概率和影响评估。可以选择熟悉相应风险类别的人员，以访谈或会议的形式评估每个风险的概率级别及其对每个目标的影响，还应记录相应的说明性细节，如确定风险级别所依据的假设条件。根据风险管理计划中的定义，对风险概率和影响进行评级，低级别概率和影响的风险将列入风险登记册中的观察清单。

(2) 概率和影响矩阵。(如表 11-5 所示)应该基于风险评级结果，对风险进行优先排序，以便进一步开展定量分析和风险应对规划。通过对风险概率和影响的评估确定风险评级。通常用查询表或概率和影响矩阵来评估每个风险的重要性和所需的关注优先级。根据概率和影响的各种组合，该矩阵把风险划分为低、中、高风险。

表 11-5　概率和影响矩阵

项目名称：________________　　准备日期：________________

非常高					
高			如用户抵触	界面问题	
中					
低					系统死机
非常低					硬件工作异常
	非常低	低	中	高	非常高

根据风险发生的概率及发生后对目标的影响程度，对每个风险进行评级。组织应该规定怎样的概率和影响组合是高风险、中等风险和低风险。在黑白(或者彩色)矩阵里，用不同的灰度(或不同的颜色)表示不同的风险级别。如图 11-8 所示，深色(数值最大)区域代表高风险；中度灰色(数值最小)区域代表低风险，而浅灰色(数值介于最大和最小之间)区域代表中等风险。通常，在项目开始之前，组织就要制定风险评级规则，并将其纳入组织过程资产。在规划风险管理过程中，应该把风险评级规则裁剪成适合具体项目。

组织可分别针对每个目标(如成本、时间和范围)评定风险等级。另外，也可制定相关方法为每个风险确定一个总体等级。最后，可以在同一矩阵中分别列出机会和威胁的影响水平定义，同时显示机会和威胁。

风险值有助于指导风险应对。如果风险发生会对项目目标产生消极影响(威胁)，并且处于矩阵高风险(深色)区域，就可能需要采取优先措施和激进的应对策略。而处于低

概率	威胁					机会				
0.90	0.05	0.09	0.18	0.36	0.72	0.72	0.36	0.18	0.09	0.05
0.70	0.04	0.07	0.14	0.28	0.56	0.56	0.28	0.14	0.07	0.04
0.50	0.03	0.05	0.10	0.20	0.40	0.40	0.20	0.10	0.05	0.03
0.30	0.02	0.03	0.06	0.12	0.24	0.24	0.12	0.06	0.03	0.02
0.10	0.01	0.01	0.02	0.04	0.08	0.08	0.04	0.02	0.01	0.01
	0.05/非常低	0.10/低	0.20/中等	0.40/高	0.80/非常高	0.80/非常高	0.40/高	0.20/中等	0.10/低	0.05/非常低

对目标（如成本、时间、范围或质量）的影响（数字量表）

按发生概率及一旦发生所造成的影响，对每个风险进行评级。在矩阵中显示组织对低风险、中等风险与高风险所规定的临界值。根据这些临界值，把每个风险分别归入高风险、中等风险或低风险。

图 11-8　概率和影响矩阵

风险(中度灰色)区域的威胁,可能只需要作为观察对象列入风险登记册,或为之增加应急储备,而不必采取主动管理措施。同样,处于高风险(深色)区域的机会,可能是最易实现且能够带来最大利益的,故应该首先抓住。对于低风险(中度灰色)区域的机会,则应加以监督。

(3) 风险数据质量评估。这是评估风险数据对风险管理的有用程度的一种技术。它考察人们对风险的理解程度,以及考察风险数据的准确性、质量、可靠性和完整性。图 11-8 所示的数值具有代表性。通常,随着对组织的风险态度的确定,就能确定数字量表中的数值。

(4) 风险分类。可以按照风险来源(如使用风险分解结构)、受影响的项目工作(如使用 WBS)或其他有效分类标准(如项目阶段)对项目风险进行分类,以确定受不确定性影响最大的项目区域。风险也可以根据共同的根本原因进行分类。本技术有助于为制定有效的风险应对措施而确定工作包、活动、项目阶段甚至项目中的角色。

(5) 风险紧迫性评估。可以把近期就要应对的风险当作更紧迫的风险。风险的可监测性、风险应对的时间要求、风险征兆和预警信号以及风险等级等,都是确定风险优先级应考虑的指标。

根据定义,定性风险分析是很难或不可能量化的,而且通常基于主观的和有限的经验。精确估算一个风险的量化概率需要有类似项目的显著经验(类似的复杂度、重要性、基础设施和工具、团队经验以及组织过程资源)。

对软件项目风险而言,可以基于主观价值,如低、中、高或很高,对概率或潜在影响做评级,如表 11-6 所示。一个低风险敞口可能对应一个小的进度延迟或成本超支,或者一个小的质量问题;一个中等风险敞口对应项目或产品参数的更大影响;一个高风险敞口对应一个主要问题;一个很高风险敞口则可能导致灾难性的情况。

表 11-6 一个典型的定性风险敞口矩阵

影响	低	中	高	很高
概率				
低	低	中	高	中
中	低	高	高	高
高	中	高	很高	很高
很高	中	高	很高	极高

对于适应性生命周期项目,可根据一个风险敞口矩阵来调整下一个迭代周期所包含的特性的优先级,先专注于在业务上或对终端用户有最大风险收益比的特性。这个描述风险管理的分析方法对于机会分析也类似。

11.4.3 输出:项目文件(更新)

可能需要更新的项目文件包括以下两个。

① 风险登记册。随着定性风险评估产生出新信息而更新风险登记册,包括对每个风险的概率和影响评估、风险评级和分值、风险紧迫性或风险分类,以及低概率风险的观察清单。

② 假设条件日志。随着定性风险评估产生出新信息,假设条件可能发生变化,根据这些信息进行调整。假设条件可包括在项目范围说明书中,也可记录在独立的假设条件日志中。

11.5 实施定量风险分析

实施定量风险分析是就已识别风险对项目整体目标的影响进行定量分析的过程。本过程的主要作用是产生量化风险信息,来支持决策制定,降低项目的不确定性。定量技术常用在重要的软件项目中,如竞争性软件并购或企业创新。广泛的定量风险分析因为对时间和专业性要求较高,可能并不适合相对简单的项目。

实施定量风险分析的对象是在定性风险分析过程中被确定为对项目的竞争性需求存在潜在重大影响的风险,分析这些风险对项目目标的影响,主要用来评估所有风险对项目的总体影响。在进行定量分析时,也可以对单个风险分配优先级数值。

定量分析可用于对产品未完项中没有减轻的风险,以及风险规避和风险减轻活动安排优先级。一个软件项目的技术风险有成本影响,而一个风险减轻或风险转移的策略则有量化成本,如采购软件的成本对比开发软件的人工成本——这些都能被转换成货币单位。类似地,人力资源和业务风险也可以用货币单位来估算。当然,并非所有的风险都有规避或减轻的步骤,并能排入软件项目进度计划。有些风险可能不得不接受(如项目因为等待采购的部件到位而延迟),但是那些人们主动出击就能解决的风险可以在适应性项目的未完项中优先于其他项。

定量风险分析有一些现实的局限性。不可能估算所有潜在问题(风险)的概率和影响。例如,试想开发软件的风险是使黑客很容易访问私有用户数据。当软件在运营环境中使用之前,是没有任何成本的。问题发生时,这个安全缺口可能会导致用户因为信用监控、诉讼成本和未来的经营亏损而产生罚款、诉讼费用和修复成本。这些开销可能会大得惊人,也很严重,但在软件开发中做风险分析时并不容易被量化。

对于软件项目而言,风险识别和风险分析倾向并专注于最可能发生且影响最大的风险,而非一系列小风险导致的累积影响。并且,有些风险的影响可能很难量化为项目或组织的直接成本。定量风险分析的目标和相关性最后还取决于定性判断、可用的经验基础、专家评估的最佳情况的目标和最坏情况的目标。

图 11-9 所示为本过程的数据流向图。

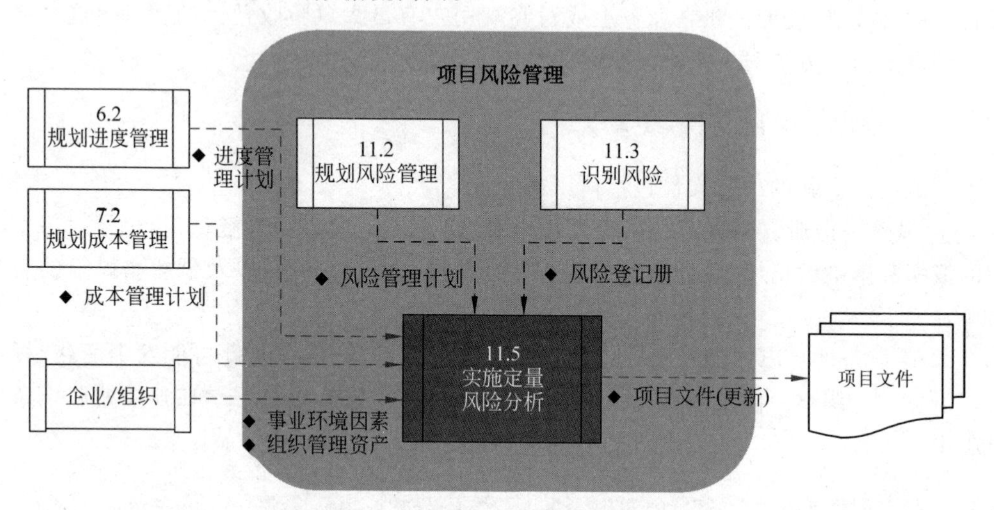

图 11-9　实施定量风险分析的数据流向图

11.5.1　过程输入

本过程的输入包括以下内容。

(1) 风险管理计划。为定量风险分析提供指南、方法和工具。

(2) 成本管理计划和进度管理计划。为建立和管理风险储备提供指南。

(3) 风险登记册。为实施定量风险分析提供基础。

(4) 事业环境因素。从中了解与风险分析有关的背景信息,如风险专家对类似项目的行业研究、可以从行业或专有渠道获得的风险数据库。

(5) 组织过程资产。其包括以往已完成的类似项目的信息。

11.5.2　工具与技术:数据收集和展示技术

数据收集和展示技术包括以下几项。

(1) 访谈。利用经验和历史数据,对风险概率及其对项目目标的影响进行量化分析。所需的信息取决于所用的概率分布类型。例如,有些常用分布要求收集最乐观(低)、最悲观(高)与最可能情况的信息。图 11-10 所示为用三点估算法估算成本。

项目成本估算的区间 单位：百万美元

WBS要素	低	最可能	高
设计	4	6	10
建造	16	20	35
试验	11	15	23
整个项目	31	41	68

对有关干系人进行访谈，有助于确定每个WBS要素的三点估计（用于三角分布、贝塔分布或其他分布）。在本例中，以等于或小于4 100万美元（最可能估计）完成项目的可能性很低，如图11-13的模拟结果所示（成本风险模拟结果）。

图 11-10 风险访谈所得到的成本估算区间

（2）概率分布。在建模和模拟中广泛使用的连续概率分布，代表着数值的不确定性，如进度活动的持续时间和项目组成部分的成本的不确定性。不连续分布则用于表示不确定性事件，如测试结果或决策树的某种可能情景等。图 11-11 显示了广为使用的两种连续概率分布。

贝塔分布

0.1

0.0

三角分布

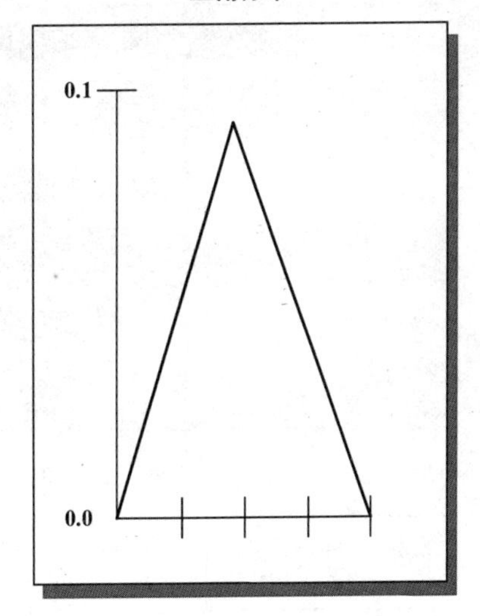

贝塔分布和三角分布常用于定量风险分析。左图中的贝塔分布是由两个“形状参数”决定的此类分布簇的一个例子。其他常用的分布包括均匀分布、正态分布和对数分布，图中的横轴表示时间或成本的可能值，而纵轴表示相对概率

图 11-11 常用概率分布示例

此外，风险敞口的定量评级可基于数值，表 11-7 所列的条目都是对应的概率值和正态化影响的乘积，该乘积称为风险敞口。一个项目经理或委派的风险经理可以同时采用未减轻的风险敞口和已减轻的风险敞口以及风险减轻的成本。风险杠杆因子(未减轻的风险敞口与已减轻的风险敞口之差除以风险减轻的成本)可用来评估各种风险减轻策略

的效率。

表 11-7　一个典型的定量风险敞口矩阵

影响	25	50	75	100
概率				

11.5.3　工具与技术：定量风险分析和建模技术

常用的技术有面向事件和面向项目的分析方法，包括以下几种。

(1) 敏感性分析。该方法把所有其他不确定因素都固定在基准值，再来考察每个因素的变化会对目标产生多大程度的影响。该方法有助于确定哪些风险对项目具有最大的潜在影响，帮助理解项目目标的变化与各种不确定因素的变化之间存在怎样的关联。其常见表现形式是龙卷风图(如图 11-12 所示)，用于比较很不确定的变量与相对稳定的变量之间的相对重要性和相对影响。

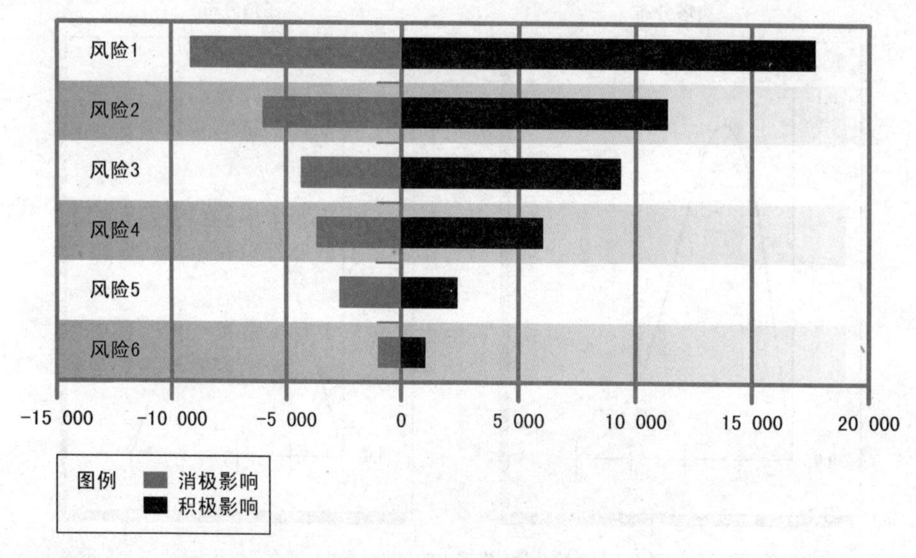

图 11-12　龙卷风图示例

龙卷风图是在敏感性分析中用来比较不同变量的相对重要性的一种特殊形式的条形图。在龙卷风图中，Y 轴代表处于基准值的各种不确定因素，X 轴代表不确定因素与所研究的输出之间的相关性。图中每种不确定因素各有一根水平条形，从基准值开始向两边延伸。这些条形按延伸长度递减垂直排列。

(2) 预期货币价值(EMV)分析。这是当某些情况在未来可能发生或不发生时，计算平均结果的一种统计方法(不确定性下的分析)。机会的 EMV 通常表示为正值，而威胁的 EMV 则表示为负值。EMV 是建立在风险中立的假设之上的，既不避险也不冒险。把每个可能结果的数值与其发生的概率相乘，再把所有乘积相加，就可以计算出项目的 EMV。这种技术经常在决策树分析中用到（如图 11-13 所示）。

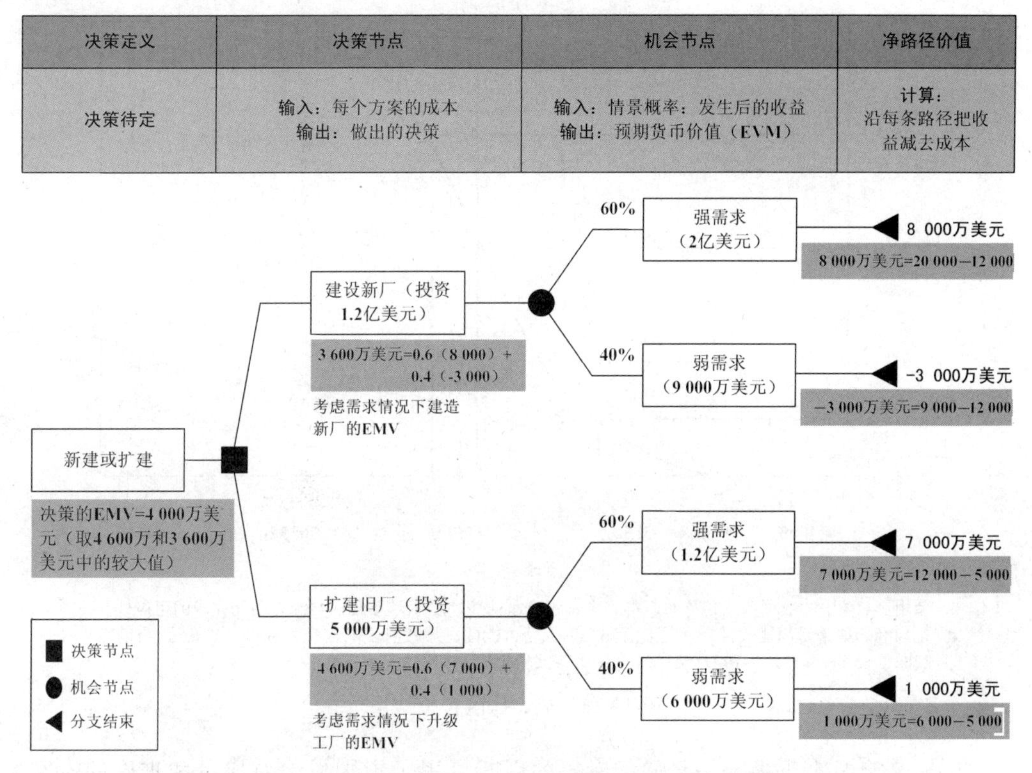

决策定义	决策节点	机会节点	净路径价值
决策待定	输入：每个方案的成本 输出：做出的决策	输入：情景概率：发生后的收益 输出：预期货币价值（EVM）	计算： 沿每条路径把收益减去成本

注：1. 此决策树反映了在环境中存在不确定性因素（机会节点）时，如何在各种可选投资方案中进行选拔（决策节点）

2. 本例中，需要就投资1.2亿美元建设新厂或投资5 000万美元扩建旧厂进行决策。进行决策时，必须考虑需求（因具有不确定性，所以是“机会节点”）。例如，在强需求情况下，建设新厂可得到2亿美元收入，而扩建旧厂只能得到1.2亿美元收入（可能因为生产能力有限）。每个分支的末端列出了收益减去成本后的净值。对于每条决策分支，把每种情况的净值与其概率相乘，然后再相加，就得到该方案的整体EMV（见阴影区域）。计算时要记得考虑投资成本。从阴影区域的计算结果看，扩建旧厂方案的EMV较高，即4 600万美元——也是整个决策的EMV。（选择扩建旧厂，也代表了风险最低的方案，避免了可能损失3 000万美元的最坏结果）

图 11-13　决策树分析示例

（3）建模和模拟。项目模拟旨在使用一个模型，计算项目各细节方面的不确定性对项目目标的潜在影响。模拟通常采用蒙特卡洛模拟法[①]。在模拟中，要利用项目模型进行多次（反复）计算。每次计算时，都从这些变量的概率分布中随机抽取数值（如成本估算或活动持续时间）作为输入。通过多次计算，得出一个概率分布（如总成本或完成日期）。对于成本风险分析，需要使用成本估算进行模拟；对于进度风险分析，需要使用进度网络

① 蒙特卡洛模拟法（Monte Carlo）：也叫随机模拟法，是第二次世界大战时期美国物理学家 Metropolis 在执行曼哈顿计划的过程中提出来的。这是一种通过设定随机过程，反复生成时间序列，计算参数估计量和统计量，进而研究其分布特征的方法。具体地，当系统中各个单元的可靠性特征量已知，但系统的可靠性过于复杂，难以建立可靠性预计的精确数学模型或模型太复杂而不便应用时，可用随机模拟法近似计算出系统可靠性的预计值；随着模拟次数的增多，其预计精度也逐渐增高。由于涉及时间序列的反复生成，蒙特卡洛模拟法是以高容量和高速度的计算机为前提条件的，因此只是在近年才得到广泛推广。

图和持续时间估算进行模拟。图 11-14 显示了成本风险模拟结果,它表明了实现各个特定成本目标的可能性。对其他项目目标也能画出类似的曲线。

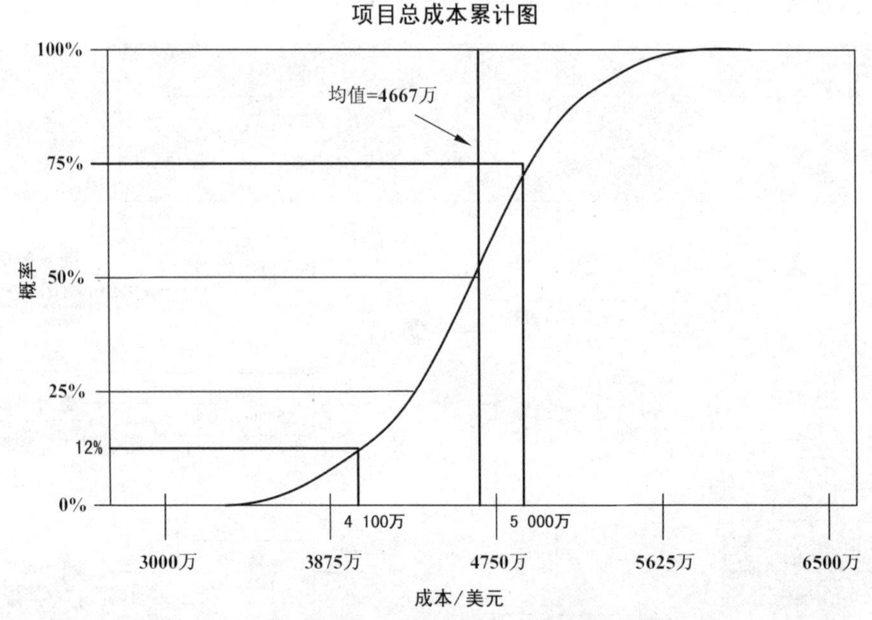

使用图11-8中的数据和三角分布,得到本累积分布曲线,显示该项目以4100万美元完成的可能性是12%。如果组织比较保守,想要有75%的成功可能性,那就需要把预算定为5000万美元 {约包括22% [(5000万美元–4100万美元)/4100万美元] 的应急储备}

图 11-14　成本风险模拟结果

此外,来自具有近期相关经验的专家的判断可用于识别风险对成本和进度的潜在影响,估算概率及定义各种分析工具所需的输入(如概率分布)。专家判断还可在数据解释中发挥作用,帮助识别各种分析方法的劣势与优势。

11.5.4　输出:项目文件(更新)

项目文件要随着定量风险分析产生的信息而更新。例如,风险登记册更新包括以下内容。

(1) 项目的概率分析。对可能的进度与成本进行估算,列出完工日期和完工成本及其相应的置信水平。综合考虑分析结果与干系人的风险承受力,来量化所需的成本和时间应急储备。

(2) 实现成本和时间目标的概率。当项目面临风险时,可根据定量风险分析的结果来估算在现行计划下实现项目目标的概率。

(3) 量化风险优先级清单。其中包括对项目造成最大威胁或提供最大机会的风险。它们是对成本应急储备影响最大的风险,以及最可能影响关键路径的风险。

(4) 定量风险分析结果的趋势。随着分析的反复进行,风险可能呈现出某种明显的趋势。可以从这种趋势中得到某些结论,并据此调整风险应对措施。

11.6 规划风险应对

规划风险应对是针对项目目标，制订提高机会、降低威胁的方案和措施的过程。本过程的主要作用是，根据风险的优先级来制订应对措施，并把所需资源和活动加进项目的预算和计划。

软件项目的风险应对规划包括评估风险处理方案和选择风险处理方案。一个项目经理可以评估一个未处理风险的风险敞口、处理后风险的风险敞口（残余风险）、风险处理的成本。当风险处理策略的成本高于风险的影响，接受风险就是最好的应对。被接受的风险仍然在观察名单上，或者在风险登记册上被持续监控。

图 11-15 所示为本过程的数据流向图。

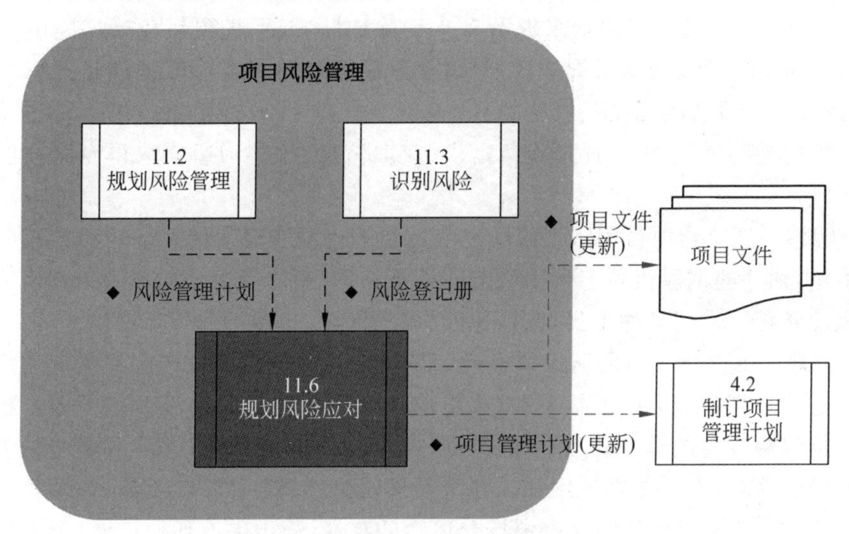

图 11-15 规划风险应对的数据流向图

11.6.1 过程输入

本过程的输入包括以下内容。

(1) 风险管理计划。其包括角色和职责、风险分析定义、审查时间安排（以及经审查而删去风险的时间安排），关于低、中、高风险的有助于识别特定应对措施的风险临界值。

(2) 风险登记册。其中包含已识别的风险、风险的根本原因、潜在应对措施清单、风险责任人、征兆和预警信号、项目风险的相对评级或优先级清单、近期需要应对的风险清单、需要进一步分析和应对的风险清单、定性分析结果的趋势以及低优先级风险的观察清单。

11.6.2 过程工具与技术

有多种风险应对策略可供使用，应该为每个风险选择最可能有效的策略或策略组合。可利用风险分析工具（如决策树分析），来选择最适当的应对策略。然后，应制定具体行动去实施该策略，包括主要策略和备用策略。可以制定弹回计划(是针对一个风险所制定的备用应对计划，以便在主应对计划不起作用的情况下使用)，以便在所选策略无效或发生已接受的风险时加以实施。还应该对次生风险进行审查。次生风险是实施风险应对措施的直接结果。经常要为时间或成本分配应急储备，并可能需要说明动用应急储备的条件。

1. 消极风险或威胁的应对策略

通常用规避、转移、减轻这3种策略来应对威胁或可能给项目目标带来消极影响的风险。第四种策略，即接受，既可用来应对消极风险或威胁，也可用来应对积极风险或机会。每种风险应对策略对风险状况都有不同且独特的影响，要根据风险的发生概率和对项目总体目标的影响选择不同的策略。规避和减轻策略通常适用于高影响的严重风险，而转移和接受则更适用于低影响的不严重威胁。

(1) 规避。这是指项目团队采取行动来消除威胁，或保护项目免受风险影响的风险应对策略。通常包括改变项目管理计划，以完全消除威胁。也可以把项目目标从风险的影响中分离出来，或者改变受到威胁的目标，如延长进度、改变策略或缩小范围等。在项目早期出现的某些风险，可以通过澄清需求、获取信息、改善沟通或取得专有技能来加以规避。

(2) 转移。这是指项目团队把威胁造成的影响连同应对责任一起转移给第三方的风险应对策略，而并非消除风险。采用风险转移策略，几乎总是需要向风险承担者支付风险费用。风险转移可采用多种工具，包括保险、履约保函、担保书和保证书等。

(3) 减轻。这是指项目团队采取行动降低风险发生的概率或造成的影响的风险应对策略。它意味着把不利风险的概率和/或影响降低到可接受的临界值范围内。提前采取行动来降低风险发生的概率和/或可能给项目造成的影响，比风险发生后再设法补救往往会更加有效。例如，在一个系统中加入冗余部件，可以减轻主部件故障所造成的影响。

(4) 接受。这是指项目团队决定接受风险的存在，而不采取任何措施(除非风险真的发生)的风险应对策略。这一策略在不可能用其他方法时，或者其他方法不具经济有效性时使用。该策略表明，项目团队已决定不为处理某风险而变更项目管理计划，或者无法找到任何其他的合理应对策略。最常见的主动接受策略是建立应急储备，安排一定的时间、资金或资源来应对风险。

表11-8所列包括软件项目的典型风险应对，如规避、减轻、转移风险。对接受风险无须描述具体措施，因为通常风险是被接受的，除非有更节约成本的风险减轻或转移策略。

表 11-8 软件项目的典型风险应对

项目风险	描述
技术	规避：采用已探明的开发平台和语言；改变需求 转移：采用可用的商业工具和模块，或者重用已有的软件模块，而非创造新的设计(购买而非构建) 减轻：让客户和开发人员持续参与项目。采用短迭代以使风险能早被识别，且风险减轻的措施有时间发挥作用。培训团队掌握新的开发方法；获取项目发起人对改变的承诺。对影响下游模块或整体性能的关键软件的改变做回归测试

续表

项目风险	描　述
系统安全	规避：虽然不能完全规避所有安全风险和威胁，但可以采用安全代码和访问控制技术，使用官方认证的架构，遵循安全标准 转移：从有保障的正式来源获取软件包和工具来修复安全漏洞。正式来源包括开源社区及专有商业软件供应商 减轻：培训开发人员使用安全代码。为软件认证引进入侵检测和独立软件渗透测试员
团队	规避：任用专门的、经验丰富的经历和团队，并且建立组织过程 转移：采用合作过程以消除单点故障；引入招聘供应商或合同工供应商来提供后备或增员（注意，在项目晚期增加员工，在新员工熟练以前，经常会导致项目速度更慢） 减轻：可通过指导和培训来平衡工资更高的资深员工和工资不那么高的初级员工。改进团队沟通方法来避免重复工作或返工
计划	规避：审查基准计划中时间对行动、资源负载、关键路径的分配比例的精确度。在大规模开发开始前，为规划和设计留出时间 转移：让客户参与项目检查点或迭代周期优先级和内容的变更控制决策。让团队参与制订计划和评估 减轻：在计划中尽早开始重要和高风险的活动以预留时间做原型验证、测试、迭代、集成及重测。在计划中加入缓冲时间。对计划和迭代计划的差别获取及早的反馈
成本	规避：通过完成和测试的功能点来做估算，而非用 SLOC 或完工估算百分比。使用多种成本估算技术 转移：提供变更方案让客户共担预期外问题的成本或共享节约成本的机会 减轻：把资源从不那么重要的活动或范围外低优先级项上移出来
客户和干系人	规避：开发项目章程、合同或工作协议来阐明角色和预期的客户责任 转移：指定一名客户代表，代表多个发起组织的用户 减轻：明确规定缺乏用户数据时的意外事件和假设条件。执行演示和原型展示来构建客户验收

2. 积极风险或机会的应对策略

开拓、分享、提高和接受这 4 种策略中，前 3 种是专为对项目目标有潜在积极影响的风险而设计的，第四种策略既可用来应对消极风险或威胁，也可用来应对积极风险或机会。

(1) 开拓。如果组织想要确保机会得以实现，就可对具有积极影响的风险采取本策略，旨在消除与某个特定积极风险相关的不确定性，确保机会肯定出现。直接开拓包括把组织中最有能力的资源分配给项目来缩短完成时间。

(2) 提高。旨在提高机会的发生概率和/或积极影响。识别那些会影响积极风险发生的关键因素，并使这些因素最大化，以提高机会发生的概率。例如，为尽早完成活动而增加资源。

(3) 分享。它是指把应对机会的部分或全部责任分配给最能为项目利益抓住该机会的第三方。例如，建立风险共担的合作关系和团队，以及为特殊目的成立公司或联营体，以便充分利用机会,使各方都从中受益。

(4) 接受。它是指当机会发生时乐于利用,但不主动追求机会。

3. 应急应对策略

可以针对某些特定事件,专门设计一些应对措施。对于有些风险,项目团队可以制定应急应对策略,即只有在某些预定条件发生时才能实施的应对计划。如果确信风险的发生会有充分的预警信号,就应该制定应急应对策略。应该对触发应急策略的事件进行定义和跟踪。采用这一技术制订的风险应对方案,通常称为应急计划或弹回计划,其中包括已识别的、用于启动计划的触发事件。

11.6.3 过程输出

本过程的输出包括以下内容。

(1) 项目管理计划(更新)。

① 进度管理计划。包括与资源负荷与平衡相关的容忍度或行为变更,以及进度策略更新。

② 成本管理计划。包括与成本会计、跟踪和报告有关的容忍度或行为变更以及预算策略和应急储备使用方法的更新。

③ 质量管理计划。包括与需求、质量保证或质量控制有关的容忍度或行为变更以及需求文件更新。

④ 采购管理计划。如自制或外购决策的变化或合同类型的变化。

⑤ 人力资源管理计划。需要更新其中的人员配备管理计划,来反映风险应对措施所带来的项目组织结构变更和资源分配变更。

⑥ 范围基准、进度基准、成本基准。需要更新以反映因风险应对而产生的新工作、工作变更或工作取消。

(2) 项目文件(更新)。根据需要更新若干项目文件。例如,选择和商定的风险应对措施应该列入风险登记册。通常,应该详细说明高风险和中风险,而把低优先级的风险列入观察清单,以便定期监测。

需要更新的其他项目文件包括假设条件日志、技术文件和变更请求。

11.7 控制风险

软件项目的风险监控包括跟踪已识别风险、监控残余风险、实施风险处理计划、评估这些措施的有效性。在小的软件项目中,监控风险是项目经理的部分职责。在大的软件项目中,另一个人,通常是一个质量保证工程师或计划专员,会被指定为风险经理,并且专职在风险登记册中记录新的风险,和项目经理磋商后保证风险减轻策略被实施,并在预计时间内完成。本过程的主要作用是,在整个项目生命周期中提高应对风险的效率,不断优化风险应对。

图 11-16 所示为本过程的数据流向图。

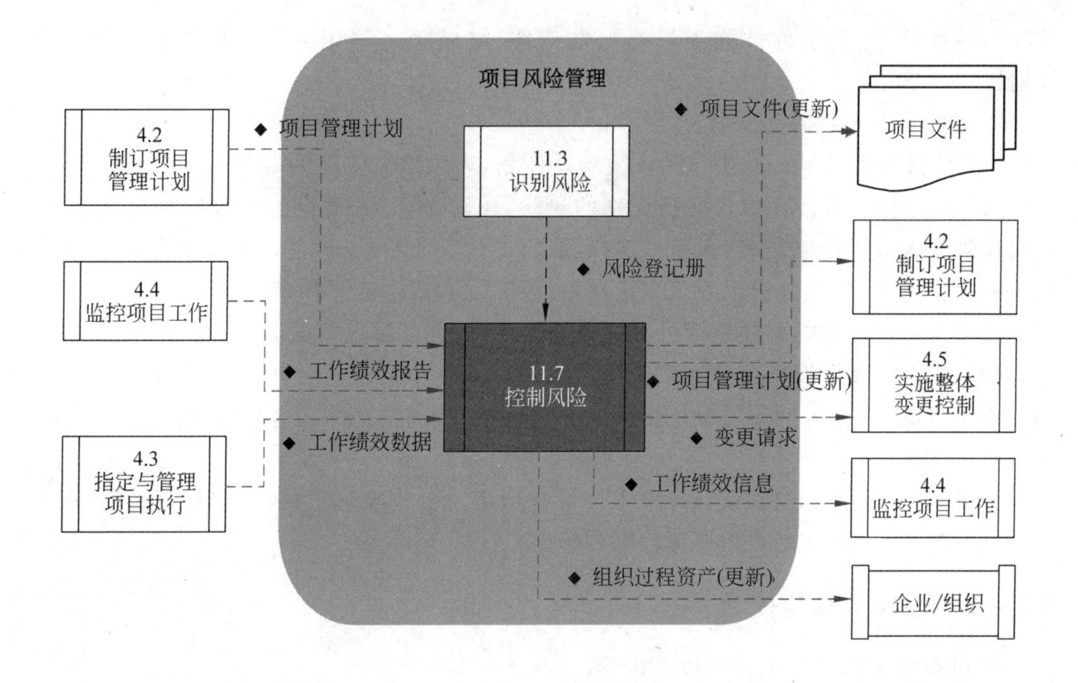

图 11-16 控制风险的数据流向图

应该在项目生命周期中实施风险登记册中所列的风险应对措施，还应该持续监督项目工作，以便发现新风险、风险变化以及过时风险。

控制风险过程需要基于项目执行中生成的绩效数据，采用诸如偏差和趋势分析的各种技术。本过程的其他目的在于确定以下几点。

① 项目假设条件是否仍然成立。

② 某个已评估过的风险是否发生了变化或已经消失。

③ 风险管理政策和程序是否已得到遵守。

④ 根据当前的风险评估，是否需要调整成本或进度应急储备。

控制风险会涉及选择替代策略、实施应急或弹回计划、采取纠正措施以及修订项目管理计划。风险应对责任人应定期向项目经理汇报计划的有效性、未曾预料到的后果，以及为合理应对风险所需采取的纠正措施。在控制风险过程中，还应更新组织过程资产(如项目经验教训数据库和风险管理模板)，以使未来的项目受益。

11.7.1 过程输入

软件项目经理(或风险经理)通常会对已识别风险的影响和概率安排定期评审计划，直到这些风险项被关闭。风险经理也可以获取经验数据和教训，并应用到以后的阶段或其他项目。

不同组织的风险承受能力不同。风险临界值是风险概率大到不能被接受且需要进一步应对的点。软件项目用一些指标来判断风险临界值是否达到，如技术绩效测量(TPM)或者更有选择性地用关键绩效指标(KPI)来衡量对一个风险的管理有多成功。当达到了风险临界点时，这个条件被称为风险触发条件，被风险经理用来启动风险应对的应急计划。

本过程的输入包括以下内容。

(1) 项目管理计划。其中包括风险管理计划，为风险监控提供指南。

(2) 风险登记册。其中包括已识别的风险、风险责任人、商定的风险应对措施、评估应对计划有效性的控制行动、风险应对措施、具体的实施行动、风险征兆和预警信号、残余风险和次生风险、低优先级风险观察清单，以及时间和成本应急储备。

(3) 工作绩效数据。其包括可交付成果的状态、进度进展情况、已经发生的成本。

(4) 工作绩效报告。这是从绩效测量值中提取信息并进行分析的结果，提供关于项目工作绩效的信息，包括偏差分析结果、挣值数据和预测数据等。这些数据有助于控制与绩效有关的风险。

此外，测试报告对控制项目风险也非常有价值。分析缺陷代码的测试结果可以暴露出设计的缺陷，并决定是否需要风险减轻策略。

11.7.2 过程工具与技术

本过程的工具与技术包括以下内容。

(1) 风险再评估。经常需要识别新风险，对现有风险进行再评估以及删去已过时的风险。

(2) 风险审计。这是检查并记录风险应对措施在处理已识别风险及其根源方面的有效性以及风险管理过程的有效性。项目经理要确保按项目风险管理计划所规定的频率实施风险审计。

(3) 偏差和趋势分析。很多控制过程都会借助偏差分析来比较计划结果与实际结果。为了控制风险，应该利用绩效信息对项目执行的趋势进行审查。可使用挣值分析及项目偏差与趋势分析的其他方法，对项目总体绩效进行监控。这些分析的结果可以揭示项目在完成时可能偏离成本和进度目标的程度。与基准计划的偏差可能表明威胁或机会的潜在影响。

(4) 技术绩效测量。这是把项目执行期间所取得的技术成果与关于取得技术成果的计划进行比较。它要求定义关于技术绩效的客观的、量化的测量指标，以便据此比较实际结果与计划要求。这些技术绩效指标可包括重量、处理时间、缺陷数量和存储容量等。偏差值(如在某里程碑时点实现了比计划更多或更少的功能)有助于预测项目范围方面的成功程度。

(5) 储备分析。在项目实施过程中，可能发生一些对预算或进度应急储备有积极或消极影响的风险。在项目的任何时点比较剩余应急储备与剩余风险量，从而确定剩余储备是否仍然合理。

(6) 会议。项目风险管理应该是定期状态审查会的一项议程。该议程所占用会议时间的长短取决于已识别的风险及其优先级和应对难度。经常讨论风险可以促使人们识别风险和机会。

以下注意事项也适用。适应性生命周期软件项目采用了很多机制来处理变更(一个容易重排优先级的未完项、短迭代、每日站会、频繁的工作演示、可交付的软件、回顾会)，这也使得他们能对风险积极应对如下。

① 每日站会。从风险管理的角度看，每日站会的目的是让团队识别新风险、问题和潜在问题的迹象——如果不去检查，可能会成为项目的真实威胁。每日站会也解决了团队成员不能有效排优先级，或者因为缺乏和其他队员的合作而不能解决技术问题的风险。

询问是否有任何问题或妨碍进度的障碍，可以为开发团队揭露一些新的项目风险，因为今天的问题可能会成为明天的风险。所以关注提出的问题，把任何合适的问题放进风险登记册并采取必要的风险评估措施是很重要的。而且，当团队在每日站会报告“进度障碍”时，这些可能是潜在问题(如风险)的候选。所以风险管理计划需要考虑审查和识别风险的迭代特性。

② 回顾会。回顾会定期审查项目中完成得好的工作及完成得不好的工作，是识别软件项目风险的很合适的载体。

在整个项目期间，适应性软件开发团队采用工具，如风险燃尽图和风险概况，来阐明风险驱动策略的有效性，目标是快速减少项目的风险。

③ 软件原型反馈。原型评估反映了干系人对提出方案的担心，这可能会导致技术风险和进度计划风险。解决这些担心很可能需要更新发布计划和迭代计划，以及对风险减轻策略重新进行优先级排序。

④ 培训。适应性生命周期提供了一些很好的风险管理技术，但是它们不能使软件项目完全杜绝风险。甚至，如果适应性方案对一个组织而言是全新的，那么引入适应性方案就是一个风险；任何新事物都体现着误用、误解、混乱和失败的风险。让积极的项目发起人和知情的干系人参与其中，选择有适应性项目经验的项目经理、团队主管和团队成员，以及安排团队培训是解决引入新方法和过程导致的风险的常用技术。

11.7.3 过程输出

本过程的输出包括以下内容。

(1) 工作绩效信息。作为控制风险的输出，工作绩效信息提供了沟通和支持项目决策的机制。

(2) 变更请求。有时，实施应急计划或权变措施会导致变更请求。变更请求要提交给实施整体变更控制过程审批。变更请求也可包括以下措施。

① 推荐的纠正措施。包括应急计划和权变措施。后者是针对以往未曾识别或被动接受的、目前正在发生的风险而采取的、未经事先计划的应对措施。权变措施既可以针对未知风险，通过分配管理储备进行应对，也可以针对被动接受的威胁，通过分配应急储备进行应对。

② 推荐的预防措施。为确保未来的项目工作绩效符合项目管理计划而开展的活动。

(3) 项目管理计划(更新)。如果经批准的变更请求对风险管理过程有影响，则应修改并重新发布项目管理计划中的相应组成部分，以反映这些经批准的变更。

(4) 项目文件(更新)。主要是风险登记册。包括以下内容。

① 风险再评估、风险审计和定期风险审查的结果。包括新识别的风险，以及对风险

概率、影响、优先级、应对计划、责任人和风险登记册其他要素的更新。

② 项目风险及其应对的实际结果。这些信息有助于项目经理们横跨整个组织进行风险规划，也有助于他们改进未来项目的风险规划。

此外，类似于进度燃尽图的风险燃尽图，可被用来跟踪识别的风险数量、应对的风险数量及关闭的风险数量，这些可通过视图的形式展现给项目组。风险登记册中的信息可以被总结成一个风险概况。项目风险概况包括风险管理背景，每个风险的当前状态、历史状态和优先级，以及所有要求的风险应对行动。这个风险行动状态包括概率、重要性和风险临界点。

(5) 组织过程资产(更新)。在风险管理过程中生成的、可供未来项目借鉴的各种信息应收入组织过程资产中。包括以下内容。

① 风险管理计划的模板，包括概率和影响矩阵、风险登记册。

② 风险分解结构。

③ 从项目风险管理活动中得到的经验教训。

应该在需要时和项目收尾时，对上述文件进行更新。风险登记册和风险管理计划模板的最终版本、核对单和风险分解结构都应该包括在组织过程资产中。

11.8 习　　题

请参考课文内容以及其他资料，完成下列选择题。

1. 风险管理知识领域各过程属于(　　)过程组。

A. 启动过程组和规划过程组　　B. 启动过程组和执行过程组

C. 规划过程组和监控过程组　　D. 规划过程组和执行过程组

2. 你的项目团队正在判断哪些风险会影响项目，并且记录这些风险的特征。这时你们处于(　　)过程。

A. 规划风险管理　　B. 识别风险

C. 规划风险应对　　D. 风险评估

3. "股市有风险，入市要谨慎"，但是相对于把钱存入银行，很多人更乐意用来炒股。我们趋向于把这类人归为(　　)。

A. 风险厌恶型　　B. 风险中立型

C. 风险喜好型　　D. 以上均不是

4. 风险的两要素是(　　)。

A. 时间和成本　　B. 概率和影响

C. 起因和结果　　D. 条件和影响

5. 风险与项目生命周期的关系是(　　)。

A. 项目早期是风险高发、高影响期　　B. 项目早期是风险低发、高影响期

C. 项目后期是风险低发、高影响期　　D. 项目后期是风险高发、低影响期

6. 通常称可能引发项目风险的各种项目或组织环境因素(如不成熟的项目管理实践、缺乏综合管理系统)为(　　)。

A. 不确定性　　B. 风险起因　　C. 风险条件　　D. 风险触发因素

7. 项目风险管理的目标是(　　)。

A. 提高决策的合理性

B. 制订提高机会、降低威胁的方案和措施

C. 减少项目管理中的不确定性

D. 提高项目积极事件的概率和影响,降低项目消极事件的概率和影响

8. 规划风险管理和规划风险应对的主要区别是(　　)。

A. 前者针对整个项目的风险管理活动,后者针对具体的风险

B. 前者针对具体的风险,后者针对整个项目的风险管理

C. 前者在风险发生前进行,后者在风险发生后进行

D. 前者在风险发生后进行,后者在风险发生前进行

9. 根据风险可能对项目目标产生的影响,对风险进行优先排序的典型方法有(　　)。

A. 访谈　　B. 建模和模拟

C. 决策树分析　　D. 概率和影响矩阵

10. 从项目的每个优势、劣势、机会和威胁出发,对项目进行考察,把产生于内部的风险都包括在内,从而更全面地考虑风险的技术是(　　)。

A. 敏感性分析　　B. SWOT 分析　　C. 图解技术　　D. 核对单分析

11. 项目团队考察风险数据的准确性、质量、可靠性和完整性。他们处于(　　)过程。

A. 识别风险　　B. 实施定性风险分析

C. 实施定量风险分析　　D. 规划风险应对

12. 实施定量风险分析过程的数据收集和展示技术包括(　　)。

A. 头脑风暴　　B. 德尔菲技术

C. 访谈　　D. 根本原因分析

13. 使用敏感性分析有助于(　　)。

A. 判断管理层对风险的敏感程度

B. 确定哪些风险对项目具有最大的潜在影响

C. 确定实现项目目标的概率

D. 计算某种情况的平均结果

14. 用于比较很不确定的变量与相对稳定的变量之间的相对重要性和相对影响的是(　　)。

A. 因果图　　B. 系统或过程流程图

C. 影响图　　D. 龙卷风图

15. 项目的概率分析是(　　)过程的输出。

A. 识别风险　　B. 实施定性风险分析

C. 实施定量风险分析　　D. 规划风险应对

16. 你是一个咨询项目的项目经理。在咨询过程中,客户提出了市场营销方面的培训需求。满足客户这一需求不仅可以获得培训方面的收益,而且有利于咨询项目目标的

实现，但市场营销并不是你所在公司的专长。此时你可以采取的风险应对措施是(　　)。

A. 转移　　B. 开拓　　C. 分享　　D. 提高

17. 在规划风险管理过程中，你的团队找出434个风险和引发风险的16个主要原因。这个项目是团队在一起做的一系列项目中的最后一个。项目出资人非常支持，项目投入大量时间确保项目工作完成后能获得所有关键干系人的签字。在项目规划期间，团队不能使用有效的方式针对某个风险来减轻或买保险。这个风险既不能外包也不能删除，最好的解决方案是(　　)。

A. 接受这个风险　　B. 继续研究减轻这个风险

C. 找出回避这个风险的方式　　D. 找出转移这个风险的方式

18. 在识别你的项目风险之后，你发现有个风险发生概率很高但结果对项目影响较小。针对此风险，你会采取的风险应对策略是(　　)。

A. 消除风险的影响　　B. 避免此风险

C. 添加此风险到非关键风险列表中　　D. 给此风险购买保险

19. 事先制定好的在所选策略无效或发生已接受的风险时加以实施的应对计划是(　　)。

A. 减轻策略　　B. 弹回计划　　C. 应急计划　　D. 权变措施

20. 你是负责一个建设项目的项目经理，你的一个成员向你报告：目前的应急储备紧缺，不足以应付剩余的风险，应当增加应急储备。他是使用(　　)技术得到这个判断的。

A. 风险再评估　　B. 技术绩效测量

C. 储备分析　　D. 状态审查会

11.9 实验与思考：山峰公司局域网项目

【实验目的】

本节“实验与思考”的目的如下。

(1) 理解和熟悉项目风险管理的基本概念。

(2) 熟悉案例“山峰公司的局域网项目”，讨论分析该项目可能存在的风险问题。

(3) 尝试为该项目编制风险管理计划，建立项目风险登记册，完成初步的项目风险管理实践。

【工具/准备工作】

(1) 在开始本实验之前，请回顾教科书的相关内容。

(2) 需要准备一台能够访问因特网的计算机。

【实验内容与步骤】

1. 案例：山峰公司局域网项目(A)

山峰系统公司是一家位于杭州萧山的小型信息系统咨询企业，该地一家社会福利机构聘请它为自己设计和安装局域网(LAN)。你是该项目的项目经理,项目组包括两个专业人员和一个大学实习生。你刚刚结束了项目的初步范围陈述(见下文),现在要进行头脑风暴,思考与项目相关的可能风险。

2. 项目目标

在一个月内为萧山区民政局设计和安装局域网,预算不超过54万元。

3. 交付物

(1) 20个工作站和20台笔记本电脑。
(2) 带多核处理器的服务器。
(3) 两套彩色激光打印机。
(4) Windows 10服务器和工作站操作系统。
(5) 对客服人员进行4h的初步培训。
(6) 对客户网络管理员进行16h的培训。
(7) 完全可操作的LAN系统。

4. 里程碑

(1) 1月22日硬件。
(2) 1月26日设定用户优先级和授权。
(3) 2月1日完成内部整体网络检验。
(4) 2月2日客户现场检验。
(5) 2月16日完成培训。

5. 技术要求

(1) 工作站配置为:17in显示器、多核处理器、4GB RAM、DVD+RW、无线网卡、以太网卡、500GB硬盘。
(2) 笔记本电脑要求:14in显示器、多核处理器、4GB RAM、DVD+RW、无线网卡、以太网卡、1TB硬盘。
(3) 无线网络接口和以太网连接。
(4) 系统必须支持Windows 10平台。
(5) 系统要为该领域工作者提供安全的外部连接。
以上技术指标可以正偏离。

6. 限制和例外

(1) 系统维护和修理仅持续到验收后的1个月。
(2) 保修单移交给客户。
(3) 仅负责安装客户在项目开始两周前指定的软件。
(4) 客户必须为超出合同指定的额外培训付费。

7. 客户评价

萧山区民政局分管局长。

8. 作业

(1) 识别与这一项目相关的风险，力争想到至少5个不同风险。为项目编制风险管理计划(如表11-1所示)和风险登记册(如表11-3所示)。

(2) 使用表11-4，为本项目进行风险概率和影响评估，分析识别出来的风险。

(3) 使用表11-5，建立本项目的概率和影响矩阵，并概述你如何处理每种风险。

请用WinRAR等压缩软件对本作业完成的相关文件压缩打包，并将压缩文件命名为
<班级>_<姓名>_项目风险管理.rar

请将该压缩文件在要求的日期内，以电子邮件、QQ文件传送或者实验指导教师指定的其他方式交付。

请记录：该项实践作业能够顺利完成吗？

____

____

【实验总结】

____

____

____

【实验评价(教师)】

____

____

项目采购管理

采购就是从外界获得产品或服务。企业选择采购服务，主要是为了以下目的。

① 降低固定成本和经常性成本。采购供应商常可以利用规模经济效应来节省成本。

② 使组织把重点放在自己的核心业务上。

③ 通过从外界获取资源，可以在需要的时候获得专门的技能和技术。

④ 提供经营的灵活性。在企业工作高峰期利用采购来获取外部人员，比起整个项目都配备内部人员要经济得多。

⑤ 提高责任感。合同是一份买卖双方承担责任互相约束的协议。由于合同的法律约束力，所以卖方对按合同规定交付的工作更能负起责任。

项目采购管理包括从项目团队外部采购或获得所需产品、服务或成果的各个过程，在其中，项目组织既可以是项目产品、服务或成果的买方，也可以是卖方。图 12-1 概括了项目采购管理的各个过程。这些过程彼此相互作用，而且还和其他知识领域中的过程相互作用。

项目采购管理过程围绕包括合同在内的协议来进行。合同规定卖方有义务提供有价值的东西，如规定的产品、服务或成果，买方有义务支付货币或其他有价值的补偿。协议应该与可交付成果和所需工作的简繁程度相适应。因应用领域不同，合同也可称为协议、谅解、分包合同或订购单。大多数组织都有相关的书面政策和程序，来专门定义采购规则，并规定谁有权代表组织签署和管理协议。

项目采购管理过程所涉及的各种活动构成了协议生命周期。通过对协议生命周期进行积极管理，并仔细斟酌采购条款和条件的措辞，某些可识别的项目风险就可由双方分担或转移给卖方。签订产品或服务协议，是分配风险管理责任或分担潜在风险的一种方法。在复杂项目中，可能需要同时或先后管理多个合同或分包合同。这种情况下，单项合同的生命周期可在项目生命周期中的任何阶段结束。

项目采购管理各过程之间的关系数据流对理解各个过程很有帮助，如图 12-2 所示。

本章假定买方由项目团队充当，而卖方则来自项目团队的外部，还假设买卖方之间有正式的合同关系。但大多数内容同样适用于项目团队内部各部门之间达成的、非合同形式的协议。

项目采购管理

12.1 规划采购管理

1.输入
① 项目管理计划
② 需求文件
③ 风险登记册
④ 活动资源需求
⑤ 项目进度计划
⑥ 活动成本估算
⑦ 干系人登记册
⑧ 事业环境因素
⑨ 组织过程资产
2.工具与技术
① 自制或外购分析
② 专家判断
③ 市场调研
④ 会议
3.输出
① 采购管理计划
② 采购工作说明书
③ 采购文件
④ 供方选择标准
⑤ 自制或外购决策
⑥ 变更请求
⑦ 项目文件（更新）

12.2 实施采购

1. 输入
① 采购管理计划
② 采购文件
③ 供方选择标准
④ 卖方建议书
⑤ 项目文件
⑥ 自制或外购决策
⑦ 采购工作说明书
⑧ 组织过程资产
2. 工具与技术
① 投标人会议
② 建议书评价技术
③ 独立估算
④ 专家判断
⑤ 广告
⑥ 分析技术
⑦ 采购谈判
3. 输出
① 选定的卖方
② 合同/协议
③ 资源日历
④ 变更请求
⑤ 项目管理计划（更新）
⑥ 项目文件（更新）

12.3 控制采购

1. 输入
① 项目管理计划
② 采购文件
③ 合同/协议
④ 批准的变更请求
⑤ 工作绩效报告
⑥ 工作绩效数据
2. 工具与技术
① 合同变更控制系统
② 采购绩效审查
③ 检查与审计
④ 报告绩效
⑤ 支付系统
⑥ 索赔管理
⑦ 记录管理系统
3. 输出
① 工作绩效信息
② 变更请求
③ 项目管理计划（更新）
④ 项目文件（更新）
⑤ 组织过程资产（更新）

12.4 结束采购

1. 输入
① 项目管理计划
② 采购文件
2. 工具与技术
① 采购审计
② 采购谈判
③ 记录管理系统
3. 输出
① 结束的采购
② 组织过程资产（更新）

图 12-1　项目采购管理概述

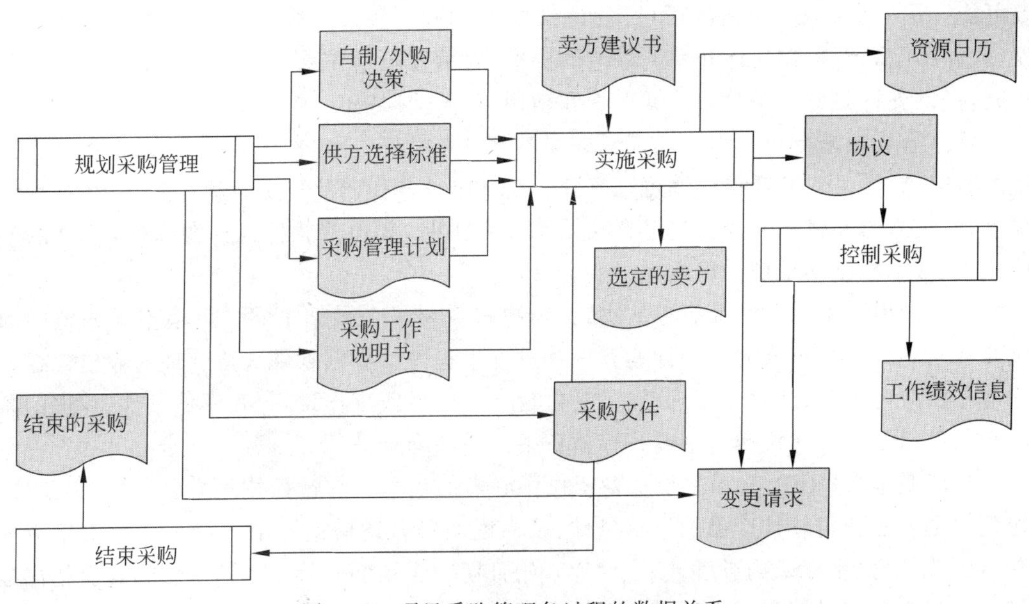

图 12-2 项目采购管理各过程的数据关系

12.1 规划采购管理

规划采购管理是记录项目采购决策、明确采购方法、识别潜在卖方的过程。本过程的主要作用是，确定是否需要外部支持，当需要时决定采购什么、如何采购、采购多少、何时采购。

规划采购管理识别哪些项目需求最好或必须通过从组织外部采购产品、服务或成果来实现，哪些项目需求可由项目团队自行完成。本过程还包括评估潜在卖方，应考虑如何获得或持有相关许可证或专业执照。这些许可证和执照可能是法律、法规或组织政策对项目执行的要求。

项目进度计划对规划采购管理过程中的采购策略制定有重要影响。制定采购管理计划时所做出的决定，又会影响项目进度计划。应该把这些决定与制订进度计划、估算活动资源和自制或外购分析的决策整合起来。规划采购管理过程包括评估与每项自制或外购决策有关的风险，还包括审查拟使用的合同类型，以便规避或减轻风险，或者向卖方转移风险。

大型软件组织，如一些工程组织，通常有一个采购部门来处理采购产品和服务相关的合同事宜。小型软件组织可能就由项目经理来扮演管理软件项目采购的角色。有时，一个软件组织可能是另一个组织或政府机关的总承包商或分包商(卖方)，这就需要遵守一些或所有过程，而且软件项目经理要报告的测量指标可能会写入项目工作说明书。

软件提供的服务也可采购。理解软件所提供的服务的确切本质，它们如何与时俱进，以及是什么控制了收购方保留提供给服务方处理的数据、获得的结果和任何安全责任是非常重要的。这些考量一般会包含在服务级别协议(SLA)内。通常供应商提供的标准协议可能无法满足买方(如软件项目)的特殊要求。另一些采购服务可能包括外包软件开发,软件顾问和专家在软件开发流程上的协助,雇用合同制开发员和测试员来做人力资源扩充,提供支持服务的条款如数据迁移和转换、产品文档等。

软件需要频繁更新来满足功能需求的变动、解决安全威胁,或者提供基础设施的升级。有时,软件采购方获得的许可证有禁止访问软件源代码的特定条款和条件;在这种情况下,购买方需要付费升级。当没有初始购买费用时,如免费软件或开源软件,软件的改编成本、版本控制和维护的成本是采购的考量。

一旦做出了采购软件或服务的决定,组织就需要一个采购策略。可根据采购范围和重要性来制订一个正式的采购计划和一些进度里程碑。规划软件采购管理的输出包括一张潜在供应商列表、技术和管理需求、一份目标说明书或工作说明书、评估条件、首选的条款和条件以及一份建议邀请书或投标邀请书。

建议邀请书(RFP)为潜在供应商提供了必需的信息。它包括技术需求、条款和条件、对建议书或被交付软件产品的评估条件、投标说明等。这份邀请书解释了建议书里应该包含哪些信息、预计采购进度计划、预计开始日期和履约期限等。邀请书中通常会指出建议书的最大长度及建议书的结构,这样可以很容易地比较不同供应商的反馈。建议邀请书通常要求建议书包含能够评估投标者能力和稳定性的信息,如对相关项目、客户推荐、关键员工的资质信息和员工认证、设备和技术资源的描述等。

图 12-3 所示为本过程的数据流向图。

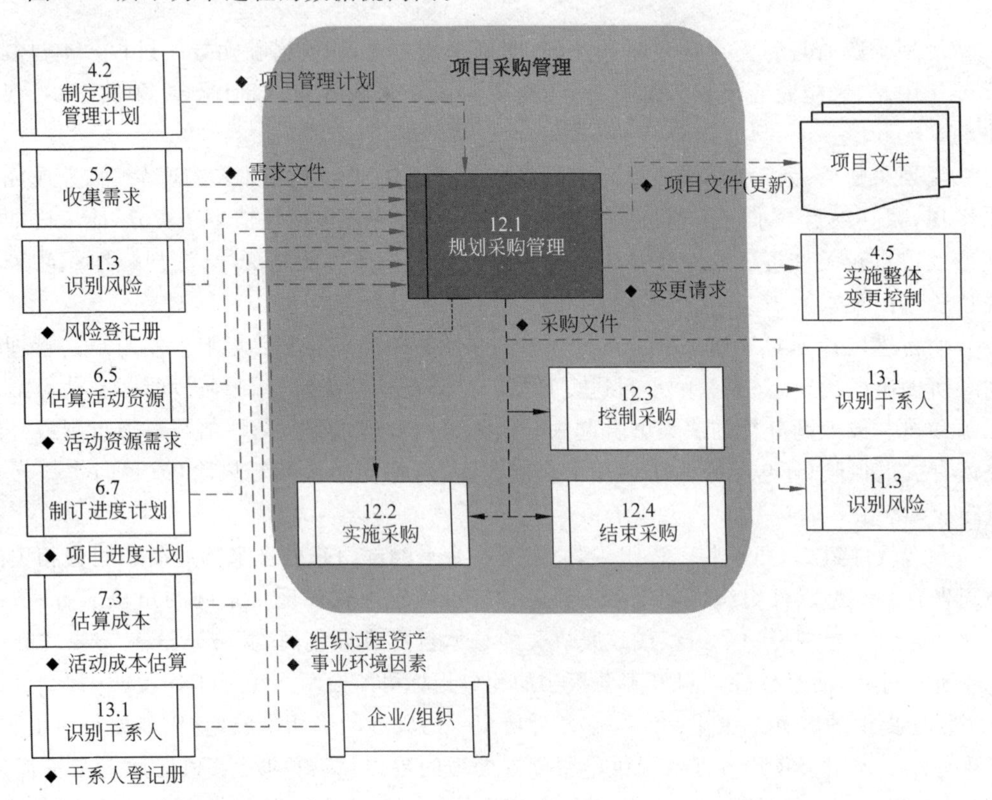

图 12-3 规划采购管理的数据流向图

12.1.1 过程输入

本过程的输入包括以下内容。

(1) 项目管理计划。描述了项目的需要、合理性、需求和当前边界。包括以下要件。

① 项目范围说明书。包括产品范围描述、服务描述和成果描述、可交付成果清单和验收标准,以及有关技术问题的重要信息或可能影响成本估算的事项。它明确了各种制约因素,如要求的交付日期、可用的熟练资源及相关组织政策。

② WBS。包含可从外部获取的工作组件。

③ WBS 词典。可从中查到各个可交付成果及其产生所需要进行的 WBS 组件的工作内容。

(2) 需求文件。其包括与采购规划有关的、关于项目需求的重要信息;带有合同和法律含义的需求,如健康、安全、安保、绩效、环境、保险、知识产权、就业机会、执照和许可证。

(3) 风险登记册。其中列出了风险清单、风险分析和风险应对规划的结果。风险登记册更新包含在规划风险应对过程所得到的项目文件更新中。

(4) 活动资源需求。其包括如所需人员、所需设备或所处位置的信息。

(5) 项目进度计划。其包括有关时间表或强制交付日期的信息。

(6) 活动成本估算。使用成本估算来评价潜在卖方提交的投标书或建议书的合理性。

(7) 干系人登记册。提供了项目参与者及其在项目中的利益的详细信息。

(8) 事业环境因素。其包括可从市场获得的产品、服务和成果;供应商情况;适用于产品、服务和成果的典型条款和条件,或适用于特定行业的典型条款和条件;当地的独特要求。

12.1.2 输入:组织过程资产——合同类型

组织使用的各种合同类型也会影响本过程中的决策。

① 正式的采购政策、程序和指南。大多数组织都有正式的采购政策和采购机构,如果没有,项目团队自身就必须拥有相关的资源和专业技能来实施采购活动。

② 与制订采购管理计划和选择合同类型相关的管理系统。

③ 基于以往经验的、现有的多层次供应商系统(由已通过资格预审的卖方组成)。

通常可把合同分为两大类,即总价类和成本补偿类合同。还有第三种常用的混合类,即工料合同。在实践中,合并使用两种甚至更多合同类型进行单次采购的情况也很常见。

(1) 总价合同。此类合同为既定产品、服务或成果的采购设定一个总价,也可以为达到或超过项目目标(如进度交付日期、成本和技术绩效或其他可量化、可测量的目标)而规定财务奖励条款。卖方必须依法履行总价合同;否则就可能要承担相应的财务赔偿责任。采用总价合同,买方需要准确定义拟采购的产品或服务。虽然可能允许范围变更,但这通常会导致合同价格提高。

(2) 成本补偿合同。此类合同向卖方支付为完成工作而发生的全部合法实际成本(可报销成本),并外加一笔费用作为卖方的利润。成本补偿合同也可为卖方超过或低于预定目标(如成本、进度或技术绩效目标)而规定财务奖励条款。如果工作范围在开始时无法准确定义,而需要在以后进行调整,或者,如果项目工作存在较高风险,就可以采用成本补偿合同,使项目具有较大的灵活性,以便重新安排卖方的工作。

(3) 工料合同(T&M)。工料合同是兼具成本补偿合同和总价合同某些特点的混合型合同。在不能很快编写出准确工作说明书的情况下,经常使用工料合同来增加人员、聘请专家和寻求其他外部支持。

12.1.3 工具与技术

本过程的工具与技术包括以下几项。

(1) 自制或外购分析。这是一种通用的管理技术,用来确定某项工作最好是由项目团队自行完成还是应该从外部采购。有时,虽然项目组织内部具备相应的能力,但由于相关资源正在从事其他项目,为满足进度要求,也需要从组织外部进行采购。

预算制约因素可能影响自制或外购决策。在进行外购分析时,也要考虑可用的合同类型。采用何种合同类型,取决于想要如何在买卖双方间分担风险,而双方各自承担的风险程度则取决于具体的合同条款。在某些法律体系中还有其他合同类型,如基于卖方义务(而非客户义务)的合同类型。

(2) 专家判断。它可用来制定或修改卖方建议书评价标准。专家的法律判断可以是法律工作者所提供的相关服务,用来协助判断一些特殊的采购事项、条款和条件。

(3) 市场调研。其包括考察行业情况和供应商能力。采购团队可以综合考虑从研讨会、在线评论和各种其他渠道得到的信息,来了解市场情况。采购团队可能也需要考虑有能力提供所需材料或服务的供应商的范围,权衡与之有关的风险,并优化具体的采购目标,以便利用成熟技术。

(4) 会议。借助与潜在投标人的信息交流会开展合作,有利于供应商开发互惠的方案或产品。

12.1.4 软件项目的规划采购技术

规划软件采购的第一步是决定需要采购一个软件产品或服务。组织可能会做一个业务案例分析、交易研究、可用能力的市场调查、需求评估或"自制或外购分析",来决定购买软件或服务是不是满足资源需求的最佳方案。在进行采购前把备选方案记录在文档中,并与项目干系人沟通采购策略,是良好的实践。

(1) 识别供应商。与潜在供应商进行的承包商会议通常被当作初始市场调查的一部分。架构性和技术性的决定可能会严重限制可选的潜在供应商,因为供应商应该对采购方倾向使用的软件环境非常有经验。采购基础设施,如操作系统、中间件或一个通用开发环境,会驱动如何开发定制软件功能。反过来,软件产品的架构需要提供必要的组织结构、基础设施、接口,来整合被采购的特定功能、应用支持或实用软件。应该识别出有能力解决这些问题的供应商。

(2) 目标说明书或工作说明书。说明书如何规范采购需求,依赖于范围、影响和软件或服务的受众,如图 12-4 所示。

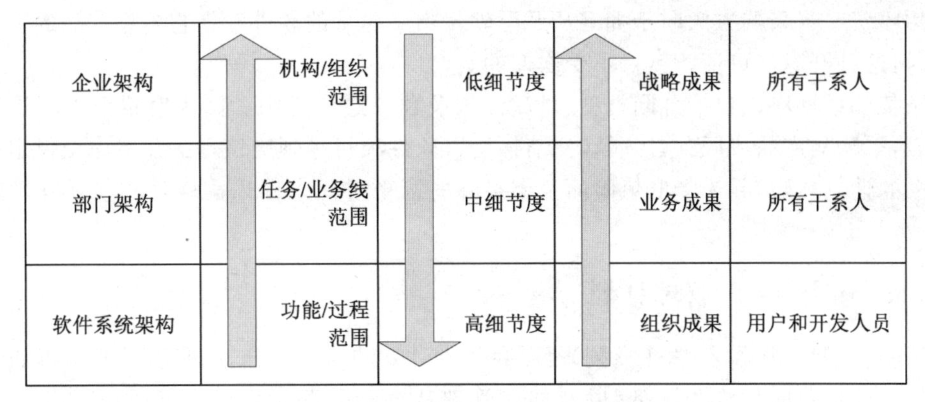

图 12-4 软件、服务采购需求的细节程度

在各种情况下，采购方都需要规范地识别出所需的可交付成果。通常在基于绩效的合同中采购方说明希望达到的结果，让供应商自行决定用来交付服务或产品所需的过程、工具和资源。

工作说明书（SOW）逐条记录软件采购中需要实施的工作细节。软件采购的 SOW 通常包括合同软件（如定制软件）的合同义务的范围。它包括管理需求和技术需求。管理需求可包含进度报告计划、需报告的测量指标、参加会议和评审的要求、必要时可提前交付产品的子集功能等。SOW 通常适用于时间工作量型的支持工作。

（3）建立建议书评价标准。对潜在供应商（如投标人）提交的采购建议书的评价标准应该包括供应商的特定技术能力、管理方案、经验及成本因素。评价标准应该解释各种因素将会怎样被加权和估算。通常，成本不是选择软件或服务提供商的最重要的因素，在成本因素中，初始成本不如整个项目或项目生命周期的总成本重要。

采购项目经理也需要对产品或服务定义验收标准或绩效标准。定制软件的验收标准可包含用户成功完成验收测试，或者安装后在生产环境中成功运行。

（4）准备条款和条件。规定了软件产品或服务何时、何地、如何交付的细节。供应商可能会有一组首选的合同条件，关系到成本、进度计划、能力、维护、合同类型、知识产权和数据权限等；采购方也可能有一组首选的合同条件，而且可能和供应商的条件不同。因此，软件项目经理参与制定条款和理解条款的影响是非常关键的。

在几乎所有软件采购中，决定合适的软件许可方案（知识产权和数据权限的所有权）是很关键的。待解决的问题包括如产品所有者、非竞争条款、保修和数据管理等细节。客观识别采购方对许可证的需求，并决定合适的许可证是很重要的。许可证策略应该解决以下 4 个问题。

① 谁需要使用、修改该产品？到何种程度？

② 通过计算机工作站和中央处理单元访问该软件有什么限制条件？

③ 对转让和/或共享该软件给采购组织的其他部门有什么限制？

④ 有计划把采购的软件和采购方的产品整合集成吗？

采购方的项目或组织应该知道开源软件许可证的条款和条件。例如，有些广泛使用的开源许可证要求使用该软件开发的任何产品也免费开源，或者对个人使用免费而对商业使用收费。当采购方倾向于拥有从开源软件衍生而来的软件并把它当作产品的一部分出售时,这种开源许可证条款是不受欢迎的。

条款和条件应该包括合同类型、付款计划及预计履约期限。因为对整个项目进度计划而言,采购的产品或服务必须及时交付,所以软件项目经理应该理解并考虑交付定制软件相关的计划风险,并为降低风险而留出足够的富裕时间来做采购软件和项目开发软件的集成。

12.1.5 输出:采购管理计划

采购管理计划(如表 12-1 所列)是项目管理计划的组成部分,说明项目团队将如何从执行组织外部获取货物和服务,以及如何管理从编制采购文件到合同收尾的各个采购过程。

表 12-1 采购管理计划

项目名称:______________ 准备日期:______________

采购职权	
描述项目经理的决策权和所受到的限制,至少包括预算、签字的权限、合同变更、谈判和技术监督	
角色和职责	
项目经理 1. 定义项目经理和他的团队的责任 2. 3. 4. 5.	采购部门 1. 描述采购或合同代表和部门的责任 2. 3. 4. 5.
标准采购文件	
1. 列出所有标准采购表格、文件、政策或与采购相关的程序 2. 3. 4. 5.	
合同类型	
识别合同类型、激励或奖金以及这些费用的标准	

续表

担保和保险需求	
定义投标方必须满足的担保和保险需求	
选择标准	
权　重	标　准
权重/标准：识别选择标准和相应的权重	
采购假设条件和制约因素	
识别和记录与采购过程有关的假设条件和制约因素	
选择标准	
WBS	定义合同方的 WBS 如何与项目 WBS 整合
进度	定义合同方的进度计划如何与项目进度计划整合，包括里程碑和时间提前量等内容
文档	明确来自合同方所有的文件，以及这些文件如何与项目文档整合
风险	定义风险的识别、分析和跟踪如何与项目风险管理整合
绩效报告	定义合同方的绩效报告如何与项目状态报告整合，包括范围、进度和成本状态报告
绩效测量指标	
内　容	测量方法
记录所有用于评估供货方在合同上的绩效的测量指标，包括成本、进度和质量指标	

采购管理计划主要包括以下内容。

① 拟采用的合同类型。

② 风险管理事项。

③ 是否需要编制独立估算，以及是否应把独立估算作为评价标准。

④ 标准化的采购文件。

⑤ 如何协调采购工作与项目的其他工作，如制订进度计划与报告项目绩效。

⑥ 可能影响采购工作的制约因素和假设条件。

⑦ 如何处理某些产品的采购需要提前较长时间的问题，并在进度计划中考虑所需时间。

⑧ 如何进行自制或外购决策，并把决策与估算活动资源和制订进度计划等过程联系起来。

⑨ 如何在合同中规定可交付成果的进度日期，并与制订进度计划和控制进度过程相协调。

⑩ 如何识别对履约担保或保险合同的需求，以减轻某些项目风险。

⑪ 如何指导卖方编制和维护 WBS。

⑫ 用于管理合同和评价卖方的采购测量指标。

根据每个项目的需要，采购管理计划可以是正式或非正式的、非常详细或高度概括的。

12.1.6 输出：采购工作说明书

依据项目范围基准，为采购编制工作说明书(SOW)，对将要包含在相关合同中的那一部分项目范围进行定义。采购 SOW 应该详细描述拟采购的产品、服务或成果，以便潜在卖方确定他们是否有能力提供这些产品、服务或成果。而详细的程度会因采购品的性质、买方的需要或拟用的合同形式而异。

采购 SOW 也应该说明任何所需的附带服务，如绩效报告或项目后的运营支持等。某些应用领域对采购 SOW 有特定的内容和格式要求。每次进行采购，都需要编制 SOW。不过，可以把多个产品或服务组合成一个采购包，由一个 SOW 全部覆盖。

很多企业使用样例和模板来生成 SOW。例如，表 12-2 显示了一个采购产品或服务时所使用的 SOW 模板。在采购过程中，应根据需要对采购 SOW 进行修订和改进，直到成为所签协议的一部分，以确保买方获得卖方所投标的产品或服务。

表 12-2　SOW 模板

1. 工作范围：详细描述所要完成的工作，说明工作的确切性质
2. 工作地点：描述工作进行的具体地点，以及员工必须在哪儿工作
3. 执行期限：详细说明工作何时开始、何时结束、每周收费的工作时间以及相关进度信息等
4. 可交付成果时间表：列出具体的可交付成果，并详细说明它们何时能到位
5. 适用标准：详细说明与执行该项工作有关的任何特定公司或特定行业的标准
6. 验收标准：描述买方组织如何确定工作是否能被接受
7. 特殊要求：详细说明任何特殊的要求，如产品质量保证书、人员最低学历或工作经验、差旅费要求等

12.1.7　输出：采购文件

采购文件是用于征求潜在卖方的建议书。如果主要依据价格来选择卖方（如购买商业或标准产品时），通常就使用标书、投标或报价等术语。如果主要依据如技术方面来选择卖方，通常就使用诸如建议书的术语。不同类型的采购文件有不同的名称，可能包括信息邀请书（RFI）、投标邀请书（IFB）、建议邀请书（RFP）、报价邀请书（RFQ）、投标通知、谈判邀请书以及卖方初始应答邀请书。具体的采购术语可能因行业或采购地点不同而异。

买方拟定的采购文件不仅应便于潜在卖方做出准确、完整的应答，还要便于对卖方应答进行评价。采购文件中应该包括应答格式要求、相关的采购工作说明书（SOW）及所需的合同条款。对于政府采购，法规可能规定了采购文件的部分甚至全部内容和结构。

买方通常应该按照所在组织的相关政策，邀请潜在卖方提交建议书或投标书。可通过公开发行的报纸、商业期刊，或者利用公共登记机关或因特网来发布邀请。

撰写一份好的 RFP 是项目采购管理的关键组成部分。可以从不同的公司、潜在的承包商或者政府机构获得许多 RFP 范例。发出 RFP 和审查建议书常会涉及一些法律要求。表 12-3 提供了 RFP 的基本框架。

表 12-3　REP 的基本框架

Ⅰ. RFP 的目的
Ⅱ. 组织背景
Ⅲ. 基本要求
Ⅳ. 硬件与软件环境
Ⅴ. RFP 过程的具体描述
Ⅵ. 工作说明书和工作进度信息
Ⅶ. 可能的附录
　A. 当前系统概览
　B. 系统要求
　C. 规模与大小数据
　D. 承包商答复 RFP 的要求内容
　E. 合同样本

组织应该准备一些固定格式的评价标准，它更适宜在发出正式的 RFP 或 RPQ 之前完成。可以使用标准来给建议书评级或打分，而且他们常常给每一项标准加上一定的权重，来表示该项标准的重要程度，如技术手段（权重 30%）、管理方法（权重 30%）、历史绩效（权重 20%）及价格（权重 20%）等。标准要定得具体、明确和客观。比如，如果买方希望卖方的项目经理是一位 PMP，那么就应在采购文件中以及随后签合同的过程中清楚地表述这项要求。如果买方没有执行公平合理、一致的程序，落选的投标方就可以追究其法律责任。

RFP 应当要求投标者列出他们曾做过的其他类似项目，并附上这些项目的客户。买方通过了解卖方历史绩效记录和了解客户的意见，可以降低选择记录不良公司的风险。卖方也应向买方展示他们对买方需求的了解，展示他们技术水平和资金实力、他们的项目管理方法以及他们交付的所需产品和服务的价格。

12.1.8　输出：供方选择标准

供方选择标准（如表 12-4 所列）通常是采购文件的一部分。制定这些标准是为了对

表 12-4　供方选择标准

项目名称：______________________　准备日期：______________________

	1	2	3	4	5
标准 1	以经验为例：意味着投标方以前没有经验	以经验为例，意味着投标方曾经做过 1 项类似的工作	以经验为例，意味着投标方曾经做过 3～5 项类似的工作	以经验为例，意味着投标方曾经做过 5～10 项类似的工作	以经验为例，意味着这种工作是投标方的核心能力
标准 2					
标准 3					
标准 4					
标准 5					

	权 重	候选人 1 等级	候选人 1 得分	候选人 2 等级	候选人 2 得分	候选人 3 等级	候选人 3 得分
标准 1	对每个标准输入权重。所有标准的权重和必须等于 100%	每个标准的等级	权重乘以等级				
标准 2							
标准 3							
标准 4							
标准 5							
总分		每个候选人的分数之和					

卖方建议书进行评级或打分。标准可以是客观或主观的。如果很容易从许多合格卖方获得采购品，则选择标准可局限于购买价格。购买价格既包括采购品本身的成本，也包括所有附加费用，如运输费用。

对于比较复杂的产品、服务或成果，还需要确定和记录其他的选择标准。举例如下。

① 对需求的理解。卖方的建议书对采购工作说明书的响应情况如何？

② 技术能力。卖方是否拥有或能合理获得所需的技能与知识？

③ 风险。工作说明书中包含多少风险？卖方将承担多少风险？卖方如何减轻风险？

④ 管理方法。卖方是否拥有或能合理获得相关的管理流程和程序，确保项目成功？

⑤ 技术方案。卖方建议的技术方案和服务是否满足采购文件的要求？或者，他们的技术方案将导致比预期更好或更差的结果？

⑥ 担保。卖方承诺在多长时间内为最终产品提供何种担保？

⑦ 财务实力。卖方是否拥有或能合理获得所需的财务资源？

⑧ 企业规模和类型。如果有特定类型的规定，那么卖方企业是否属于相应的类型？

⑨ 卖方以往的业绩。卖方过去的经验如何？

⑩ 证明文件。卖方能否出具来自先前客户的证明文件，以证明其工作经验和履行合同情况？

⑪ 知识产权。对其将使用的工作流程或服务，或者对其将生产的产品，卖方是否已声明拥有知识产权？

⑫ 所有权。对将使用的工作流程、服务或者将生产的产品，卖方是否已声明拥有所有权？

此外，本过程的其他输出包括以下几个。

(1) 自制或外购决策。通过自制或外购分析，做出某项特定工作最好由项目团队自己完成还是需要外购的决策，如果决定自制，那么可能要在采购计划中规定组织内部的流程和协议；如果决定外购，那么要在采购计划中规定与产品或服务供应商签订协议的流程。

(2) 变更请求。关于购买产品、服务或资源的决策或者规划采购管理期间的其他决策，通常都会导致变更请求。对项目管理计划、子计划及其他组成部分的修改，可能导致对采购行为有影响的变更请求。应该通过实施整体变更控制过程对变更请求进行审查和处理。

(3) 项目文件(更新)。其包括需求文件、需求跟踪矩阵、风险登记册。

12.2　实施采购

软件项目采购的主要活动，包括为潜在供应商提供采购包并和他们沟通、接收并评估报价，预选一个或多个供应商以及和选中供应商谈判协议。

实施采购是获取卖方应答、选择卖方并授予合同的过程。本过程的主要作用是，通过达成协议，使内部和外部干系人的期望协调一致。

对于商业可用的软件包，价格可能是主要决定因素。评估供应商应该考虑供应商的项目管理实践和组织稳定性，还应该评估供应商违约风险。一种控制风险的方式是增加合同条款，要求在发生合同纠纷或供应商组织解体的情况下，把源代码交与第三方保管。

在审查建议书时，RFP需求和最终协议之间的改动是可通过谈判来支持的，如支付能力、及时完成一个可交付的软件特性的基本集合、工作绩效涉及的特定关键员工预留条款、降低风险、供应商的进度计划与项目主进度计划的吻合、额外任务或功能及未来升级等。谈判也可解决产品验收、报告、成本、使用、知识产权、数据权限等问题。

在本过程中，项目团队将会收到投标书或建议书，并按事先确定的标准选择一个或多个有资格履行工作且可接受的卖方。对于大宗采购，可以反复进行寻求卖方应答和评价应答的过程。可根据初步建议书列出一份合格卖方的名单，再要求他们提交更具体、全面的文件，对文件进行更详细的评价。

图12-5所示为本过程的数据流向图。

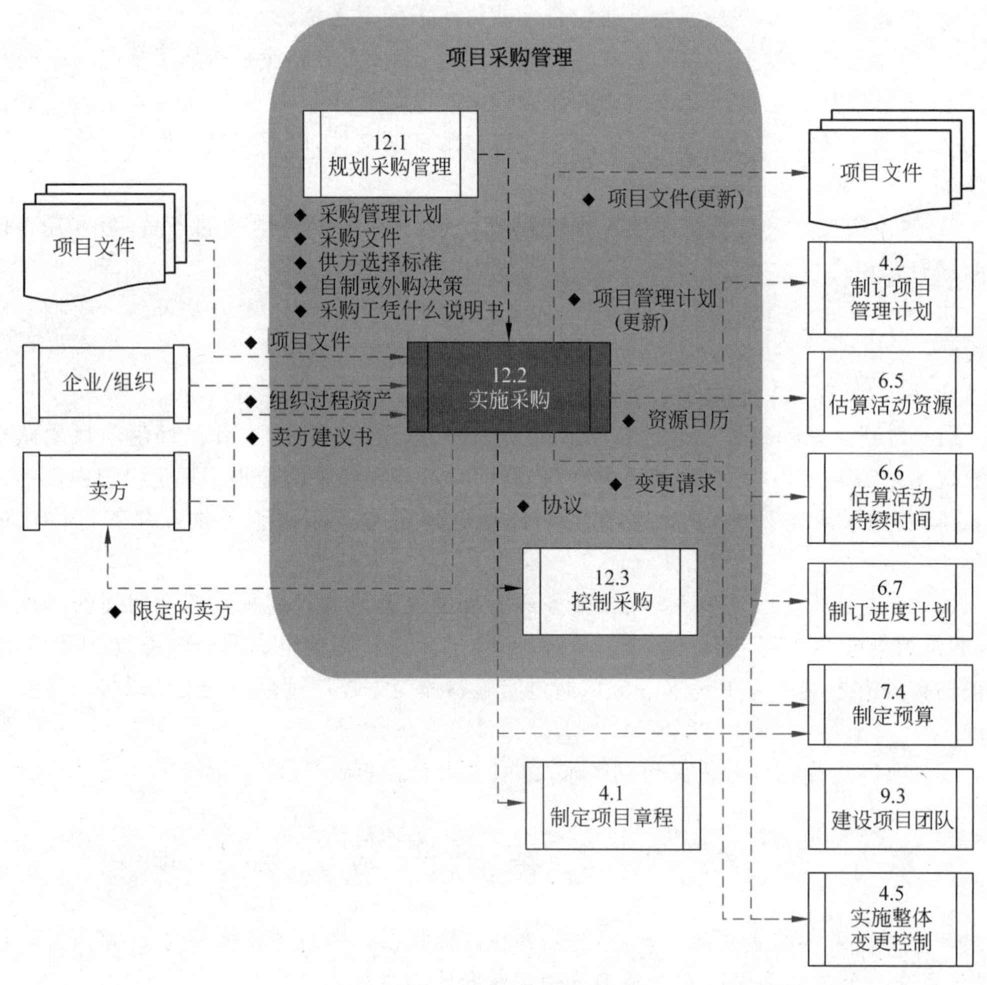

图12-5 实施采购的数据流向图

12.2.1 过程输入

本过程的输入包括以下内容。

(1) 采购管理计划。描述了如何管理从编制采购文件到合同收尾的各采购过程。

(2) 采购文件。为合同和其他协议提供了审计线索。

(3) 供方选择标准。可包括供方能力、交付日期、产品成本、生命周期成本、技术专长以及拟使用的方法等。

(4) 卖方建议书。卖方为响应采购文件包而编制的建议书,是供评审的基本信息。评价小组将对其进行评价,来选择一个或多个中标人(卖方)。

(5) 项目文件。包括风险登记册,其中有与风险相关的合同决策。

(6) 自制或外购决策。组织在决定外购时,先要分析需求、明确资源,再比较采购策略。组织还要对外购产品或自制产品进行评估。

(7) 采购工作说明书。规定了明确的工作目标、项目需求和所需结果,供应商们可据此做出量化应答。采购 SOW 是采购过程中的一个关键要素,可以根据需要修改,直至达成最终协议。SOW 可以包括规格、所需数量、质量水平、性能参数、履约期限、工作地点和其他需求。

(8) 组织过程资产。其包括潜在的和以往的合格卖方清单;关于卖方以往相关经验的信息,包括正反两方面的信息;以前的协议。

12.2.2 过程工具与技术

本过程的工具与技术包括以下几个。

(1) 投标人会议(又称承包商会议、供货商会议或投标前会议)。就是在投标书或建议书提交之前,由买方和所有潜在卖方参与的会议,目的是保证所有潜在卖方对采购要求都有清楚且一致的理解,保证没有任何投标人会得到特别优待。为公平起见,买方必须尽力确保每个潜在卖方都能听到任何其他卖方所提出的问题,以及买方所做出的每个回答。要把对问题的回答以修正案的形式纳入采购文件中。

(2) 建议书评价技术。对于复杂的采购,如果要基于卖方对既定加权标准的响应情况来选择卖方,则应该根据买方的采购政策,规定一个正式的建议书评审流程。在授予合同之前,建议书评价委员会将做出他们的选择,并报管理层批准。

表 12-5 提供了一张建议书评价样表,项目组可以用它来产生前 3～5 名的供应商列表。

表 12-5 建议书评价表举例

标　准	权重	建议 1		建议 2		建议 3	
		分级	评分	分级	评分	分级	评分
技术手段	30%						
管理方法	30%						

续表

标　准	权重	建议 1		建议 2		建议 3	
		分级	评分	分级	评分	分级	评分
历史绩效	20%						
价格	20%						
总分数	120%						

(3) 独立估算。许多采购组织可以自行编制独立估算，或者邀请外部专业估算师做出成本估算，并以此作为标杆，用来与潜在卖方的应答做比较。

(4) 专家判断。可以组建一个多学科评审团队对建议书进行评价。团队中应包括采购文件和相应合同所涉及的全部领域的专家。

(5) 广告。在大众出版物(如报纸)或专业出版物上刊登广告，往往可以扩充现有的潜在卖方名单。有些组织使用在线资源招揽供应商。对于政府采购，大部分政府机构都会要求公开发布广告，或者在互联网上公布采购信息。

(6) 分析技术。在采购中，应该以合理的方式定义需求，以便卖方能够通过要约为项目创造价值。分析技术有助于组织了解供应商提供最终成果的能力，确定符合预算要求的采购成本，以及避免因变更而造成成本超支，从而确保需求能够得到满足。通过审查供应商以往的表现，项目团队可以发现风险较多、需要密切监督的领域，以确保项目的成功。

(7) 采购谈判。它是指在合同签署之前，对合同的结构、要求以及其他条款加以澄清，以取得一致意见。最终的合同措辞应该反映双方达成的全部一致意见。谈判的内容应包括责任、进行变更的权限、适用的条款和法律、技术和商务管理方法、所有权、合同融资、技术解决方案、总体进度计划、付款及价格等。谈判过程以形成买卖双方均可执行的合同文件而结束。

12.2.3　过程输出

本过程的输出包括以下内容。

(1) 选定的卖方。根据建议书或投标书评价结果，那些被认为有竞争力，并且已与买方商定了合同草案(在授予之后，该草案就成为正式合同)的卖方，就是选定的卖方。对于较复杂、高价值和高风险的采购，在授予合同前需要得到组织高级管理层的批准。

(2) 协议。采购合同中包括条款和条件，也可包括其他条目，如买方就卖方应实施的工作或应交付的产品所做的规定。在遵守组织采购政策的同时，项目管理团队必须确保所有协议都符合项目的具体需要。因应用领域不同，协议也可称为谅解合同、分包合同或订购单。无论文件的复杂程度如何，合同都是对双方具有约束力的法律协议。它强制卖方提供指定的产品、服务或成果，强制买方给予卖方相应补偿。

(3) 资源日历。记载签约资源的数量和可用性，以及每个特定资源的工作日或休息日。

(4) 变更请求。可以提出对项目管理计划、子计划和其他组成部分的变更请求，并提交实施整体变更控制过程审查与处理。

(5) 项目管理计划(更新)。其包括成本基准、范围基准、进度基准、沟通管理计划、采购管理计划。

(6) 项目文件(更新)。其包括需求文件、需求跟踪文件、风险登记册、干系人登记册。

12.3 控制采购

控制采购是管理采购关系、监督合同执行情况,并根据需要实施变更和采取纠正措施的过程。本过程的主要作用是,确保买卖双方履行法律协议,满足采购需求。

因为免费开源软件等产品通常有频繁的发布周期和安全更新,为了保持现状,就需要在安装和维护当前版本上有持续的资源支出。理解开源软件等产品可能的演化和预期寿命也是有帮助的。软件供应方可能会中止对产品的支持,或者第三方或开源社区的支持可能会改变或消失。

图 12-6 所示为本过程的数据流向图。

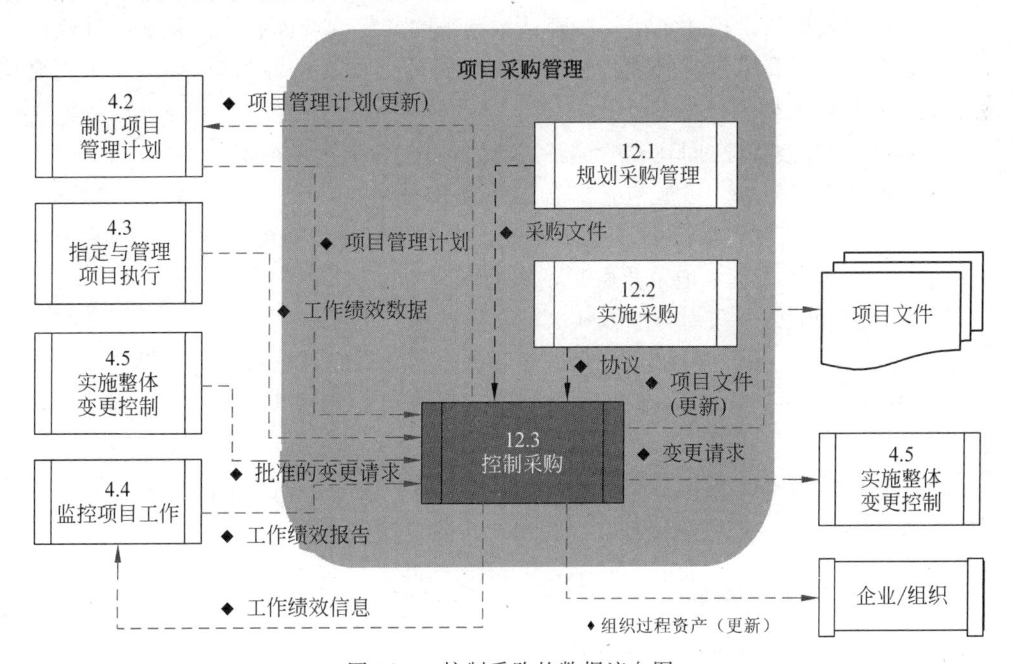

图 12-6 控制采购的数据流向图

买方和卖方都必须确保双方履行合同义务,确保各自的合法权利得到保护,项目管理团队要清醒地意识到其控制采购的各种行动的法律后果。

在控制采购过程中,需要把适当的项目管理过程应用于合同关系,并把这些过程的输出整合进项目的整体管理中。如果项目有多个卖方,涉及多个产品、服务或成果,这种整合就经常需要在多个层次上进行。需要应用的项目管理过程包括以下几项。

① 指导与管理项目执行。授权卖方在适当时间开始工作。

② 控制质量。检查和核实卖方产品是否符合要求。

③ 实施整体变更控制。确保合理审批变更,以及干系人员都了解变更的情况。

④ 控制风险。确保减轻风险。

在控制采购过程中,还需要进行财务管理工作,监督向卖方的付款。该工作旨在确保合同中的支付条款得到遵循,并按合同规定确保卖方所得的款项与实际工作进度相适应。应该根据合同来审查和记录卖方当前的绩效或截至目前的绩效水平,并在必要时采取纠正措施。可以通过这种绩效审查,考察卖方在未来项目中执行类似工作的能力。在需要确认卖方未履行合同义务,并且买方认为应该采取纠正措施时,也应进行类似的审查。控制采购还包括记录必要的细节以管理任何合同工作的提前终止(因各种原因、求便利或违约)。这些细节会在结束采购过程中使用,以终止协议。

在合同收尾前,经双方共同协商,可以随时根据协议中的变更控制条款对协议进行修改。这种修改通常都要书面记录下来。

12.3.1 过程输入

本过程的输入包括以下内容。

(1) 项目管理计划。描述了如何管理从编制采购文件到合同收尾的各采购过程。

(2) 采购文件。其中包含管理各采购过程所需的各种支持性信息,如关于采购合同授予的规定和工作说明书(SOW)。

(3) 协议。这是双方之间达成的谅解,包括对每一方义务的明确。

(4) 批准的变更请求。可能包括对合同条款和条件的修改。例如,修改采购 SOW、合同价格以及对合同产品、服务或成果的描述。在把变更付诸实施前,所有与采购有关的变更都应该以书面形式正式记录并取得正式批准。

(5) 工作绩效报告。与卖方绩效相关的文件包括以下几个。

① 技术文档。按照合同规定,由卖方编制的技术文件和其他可交付成果信息。

② 工作绩效信息。卖方的绩效报告会显示哪些可交付成果已经完成,哪些还没有完成。

(6) 工作绩效数据。其包括满足质量标准的程度;已发生或已承诺的成本;已付讫的卖方发票的情况。所有这些数据都在项目执行中收集起来。

12.3.2 过程工具与技术

本过程的工具与技术包括以下几项。

(1) 合同变更控制系统。规定了修改合同的流程。它包括文书工作、跟踪系统、争议解决程序以及各种变更所需的审批层次。合同变更控制系统应当与整体变更控制系统整合起来。

(2) 采购绩效审查。依据合同来审查卖方在规定的成本和进度内完成项目范围和达到质量要求的情况。包括对卖方所编相关文件的审查、买方开展的检查以及在卖方实施工作期间进行的质量审计。绩效审查的目标在于发现履约情况的好坏、相对于采购 SOW 的进展情况以及未遵循合同的情况,以便买方能够量化评价卖方在履行工作时表现出来的能力或无能。

（3）检查和审计。在项目执行过程中，应该根据合同规定，由买方开展相关的检查和审计，卖方应对此提供支持。通过检查和审计，验证卖方的工作过程或可交付成果对合同的遵守程度。如果合同条款允许，某些检查和审计团队中可以包括买方的采购人员。

（4）报告绩效。根据协议要求，评估卖方提供的工作绩效数据和工作绩效报告，形成工作绩效信息，并向管理层报告。报告绩效为管理层提供关于卖方正在如何有效实现合同目标的信息。

（5）支付系统。通常，先由被授权的项目团队成员证明卖方的工作令人满意，再通过买方的应付账款系统向卖方付款。所有支付都必须严格按照合同条款进行并加以记录。

（6）索赔管理。如果买卖双方不能就变更补偿达成一致意见，甚至对变更是否已经发生都存在分歧，那么被请求的变更就成为有争议的或潜在的推定变更。有争议的变更也称为索赔、争议或诉求。在整个合同生命周期中，通常应该按照合同规定对索赔进行记录、处理、监督和管理。如果合同双方无法自行解决索赔问题，则需要按照合同中规定的替代争议解决（ADR）程序进行处理。谈判是解决所有索赔和争议的首选方法。

（7）记录管理系统。用来管理合同、采购文件和相关记录。它包含一套特定的过程、相关的控制功能以及作为项目管理信息系统（PMIS）一部分的自动化工具。该系统中包含可检索的合同文件和往来函件档案。

12.3.3 过程输出

本过程的输出包括以下内容。

（1）工作绩效信息。为发现当前或潜在问题提供依据，来支持后续索赔或开展新的采购。通过报告供应商的绩效情况，项目组织能够加强对采购绩效的认识，从而有助于改进预测、风险管理和决策。绩效报告还有助于处理与供应商之间的纠纷。

工作绩效信息中包括合同履约信息，便于采购组织预计特定可交付成果的完成情况，追踪其接收情况。合同履约信息有助于改进与供应商的沟通，使潜在问题得到迅速处理。

（2）变更请求。在控制采购过程中，可能提出对项目管理计划及其子计划和其他组成部分的变更请求，如成本基准、项目进度计划和采购管理计划。应该由实施整体变更控制过程对变更请求进行审查和批准。

（3）项目管理计划（更新）。

① 采购管理计划。需要更新以反映影响采购管理的、已批准的变更请求，包括这些变更对成本或进度的影响。

② 进度基准与成本基准。可能需要更新进度基准或/与成本基准，以反映当前的期望。

（4）组织过程资产（更新）。

① 往来函件。合同条款和条件往往要求买方与卖方之间的某些沟通采用书面形式，如对不良绩效提出警告、提出合同变更请求或者进行合同澄清等。往来函件中可包括关于买方审计与检查结果的报告，该报告指出了卖方需纠正的不足之处。除了合同规定应保留的文档外，双方还应完整、准确地保存关于全部书面和口头沟通以及全部行动和决定的书面记录。

② 支付计划和请求。所有支付都应按合同条款和条件进行。

③ 卖方绩效评估文件。由买方编制，记录卖方继续实施现有合同工作的能力，说明是否允许卖方继续承接未来项目的工作，或对卖方执行项目工作的绩效进行评级。这些文件可成为提前终止合同、收缴合同罚款以及支付合同费用或奖金的依据。这些绩效评估的结果也应纳入相关的合格卖方清单中。

12.4 结束采购

软件采购活动通常在项目结束之前结束，但是采购服务或软件产品的需求可能会持续。结束一个采购活动可能是开始另一个采购持续维护服务的信号。还有一个注意事项是今后采购方能支持技术改变的长期技术相关性和能力。当一个软件项目经理计划集成一个定制软件到项目组自己的产品时，项目经理需要知道，开发定制产品的技术可能会对未来产品改进有负面影响。

本过程还包括一些行政工作，如处理未决索赔、更新记录以反映最后的结果以及把信息存档供未来使用等。需要针对项目或项目阶段中的每个合同，开展结束采购过程。在多阶段项目中，合同条款可能仅适用于项目的某个特定阶段。采购结束后，未决争议可能需要进入诉讼程序。合同条款和条件可以规定结束采购的具体程序。本过程的主要作用是把合同和相关文件归档以备将来参考。

图 12-7 所示为本过程的数据流向图。

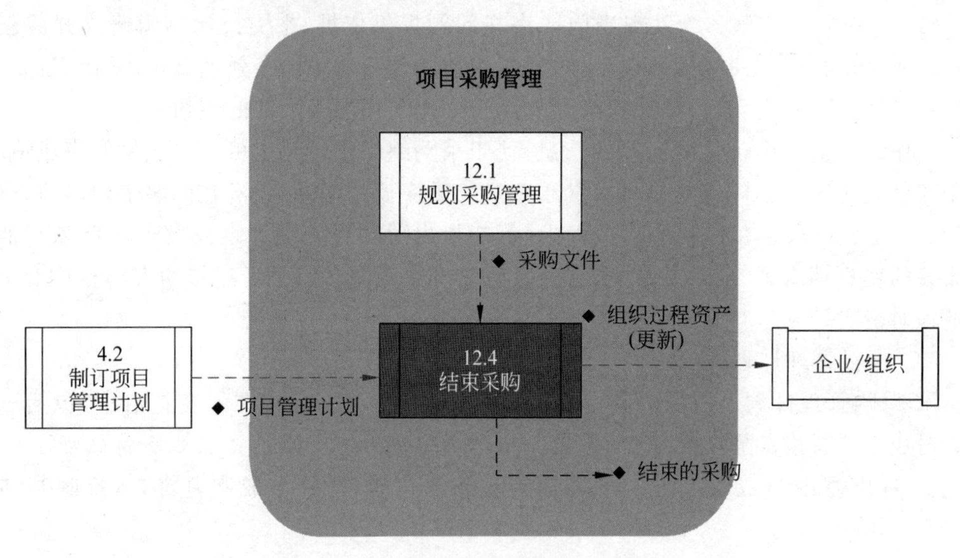

图 12-7　结束采购的数据流向图

合同提前终止是结束采购的一个特例。合同可由双方协商一致终止，或因一方违约而提前终止，或者为买方的便利而提前终止。合同终止条款规定了双方对提前终止合同的权力和责任。

12.4.1　过程的输入

本过程的输入包括以下内容。

(1) 项目管理计划。其中的采购管理计划为结束采购提供了细节和指南。

(2) 采购文件。为结束合同,需要收集全部采购文档,并建立索引和加以归档。有关合同进度、范围、质量和成本绩效的信息以及全部合同变更文件、支付记录和检查结果,都要编入目录。这些信息可用于总结经验教训,并可为以后合同的承包商评价工作提供基础。

12.4.2　过程工具与技术

本过程的工具与技术包括以下几项。

(1) 采购审计。它是指对所有采购过程进行结构化审查,其目的是找出合同准备或管理方面的成功经验与失败教训,供本项目其他采购合同或执行组织内其他项目的采购合同借鉴。

(2) 采购谈判。在所有采购关系中,一个重要的目标是通过谈判公正地解决全部未决事项、索赔和争议。如果通过直接谈判无法解决,则可以尝试替代争议解决方法,如调解或仲裁。如果所有方法都失败了,就只能选择向法院起诉这种最不可取的方法。

(3) 记录管理系统。采用记录管理系统来管理合同、采购文档和相关记录。通过记录管理系统把合同文件和往来函件存档,这是结束采购过程的一项工作。

12.4.3　过程输出

本过程的输出包括以下内容。

(1) 结束的采购。买方(通常是经授权的采购管理员)向卖方发出关于合同已完成的正式书面通知。对正式采购收尾的要求,通常已在合同条款和条件中定义,并包括在采购管理计划中。

(2) 组织过程资产(更新)。

① 采购档案。一套完整的、带索引的合同文档(包括已结束的合同)。采购档案应该纳入最终的项目档案中。

② 可交付成果验收。组织可能要求保存对卖方完成的可交付成果的正式验收文件。结束采购过程必须确保这一要求得到满足。协议中通常都会规定对可交付成果的正式验收要求,以及应该如何处理不合要求的可交付成果。

③ 经验教训文档。应该编制总结、工作体会和过程改进建议,作为项目档案的一部分,以改进未来的采购。

12.5　习　　题

请参考课文内容以及其他资料,完成下列选择题。

1. 为了更好地完成采购目标,作为项目经理的你正和选出的供应条件较为不错的几个供应商主动协商，打算等充分沟通后再确定最为合适的供应商。那么目前你的项目组处于采购管理中的(　　)过程。

A. 规划采购管理　　B. 实施采购
C. 控制采购　　D. 结束采购

2. 供方选择标准在下列(　　)过程中产生。

A. 规划采购管理　　B. 实施采购
C. 控制采购　　D. 结束采购

3. 合同的激励条款的主要目的是(　　)。

A. 减少买方的成本
B. 转移部分卖方风险到买方身上
C. 帮助卖方控制成本
D. 使合同双方目标协调一致

4. 下述(　　)既是估算活动资源的输出，又是规划采购管理的输入。

A. 活动资源需求　　B. 活动成本估算
C. 成本绩效基准　　D. 范围基准

5. 下列(　　)可以用于评价潜在卖方提交的投标书或建议书的合理性。

A. 成本绩效基准　　B. 活动资源需求
C. 合作协议　　D. 活动成本估算

6. 项目中需要一个适用的软件。在决定自制或外购时，尽管从外面购买的成本要比你们公司自己制作的低，但你仍然决定自己制作。下列各项均有可能是你考虑的因素，除了(　　)。

A. 因为该项目步及很多自主数据
B. 你希望对产品有足够的控制
C. 项目很重要，为了避免不可靠的供应商
D. 你喜欢挑战自己

7. 你的公司目前需要向外部采购一批建筑材料。你的外包管理员建议你准备一份用于征求潜在卖方的建议书，该建议书被称为(　　)。

A. 采购文件　　B. 卖方建议书
C. 需求文件　　D. 合作协议

8. 下述(　　)既是实施采购过程的输入，又是制定项目管理计划过程的输出。

A. 活动成本估算　　B. 成本绩效基准
C. 采购管理计划　　D. 与风险相关的合同决策

9. 下列(　　)是卖方为响应采购文件包而编制的建议书。

A. 项目文件　　B. 卖方建议书　　C. 风险登记册　　D. 采购文件

10. 你想要为你的项目买一台大型设备，在采购文件中，你要求卖方至少有3年的类似制造经验。这是一个(　　)的例子。

A. 独立估算　　B. 筛选系统

C. 自制或外购分析　　D. 加权系统

11. 你身处一个复杂的谈判过程中，这时候，对方说："只有我老板才可以同意这个要求，但我现在联系不上他。"他们是在用（　　）策略。

A. 黑脸白脸　　B. 最后期限

C. 拖延　　D. 关键人物缺席

12. 下列（　　）记载了签约资源的数量和可用性，以及特定资源的工作日或休息日。

A. 采购管理计划　　B. 资源日历

C. 成本绩效基准　　D. 需求文件

13. 下述（　　）既是控制采购过程的输入，又是指导与管理项目执行的输出。

A. 活动成本估算　　B. 工作绩效信息

C. 采购管理计划　　D. 与风险相关的合同决策

14. 你负责保证卖方的绩效满足合同的需要。为了有效地管理合同，你应该（　　）。

A. 确定适当的合同类型

B. 执行合同变更控制系统

C. 举行投标人大会

D. 进行采购审计

15. 你的项目是在一个成本补偿合同（CR）下进行的。在管理该项目的过程中买方必须做好下列各项，除了（　　）。

A. 留意卖方是否会增加一些对实际工作没有价值的资源到你的项目中

B. 确保所有的支出是有意义的和必要的

C. 检查工作范围说明书中的全部工作是否都进行了，检查卖方是否存在缩小工作范围、降低质量的情况

D. 审计每张发票

16. 你的公司向A公司购买一批原材料，在合同签订以前的谈判期间，你们达成一致所签署的备忘录拟签订成本加成合同，但在随后的合同中，由于你的坚持，最终你们签订的是固定总价合同。在完成采购向A公司付款时，A公司坚持要求你依据此前的备忘录中的规定支付其相关费用。下列有关A公司的说法正确的是（　　）。

A. A公司的行为是正确的

B. A公司的行为是错误的，它只能依据合同的条款来要求你支付相应的价款

C. A公司有权要求你遵守备忘录中的要求

D. A公司是供应商，所以A公司有权决定你支付价款的数额而不用考虑合同

17. 在控制采购过程中，可能需要更新的组织过程资产包括以下各项，除了（　　）。

A. 进度基准　　B. 往来函件

C. 支付计划和请求　　D. 卖方绩效评估文件

18. 为了采购审计的需要，你最需要（　　）信息。

A. 采购文件　　B. 需求文件

C. 采购文档　　　　　　　　　　　　D. 合作协议

19. 合同收尾与行政收尾有的不同之处是(　　)。

A. 记录和最后结果的更新　　　　　　B. 范围核实

C. 产品核实　　　　　　　　　　　　D. 收集所得经验

20. 在结束采购过程中,可能需要更新的组织过程资产包括以下各项,除了(　　)。

A. 采购档案　　　　　　　　　　　　B. 可交付成果验收

C. 经验教训文档　　　　　　　　　　D. 采购文件

12.6　实验与思考:山峰公司局域网项目的采购

【实验目的】

本节“实验与思考”的目的如下。

(1) 理解和熟悉项目采购管理的基本概念。

(2) 熟悉案例“山峰公司的局域网项目”,通过为该项目编制采购文件,尝试完成初步的项目采购管理实践。

【工具/准备工作】

(1) 在开始本实验之前,请回顾教科书的相关内容。

(2) 需要准备一台能够访问因特网的计算机。

【实验内容与步骤】

1. 案例:山峰公司局域网项目(B)

回顾本书11.8节中案例的相关背景资料,尤其是其中的交付物和技术要求部分。

2. 作业

(1) 请参照表12-1,编制本项目的采购管理计划。

(2) 请参照表12-4,建立本项目的供方选择标准。

(3) 请参考表12-5,编制本项目的建议书评价表。

请用WinRAR等压缩软件对本作业完成的相关文件压缩打包,并将压缩文件命名为

<班级>_<姓名>_项目采购管理.rar

请将该压缩文件在要求的日期内,以电子邮件、QQ文件传送或者实验指导教师指定的其他方式交付。

请记录:该项实践作业能够顺利完成吗?

____

____

【实验总结】

【实验评价(教师)】

项目干系人管理

每个项目都有干系人，他们受项目积极或消极的影响，或者对项目施加积极或消极的影响。有些干系人影响项目的能力有限，而有些干系人却可能对项目及其期望结果影响重大。项目经理正确识别并合理管理干系人的能力，甚至在一定程度上能决定项目的成败。

项目干系人管理对软件项目实现成功产出是很关键的，因为软件是种无形产品，而且往往是新的。除非演示，软件是很难可视化的。而且，客户或产品经理的描述和开发人员的理解之间通常有一个期望的鸿沟。与干系人期望不一致是能否成功完成软件项目的一个主要风险。

项目干系人管理包括用于开展下列工作的各个过程：识别能影响项目或受项目影响的全部人员、群体或组织，分析干系人对项目的期望和影响，制定合适的管理策略来有效地调动干系人参与项目决策和执行。干系人管理还关注与干系人的持续沟通，以便了解干系人的需要和期望，解决实际发生的问题，管理利益冲突，促进干系人合理参与项目决策和活动。应该把干系人满意度作为一个关键的项目目标来进行管理。

图 13-1 概括了项目干系人管理的各过程。这些过程不仅彼此相互作用，而且还与其他知识领域中的过程相互作用。

在可预测生命周期的软件项目开始阶段，即制订项目计划、开发项目需求阶段以及需求审查、设计审查、测试审查、产品验收等关键里程碑审查阶段，干系人是高度参与的。预测性软件项目通过增量开发来构建软件，用周期性演示来增加干系人的参与度。适应性软件项目中，可交付软件逐步发展的增量会被频繁地演示给客户和其他干系人，因此，在整个软件项目周期中维持了产品的可视性和干系人频繁的参与度。

项目干系人管理各过程之间的关系数据流对理解各个过程很有帮助，如图 13-2 所示。

项目干系人管理

13.1 识别干系人

1. 输入
① 项目章程
② 采购文件
③ 事业环境因素
④ 组织过程资产
2. 工具与技术
① 干系人分析
② 专家判断
③ 会议
④ 角色建模
3. 输出
干系人登记册

13.2 规划干系人管理

1. 输入
① 项目管理计划
② 干系人登记册
③ 事业环境因素
④ 组织过程资产
⑤ 干系人可用性
2. 工具与技术
① 专家判断
② 会议
③ 分析技术
3. 输出
① 干系人管理计划
② 项目文件（更新）
③ 里程碑审查和迭代计划

13.3 管理干系人参与

1. 输入
① 干系人管理计划
② 沟通管理计划
③ 变更日志
④ 组织过程资产
⑤ 审查、会议和计划
2. 工具与技术
① 沟通方法
② 人际关系技能
③ 管理技能
④ 信息发射源
⑤ 周转率度量和昨日天气
⑥ 沟通工具
3. 输出
① 问题日志
② 变更请求
③ 项目管理计划（更新）
④ 项目文件（更新）
⑤ 组织过程资产（更新）

13.4 控制干系人参与

1. 输入
① 项目管理计划
② 问题日志
③ 工作绩效数据
④ 项目文件
2. 工具与技术
① 信息管理系统
② 专家判断
③ 会议
3. 输出
① 工作绩效信息
② 变更请求
③ 项目管理计划（更新）
④ 项目文件（更新）
⑤ 组织过程资产（更新）

图 13-1 项目干系人管理概述

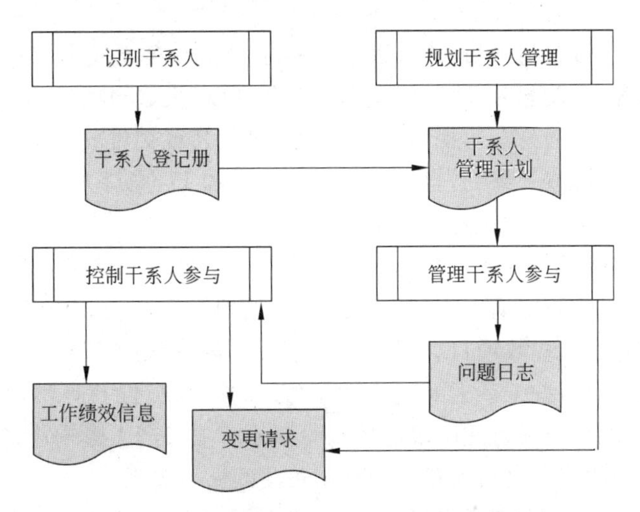

图 13-2 项目干系人管理各过程的数据关系

13.1 识别干系人

识别干系人是识别能影响项目决策、活动或结果的以及被项目决策、活动或结果所影响的个人、群体或组织，并分析和记录他们的相关信息的过程。这些信息包括他们的利益、参与度、相互依赖、影响力及对项目成功的潜在影响等。本过程的主要作用是帮助项目经理建立对各个干系人或干系人群体的适度关注。

图 13-3 所示为本过程的数据流向图。

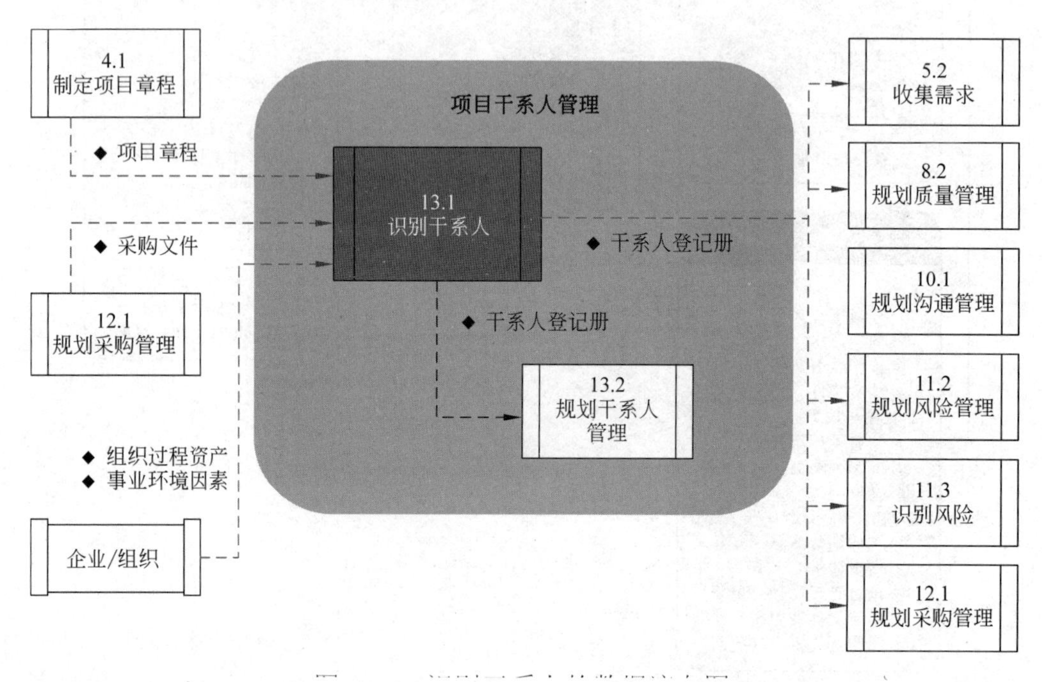

图 13-3　识别干系人的数据流向图

项目干系人是积极参与项目，或其利益可能受到项目实施或完成的积极或消极影响的个人和组织，如客户、发起人、执行组织和有关公众(积极参与项目或可能从项目的执行或完成中受益或受损害的公众)，他们也可能对项目及其可交付成果施加影响。软件项目干系人可以是组织内部或外部的，也可包括软件维护和 IT 支持人员。识别干系人时，考虑他们的地理位置、时区和文化背景是很重要的。

在项目的早期就识别干系人，并分析他们的利益层次、个人期望、重要性和影响力，对项目成功非常重要。应该定期审查和更新早期所做的初步分析。由于项目的规模、类型和复杂程度不尽相同，大多数项目会有形形色色且数量不等的干系人。为有效地开展对项目干系人的管理，应该按干系人的利益、影响力和参与项目的程度对其进行分类，并注意到有些干系人可能直到项目或阶段的较晚时期才对项目产生影响或显著影响。通过分类，项目经理能够专注于那些与项目成功密切相关的重要关系。

可以制定一个策略来接触每个干系人并确定其参与项目的程度和时机，以便尽可能提高其正面影响，降低潜在的负面影响。在项目执行期间，应定期审查并做出必要调整。

13.1.1 过程输入

本过程的输入包括以下内容。

(1) 项目章程。可提供与项目有关的、受项目结果或执行影响的内、外部各方的信息，如项目发起人、客户、团队成员、参加项目的小组和部门以及受项目影响的其他人员或组织。

(2) 采购文件。如果项目是某个采购活动的结果，或基于某个已签订的合同，那么合同各方都是关键的项目干系人。也应该把其他相关方(如供应商)视为项目干系人。

(3) 事业环境因素。其包括组织文化和结构、政府或行业标准(如法规和产品标准)、全球/区域或当地的趋势、实践或习惯。

(4) 组织过程资产。其包括干系人登记册模板、以往项目的经验教训和干系人登记册。

13.1.2 工具与技术：干系人分析

干系人分析是系统地收集和分析各种定量与定性信息，以便确定在整个项目中应该考虑哪些人的利益。通过分析，识别出干系人的利益、期望和影响，并把它们与项目的目的联系起来。干系人分析也有助于了解干系人之间的关系(包括干系人与项目的关系、干系人相互之间的关系)，以便利用这些关系来建立联盟和伙伴合作，提高项目成功的可能性。在项目或阶段的不同时期，应该对干系人之间的关系施加不同的影响。

干系人分析通常应遵循以下步骤。

① 识别全部潜在项目干系人及其相关信息，如角色、部门、利益、知识、期望和影响力等。关键干系人通常很容易识别，包括所有受项目结果影响的决策者或者管理者，如项目发起人、项目经理和主要客户。通常通过对已识别的干系人进行访谈，来识别其他干系人，扩充干系人名单，直至列出全部潜在干系人。

② 分析每个干系人可能的影响或支持，并把他们分类，以便制定管理策略。在干系人很多的情况下，必须对关键干系人进行排序，来了解和管理关键干系人的期望。

有多种分类模型可用于干系人分析，举例如下。

① 权力/利益方格。根据干系人的职权(权力)大小及对项目结果的关注(利益)程度进行分类。如图13-4所示，图中A～H表示了干系人所处的位置。

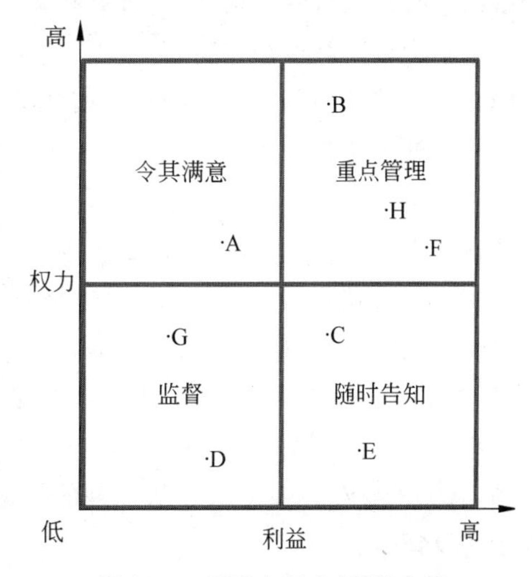

图13-4 干系人权力/利益方格

② 权力/影响方格。根据干系人的职权(权力)大小及主动参与(影响)项目的程度进行分类。

③ 影响/作用方格。根据干系人主动参与(影响)项目的程度及改变项目计划或执行的能力(作用)进行分类;

④ 凸显模型(如图 13-5 所示)。根据干系人的权力(施加自己意愿的能力)、紧急程度(需要立即关注)和合法性(有权参与)这 3 个属性进行分类,把干系人分成 7 类。

项目经理针对不同的干系人类采取不同的措施,从而有效管理干系人关系,提升项目成功可能性。具体的措施如下。

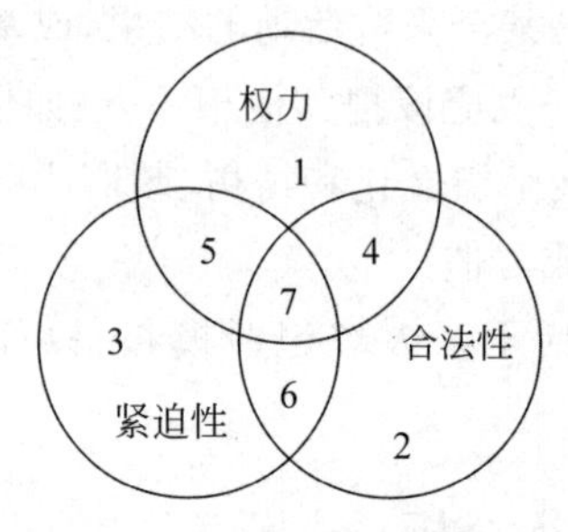

图 13-5　凸显模型的维恩图

潜伏的利益相关者(第 7 类,下同):这些利益相关者有权力,但他们没有参与项目的合法性与紧迫性。项目经理应该让这些人了解项目的宏观信息,随时监控这些人对项目的态度,一旦他们不满意,他们有权力让自己拥有合法参与项目的权力。

自由态的利益相关者(第 6 类):这些利益相关者可以合法参与项目,但他们没有权力,对大多数事项也没有紧迫性。项目经理按照常规的沟通计划告知这些人项目信息。

苛求的利益相关者(第 5 类):这组利益相关者总认为他们的需求是迫切的,但是他们既没有参与项目的合法性,也没有权力。项目经理不要花费太多的时间来对付这类人。

有支配权的利益相关者(第 4 类):这些人拥有权力与参与项目的合法性,但对大多数问题的紧迫性不高。项目经理应密切关注这些利益相关者。

危险的利益相关者(第 3 类):这类干系人有权力,而且对问题的处理有急迫性,但是他们没有参与项目的合法性。他们很危险,有能力让自己合法参与项目,所以项目经理应该让这些人了解项目,并让他们适度参与项目,来保证他们的满意。

依附型利益相关者(第 2 类):这类利益相关者可以合法参与项目,并且对需求的满足具有紧迫性,但是他们没有太大的权力。项目经理需要关注并且主动询问这些人的想法,因为如果他们不满意,他们很可能会寻找与有权力的人结盟。

绝对关键的干系人(第 1 类,核心干系人):这是该项目的关键利益相关者。他们有权力、合法的授权以及对大多数问题的紧迫性。项目经理应密切关注这些利益相关者的需求和反馈。

在维恩图外面的任何人都不是项目的干系人,因为他们没有权力、没有参与项目的合法性,也没有满足需求的紧迫性。项目经理不需要在此花费精力。

此外,本过程的工具和技术还包括专家判断和会议。通过召开情况分析会议,来交流和分析关于各干系人的角色、利益、知识和整体立场的信息,加强对主要项目干系人的了解。

13.1.3 工具与技术:角色建模

软件项目团队有时使用角色建模来识别和分析项目干系人。角色是关键干系人和他们兴趣点的概要描述。角色有以下特性:一个原型描述,基于现实,目标导向,是具体且相关的,是有形的且可执行。角色不是需求的替代品,而是需求优先级的补充和支持。角色通过反映系统用户的关注点和理解来提供见解。角色可以包含真实人物和研究数据,应该小心保护敏感的个人信息,示例如图13-6所示。

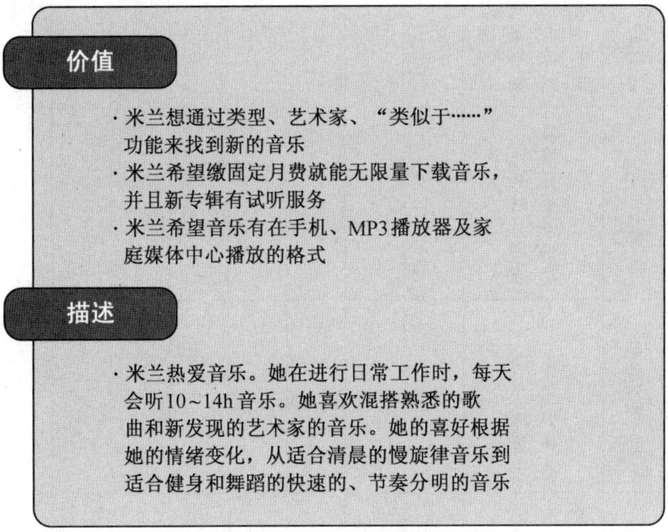

价值

· 米兰想通过类型、艺术家、"类似于……"功能来找到新的音乐
· 米兰希望缴固定月费就能无限量下载音乐,并且新专辑有试听服务
· 米兰希望音乐有在手机、MP3播放器及家庭媒体中心播放的格式

描述

· 米兰热爱音乐。她在进行日常工作时,每天会听10~14h音乐。她喜欢混搭熟悉的歌曲和新发现的艺术家的音乐。她的喜好根据她的情绪变化,从适合清晨的慢旋律音乐到适合健身和舞蹈的快速的、节奏分明的音乐

图13-6 角色建模

除了知识、活动、利益,角色的属性还可包括目标、影响力、问题及挫折和痛苦点等。可以裁剪这些属性以对软件项目的干系人分析提供一个基础。

无论是在预测性生命周期软件项目的初始和计划阶段,还是在适应性生命周期软件项目的整个迭代周期,角色建模都可以用来辅助开发产品需求。通过使得团队专注于交付增值的需求和产品特性,角色建模为更好的决策提供支持。团队可以通过参考他们熟悉的角色,来缩短解决必需、渴望和排除的需求问题的讨论时间。

13.1.4 输出:干系人登记册

干系人登记册(如表13-1所示)是本过程的主要输出,用于记录已识别的干系人的所有详细信息。应定期查看并更新干系人登记册,因为在整个项目生命周期中干系人可能发生变化,也可能识别出新的干系人。

表 13-1 干系人登记册

项目名称：__________ 准备日期：__________

姓　　名	职　　位	角　　色	联系信息	需　　求	期　　望	影响力	分　　类
在知道姓名之前可以用干系人的职位或所属组织名称代替	在组织中的职位，如程序员、人力资源分析师、质量专家	在项目团队中所起的作用，如测试主管、项目经理、计划员	如电话号码、电子邮箱、地址	对项目或产品的高层次需求	对项目或产品的主要期望、与生命周期的哪个阶段最密切	对项目的潜在影响力，可以是叙述性描述，或者高、中、低影响力	可以是：内部、外部；支持者、中立者、反对者；高、中、低作用

13.2 规划干系人管理

规划干系人管理是基于对干系人需要、利益及对项目成功的潜在影响的分析，制定合适的管理策略，以有效调用干系人参与整个项目生命周期的过程。干系人管理关注和干系人持续对话，以满足其需求和期望，解决发生的问题，培养干系人在项目决策和活动中适当的参与度。本过程的主要作用是为与项目干系人的互动提供清晰且可操作的计划，以支持项目利益。

对软件项目而言，规划客户、产品经理和其他关键干系人频繁参与，以验证项目朝着期望的目标进展且演化合适，是非常重要的，因为软件功能和行为在演示之前都难以评估。强调需要用频繁演示（如每周）来调整发展中的软件所需（或渴望）的功能和行为。

图 13-7 所示为本过程的数据流向图。

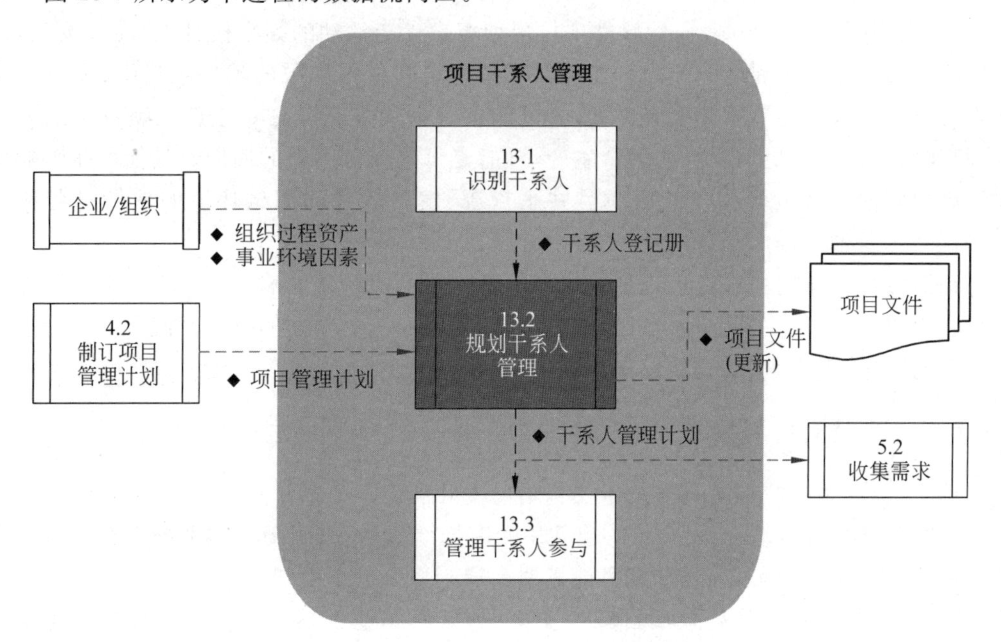

图 13-7 规划干系人管理的数据流向图

在分析项目将如何影响干系人的基础上，本过程将帮助项目经理制定不同方法，来有效调动干系人参与项目，管理干系人的期望，从而最终实现项目目标。干系人管理的内容比改善沟通更多，也比管理团队更多。干系人管理是在项目团队和干系人之间建立并维护良好关系，以期在项目边界内满足干系人的各种需要和需求。

随着项目的进展，干系人及其参与项目的程度可能发生变化，因此，规划干系人管理是一个反复的过程，应由项目经理定期开展。

13.2.1 过程输入

本过程的输入包括以下内容。

(1) 项目管理计划。用于制订干系人管理计划的信息包括以下几项。

① 项目所选用的生命周期及各阶段拟采用的过程。

② 对如何执行项目以实现项目目标的描述。

③ 对如何满足人力资源需求,如何定义和安排项目角色与职责、报告关系和人员配备管理等的描述。

④ 变更管理计划,规定将如何监控变更。

⑤ 干系人之间的沟通需要和沟通技术。

(2) 干系人登记册。其中的信息有助于对项目干系人的参与方式进行规划。

(3) 事业环境因素。对干系人的管理应该与项目环境相适应。其中,组织文化、组织结构和政治氛围特别重要,了解这些因素,有助于制定最具适应性的干系人管理方案。

(4) 组织过程资产。其中的经验教训数据库和历史信息有助于了解以往的干系人管理计划及其有效性。这些信息可用于规划当前项目的干系人管理活动。

(5) 干系人可用性。适应性软件项目规划客户参与活动的频率按日、按周或按月,通常取决于适应性生命周期的长短。在外部干系人访问权限有限的软件项目中,项目干系人查看产品增量功能演示和复查进度,将可能按月来规划产品增量生产。项目干系人参与度高时,可以规划更加频繁的增量生产,可能是每周或每两周的周期。其他可能影响增量生产频率的因素包括与慢节奏项目共享资源、发布软件到测试环境的软件过程和工具等。

预测性生命周期项目应该规划客户和干系人尽可能频繁地输入。对于大型预测性软件项目而言,尽管其主要里程碑可能并不频繁,但可安排更频繁的技术交流会来讨论技术和管理的问题、审查进度、查看原型和评估产品增量。

13.2.2 过程工具与技术

除了会议,本过程的工具与技术还包括以下几项。

(1) 专家判断。基于项目目标,应使用专家判断方法,来确定每位干系人在项目每个阶段的参与程度。例如,项目初期可能需要高层干系人的高度参与,来为项目成功扫清障碍。此后,高层干系人从领导项目转为支持项目,而其他干系人(如最终用户)可能重要起来。

(2) 分析技术。应该比较所有干系人的当前参与程度与计划参与程度(为项目成功所需的)。在整个生命周期中,干系人的参与对项目的成功至关重要。

干系人的参与程度可分为以下几种。

① 不知晓(U)。对项目和潜在影响不知晓。

② 抵制(R)。知晓项目和潜在影响,抵制变更。

③ 中立(N)。知晓项目,既不支持,也不反对。

④ 支持(S)。知晓项目和潜在影响,支持变更。

⑤ 领导(L)。知晓项目和潜在影响,积极致力于保证项目成功。

可在干系人参与评估矩阵(如表 13-2 所示)中记录干系人的当前参与程度。其中 C 表示“当前”,D 表示“期望”参与程度。应该基于可获取的信息,确定当前需要的干系人参与程度。

在表 13-2 中，干系人 3 已处于所需的参与程度，而对于干系人 1 和 2，则需进一步沟通，使他们达到所需的参与程度。通过分析，识别出当前参与程度与所需参与程度之间的差距。可以使用专家判断来制定行动和沟通方案，以消除上述差距。

表 13-2　干系人参与评估矩阵

干系人	不知晓	抵制	中立	支持	领导
干系人 1	C			D	
干系人 2			C	D	
干系人 3				D C	

13.2.3　过程输出

本过程的主要输出有如下内容。

(1) 干系人管理计划(如表 13-3 所示)。这是项目管理计划的组成部分，为有效调动干系人参与而规定的管理策略。根据项目需要，干系人管理计划可以是正式或非正式的、非常详细或高度概括的。

表 13-3　干系人管理计划

项目名称：________________　　准备日期：________________

干系人	不知晓	抵　制	中　立	支　持	领　导
干系人参与评价矩阵					

干系人	沟通需求	方法或媒介	时间或频率
沟通需求：描述每个干系人需要沟通的信息，包括内容、详细级别、发布方法、发布原因 方法或媒介：识别沟通信息所用的方法或媒介 时间与频率：列举信息以何种频率发布或在何种情形下发布			

即将发生的干系人变更：

描述所有即将发生的干系人新增、减少和变动以及对项目的潜在影响

续表

内部关系：
列举所有干系人群体之间的关系

干系人参与途径：

干系人	途　径
	描述将用来让每个干系人调整到期望的参与级别的途径

项目经理应该意识到干系人管理计划的敏感性，并采取恰当的预防措施。例如，有些抵制项目的干系人的信息，可能具有潜在的破坏作用，因此对于这类信息的发布必须谨慎。更新干系人管理计划时，应审查所依据的假设条件的有效性，以确保该计划的准和相关性。

(2) 里程碑审查和迭代计划。对于预测性生命周期软件项目，需要项目干系人参与的对里程碑审查(和技术交流会)的数量、频率和类型的计划应该作为规划干系人管理的一项输出。对于适应性生命周期软件项目，项目干系人参与的每个迭代周期结束的回顾会和下个周期开始时的计划会，应该作为规划干系人管理的一项输出。

当收取客户、用户和其他干系人对原型或功能增量的评估反馈时，有时会把没有评论当成好消息，而非沉默的问题。干系人那边“没消息”很少被考虑为好消息，尤其在软件项目的早期。缺乏反馈更像一个缺乏干系人参与的信号，需要做出努力以保证项目干系人完全评估里程碑状态、原型和产品增量版本。

13.3 管理干系人参与

管理干系人参与是在整个项目生命周期中，与干系人进行沟通和协作，以满足其需要与期望，解决实际出现的问题，并促进干系人合理参与项目活动的过程。本过程的主要作用是，帮助项目经理提升来自干系人的支持，并把干系人的抵制降到最低，从而提高项目成功的机会。

图 13-8 所示为本过程的数据流向图。

管理干系人参与包括以下活动。

① 调动干系人适时参与项目，以获取或确认他们对项目成功的持续承诺。

② 通过协商和沟通，管理干系人的期望，确保实现项目目标。

③ 处理尚未成为问题的干系人关注点，预测干系人在未来可能提出的问题。需要尽

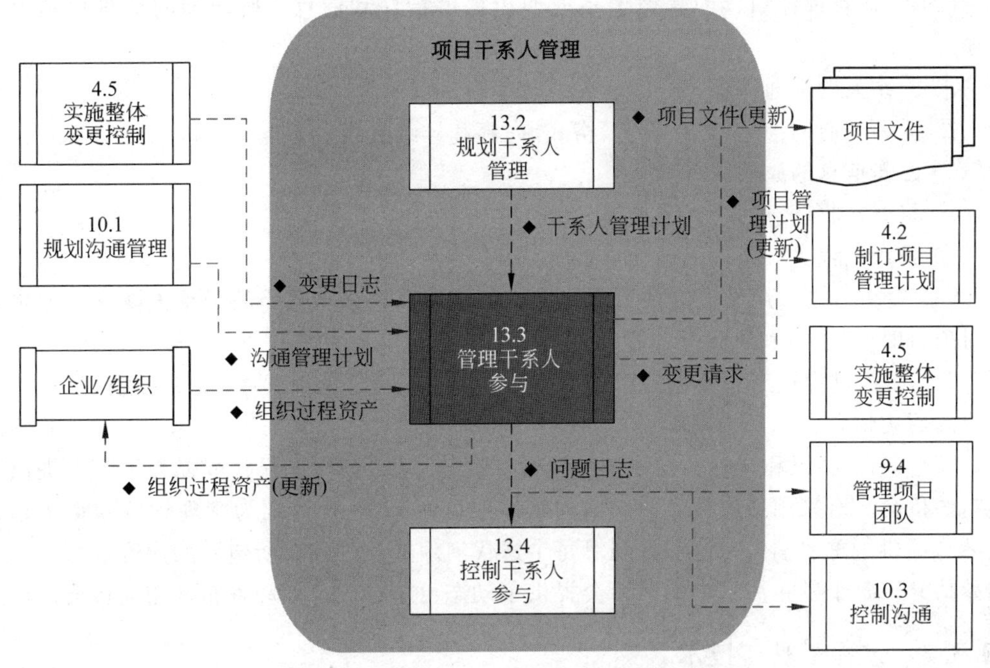

图 13-8 管理干系人参与的数据流向图

早识别和讨论这些关注点,以便评估相关的项目风险。

④ 澄清和解决已识别出的问题。

通过管理干系人参与,确保干系人清晰地理解项目目的、目标、收益和风险,提高项目成功的概率。这不仅能使干系人成为项目的积极支持者,而且还能使干系人协助指导项目活动和项目决策。通过预测人们对项目的反应,可以事先采取行动来赢得支持或降低负面影响。

干系人对项目的影响能力通常在项目启动阶段最大,随着项目的进展而逐渐降低。项目经理负责调动各干系人参与项目,并对他们进行管理,必要时可以寻求项目发起人的帮助。主动管理干系人参与可以降低项目不能实现其目的和目标的风险。

新软件产品和开创性软件产品的开发项目应该协同探索功能上和经济上均可接受的方案。在大多数情况下,积极管理干系人参与能保证项目目标的描述和实现。对于适应性软件项目生命周期,这表现为在产品产能增量的迭代周期结束时,按计划演示用户试用正常工作的、可交付的软件。对于预测性软件项目,干系人积极参与里程碑检查,包括评估原型和产品增量演示技术交换会。

13.3.1 过程输入

本过程的输入包括以下内容。

(1) 干系人管理计划。描述了干系人沟通的方法和技术。该计划用于确定各干系人之间的互动程度,以调动干系人最有效地参与项目提供指导。与其他文件一起,该计划有助于制定在整个项目生命周期中识别和管理干系人的策略。

(2) 沟通管理计划。为管理干系人期望提供指导和信息。所用到的信息包括以下几项。

① 干系人的沟通需求。

② 需要沟通的信息,包括语言、格式、内容和详细程度。

③ 发布信息的原因。

④ 将要接收信息的个人或群体。

⑤ 升级流程。

(3) 变更日志。用于记录项目期间发生的变更。应该与适当的干系人就这些变更及其对项目时间、成本和风险等的影响进行沟通。

(4) 组织过程资产。其包括组织对沟通的要求、问题管理程序、变更控制程序、以往项目的历史信息。

(5) 审查、会议和计划。在预测性生命周期软件项目中,里程碑审查为干系人提供了参与的机会。对采用适应性生命周期的软件项目而言,迭代计划为管理软件项目干系人的参与提供了重要输入。这些计划对每个迭代演示或软件发布所包含的内容进行了一个初始估计。每个发布演示中的回顾会提供了动态更新迭代计划和发布计划的机会。

13.3.2 过程工具与技术

除了周转率度量和昨日天气之外,本过程的工具和技术还包括以下各项。

(1) 沟通方法。在管理干系人参与时,应该使用在沟通管理计划中确定的针对每个干系人的沟通方法。基于干系人的沟通需求,决定在项目中如何使用、何时使用及使用哪种沟通方法。

(2) 人际关系技能。用来管理干系人的期望,如建立信任、解决冲突、积极倾听和克服变更阻力等。

(3) 管理技能。用来协调各方以实现项目目标。举例如下。

① 引导人们对项目目标达成共识。

② 对人们施加影响,使他们支持项目。

③ 通过谈判达成共识,以满足项目要求。

④ 调整组织行为,以接受项目成果。

(4) 信息发射源。这是用以报告项目状态的大型图形化展示平台。它们常被更新,并放在软件项目团队和其他项目干系人可见的地方。常用的图表包括故事板、燃尽图和燃耗图、累积流量图、缺陷列表等。信息发射源可能扩散内部政治和项目相关信息的不健康的竞争。

(5) 沟通工具。软件项目适应性生命周期模型使用一系列沟通工具来描述范围、计划、进度和风险。这些工具包括产品未完项、发布地图、累积流量图、产品燃尽图和风险燃尽图。它们提供了管理软件项目干系人参与的输出。预测性软件项目使用挣值报告、状态报告、配置管理报告和风险登记册等技术作为沟通项目状态的工具。

13.3.3 过程输出

本过程的输出包括以下内容。

(1) 问题日志。应随新问题的出现和老问题的解决而动态更新。

(2) 变更请求。可能对产品或项目提出变更请求,包括针对项目本身的纠正或预防措施以及针对与相关干系人的互动的纠正或预防措施。

(3) 项目管理计划(更新)。主要是干系人管理计划。当识别出新的干系人需求,或者需要对干系人需求进行修改时,就需要更新该计划。

(4) 项目文件(更新)。主要是干系人登记册,包括干系人信息变化、识别出新干系人、原有干系人不再参与项目、原有干系人不再受项目影响,或者特定干系人的其他情况变化。

(5) 组织过程资产(更新)。

① 给干系人的通知。可向干系人提供有关已解决问题、已批准变更和项目总体状态信息。

② 项目报告。采用正式和非正式的项目报告来描述项目状态。项目报告包括经验教训总结、问题日志、项目收尾报告和出自其他知识领域的相关报告。

③ 项目演示资料。项目团队正式或非正式地向任一或全部干系人提供的信息。

④ 项目记录。包括往来函件、备忘录、会议纪要及描述项目情况的其他文件。

⑤ 干系人反馈意见。可以分发干系人对项目工作的意见,用于调整或提高项目未来绩效。

⑥ 经验教训文档。包括对问题的根本原因分析、选择特定纠正措施的理由以及有关干系人管理的其他经验教训。记录和发布经验教训,并收录在本项目和执行组织的历史数据库中。

13.4 控制干系人参与

控制干系人参与是全面监督项目干系人之间的关系,调整策略和计划,以调动干系人参与的过程。本过程的主要作用是,随着项目进展和环境变化,维持并提升干系人参与活动的效率和效果。

对软件项目经理而言,控制干系人参与和期望可以说是唯一最重要的成功因素。对预测性生命周期软件项目而言,控制干系人参与的技术包括:在里程碑审查、技术交换会和产品增量演示中包括适当的干系人;使用变更控制请求和变更控制程序来处理变更;让合适的干系人参与对于需求、进度计划、预算和技术的权衡决策,包括初始决策和后续的决策。

管理适应性生命周期软件项目和控制干系人参与的技术提供了一些独特的挑战和机遇。尤其在适应性生命周期模型中,软件项目经理和软件团队需要让干系人持续参与。客户和其他干系人需要理解项目会如何被管理以及对他们参与的期望。应该向客户和其他干系人解释将要采用的特别的适应性生命周期,软件项目团队也要知道与外部干系人交互时对团队有怎样的期待。要得到外部干系人和经验不足的项目团队成员的热情参与，可能充满挑战而且耗费时间。

在适应性生命周期项目中，客户和其他有决策权的干系人有责任识别特性、软件特性优先级排序和软件开发排序；他们控制了要执行的是哪些工作；他们会被提供进度和产品功能的演示，而且需要参与并提供反馈。

图 13-9 所示为本过程的数据流向图。

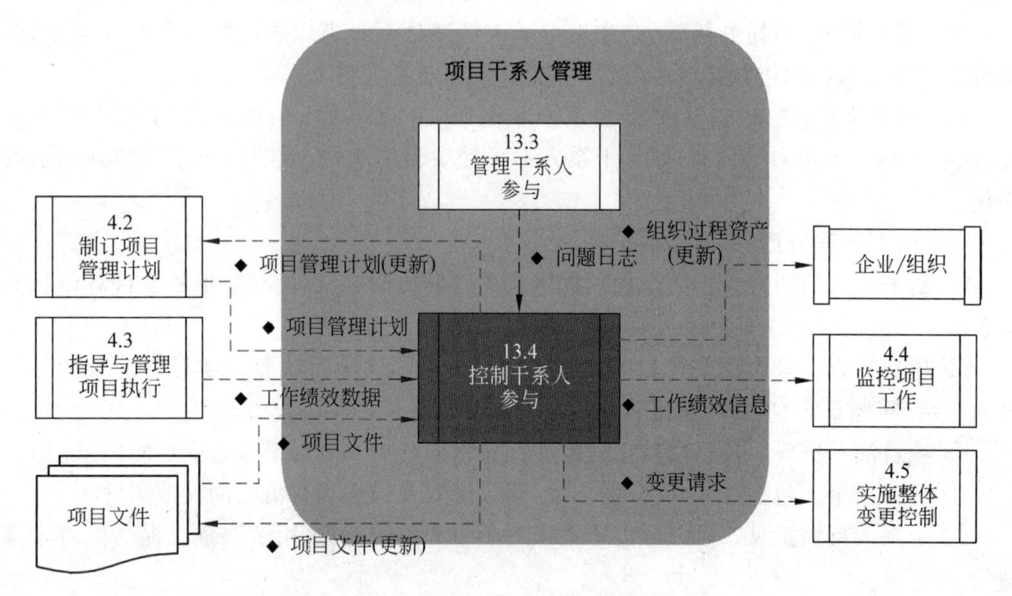

图 13-9　控制干系人参与的数据流向图

在干系人管理计划中列出干系人参与活动，并在项目生命周期中加以执行。应该对干系人参与进行持续控制。

13.4.1　过程输入

本过程的主要输入有以下内容。

（1）项目管理计划。可用于制订干系人管理计划，主要信息包括以下几项。

① 项目所选用的生命周期及各阶段拟采用的过程。

② 对如何执行项目以实现项目目标的描述。

③ 对如何满足人力资源需求，如何定义和安排项目角色与职责、报告关系和人员配备管理等的描述。

④ 变更管理计划，规定将如何监控变更。

⑤ 干系人之间的沟通需要和沟通技术。

（2）问题日志。随新问题的出现和老问题的解决而更新。

（3）工作绩效数据。这是在执行项目工作的过程中，从每个正在执行的活动中收集的关于项目活动和可交付成果的原始观察结果和测量值。数据经常是最具体的，将由其他过程从中提炼出项目信息。例如，工作绩效数据包括工作完成百分比、技术绩效测量结果、进度活动的开始和结束日期、变更请求的数量、缺陷的数量、实际成本和实际持续时间等。

(4) 项目文件。来自启动、规划、执行或控制过程的诸多项目文件，可用作控制干系人参与的支持性输入，包括项目进度计划、干系人登记册、问题日志、变更日志和项目沟通文件等。

13.4.2 过程工具与技术

本过程的主要工具和技术有以下几项。

(1) 信息管理系统。为项目经理获取、储存和向干系人发布有关项目成本、进展和绩效等方面的信息提供了标准工具。它也可以帮助项目经理整合来自多个系统的报告，便于项目经理向项目干系人分发报告。例如，可以用报表、电子表格和演示资料的形式分发报告。可以借助图表把项目绩效信息可视化。

(2) 专家判断。为确保全面识别和列出新的干系人，应对当前干系人进行重新评估。应该向受过专门培训或具有专业知识的小组或个人寻求输入。可通过单独咨询(如一对一会谈、访谈等)或小组对话(如焦点小组、调查等)，获取专家判断。

(3) 会议。可在状态评审会议上交流和分析有关干系人参与的信息。

13.4.3 过程输出

本过程的输出主要有以下内容。

(1) 工作绩效信息。从各控制过程收集得到的绩效数据，结合相关背景和跨领域关系进行整合分析，转化为工作绩效信息。工作绩效信息考虑了相互关系和所处背景，可以作为项目决策的可靠基础。工作绩效信息通过沟通过程进行传递，包括可交付成果的状态、变更请求的落实情况及预测的完工尚需估算。

(2) 变更请求。在分析项目绩效及与干系人互动中，经常提出变更请求。需要通过实施整体变更控制过程对变更请求进行处理。

① 推荐的纠正措施，包括为使项目工作绩效重新与项目管理计划保持一致而提出的变更。

② 推荐的预防措施，这些措施可以降低在未来产生不良项目绩效的可能性。

(3) 项目管理计划(更新)。随着干系人参与项目工作，要评估干系人管理策略的整体有效性。如果发现需要改变方法或策略，就应该更新项目管理计划的相应部分，以反映这些变更。需要更新的内容包括变更管理、沟通管理、成本管理、人力资源管理、采购管理、质量管理、需求管理、风险管理、进度管理、范围管理和干系人管理等计划。

(4) 项目文件(更新)。

① 干系人登记册。干系人信息变化、识别出新干系人、原有干系人不再参与项目、原有干系人不再受项目影响，或者特定干系人的其他情况变化。

② 问题日志。随新问题的出现和老问题的解决而更新。

(5) 组织过程资产(更新)。

① 给干系人的通知。提供有关已解决的问题、已批准的变更和项目总体状态的信息。

② 项目报告。采用正式和非正式的项目报告来描述项目状态。包括经验教训总结、问题日志、项目收尾报告和出自其他知识领域的相关报告。

③ 项目演示资料。项目团队正式或非正式地向任一或全部干系人提供的信息。

④ 项目记录。包括往来函件、备忘录、会议纪要及描述项目情况的其他文件。

⑤ 干系人反馈意见。分发干系人对项目工作的意见，用于调整或提高项目的未来绩效。

⑥ 经验教训文档。包括对问题根本原因的分析、选择特定纠正措施的理由以及有关干系人管理的其他经验教训。记录和发布经验教训，并收录在本项目和执行组织的历史数据库中。

13.5 习　　题

请参考课文内容以及其他资料，完成下列选择题。

1. 识别干系人输入中，能够提供参与项目和受项目影响的内、外部各方面信息的是(　　)。

A. 项目章程　　B. 采购文件　　C. 事业环境因素　　D. 组织过程资产

2. 以下(　　)是识别干系人过程的输入。

A. 人力资源管理计划　　B. 组织机构图

C. 采购文件　　D. 活动资源需求

3. 为了进行干系人分析，你首先应当进行的工作是(　　)。

A. 识别全部潜在的项目干系人及其相关信息

B. 识别每个干系人可能产生的影响或提供的支持，并把它们分类，以便制定管理策略

C. 沟通需求分析

D. 评估关键干系人对不同情况可能做出的反应或应对

4. 为了有效地识别干系人，需要进行以下活动：① 对干系人进行分类；② 识别干系人及其信息；③ 评估关键干系人的反应。正确的步骤是(　　)。

A. ①—②—③　　B. ②—①—③

C. ③—②—①　　D. 以上都不对

5. 项目经理向 PMO 团队呈交项目状态报告，PMO 团队的一名高级成员认为当地政府机构未参与到该项目中，因此，公司可能必须支付罚款。项目经理未完成以下(　　)工作。

A. 项目干系人识别　　B. 沟通计划

C. 项目干系人管理策略　　D. 需求计划

6. 一个项目计划在某农场附近开展，该项目的高级总工认为这将影响到该农场而表示反对。以下(　　)可以避免这种情况。

A. 蒙特卡洛模拟　　B. 风险分析

C. 干系人分析　　D. 职责分配矩阵

7. 在项目规划过程中，下列最适当的做法是（ ）。

A. 邀请所有项目干系人参与　　B. 确定最初的项目团队成员

C. 确定项目控制的临界值　　D. 确认范围

8. 你负责管理某个新产品开发项目。高级管理层已经签发项目章程，批准项目计划。项目的进度和预算都十分紧张，质量要求也很高。在项目执行阶段，项目干系人一直通过项目沟通计划所规定的方法了解项目进展情况。项目的范围、进度、成本和质量都符合项目计划的要求。突然，你得知整个项目很可能被取消，因为项目产品完全无法被接受。导致这种情况的原因是（ ）。

A. 项目遇到了技术上的重大难题　　B. 项目干系人误解了项目执行情况

C. 高级管理层不再支持项目　　D. 没有识别出某个关键项目干系人

9. 某停车场能容纳1 000辆车。停车场业主刚刚启动一个改造项目，升级车辆进出管理系统和停车引导系统。为了确保项目成功实施，必须记录详细的需求。作为项目经理，你应该（ ）。

A. 鼓励项目干系人尽早参与进来　　B. 根据需求确定项目目标

C. 对需求变化进行实时监控　　D. 定期召开项目进展评审会议

10. 识别干系人，最好采用的方法是（ ）。

A. 启动项目时识别所有的干系人

B. 与干系人一起解决问题

C. 对已识别的干系人进行访谈，识别出更多的干系人

D. 对干系人的技能进行评估

11. 干系人登记册中通常包括（ ）。

A. 干系人的基本信息、评估信息和分类

B. 干系人的基本信息、分类和管理策略

C. 干系人的基本信息、所在位置和分类

D. 干系人的基本信息、在项目中的角色和分类

12. 作为规划干系人管理过程的输入，项目管理计划中的（ ）不是项目经理需要考虑的要素。

A. 干系人之间的沟通需要和沟通技术

B. 项目所选用的生命周期以及各阶段拟采用的过程

C. 项目的范围基准

D. 对如何执行项目以实现项目目标的描述

13. 干系人参与评估矩阵可以用来识别（ ）。

A. 沟通差距　　B. 额外的干系人

C. 干系人间的主要关系　　D. 干系人的参与程度

14. 记录干系人分组以及按组别的管理措施记录在（ ）文件中。

A. 干系人登记册　　B. 干系人管理计划

C. 项目管理计划　　D. 变更日志

15.（　　）是管理干系人参与过程的输入。

A. 变更日志　　B. 变更请求　　C. 问题日志　　D. 干系人登记册

16. 以下不是管理干系人参与的工具与技术的是（　　）。

A. 沟通方法　　B. 人际关系技能

C. 管理技能　　D. 问题日志

17. 管理干系人参与过程的输出中可能需要更新的组织过程资产不包括（　　）。

A. 项目报告　　B. 干系人的反馈意见

C. 给干系人的通知　　D. 问题日志

18. 不是控制干系人参与过程的输入的是（　　）。

A. 工作绩效信息　　B. 问题日志

C. 变更管理计划　　D. 干系人管理计划

19. 项目经理通常使用（　　）工具向干系人发布有关项目成本、进展和绩效等方面的信息。

A. 记录管理系统　　B. 绩效报告

C. 信息管理系统　　D. 会议

20. 在控制干系人参与过程中，更新了项目文件的（　　）。

A. 干系人登记册　　B. 变更日志

C. 风险登记册　　D. 需求文件

13.6 实验与思考：喀纳斯湖垂钓项目——识别干系人

【实验目的】

本节“实验与思考”的目的如下。

(1) 理解和熟悉项目干系人管理的基本知识。

(2) 尝试完成项目干系人管理实践，识别项目干系人并编制相应的干系人管理计划。

【工具/准备工作】

(1) 在开始本实验之前，请回顾教科书的相关内容。

(2) 需要准备一台能够访问因特网的计算机，在网上详细了解新疆喀纳斯湖景区及其旅游接待工作的相关信息。

【实验内容与步骤】

1. 案例

喀纳斯湖（蒙古语，意为“美丽富饶、神秘莫测”）地处新疆阿勒泰山脉中，是布尔津县北部一处著名的淡水湖（如图 13-10 所示），面积 $45.73km^2$，平均水深 120m，最深处达 188.5m。外形呈月牙状，被推测为古冰川强烈运动阻塞山谷积水而成。喀纳斯湖中传说有湖怪“大红鱼”出没，据称身长可达到 10m。喀纳斯湖风景优美，林木茂盛，为国家 5A

级旅游景区。

图 13-10 新疆喀纳斯湖

你们在喀纳斯湖畔的一座小屋里围着火堆而坐，一起讨论一项“喀纳斯湖垂钓休闲游”活动。在这天上午，你们收到来自杭州智星科技公司总裁的一份传真，她希望奖励她的高管团队，让他们参加一次费用全包的“喀纳斯湖垂钓休闲游”。她希望贵旅行社能组织这次活动。

你已经结束了项目的初步范围陈述，现在进行头脑风暴来思考和项目相关的可能风险。

2. 项目目标

组织一次为期5天的喀纳斯湖垂钓休闲项目，地点在新疆喀纳斯湖5A级旅游景区，时间是从6月21日到25日，成本不超过27 000元，客人不超过10人。

3. 交付物

(1) 提供喀纳斯机场至景区的往返豪华旅游中巴包车。
(2) 提供湖上游览交通工具，由带有外侧马达的8人漂流艇组成。
(3) 提供5天的一日三餐。
(4) 提供4h的垂钓说明。
(5) 提供湖畔小木屋的过夜住宿，加上3顶4人帐篷，帐篷带帆布床、被褥和提灯。
(6) 提供两个有经验的湖泊向导，他们同时也是渔夫。
(7) 为所有客人提供钓鱼许可证。

4. 里程碑

(1) 合同在1月22日签字。
(2) 客人在6月20日抵达喀纳斯机场。
(3) 6月25日从喀纳斯飞回杭州。

5. 技术要求

(1) 喀纳斯机场至喀纳斯湖景区的公路交通。
(2) 喀纳斯湖上的船舶交通。
(3) 移动电话设备。

(4) 符合喀纳斯湖景区要求的宿营与钓鱼。

6. 限制和例外

(1) 客人负责到喀纳斯以及离开的交通安排。
(2) 客人负责自己的钓鱼设备和衣物。
(3) 喀纳斯机场与喀纳斯湖景区的地方交通要外包。
(4) 向导不保证客人捕获的鲜鱼的数量。

7. 客户评价

杭州智星科技公司总裁。

8. 作业

(1) 小组讨论研究和熟悉这个项目的具体服务内容。
(2) 为本项目建立类似于表 13-1 的"干系人登记册"。
(3) 为本项目建立类似于表 13-3 的"干系人管理计划"。
将上述内容整理形成正式的项目干系人管理文件并适当命名。
请用压缩软件对本作业完成的相关文件压缩打包,并将压缩文件命名为
<班级>_<姓名>_项目干系人管理.rar

请将该压缩文件在要求的日期内,以电子邮件、QQ 文件传送或者实验指导教师指定的其他方式交付。

请记录:该项实验作业能够顺利完成吗?若有困难请分析原因。

____

____

【实验总结】

____

____

____

____

【实验评价(教师)】

____

____

结束项目或阶段

作为项目整合管理的一部分,结束项目或阶段是完结全部项目管理过程组的所有活动,以正式结束项目或阶段的过程。本过程的主要作用是:总结经验教训;正式结束项目工作;为开展新工作而释放组织资源。

图 14-1 所示为本过程的数据流向图。

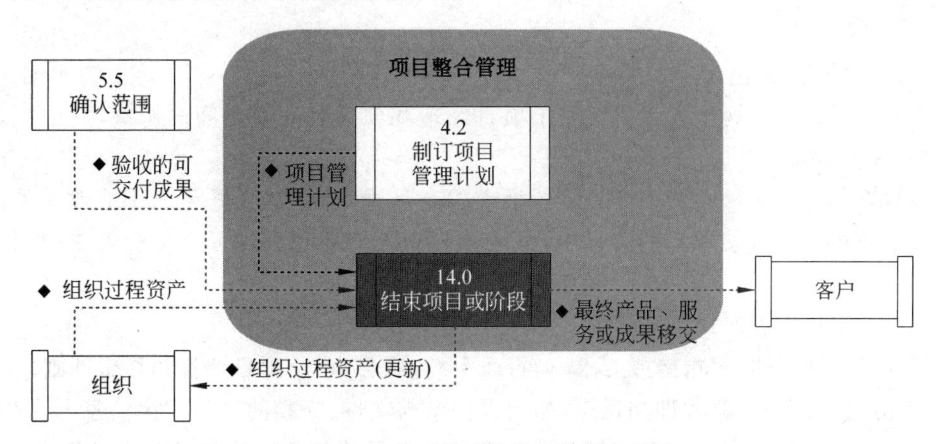

图 14-1 结束项目或阶段的数据流向图

在结束项目时,项目经理需要审查以前各阶段的收尾信息,确保项目目标已经实现,所有项目工作都已完成。由于项目范围是依据项目管理计划来考核的,项目经理需要审查范围基准,确保在项目工作全部完成后才宣布项目结束。

如果项目在完工前就提前终止,结束项目或阶段过程还需要制定程序,来调查和记录提前终止的原因。为此,项目经理应该邀请所有合适的干系人参与本过程。

结束项目或阶段是一个最终的活动,贯穿全部项目管理过程组以完成项目和阶段。

历史生产数据和经验教训对于结束软件项目格外重要,这种信息应该在组织的数据仓库中找到。历史数据将提供基础的信息去评估将来类似的项目。在项目生命周期中,历史数据和经验教训可以被应用于识别趋势,不论是积极的还是消极的。积极的趋势可以指明改进过程中产生的良好项目可以应用到整个组织中。消极的趋势与经验教训指明软件组织需要进行过程改进的那一部分。一个结束软件项目的过程的额外重要的因素就是坚持法律审查和批准。

为了将来的可维护性和可能的代码复用,软件项目经理及其他相关人员应该安排持续地配置控制软件资产，包括整个软件项目周期过程中的需求文档、源代码以及相关的架构和设计文档。

14.1 过程的输入与输出

结束项目或阶段过程涵盖进行项目或阶段管理收尾（又称行政收尾）所需的全部活动。在本过程中，应该逐步实施。

① 为达到阶段或项目的完工或退出标准所必需的活动。

② 为向下一个阶段或向生产和/或运营部门移交项目的产品、服务或成果所必需的活动。

③ 为收集项目或阶段记录、审核项目成败、收集经验教训和存档项目信息（供组织未来使用）所必需的活动。

14.1.1 过程输入

本过程的输入包括以下内容。

(1) 项目管理计划。该计划相当于项目经理和项目发起人之间的协议，其中规定了项目完工的标准。

(2) 验收的可交付成果。可能包括批准的产品规范、交货收据和工作绩效文件。在分阶段实施的项目或被取消的项目中，可能会包括未全部完成的可交付成果或中间可交付成果。

(3) 组织过程资产。

① 项目或阶段收尾指南或要求，如行政手续、项目审计、项目评价和移交准则。

② 历史信息与经验教训知识库，如项目记录与文件、完整的项目收尾信息与文档、关于以往项目选择决策与以往项目绩效的信息以及从风险管理活动中得到的信息。

14.1.2 过程工具与技术

本过程的主要工具与技术有以下几项。

(1) 专家判断。用于开展行政收尾，由相关专家确保项目或阶段收尾符合适用标准。

(2) 分析技术。如回归分析、趋势分析。

(3) 会议。可以是面对面或虚拟、正式或非正式会议。参会者包括项目团队成员及参与项目或受项目影响的其他干系人。会议的类型如经验教训总结会、收尾会、用户小组会和用户审查会。

14.1.3 过程输出

本过程的输出包括以下内容。

(1) 最终产品、服务或成果移交。在阶段收尾时，是移交该阶段所产出的中间产品、服务或成果。软件工作产品的归档，包括已交付的源代码和相关文件以及项目绩效数据，是从软件开发到软件交付的过渡过程中一项重要的活动。

(2) 组织过程资产(更新)。

① 项目档案。在项目活动中产生的各种文件,如项目管理计划、范围管理计划、成本管理计划、进度管理计划、项目日历、风险登记册、其他登记册、变更管理文件、风险应对计划和风险影响评价。

② 项目或阶段收尾文件。包括表明项目或阶段完工的正式文件以及用来把完成的项目或阶段可交付成果移交给他人(如运营部门或下一阶段)的正式文件。

在项目收尾期间,应该审查以往的阶段文件、范围核实过程所产生的验收文件及合同,以确保达到全部项目要求。如果项目在完工前提前终止,则需要在正式的收尾文件中说明项目终止的原因,并规定正式程序,来把该项目的已完成和未完成的可交付成果移交他人。

③ 历史信息。把历史信息和经验教训信息存入经验教训知识库,供未来项目或阶段使用。可包括问题与风险的信息以及适用于未来项目的有效技术的信息。

14.1.4　项目或阶段签收

项目签收(如表 14-1 所示)涉及记录与项目目标相比项目的最终绩效如何。要根据项目章程审核项目目标并记录目标被实现的证据。如果有项目目标没有实现,或者有偏差,也要被记录下来。项目签收中要记录下来信息包括项目或阶段描述、项目或阶段目标、完成标准、是否满足、偏差、合同信息、批准。

表 14-1　项目签收

项目名称:____________________　准备日期:________　项目经理:________

<table>
<tr><td colspan="4">项目或阶段描述</td></tr>
<tr><td colspan="4">提供项目总体水平的描述,可以从项目章程中摘录信息。在迭代式开发工作的情况下,可将每个项目阶段认为是整个项目发展阶段中的已完成小型项目。迭代式开发工作应是在整个迭代项目生命周期中敏捷过程或主要阶段的一部分</td></tr>
<tr><td colspan="4">绩效总结</td></tr>
<tr><td></td><td>项目目标</td><td>完成标准</td><td>是否满足</td></tr>
<tr><td>范围</td><td colspan="3">描述计划好的必须获得的项目或阶段收益的范围目标
记录必须完成范围目标的详细的、可测量的标准,提供符合成功标准的证据</td></tr>
<tr><td>质量</td><td colspan="3">描述计划好的必须获得的项目或阶段收益的质量目标和标准
记录必须满足产品和项目或阶段质量目标的详细的、可测量的标准
输入来自产品验收表的检验和确认信息</td></tr>
<tr><td>进度</td><td colspan="3">描述项目应该完成的进度目标
记录必须满足进度目标的具体日期,这可能包括里程碑交付物日期
识别可交付成果的实现日期</td></tr>
<tr><td>成本</td><td colspan="3">描述项目或阶段花费的目标
记录标明预算成功的具体数额或范围
输入项目或阶段的最终成本</td></tr>
</table>

续表

偏差信息
记录和解释来自任何项目或阶段目标的偏差信息
合同信息
提供合同绩效信息。输入或参考来自合同签收报告的信息，并提供如何获取信息的方向

项目签收可从以下方面获得信息，即项目管理计划、产品验收表格。

项目或阶段签收过程报告和合同签收报告以及经验教训文档有关。

14.2 管理发布早期版本的请求

项目经理如果一直在使用敏捷生命周期(而且一直随着项目进展进行测试)，就不用担心发布早期版本的请求，因为软件在每个迭代结束时都是可以发布的。如果提供的功能不够，可能客户不愿意付钱，不过产品总是可以发布的。要是使用其他生命周期，项目经理就应该尽早知道是否需要发布早期版本。

要是开发人员做不到按功能逐个实现，项目经理可以让开发人员使用持续集成，由测试人员按功能逐个测试。如果这些方案都不适用，就得准备两次结束方案了。第一次是发布早期版本，第二次发布实际版本。这样做的成本很高。要想避免类似情况，项目经理就要跟团队沟通。

14.3 管理 beta 版本

项目经理要搞清楚关于 beta 版本[①]的几个问题：希望发布几个版本、对产品完成度的要求、哪些客户将会使用 beta 版本？当然，这些问题的回答都基于 beta 版本的持续时间和目的。

可以试着将发布 beta 版本作为一个子项目。如果使用敏捷生命周期，在版本计划中要预估从哪个迭代开始发布 beta 版本。有了更多信息之后，项目经理还要及时更新版本计划。

一个 beta 测试模板的内容包括以下几项。

(1) beta 测试目的。简要描述产品版本，为什么要进行 beta 测试，会给公司带来哪

① alpha 指的是内测，即开发团队内部测试的版本或者有限用户的体验测试版本；beta 指的是公测，即针对所有用户公开的测试版本。

些好处等。

(2) beta 测试客户选择。包括如何选择 beta 客户、初始客户名单、文书工作负责人等信息。

(3) beta 测试入口条件。这是一个里程碑条件，表明项目经理知道已经准备好开始 beta 测试。类似于发布条件，或是系统测试入口/出口条件。

(4) beta 测试出口条件。这也是一个里程碑条件，表明项目经理知道已经准备好结束 beta 测试。也就是说，要说明怎么样才能知道自己已经到达了 beta 测试阶段的尾声。

(5) 总体 beta 测试日程。说明谁是 beta 测试协调人，或者每周选一个人负责。说明谁将负责回答 beta 测试客户的电话和邮件。一个总体日程实例如表 14-2 所示。

表 14-2 一个总体日程实例

周 数	主 要 任 务
第 1 周	与客户验证系统安装过程
第 2 周	确认客户已运行功能 3 和功能 4。询问性能情况
第 3 周	开始索要参考信息

14.4 指导项目走向完成

假如一切顺利，项目经理现在所要做的就是结束项目。

14.4.1 管理“结束游戏”

看起来，项目将会准时完成(或是接近准时)，即项目可以在期望的发布日期前达成所有的发布条件。此时，应该继续收集与缺陷相关的数据。如果为了满足项目日期要求，项目经理打算接受更多技术债务的存在，也没关系，不过要保证这是一个深思熟虑的决定。

如果项目经理一直在牢牢掌控项目，接下来的任务就是规划回顾，然后就可以庆祝了。

14.4.2 规划回顾

项目经理一定要在项目结束时举行回顾会。即使一直在举行中期回顾，也要保证在项目结束时举行回顾，应该为最后的回顾寻找另外的推动者。项目经理和团队对于可交付物和项目工作过于了解了，以至于项目经理很难作为推动者来推动回顾。

回顾既不是“经验教训”批评会，也不是对项目的盖棺定论。它是一个结构分明的会议，其目的是要回顾项目的进展过程、人们有哪些经验教训、他们在这个项目中工作时的感觉如何。经过用心设计和推进的回顾，可以为下个项目节省好几周的时间。

如果项目持续长达 3 个月甚至更长时间，则建议应该花上一整天的时间来反思并分析刚完成的项目。如果上个项目团队的大部分人要一起参加下一个项目，就更应该这么做。更长的项目甚至需要时间更长的回顾。

在项目团队超过20个人，而且有两个或两个以上地点的人参与的情况下，以团队为小组安排小规模的回顾会也是可以的，不过要把所有的团队集中到一个地点。如果团队拆得越零散，收集到的数据可用性就越低，从而项目或工程能从中得到的好处也就越少。

如果项目经理管理的项目规模很大，或是管理多地点项目，这时，首先看看能不能把所有的人聚集到一个地方进行回顾，这个地方不属于任何团队所在的地点。还可以让管理层解决某些由于跨团队造成的问题。让每个团队推选一位代表，展示他们的经验和教训。还要让这些选举出来的代表分享他们的经验和体会，同时考虑由于跨地点造成的问题(这些不是管理层面的问题)。

还有一种变通方案：与所有的团队进行虚拟回顾。例如，借助QQ视频聊天方式，让每个人都能看到各个团队的房间，收集和书写交流信息，同时每个人都能看到其中的内容，这样就可以一组人共同发表意见了。

有些问题存在于不同站点的某些人之间。管理层无法解决这些问题。项目经理要把这些人带到同一个物理地点上，再解决这些问题。

14.4.3 规划庆祝

在项目结束时也应该有个庆祝仪式。聚会或庆祝不一定要花多少钱，但必须让项目的参与者们感到舒服。当然，即使项目失败了，至少也要庆祝一下项目结束了。

在认定项目失败之前，要安排一次回顾。项目失败的原因常常来自管理层——包括出资人、高级管理层甚至是项目经理。有时，出资人会在项目进行到一半时改变项目的总体目标。有时，组织需要项目采用阶段-关卡式的生命周期，却又希望项目可以像敏捷项目那样快速应对变化。有时，项目经理根本不收集任何测量数据，所以项目团队也根本不知道自己现在的工作状况。项目“失败”有很多原因，却很少是因为技术人员能力不足而无法完成技术工作。

14.5 取消项目

取消项目也是一种结束项目的方式。如果组织决定取消项目，那就准备中止这个项目吧。下面这些方式可以让项目工作停下来。

(1) 向参与项目的人解释项目的取消原因以及对他们的影响。他们想知道接下来要做哪些工作。

(2) 感谢团队每个人为项目付出的努力。如果团队人员很少，可以在宣布取消项目的会议上向大家表示感谢。对于人比较多或者是工程团队来说，让子项目经理或技术带头人去感谢他们的团队成员。

(3) 给人们时间，让他们先理清手上的事情，再开始新的工作。这可能包括签入之前签出的代码，并注明目前的代码状态，或是注明哪些设计正在讨论变通方案，也可能是要说明哪些测试已经执行、哪些没有执行。

(4) 取消与该项目相关的所有定期会议。人们不再为这个项目的相关会议安排时间后，他们就可以为新的工作安排其他时间了。

(5) 找一个人专门处理取消项目带来的一些不可回避的问题,最好是某个管理层级比较高的人。如果某个搞技术的人知道了项目信息之后,他很有可能再次从事项目的某些工作。要是指派一个经理来处理这些问题,这位经理大概不会再去做这个项目了。

(6) 如果要取消的项目已经开始了一个星期甚至更长的时间,那就得花时间去做项目回顾,然后看看人们从项目中取得了哪些经验教训。

(7) 当人们整理完各自手上的工作之后,尽快让他们投入到新项目的工作中。

取消项目并不令人愉快,不过要是项目经理可以干净利落地取消一个项目,就能帮助组织尽快投入到下一个应该做的项目之中。

14.6 项目收尾

项目或项目的阶段(概念、开发、执行或结束)需要收尾。

14.6.1 合同收尾

许多项目都有合同约束,而合同往往规定了这些成果应该包含什么内容。合同收尾针对外包形式的项目,通常在管理收尾之前进行,一个合同只需要一次合同收尾,是由项目经理向卖方签发的合同结束的书面确认。合同收尾程序既涉及产品核实,又涉及管理收尾。只有当项目的管理收尾完成后,项目才算结束。

14.6.2 管理收尾

管理收尾,包括生成、收集和分发信息来使阶段或项目的完成正规化。为结束项目,项目经理需要完成相关活动,如项目回顾、发行早期版本、主导 beta 测试、指导项目走向尾声等。

管理收尾就是发起人和客户对项目产品的正式接受,要花费时间来汇集项目的记录,分析经验教训(包括偏差的根本原因、纠正措施选择的原因与依据等),收集、整理、分发和归档各种项目文件,以便正式确认项目产品合格性等,确保这些记录反映最终的规范,分析项目的有效性,将信息存档以供将来使用。同时,伴随着组织过程资产的更新和人力及非人力资源的释放。

管理收尾的主要输出是项目档案、正式接受和取得的教训。项目档案包括整理好的项目记录,提供了一个项目准确的历史;正式接受是项目发起人或客户签发的表明他们接受项目产品的文件;取得的教训是项目经理及其项目组成员经过思考写下的经验总结。

项目档案常常在项目结束许多年以后还有用。例如,一个新的项目经理可能想知道以前项目在某一方面使用过的手段和技术上的更多细节。项目档案中的文件能为当前的项目节省时间和资金;有时可能要对组织进行审计,良好的项目档案能为此快速提供有价值的信息。

企业内部项目也要与外部项目一样进行正式接受,这个过程有助于项目的正式结束,避免项目终止的推迟。在合同条件下,买主必须合法地接受作为合同一部分的产品。如果合同没有按计划完成,通常存在附加成本。在没有合同的条件下,工作完成后各方必须就此达成一致，以便重新分配人员和其他资源。

另外，项目收尾的一项重要工作是，对项目团队成员进行绩效评价（这里仅评价团队成员在本项目中的绩效表现，至于个人的整体绩效评价应该由职能经理在综合所有项目绩效的基础上作出整体评价）。项目团队成员在项目中的绩效评价结果应记录在个人档案中，而非项目档案中。

14.7 习　　题

请参考课文内容以及其他资料，完成下列选择题。

1. 你负责的项目现在处于计划阶段，项目需要定期追加资金投入，但是现在项目发起人告诉你，公司对项目重新进行了评价并决定不再追加任何资金。在这种情况下，你应该（　　）。

A. 简化流程，降低成本　　B. 进行合适的收尾工作
C. 缩减团队支出　　D. 停止一切工作

2. 下面不会在项目完工时收入项目文件档案的是（　　）。

A. 项目成本计划　　B. 范围计划
C. 项目进度计划　　D. 项目组成员的绩效评估

3. 在项目收尾时最后应该做的是（　　）。

A. 完成经验总结　　B. 提供给客户所有相关的文档
C. 更新档案　　D. 解散团队

4. 项目已完成了行政与合同收尾，但还别忘记（　　）。

A. 与团队成员举行庆功会　　B. 文件归档
C. 组织过程资产更新　　D. 经验教训总结

5. 下面（　　）最好地描述了项目的正式接受。

A. 确实已经完成项目　　B. 客户签收项目产品的交付文档
C. 最终付款完成　　D. 最终可交付成果送达客户

6. 项目收尾过程的输出中，组织过程资产的更新不包括（　　）。

A. 项目档案
B. 最终产品、服务或成果的正式验收文件
C. 经验总结
D. 项目成员的绩效评价

7. 有关合同收尾与管理收尾说法，错误的是（　　）。

A. 合同收尾针对的是外包形式的项目
B. 合同收尾与管理收尾相比的关键差别在于，前者还包括产品核实
C. 合同收尾和管理收尾都是在项目结束的时候进行
D. 管理收尾完成后项目才算结束

8. 以下（　　）问题不会在项目收尾审计中得到答案。

A. 项目基准是否符合行业标准

B. 项目完成程度是否符合预定的目标

C. 项目成本有没有超出预算

D. 项目进行中利用的技术是否发挥作用

9. 作为项目经理的你，在项目开发阶段即将结束的时候，接到上级管理者的通知，要求把一个核心的设计人员调离项目组。这时的你应该（　　）。

A. 立即通知该设计人员调离

B. 与该人员沟通，记录这次项目的经验教训等主要信息，之后将其调离

C. 立即完成此人在本次项目中的绩效考核

D. 立即与此人沟通，确保其原意调离

10. 作为项目经理的你，在结束项目过程中发现轮班制度的实行有利于加快项目的进度和节省成本，面对这种情形，你应该（　　）。

A. 纳入个人经验库，在下次从事相似工作时，向上级建议

B. 将这个信息认真调查核实后，记入公司的经验教训库，并提交给上级主管部门，供组织未来使用

C. 告知客户，提醒客户以后为此节省资金

D. 告知项目小组成员，征求大家意见

11. 在收尾一个项目的下列4个活动中，选择最有效的顺序。①收集经验教训，②移交项目的产品，③存档项目信息，④ 收集项目记录。（　　）

A. ①—②—③—④　　　　B. ②—④—①—③

C. ①—②—④—③　　　　D. ③—②—①—④

12. 在项目结束过程中，项目经理需要记录（　　）。

A. 工作说明书　　　　B. 付款计划

C. 变更控制程序　　　　D. 正式验收过程

13. 以下（　　）是项目收尾阶段的重要活动。

A. 分发进展报告和风险评估

B. 将项目收尾文件分发给干系人

C. 监控项目具体结果以确定是否与相关质量标准相符

D. 转交项目的所有记录给项目所有者

14. 下面（　　）不是项目收尾所要求的。

A. 与团队成员完成项目反馈　　　　B. 从客户处获得签名

C. 回顾所有项目文件　　　　D. 更新项目计划

15. 项目收尾的最后工作是（　　）。

A. 团队成员的重新分配　　　　B. 新的培训资源计划

C. 团队绩效考核评估　　　　D. 个人考核评估

16. 项目完工的时间是（　　）。

A. 项目行政收尾已经完成　　　　B. 顾客已接受成果

C. 所有计划从属关系已经整合　　　　D. 最后项目成本数据已经核对

17. 项目经理发现可交付使用的项目存在缺陷，这缺陷根据合同应归咎于客户。项目经理知道客户没有技术能力来发现这个缺陷，可交付使用的部分满足合同要求，但是不满足项目经理的质量标准。项目经理在这种情形下应该(　　)。

A. 进行移交并得到客户的正式接收

B. 注意问题并吸取经验教训，以保证以后的项目不出现类似问题

C. 与客户讨论这个问题

D. 通知客户移交将会延期

18. 在评估项目时，项目经理发现项目没有达到规定的指标。项目经理要求包括你在内的所有项目成员隐瞒此信息。你应该(　　)。

A. 辞去职务　　B. 通知客户进度有偏差

C. 向客户隐瞒此信息　　D. 告知项目干系人项目将失败

19. 在参加项目管理研讨会时，你发现一位与会者有一份重要的资料，你怀疑该份资料来自公司不能透露的机密信息。你应该(　　)。

A. 立即通知公司管理层

B. 调查该资料的来源，取得确凿证据

C. 建议将这份资料销毁

D. 为了避免个人风险，向上级提出离开项目

20. 你与小王在一个团队中工作，多年来小王是公司最受欢迎、最成功的项目经理。小王几个月前离开公司去为你们的一个主要竞争对手工作。小王离开几个月后，他打电话问你是否能给他一份他曾经用于A项目的最新的项目章程。他说他只不过想将手上的章程与以前他为A项目做的进行对比，因为以前的做得特别好。在这种情况下，你应该(　　)。

A. 给他这个新版本，因为以前的章程是他制定的，他基本知道其内容

B. 不要给他这个新版本，邀请他到你办公室，这样他可在你的办公室翻阅

C. 给他最新的版本及一份需要他签字的保密协议

D. 不给他最新版本，因为他没有权利要求知道这份文件的内容

14.8　课程学习与实验总结

至此，顺利完成了本课程的教学任务以及有关项目管理的全部实验。为巩固通过实验所了解和掌握的相关知识和技术，请就全部学习内容及其所做的实验做一个系统的总结。由于篇幅有限，如果书中预留的空白不够，请另外附纸张粘贴在边上。

【实验的基本内容】

(1) 本学期完成的软件项目管理学习主要有(请根据实际完成情况填写)：

第1章：主要内容是：____

____

____

第 2 章：主要内容是：______

______

______

第 3 章：主要内容是：______

______

______

第 4 章：主要内容是：______

______

______

第 5 章：主要内容是：______

______

______

第 6 章：主要内容是：______

______

______

第 7 章：主要内容是：______

______

______

第 8 章：主要内容是：______

______

______

第 9 章：主要内容是：______

______

______

第 10 章：主要内容是：______

______

______

第 11 章：主要内容是：______

______

______

第 12 章：主要内容是：______

______

______

第 13 章：主要内容是：______

______

______

(2) 请回顾并简述：通过实验，你初步了解了哪些有关项目管理的重要概念(至少3项)：

① 名称：______

简述：______

______

______

______

② 名称：______

简述：______

______

______

______

③ 名称：______

简述：______

______

______

______

④ 名称：______

简述：______

______

______

______

⑤ 名称：______

简述：______

______

______

______

【实验的基本评价】

(1) 在全部实验中，你印象最深，或者相比较而言你认为最有价值的实验是：

① ______

你的理由是：______

______

______

② ______

你的理由是：______

______

______

(2) 在所有实验中，你认为应该得到加强的实验是：

① ________________

你的理由是：________________

____

____

② ________________

你的理由是：________________

____

____

(3) 对于本课程和本书的实验内容，你认为应该改进的其他意见和建议是：

____

____

【课程学习能力测评】

请根据你在本课程中的学习情况，客观地对自己在项目管理知识方面做一个能力测评。请在表14-3所列的"测评结果"栏中合适的项下打"✓"。

表 14-3 课程学习能力测评

关键能力	评价指标	测评结果					备注
		很好	较好	一般	勉强	较差	
课程主要内容	1. 了解本课程的知识体系、理论基础及其发展						
	2. 熟悉项目经理的职业素质要求						
	3. 熟悉本课程的网络计算环境						
项目管理知识领域	1. 熟悉项目整合(集成)管理知识						
	2. 熟悉项目范围管理知识						
	3. 熟悉项目成本管理知识						
	4. 熟悉项目时间管理知识						
	5. 熟悉项目质量管理知识						
	6. 熟悉项目人力资源管理						
	7. 熟悉项目沟通和干系人管理						
	8. 熟悉项目风险管理						
	9. 熟悉项目采购管理						
项目管理技术、软件与Project	1. 熟悉多种项目管理技术，能较好地开展项目管理实践活动						
	2. 掌握Project软件的基本操作						

续表

关键能力	评价指标	测评结果					备注
		很好	较好	一般	勉强	较差	
网络学习能力	1. 了解网络自主学习的必要性和可行性						
	2. 掌握通过网络提高专业能力、丰富专业知识的学习方法						
自我管理与交流能力	1. 培养自己的责任心,掌握、管理自己的时间						
	2. 知道尊重他人观点,能开展有效沟通,在团队合作中表现积极						
解决问题与创新能力	1. 能根据现有的知识与技能创新地提出有价值的观点						
	2. 能运用不同思维方式发现并解决一般问题						

注:“很好”5 分,“较好”4 分,其余类推。全表满分为 100 分,你的测评总分为:________分。

【项目管理实验总结】

____

____

____

____

____

____

____

____

【实验总结评价(教师)】

____

____

部分习题参考答案

第 1 章 软件项目管理的概念

1. C 2. C 3. B 4. D 5. B 6. D 7. C 8. C 9. B 10. D
11. A 12. D 13. D 14. D 15. D 16. D 17. D 18. C 19. C 20. D

第 2 章 组织影响和项目生命周期

1. B 2. D 3. C 4. C 5. D 6. D 7. C 8. A 9. D 10. A
11. C 12. A 13. D 14. C 15. C 16. D 17. B 18. D 19. D 20. D

Dorale 产品案例参考答案

案例 A

(1) 在许多公司,一般不只拥有一个项目管理方法论。一个是为特定的产品和服务设计的,另一个用来保证系统的发展。

(2) 程序持续的时间通常要比项目持续时间要长,并且程序由一些项目组成。

(3) 项目管理方法论在程序和项目中都可以运用。

案例 B

(1) 所有的项目都应该用到项目管理,但不一定需要用到项目管理方法论。

(2) 只有工期短、资金价值低、涉及职能部门的范围比较窄的项目,不需要项目管理方法论。

(3) 一般大型项目中都需要用到项目管理方法论,只有运用管理方法论的成本比较低或管理方法论比较简单时,可以考虑将该管理方法论应用到所有项目中。

(4) 项目管理原则应该被应用于所有项目中,而不须考虑限制。

第 3 章 项目管理过程

1. D 2. A 3. C 4. B 5. C 6. A 7. D 8. D 9. B 10. D
11. C 12. B 13. D 14. A 15. B 16. A 17. C 18. C 19. C 20. B

第4章 项目整合管理

1. B 2. C 3. C 4. B 5. B 6. D 7. A 8. A 9. B 10. A
11. A 12. C 13. D 14. A 15. B 16. D 17. A 18. B 19. B 20. D

第5章 项目范围管理

1. D 2. B 3. A 4. B 5. D 6. C 7. A 8. C 9. A 10. C
11. C 12. D 13. B 14. D 15. C 16. C 17. C 18. D 19. A 20. A

第6章 项目时间管理

1. D 2. B 3. B 4. C 5. A 6. B 7. D 8. B 9. D 10. C
11. A 12. D 13. D 14. C 15. C 16. B 17. A 18. C 19. B 20. C

第7章 项目成本管理

1. A 2. D 3. B 4. C 5. D 6. D 7. D 8. A 9. C 10. D
11. D 12. C 13. A 14. B 15. D 16. B 17. D 18. A 19. B 20. C

第8章 项目质量管理

1. C 2. D 3. A 4. C 5. D 6. D 7. B 8. B 9. A 10. C
11. C 12. B 13. D 14. B 15. B 16. B 17. B 18. D 19. C 20. A

第9章 项目人力资源管理

1. C 2. B 3. B 4. B 5. C 6. B 7. D 8. C 9. B 10. B
11. B 12. A 13. B 14. A 15. B 16. D 17. C 18. C 19. B 20. B

第10章 项目沟通管理

1. D 2. A 3. B 4. C 5. A 6. C 7. B 8. A 9. D 10. B
11. D 12. B 13. C 14. A 15. B 16. B 17. C 18. B 19. B 20. D

第 11 章　项目风险管理

1. C　2. B　3. C　4. B　5. C　6. C　7. D　8. A　9. D　10. B
11. B　12. C　13. B　14. D　15. C　16. C　17. A　18. C　19. B　20. C

第 12 章　项目采购管理

1. B　2. A　3. D　4. A　5. D　6. D　7. A　8. C　9. B　10. B
11. D　12. B　13. B　14. B　15. C　16. B　17. A　18. C　19. C　20. D

第 13 章　项目干系人管理

1. A　2. C　3. A　4. B　5. A　6. C　7. A　8. D　9. A　10. C
11. A　12. C　13. D　14. B　15. B　16. D　17. D　18. A　19. C　20. A

第 14 章　结束项目或阶段

1. B　2. D　3. D　4. A　5. B　6. D　7. C　8. A　9. B　10. B
11. B　12. D　13. B　14. D　15. A　16. A　17. C　18. B　19. B　20. D

参考文献

［1］ 周苏．项目管理与应用［M］．北京：机械工业出版社，2015.

［2］ 周苏．项目管理与应用［M］．北京：中国铁道出版社．2012.

［3］ 周苏．现代软件工程［M］．北京：机械工业出版社．2016.

［4］ IEEE 项目管理研究所．项目管理知识体系指南——软件分册［M］．5 版．北京：电子工业出版社，2015.

［5］ 项目管理协会．项目管理知识体系指南［M］．5 版．北京：电子工业出版社，2013.

［6］ 弗兰克·安巴里．项目管理知识体系指南疑难解答［M］．5 版．北京：电子工业出版社，2015.

［7］ 辛西娅·斯塔克波尔·斯奈德．项目管理实用表格与应用［M］．北京：电子工业出版社，2014.

［8］ 辛西娅·斯塔克波尔·斯奈德．PMBOK 指南使用手册［M］．北京：中国电力出版社，2014.

［9］ 张斌，贺光成．题解《PMBOK® 指南》PMP 备考指南［M］．3 版．北京：电子工业出版社，2014.

［10］ 克利福德·格雷，埃里克·拉森．项目管理［M］．北京：人民邮电出版社，2013.

［11］ 周苏．项目管理与实践［M］．2 版．北京：科学出版社，2009.

［12］ 周苏．系统集成与项目管理［M］．北京：科学出版社，2004.

［13］ 周苏．软件工程学实验［M］．3 版．北京：科学出版社，2012.

［14］ 周苏．软件工程学教程［M］．4 版．北京：科学出版社，2011.